计算机“十三五”规划教材

中文版 Dreamweaver CC 网页制作实例教程

主　编　祝成峰　王　雪　陈　静
副主编　钟　洪　任甜甜　周国辉　白路霞
吴　蕾　朱　萍　宋　莹

北京希望电子出版社
Beijing Hope Electronic Press
www.bhp.com.cn

内容简介

本书注重理论知识与实际应用相结合，以实例操作为主线，深入浅出地讲解了使用 Dreamweaver CC 2018 进行网页制作的各种知识与技巧，主要内容包括：Dreamweaver CC 2018 快速入门，插入网页基本对象，插入网页多媒体对象，使用表格布局页面，使用表单，使用 CSS 样式美化网页，使用 CSS+DIV 布局网页，使用行为和 JavaScript 制作网页特效，使用 jQuery Mobile 制作移动设备网页，以及使用模板和库项目等。

本书既可作为应用型本科院校、职业院校的教材，也适合希望尽快掌握 Dreamweaver 网页制作技能的电脑初、中级用户阅读。

图书在版编目（CIP）数据

中文版 Dreamweaver CC 网页制作实例教程 / 祝成峰，王雪，陈静主编. -- 北京 ：北京希望电子出版社，2019.7（2023.8 重印）

ISBN 978-7-83002-699-8

Ⅰ. ①中… Ⅱ. ①祝… ②王… ③陈… Ⅲ. ①网页制作工具一教材 Ⅳ. ①TP393.092.2

中国版本图书馆 CIP 数据核字（2019）第 148873 号

出版：北京希望电子出版社
地址：北京市海淀区中关村大街 22 号
中科大厦 A 座 10 层
邮编：100190
网址：www. bhp. com. cn
电话：010-82626270
传真：010-62543892
经销：各地新华书店

封面：赵俊红
编辑：武天宇　刘延姣
校对：薛海霞
开本：787mm×1092mm 1/16
印张：16.5
字数：422 千字
印刷：廊坊市广阳区九洲印刷厂
版次：2023 年 8 月 1 版 2 次印刷

定价：48.00 元

前 言

现在网页制作技术正处于快速发展与完善的阶段，越来越多的网页制作工具被网页设计者所使用。在这些工具软件中，Dreamweaver 集网页设计、站点管理、网站开发及网页制作等功能于一体，因其强大的功能与便利的操作一直被用户广泛关注与应用。其新版本 Dreamweaver CC 2018 将可视布局工具、应用程序开发功能和代码编辑功能组合在一起，对 HTML、CSS 和 JavaScript 技术的支持也相对完善，其强大的可视化界面和性能卓越的站点管理功能能够很好地满足用户体验。

本书针对 Dreamweaver 网页制作初学者的学习需求，系统地介绍了 Dreamweaver CC 2018 的软件功能及其应用方法，帮助读者全面掌握 Dreamweaver 网页制作技能。

本书共分为 10 章，主要内容包括以下内容。

- ☑ Dreamweaver CC 2018 快速入门
- ☑ 插入网页基本对象
- ☑ 插入网页多媒体对象
- ☑ 使用表格布局页面
- ☑ 使用表单
- ☑ 使用 CSS 样式美化网页
- ☑ 使用 CSS+DIV 布局网页
- ☑ 使用行为和 JavaScript 制作网页特效
- ☑ 使用 jQuery Mobile 制作移动设备网页
- ☑ 使用模板和库项目

本书采用通俗简洁的语言、典型丰富的实例，系统地讲解了初学者需要掌握的 Dreamweaver CC 2018 网页制作知识。本书主要具有以下特色。

• 内容全面，注重实用

本书结合初学者的学习特点，立足实用，全面讲解了 Dreamweaver CC 2018 网页制作知识，力求让读者全面掌握实操技能，在学习上不做无用功，让学习效率事半功倍。

• 精选实例，即学即会

为了便于读者即学即用，本书摒弃了传统、枯燥的知识讲解方式，而是将大量的实操实例始终贯穿于全书，让读者在学会网页制作方法的同时，熟练掌握软件操作技能。

• 图解教学，直观易懂

本书采用图解教学的体例形式，一步一图，以图析文，便于读者在学习过程中直观、清晰地了解操作过程，更易于理解和掌握，从而提升学习效果。

● **资源丰富，下载方便**

本书配套资源非常丰富，其中包括所有实例的素材文件，以及由专业人员精心录制的所有实例视频等。本书相关资料可扫封底二维码或登录 www.bjzzwh.com 下载获得。

本书由广州华夏职业学院的祝成峰、合肥信息技术职业学院的王雪和广西工业职业技术学院的陈静担任主编，由广州华夏职业学院的钟洪、许昌电气职业学院的任甜甜、广西工业职业技术学院的周国辉、聊城高级财经职业学校的白路霞、安徽警官职业学院的吴蕾和朱萍、武汉城市职业技术学院的宋莹担任副主编。

本书既可作为应用型本科院校、职业院校的教材，也适合希望尽快掌握 Dreamweaver 网页制作技能的电脑初、中级用户阅读。

本书难免有疏漏和不当之处，敬请各位专家及读者不吝赐教。

编 者

目录

第 7 章 使用 CSS+DIV 布局网页

第 8 章 使用行为和 JavaScript 制作网页特效

第 9 章 使用 jQuery Mobile 制作移动设备网页

第 10 章 使用模板和库项目

第 1 章 Dreamweaver CC 2018 快速入门

【学习目标】

- 熟悉 Dreamweaver CC 2018 的工作界面。
- 掌握设置 Dreamweaver 首选项的方法。
- 掌握新建网页文档并设置网页属性的方法。
- 掌握创建、编辑与管理站点的方法。

Dreamweaver CC 2018 是一款专业的网页制作与编辑软件，它将可视布局工具、应用程序开发功能和代码编辑功能组合在一起，对 HTML、CSS 和 JavaScript 技术的支持也相对完善。其强大的可视化界面和性能卓越的站点管理，能够很好地满足用户体验。本章将学习 Dreamweaver CC 2018 网页制作的入门知识。

1.1 初识 Dreamweaver CC 2018

Dreamweaver CC 2018 添加了新式界面和快速灵活的编码引擎，可以让 Web 设计人员和前端开发人员更加轻松地创建、编辑和管理网站。它具备全新的代码编辑器、更直观的用户界面和多种增强功能，包括对 CSS 预处理器等新工作流程的支持等。

1.1.1 Dreamweaver CC 2018 工作界面

Dreamweaver CC 2018 的工作界面由菜单栏、“文档”工具栏、文档窗口、“属性”面板、浮动面板等部分组成，如图 1-1 所示。

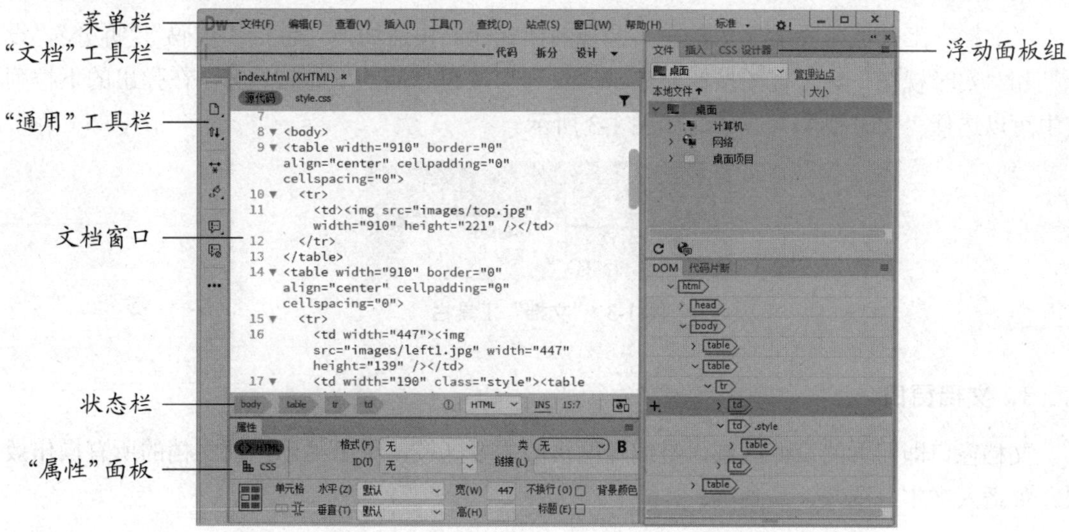

图 1-1　Dreamweaver CC 2018 工作界面

下面将分别介绍 Dreamweaver CC 2018 工作界面中各组成部分的功能。

1. 菜单栏

菜单栏提供了各种操作的菜单命令，是管理网页文件、编辑网页内容的重要工具。菜单栏中包括“文件”“编辑”“查看”“插入”“工具”“查找”“站点”“窗口”和“帮助”9 个菜单项。单击某个菜单项，或按住【Alt】键的同时按键盘上各菜单项右侧的字母，即可打开相应的菜单，例如，按【Alt+V】组合键，即可打开“查看”菜单，如图 1-2 所示。

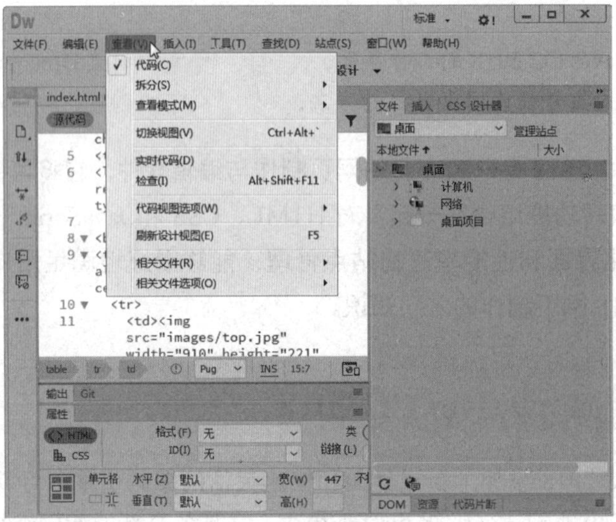

图 1-2 “查看”菜单

若菜单命令右侧有三角符号，表示单击该命令时将打开其子菜单，在新打开的菜单中可能仍然包含子菜单；若菜单命令右侧有省略号，则表示单击该命令时将弹出对话框，只有用户在其中进行设置并单击“确定”按钮后，所选的菜单命令才能执行。

2. “文档”工具栏

“文档”工具栏主要用于文档在不同视图模式间的快速切换，包括“代码”“拆分”“设计”和“实时视图”4 个视图按钮。单击“设计”按钮右侧的下拉按钮，在弹出的下拉列表中可以选择“实时视图”选项，如图 1-3 所示。

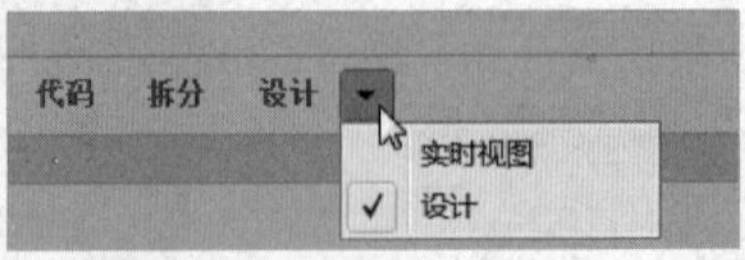

图 1-3 “文档”工具栏

3. 文档窗口

文档窗口即网页的设计区域，是编辑网页的主要区域，用于显示当前文档的所有操作效果，如插入文本、图像、动画等。

4. “属性”面板

单击“窗口”|“属性”命令或按【Ctrl+F3】组合键，即可打开“属性”面板，默认显示

在文档窗口的下方，如图 1-4 所示。“属性”面板用于定义页面元素或内容的相应属性，在此更改网页对象的属性与在“代码”视图中更改相应的属性具有相同的效果。

5．浮动面板组

Dreamweaver 的浮动面板组位于工作界面的右侧，单击“窗口”菜单项，在弹出的菜单中选择相应的命令，即可打开设计网页所需的其他面板，如“资源”“Extract”“CSS 过渡效果”等面板，如图 1-5 所示。按【F4】键，可以隐藏或显示浮动面板组。

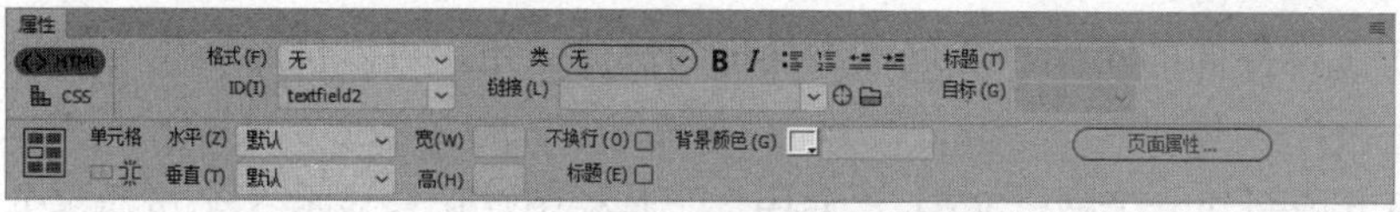

图 1-4 “属性”面板

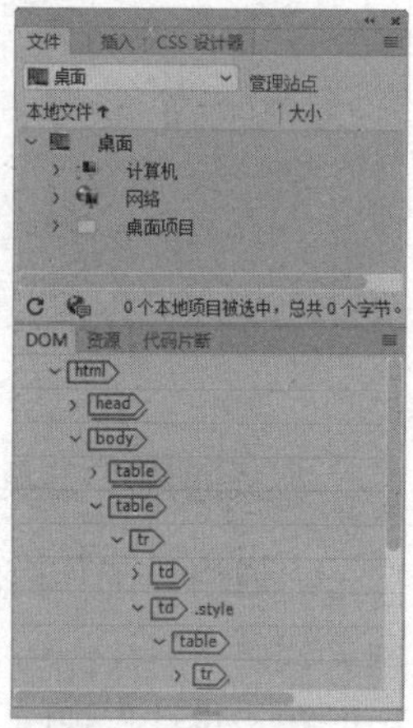

图 1-5 浮动面板组

6．状态栏

状态栏位于文档窗口的底部，提供与当前编辑文档有关的信息，用户可以在其中选择网页结构的标签和内容，如图 1-6 所示。

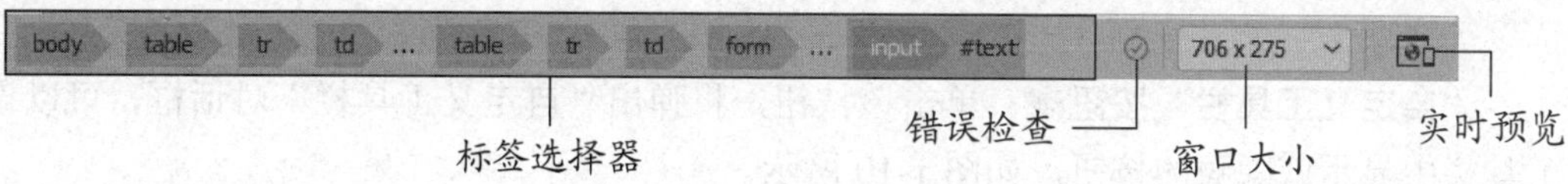

图 1-6 状态栏

（1）标签选择器

用于显示当前光标位置的 HTML 源代码标记和选中标记在文档中对应的内容。每当用户在文档窗口中对文档内容进行格式化设置时，标签选择器中就会显示相应的标记。例如，将一段网页文字加粗，实际上是在 HTML 代码中将该段文字的两端分别加上<strong>和</strong>标记。当将光标置于该段文字中时，标签选择器中就会显示<strong>标记。

（2）错误检查

用于显示当前网页中是否存在错误。若网页中不存在错误，就会显示图标；若网页中包含错误，则显示图标。

（3）窗口大小

用于设置当前网页窗口的预定义尺寸。单击右侧的下拉按钮，在弹出的下拉列表中将显示预定义的窗口尺寸，如图 1-7 所示。

(4) 实时预览

单击按钮，用户可以选择在不同的浏览器或移动设备上实时预览网页效果，如图 1-8 所示。

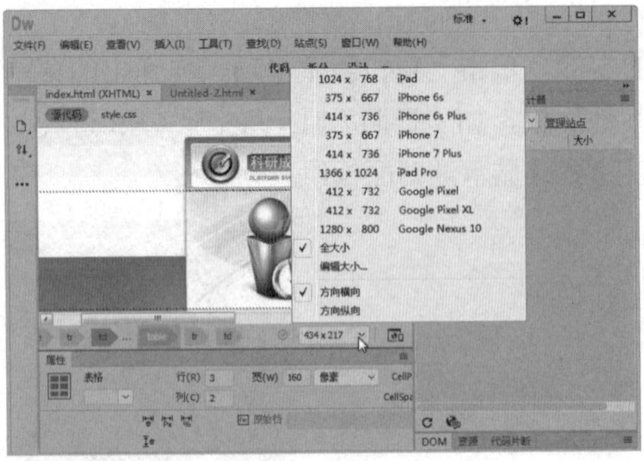

图 1-7　设置窗口大小

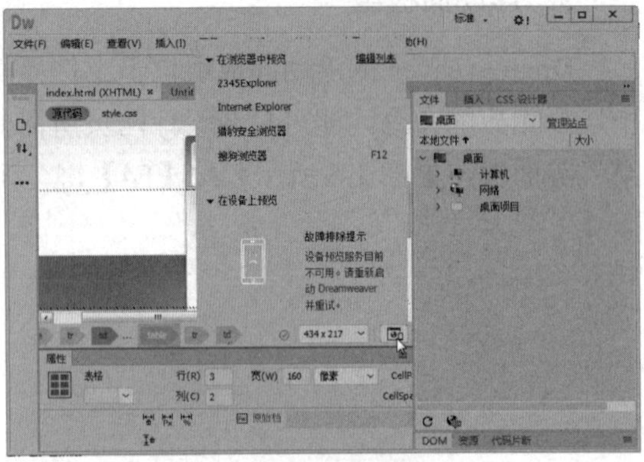

图 1-8　设置实时预览

7. “通用”工具栏

“通用”工具栏位于工作界面的左侧，通过单击其中的快捷按钮，可以快速调整与编辑网页代码。

在“设计”视图下打开或新建一个网页文档，“通用”工具栏中默认只显示 3 个按钮，分别为：“打开文档”按钮、“文件管理”按钮和“自定义工具栏”按钮，如图 1-9 所示。

“打开文档”按钮：用于在已经打开的多个文件之间进行切换。单击该按钮后，在弹出的列表中将显示所有已打开的文档列表。

“文件管理”按钮：用于管理站点中的文件。单击该按钮后，在弹出的列表中包含“解除锁定”“获取”“取出”“上传”“存回”“撤销取出”“显示取出者”“设计备注”“在站点定位”等选项。

“自定义工具栏”按钮：单击该按钮，将弹出“自定义工具栏”对话框，可以设置在工具栏中显示或隐藏的按钮，如图 1-10 所示。

图 1-9　“通用”工具栏

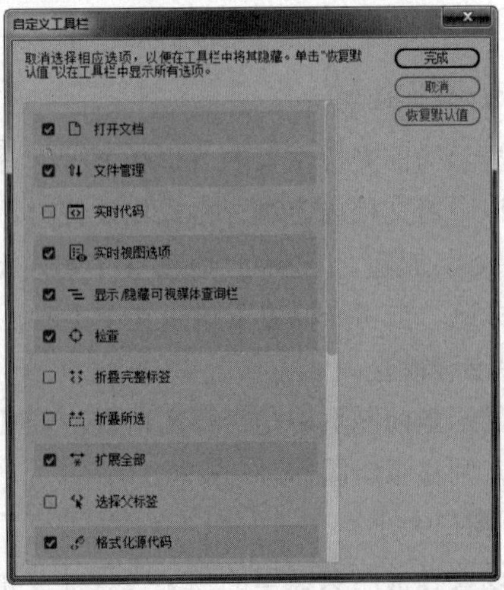

图 1-10　“自定义工具栏”对话框

1.1.2 新建网页文档

在 Dreamweaver 中编辑的网页通常被称为文档，文档的创建和保存是最基本的操作。新建网页文档的具体操作方法如下。

Step 01 启动 Dreamweaver CC 2018，单击“文件”|“新建”命令或按【Ctrl+N】组合键，弹出“新建文档”对话框，选择 HTML 文档类型，然后单击“创建”按钮，如图 1-11 所示。

Step 02 此时，即可创建一个空白文档，如图 1-12 所示。

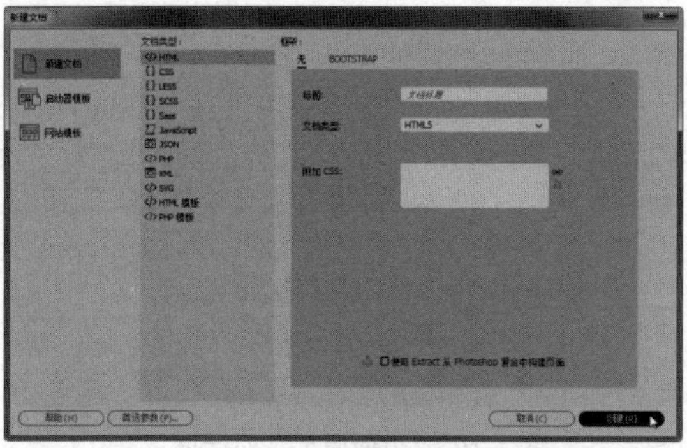

图 1-11 “新建文档”对话框

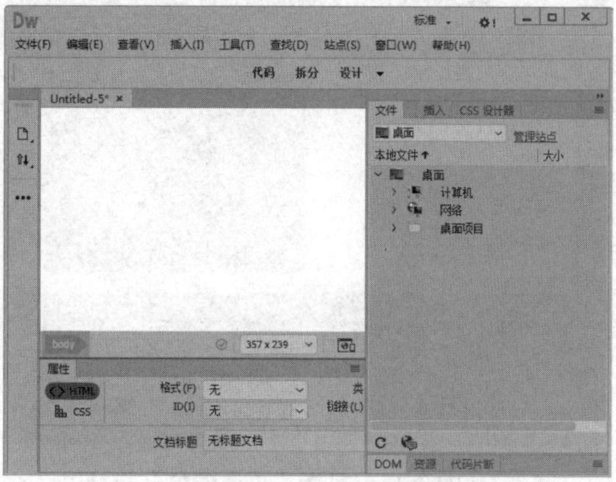

图 1-12 创建空白文档

Step 03 在菜单栏中单击“文件”|“保存”命令或按【Ctrl+S】组合键，如图 1-13 所示。

Step 04 弹出“另存为”对话框，选择保存位置，输入文件名，然后单击“保存”按钮，即可保存网页文档，如图 1-14 所示。

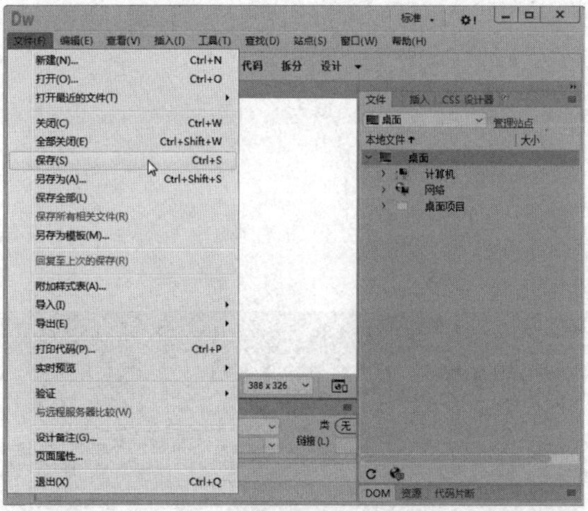

图 1-13 单击“保存”命令

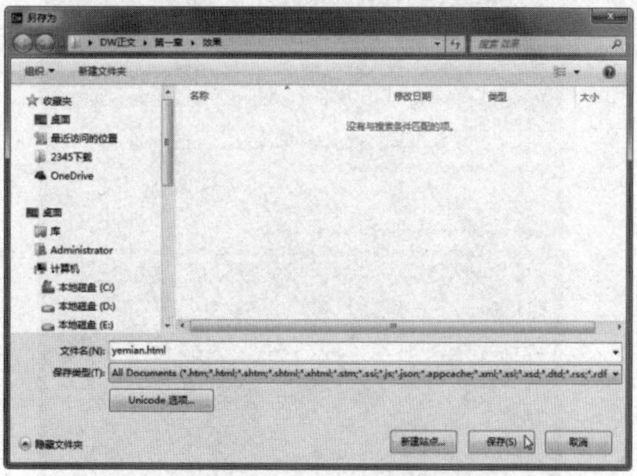

图 1-14 “另存为”对话框

1.1.3 设置网页外观属性

新建网页文档后，需要对页面外观属性进行设置，如文本格式、背景颜色、背景图像、页边距等。

1. 设置网页文本格式

设置文本格式的具体操作方法如下。

Step 01 单击“属性”面板中的“页面属性”按钮，如图 1-15 所示。

Step 02 弹出“页面属性”对话框，在左侧选择“外观（CSS）”选项，然后单击“页面字体”下拉按钮，在弹出的下拉列表中选择“管理字体”选项，如图 1-16 所示。

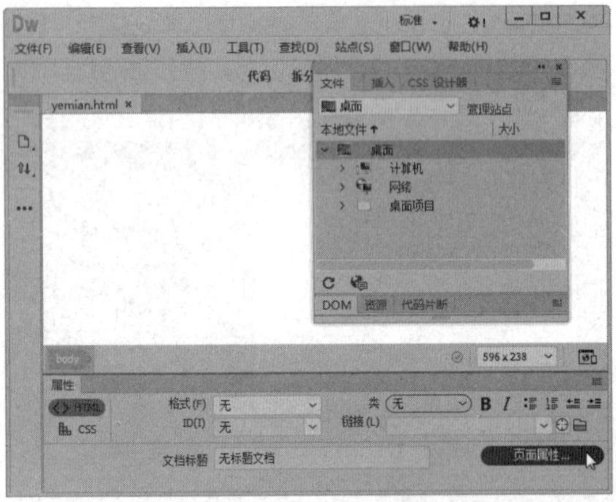

图 1-15 单击“页面属性”按钮

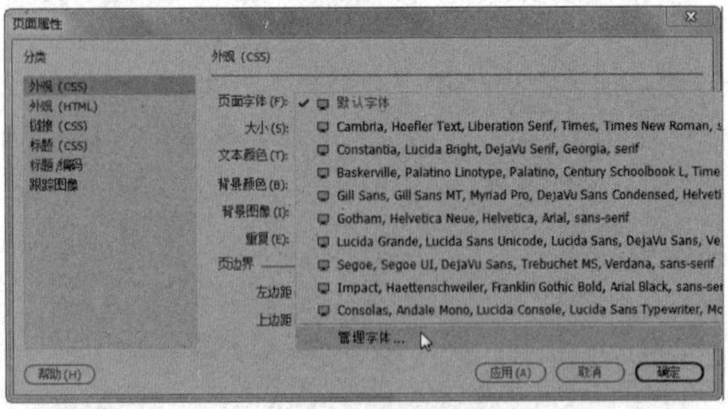

图 1-16 “页面属性”对话框

Step 03 弹出“管理字体”对话框，选择“自定义字体堆栈”选项卡，在“可用字体”列表框中选择字体格式，如“仿宋”，单击 << 按钮，将其添加到左侧列表中，然后单击“完成”按钮，如图 1-17 所示。

Step 04 返回“页面属性”对话框，单击“页面字体”下拉按钮，在弹出的下拉列表中选择“仿宋”字体格式，如图 1-18 所示。

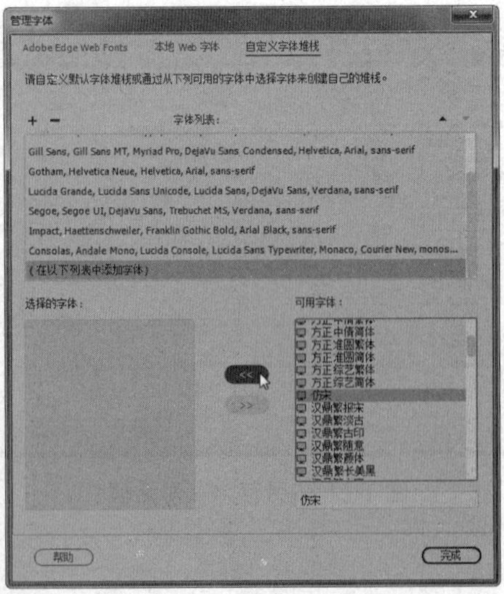

图 1-17 添加字体

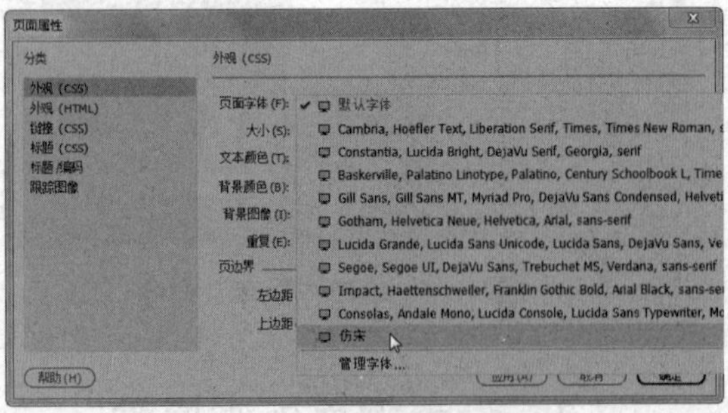

图 1-18 设置页面字体格式

Step 05 单击“大小”下拉按钮，在弹出的下拉列表中选择“24”选项，如图 1-19 所示。

Step 06 单击“文本颜色”按钮，在拾色器面板中选择需要的颜色，然后单击“确定”按钮，如图 1-20 所示。

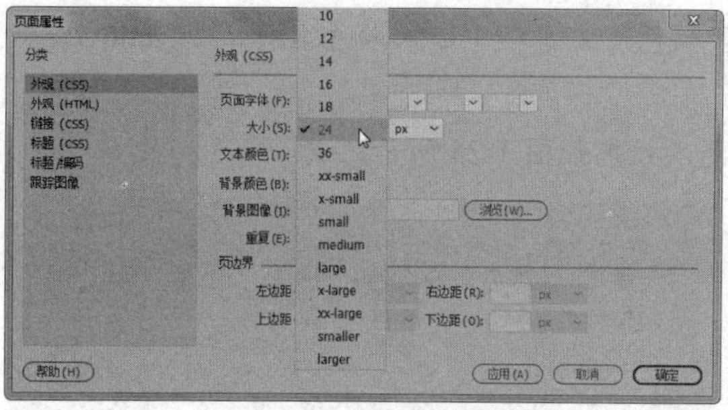

图 1-19　设置字体大小

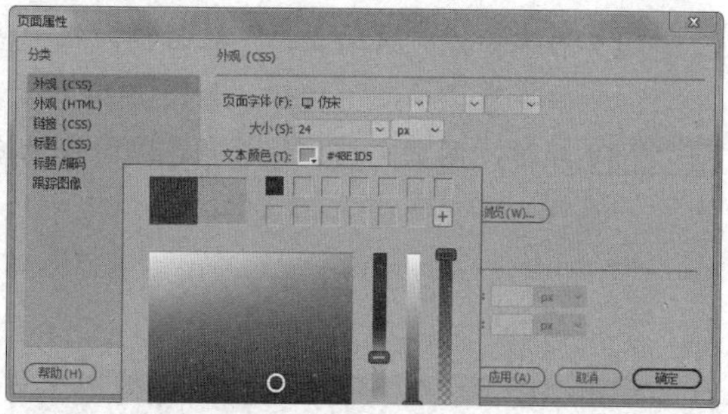

图 1-20　设置文本颜色

Step 07 在网页中输入所需的文本，效果如图 1-21 所示。

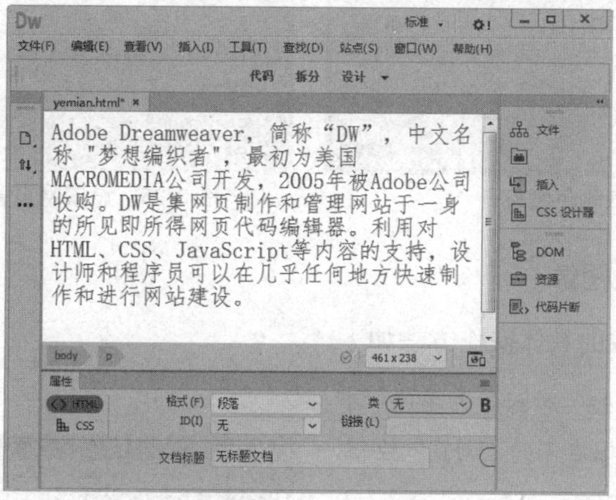

图 1-21　输入文本

2．设置网页背景颜色

设置网页背景颜色的具体操作方法如下。

Step 01 打开“页面属性”对话框，单击“背景颜色”按钮■，在拾色器面板中选择需要的颜色，然后单击“确定”按钮，如图 1-22 所示。

Step 02 此时，网页文档的背景颜色就会变为所选的颜色，效果如图 1-23 所示。

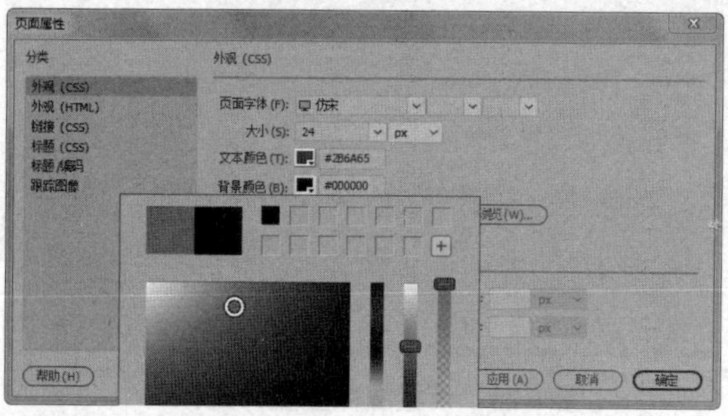

图 1-22　选择网页背景颜色

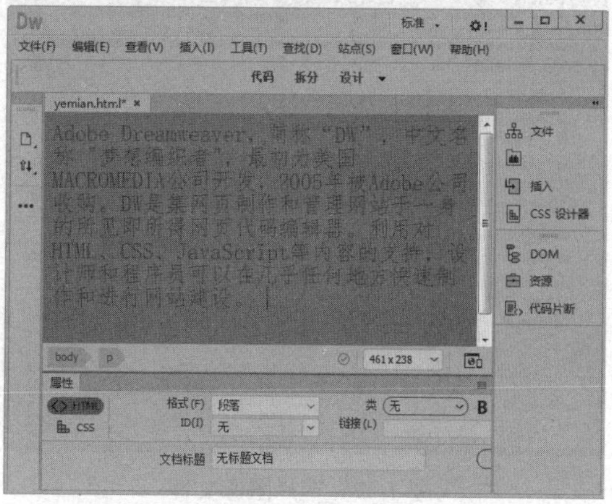

图 1-23　设置网页背景颜色效果

Step 03 再次打开“页面属性”对话框，在“背景颜色”文本框中输入颜色名称，如 yellow，然后单击“确定”按钮，如图 1-24 所示。

Step 04 此时，网页文档的背景颜色就会变为黄色，效果如图 1-25 所示。

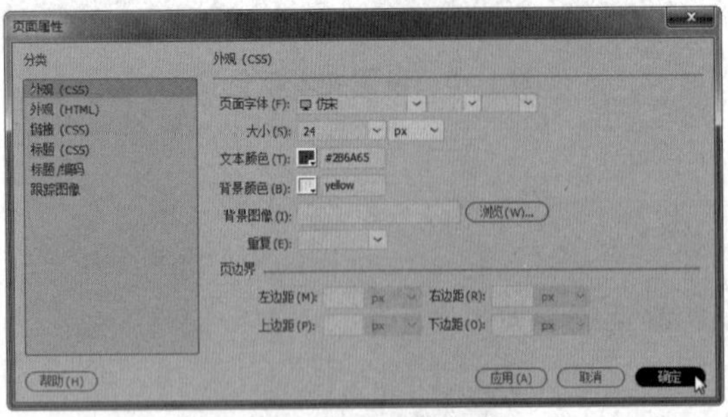

图 1-24　输入颜色名称

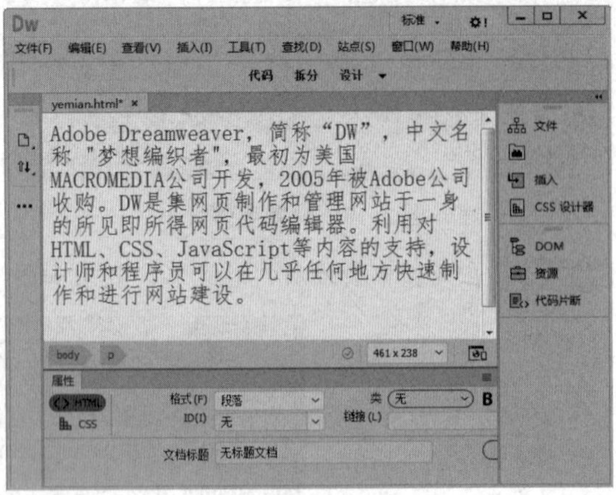

图 1-25　设置网页背景颜色效果

3. 设置网页背景图像

设置网页背景图像的具体操作方法如下。

Step 01 打开“页面属性”对话框，单击“背景图像”文本框右侧的“浏览”按钮，如图 1-26 所示。

Step 02 弹出“选择图像源文件”对话框，选择图像文件，然后单击“确定”按钮，如图 1-27 所示。

Step 03 返回“页面属性”对话框，在“重复”下拉列表框中设置“重复”方式为 repeat，然后单击“确定”按钮，如图 1-28 所示。

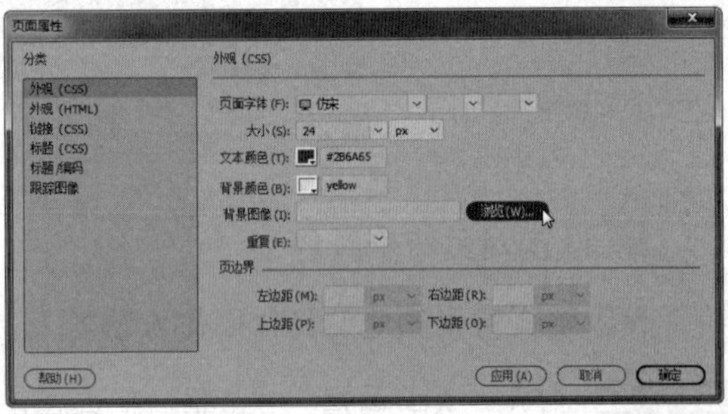

图 1-26　单击“浏览”按钮

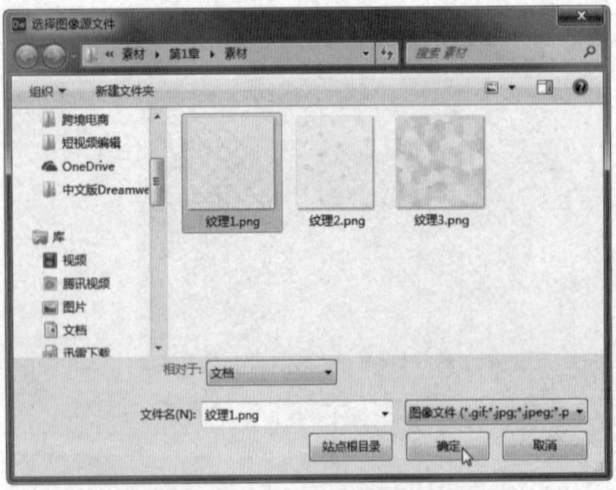

图 1-27　选择图像文件

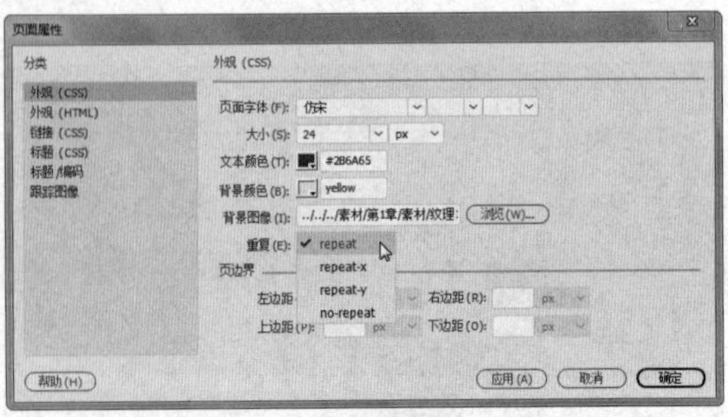

图 1-28　设置图像重复方式

Step 04 此时，即可查看设置网页背景图像后的文档效果，如图 1-29 所示。

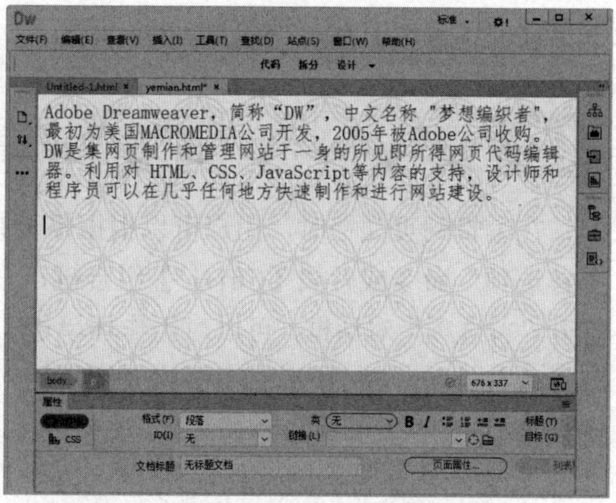

图 1-29 设置网页背景图像效果

4. 设置页边距

页边距指网页中的内容与页面四边之间的距离，适当地设置页边距会使页面看起来更美观。设置页边距的具体操作方法如下。

Step 01 打开“页面属性”对话框，分别设置“左边距”“右边距”“上边距”和“下边距”的数值，然后单击“确定”按钮，如图 1-30 所示。

Step 02 此时，即可查看设置页边距后的文档，效果如图 1-31 所示。

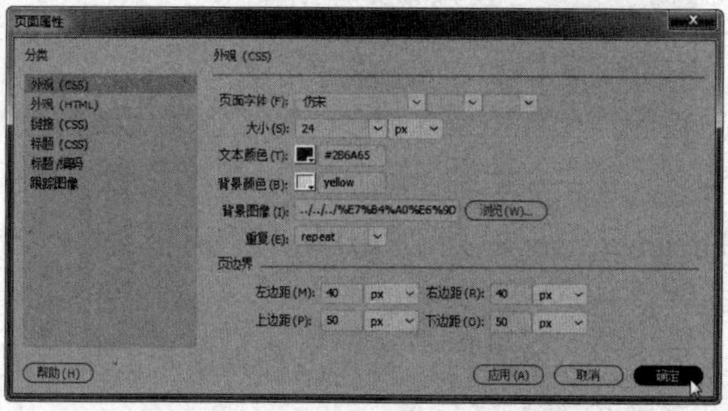

图 1-30 设置页边距

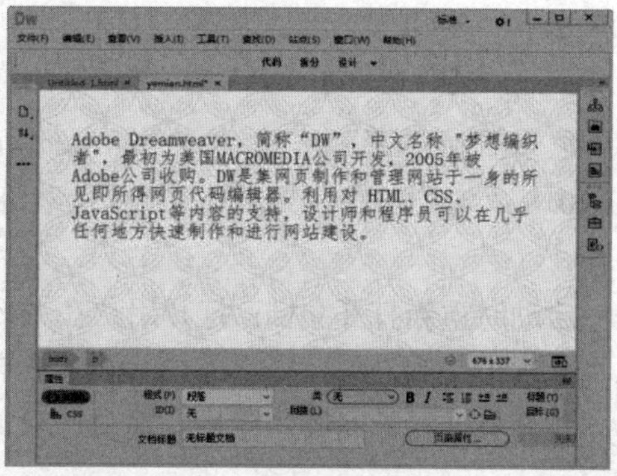

图 1-31 设置页边距效果

1.1.4 设置标题/编码属性

当页面中有错误设置或者没有正确设置字符编码时，网页中可能会出现乱码问题。对网页文档类型设置不当，则会导致浏览器无法正确地解析页面。在“页面属性”对话框的“标题/编码”分类中可以对标题、文档类型和编码等属性进行设置，如图 1-32 所示。

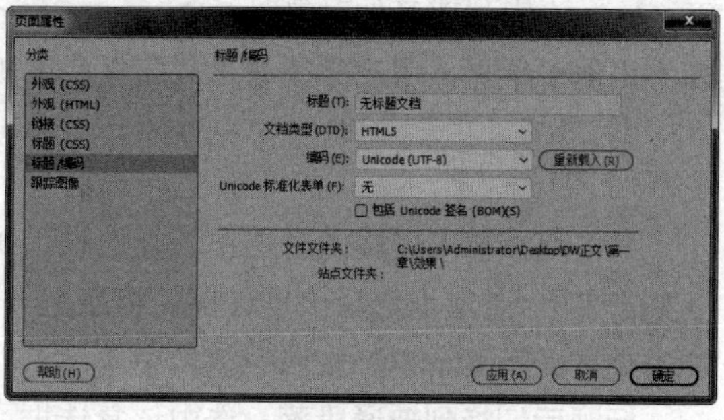

图 1-32 设置“标题/编码”选项

在“标题/编码”区域中，各选项的功能如下。

标题：用于设置网页文档的标题。

文档类型：用于设置页面的（DTD）文档类型。

编码：用于定义页面使用的字符集编码。

Unicode 标准化表单：用于设置表单标准化类型。

包括 Unicode 签名（BOM）：用于设置

表单标准化类型中是否包含 Unicode 签名。

1.2 Dreamweaver 首选项设置

在编辑网页文档时，用户可以根据需要设置 Dreamweaver 的工作环境。单击“编辑”|“首选项”命令或者按【Ctrl+U】组合键，打开“首选项”对话框，可以对工作环境进行设置，如图 1-33 所示。下面将介绍常用选项的设置。

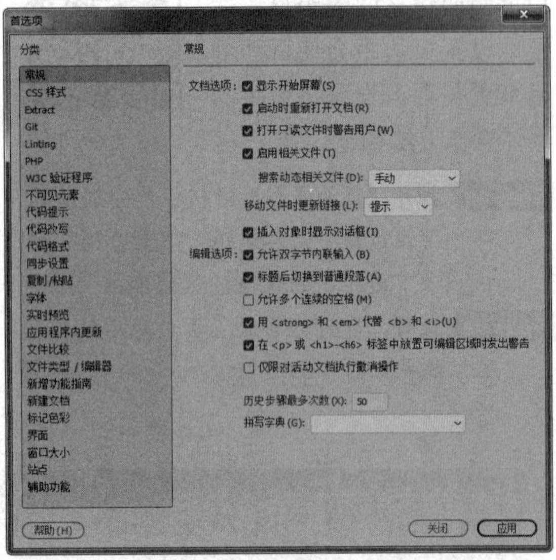

图 1-33 “首选项”对话框

1.2.1 常规设置

Dreamweaver CC 2018 的常规环境设置分为“文档选项”和“编辑选项”两部分，下面将分别介绍其各自的功能。

1．文档选项

显示开始屏幕：在启动 Dreamweaver CC 2018 或未打开任何文档时，将显示欢迎屏幕。

启动时重新打开文档：打开用户在关闭 Dreamweaver 时处于打开状态的所有文档。若未选择此选项，则 Dreamweaver CC 2018 在启动时将显示欢迎屏幕。

打开只读文件时警告用户：在打开只读（已锁定）文件时，将弹出警告用户的提示信息框。

启用相关文件：用于查看哪些文件与当前文档相关，如 CSS 或 JavaScript 文件。

搜索动态相关文件：用于选择动态相关文件是自动显示在“相关文件”工具栏中，还是在手动交互之后显示。

移动文件时更新链接：用于设置在移动、重命名或删除站点中的文档时所发生的操作，包括“自动”“从不”和“提示”3 种方式。

插入对象时显示对话框：用于设置在使用“插入”面板或“插入”菜单插入图像、表格、Shockwave 影片或其他对象时，Dreamweaver 是否提示用户输入其他信息。若禁用该选项，则不出现对话框，用户必须通过“属性”面板指定图像的源文件或表格中的行数等。

2．编辑选项

允许双字节内联输入：选中该复选框，用户可以直接在“文档”窗口中输入双字节文本（如中文）；若取消选择该复选框，将显示一个用于输入和转换双字节文本的文本输入窗口，文本被接受后显示在“文档”窗口中。

标题后切换到普通段落：选中该复选框，在“设计”或“实时”视图中在标题段落结尾处按【Enter】键即可创建标有 p 标签的新段落（标题段落是用 h1 或 h2 等标题标签进行标记的段落）。若取消选择该复选框，在标题段落的结尾按【Enter】键将创建一个用同一标题标签进行标记的新段落。

允许多个连续的空格： 选中该复选框，在“设计”或“实时”视图中键入两个或更多空格时将产生在浏览器中显示为多个空格的不间断空格，主要针对习惯于在字处理程序中输入文本的用户。若取消选择该复选框，多个空格会被当作单个空格。

用<strong>和<em>代替<b>和<i>： 选中该复选框，在用户执行通常应用<b>标签的操作时改为应用<strong>标签，并在用户执行通常应用 i 标签的操作时改为应用<em>标签。此类操作包括在 HTML 模式下的文本“属性”面板中单击“粗体”或“斜体”按钮。若要在文档中使用<b>和<i>标签，则取消选择此复选框。<strong>和<em>标签能够提供比<b>和<i>标签更多的语义信息。

在<p>或<h1>-<h6>标签中放置可编辑区域时发出警告： 用于设置在保存段落或标题标签内具有可编辑区域的 Dreamweaver 模板时是否显示警告信息。该警告信息会通知用户将无法在此区域中创建更多段落。默认情况下会启用此选项。

仅限对活动文档执行撤销操作： 选中该复选框，仅限对当前正在编辑的文件执行撤销操作。例如，若正在编辑一个 CSS 文件，用户仅可以撤销该 CSS 文件中所做的更改。若取消选择此复选框，则 HTML 源及所有相关的 CSS 文件都会使用一条撤销历史记录，并且无论是在处理 HTML 代码，还是在处理相关 CSS 文件，都可以撤销操作。

历史步骤最多次数： 用于设置 Dreamweaver 记录的步骤数。若用户超过了既定的步骤数，那么更早的步骤将会被丢弃。

拼写字典： 单击此下拉按钮，可以选择 Dreamweaver 中自带的拼写字典。

1.2.2 字体设置

字体编码决定文字在浏览器中的显示方式，不同的语言文字应该使用不同的文字编码方式。通过 Dreamweaver 字体首选参数，可以按照所需的字体和大小查看给定编码。需要注意的是，在字体首选参数设置中选择的字体只影响字体在 Dreamweaver 中的显示方式，而不会影响字体在访问者的浏览器中的显示方式。若要更改字体在浏览器中的显示方式，需要通过“属性”面板或应用 CSS 规则进行设置。

打开“首选项”对话框，在左侧“分类”列表中选择“字体”选项，在右侧可以对字体进行设置，如图 1-34 所示。

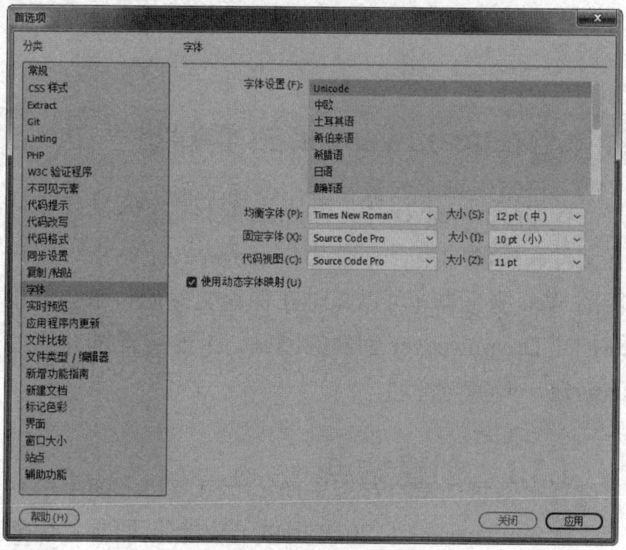

图 1-34 设置“字体”选项

在“字体”区域中，各选项的功能如下。

字体设置：用于设置在 Dreamweaver 中使用给定编码类型的文档所用的字体集。

均衡字体：用于设置普通文本（如段落、标题和表格中的文本）的字体，其默认值取决于系统上安装的字体。

固定字体：用于设置<pre>和<code>标签内文本的字体。

代码视图：用于设置在代码视图和代码检查器中所有文本的字体。

1.2.3 界面设置

打开“首选项”对话框，在左侧“分类”列表中选择“界面”选项，在右侧即可设置 Dreamweaver CC 2018 的工作界面颜色和代码主题，如图 1-35 所示。

图 1-35 设置“界面”选项

1.3 Dreamweaver 站点管理

在 Dreamweaver 中，站点指属于某个网站的文档的本地或远程存储位置，包含网站中所有文件和资源的集合。通过 Dreamweaver 站点，用户可以在计算机上创建网页，或将网页上传到 Web 服务器，可以随时在保存文件后传输更新的文件来对站点进行维护，还可以编辑和维护非 Dreamweaver 创建的网站。下面将详细介绍如何在 Dreamweaver CC 2018 中进行站点的创建、编辑与管理。

1.3.1 创建站点

Dreamweaver CC 2018 提供了功能强大的站点管理工具，在使用它管理站点之前，首先要创建本地站点，具体操作方法如下。

Step 01 在菜单栏中单击“站点”|“新建站点”命令，弹出“站点设置对象 未命名站点 2”对话框，在“站点名称”文本框中输入站点名称，如“站点 1”，然后单击“本地站点文件夹”文本框右侧的“浏览文件夹”按钮，如图 1-36 所示。

Step 02 弹出“选择根文件夹”对话框，选择站点的位置，然后单击“选择文件夹”按钮，如图 1-37 所示。

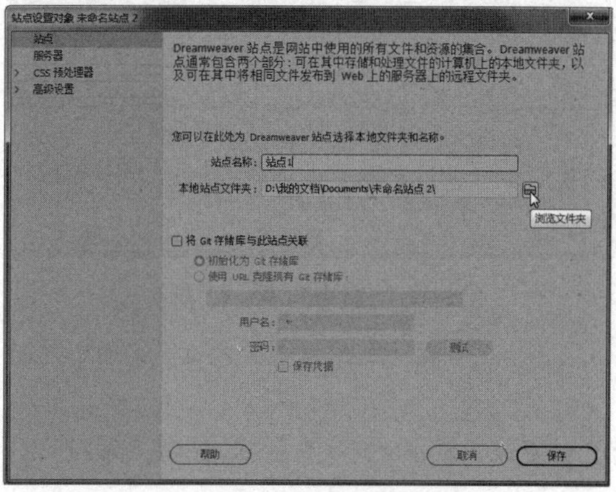

图 1-36　设置站点名称

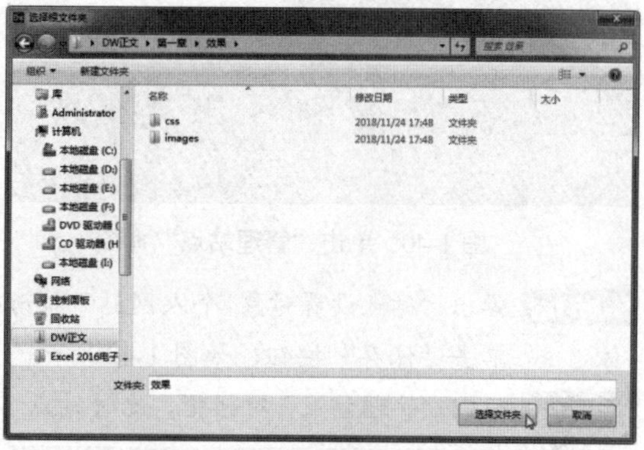

图 1-37　选择站点位置

Step 03 返回“站点设置对象 站点 1”对话框，确认当前站点设置无误后单击“保存”按钮，如图 1-38 所示。

Step 04 此时，本地站点创建完成。按【F8】键打开“文件”面板，从中可以查看站点文件夹中的所有文件和子文件夹，如图 1-39 所示。

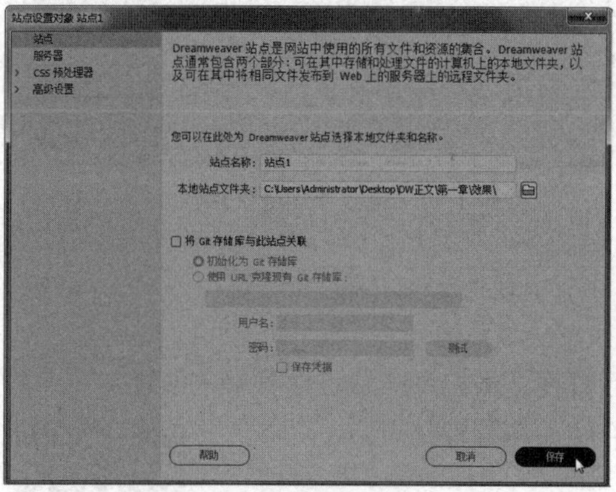

图 1-38　查看站点信息

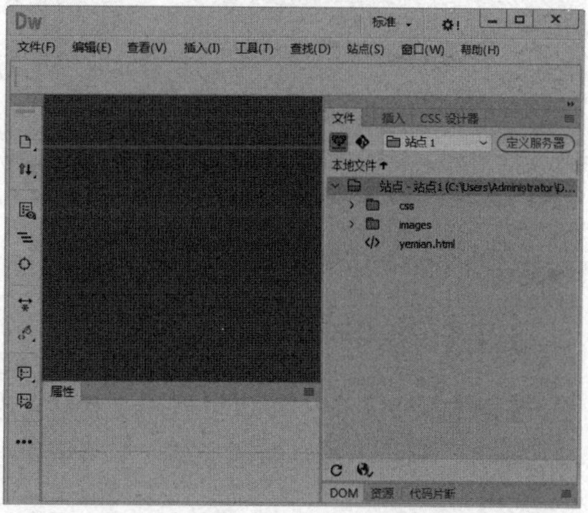

图 1-39　在“文件”面板中查看站点

1.3.2　编辑站点

通过编辑站点可以实现对站点信息的修改，具体操作方法如下。

Step 01 在菜单栏中单击“站点”|“管理站点”命令，如图 1-40 所示。

Step 02 弹出“管理站点”对话框，选择需要编辑的站点，然后单击“编辑当前选定的站点”按钮，如图 1-41 所示。

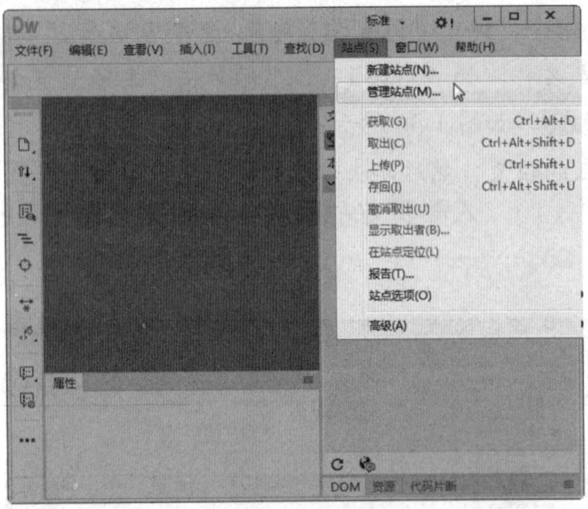

图 1-40　单击“管理站点”命令

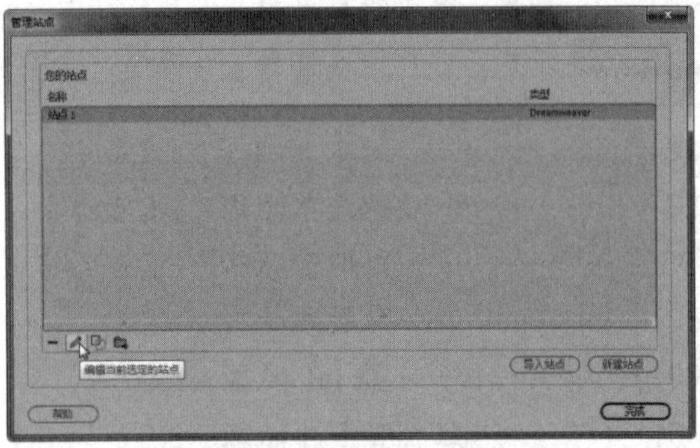

图 1-41　“管理站点”对话框

Step 03 弹出“站点设置对象 个人网站”对话框，在“站点名称”文本框中输入站点名称，然后单击“保存”按钮，如图 1-42 所示。

Step 04 返回“管理站点”对话框，此时站点名称已经更改，单击“完成”按钮，如图 1-43 所示。

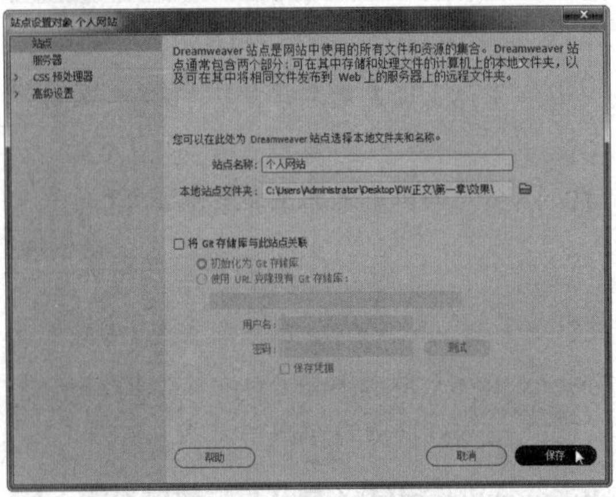

图 1-42　更改站点名称

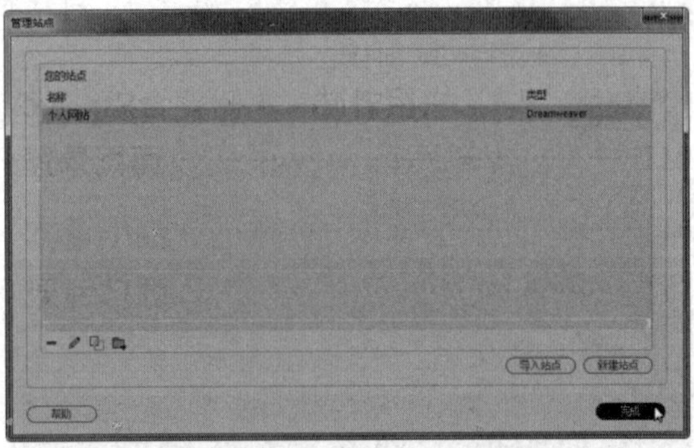

图 1-43　单击“完成”按钮

1.3.3　管理站点

创建站点后，用户可以根据需要对站点进行管理，例如，在站点根目录中创建文件夹并添加文件，删除不需要的站点等。下面将详细介绍如何管理站点。

1．创建文件夹并添加文件

根据网站规划的需要，用户可以在站点中创建文件夹并添加文件，具体操作方法如下。

Step 01 在“站点”根目录上右击，在弹出的快捷菜单中选择“新建文件夹”命令，如图 1-44 所示。

Step 02 此时，在站点根目录下创建了一个名为 untitled 文件夹，文件名称处于可编辑状态，如图 1-45 所示。

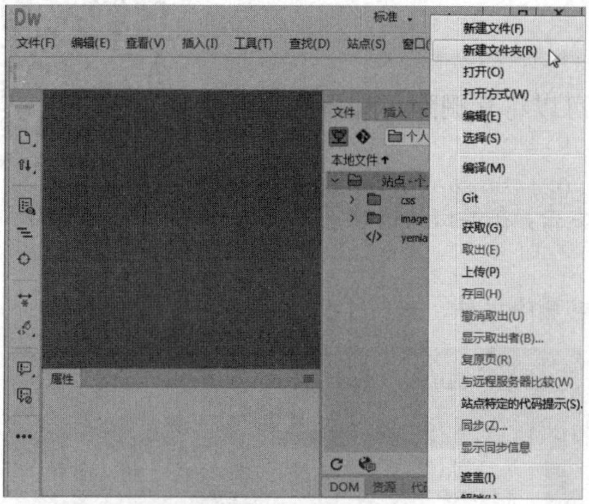

图 1-44 选择“新建文件夹”命令

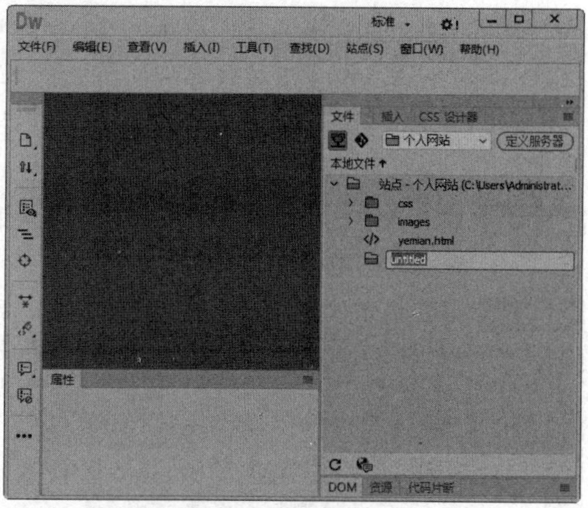

图 1-45 新建文件夹

Step 03 输入文件夹名称，如 test，并按【Enter】键确认，如图 1-46 所示。

Step 04 右击 test 文件夹，在弹出的快捷菜单中选择“新建文件”命令，如图 1-47 所示。

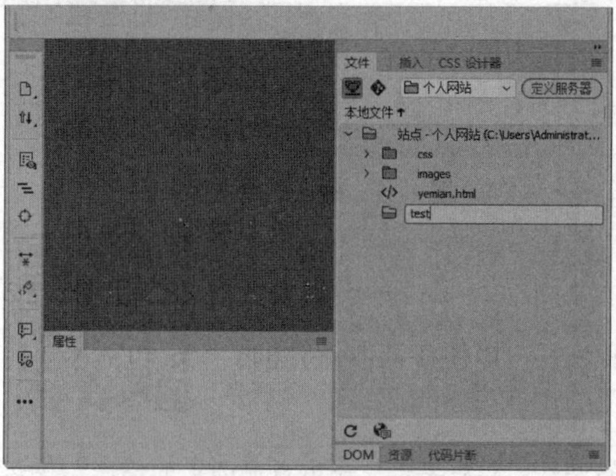

图 1-46 修改文件夹名称

图 1-47 选择“新建文件”命令

Step 05 此时，在文件夹下创建了一个名为 untitled 的网页文件，将文件名称修改为 test.html，如图 1-48 所示。

Step 06 在“文件”面板中双击 test.html 文件，即可将其打开，如图 1-49 所示。

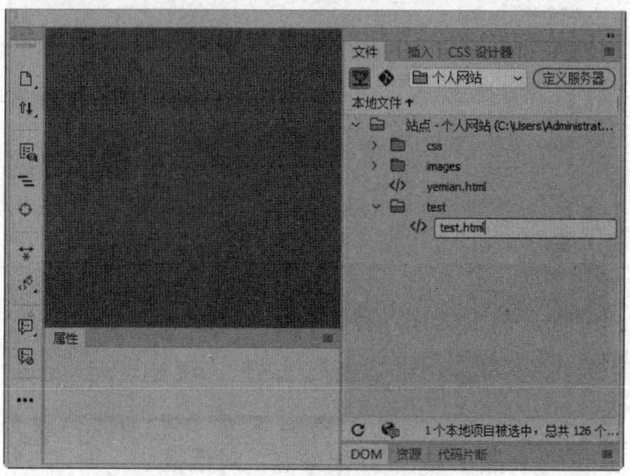

图 1-48 修改文件名称

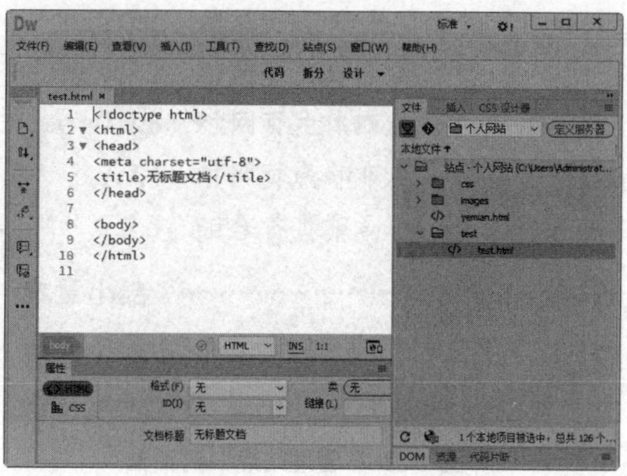

图 1-49 打开网页文件

2．删除文件和文件夹

当站点中不再需要某个文件或文件夹时，可以将其删除，具体操作方法如下。

Step 01 在站点中选择不需要的文件或文件夹并右击，在弹出的快捷菜单中选择“编辑”|“删除”命令，如图 1-50 所示。

Step 02 弹出提示信息框，单击“是”按钮，即可删除文件，如图 1-51 所示。

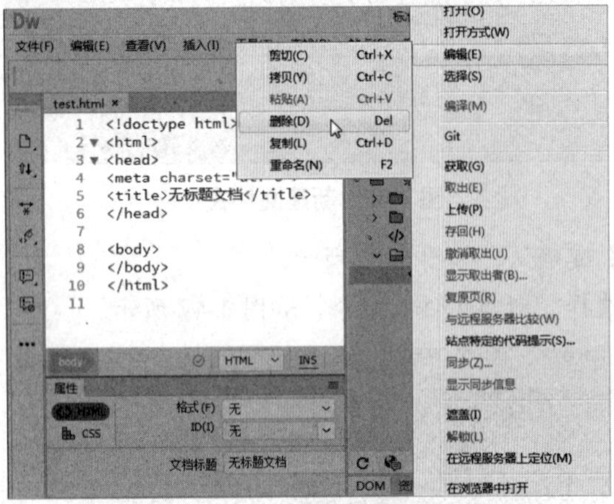

图 1-50 选择“删除”命令

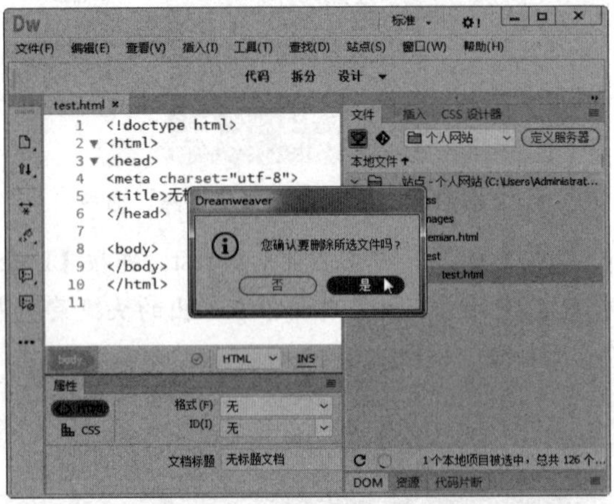

图 1-51 确认删除文件

3．导出和导入站点

利用导出和导入功能可以对站点进行备份和恢复，以便在其他计算机上对站点进行编辑，具体操作方法如下。

Step 01 打开“管理站点”对话框，选择要导出的站点，然后单击“导出当前选定的站点”按钮，如图 1-52 所示。

Step 02 弹出“导出站点”对话框，选择保存位置，然后单击“保存”按钮，即可导出站点，如图 1-53 所示。

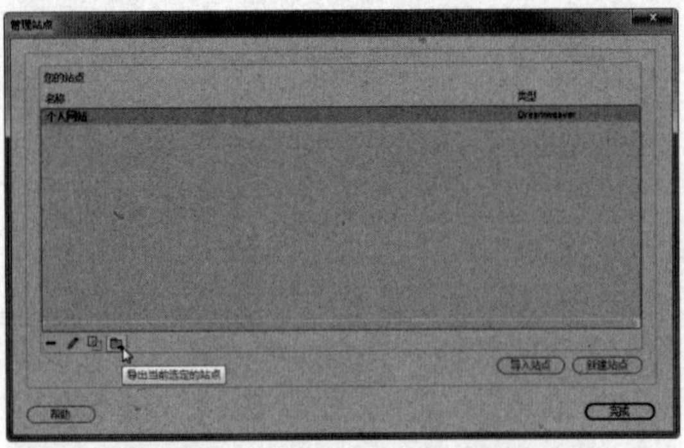

图 1-52 “管理站点”对话框

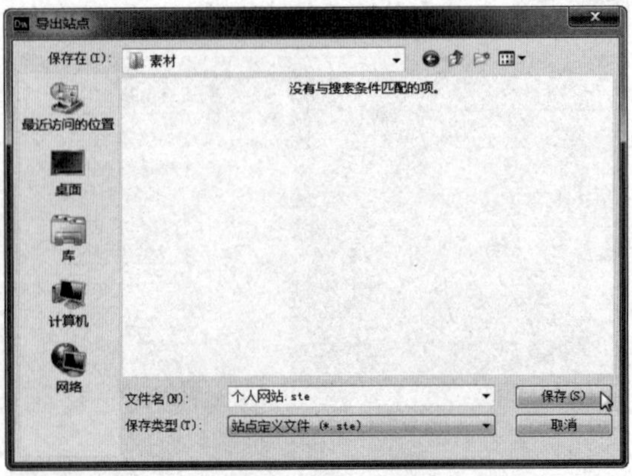

图 1-53 “导出站点”对话框

Step 03 返回“管理站点”对话框，单击“完成”按钮，如图 1-54 所示。

Step 04 打开站点保存位置，即可看到保存的站点文件，如图 1-55 所示。

图 1-54 单击“完成”按钮

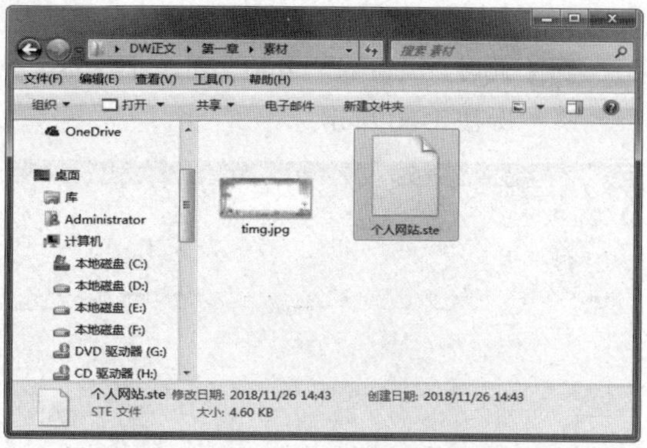

图 1-55 查看站点文件

Step 05 若要导入站点，则打开“管理站点”对话框，单击“导入站点”按钮，如图 1-56 所示。

Step 06 弹出“导入站点”对话框，选择要导入的站点文件，然后单击“打开”按钮，如图 1-57 所示。

图 1-56 单击“导入站点”按钮

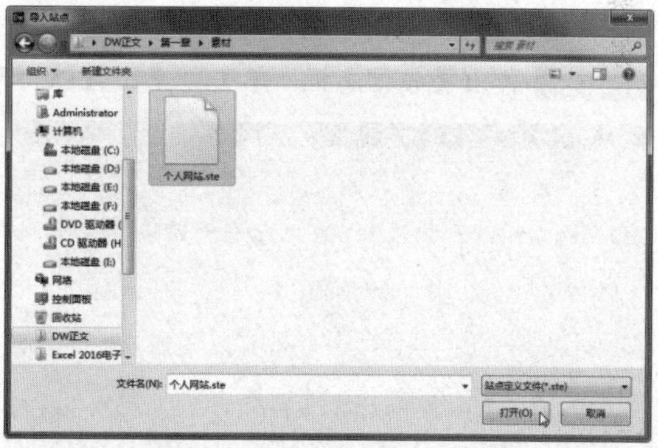

图 1-57 “导入站点”对话框

Step 07 此时，即可导入站点，单击“完成”按钮，如图 1-58 所示。

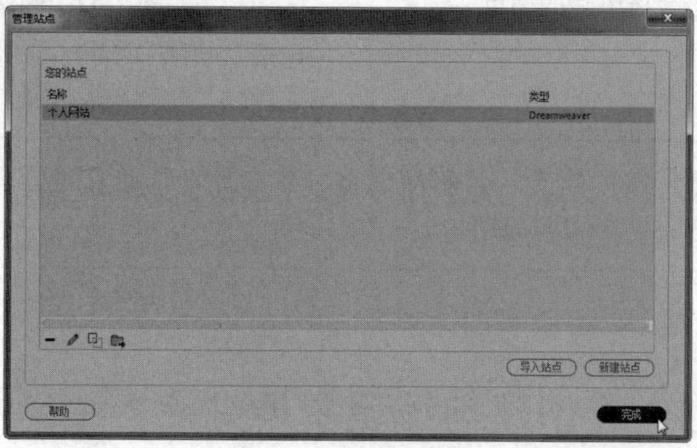

图 1-58 导入站点

4. 复制和删除站点

除了导出和导入站点外，用户还可以对站点进行复制和删除操作，具体操作方法如下。

Step 01 打开“管理站点”对话框，选择要复制的站点，然后单击“复制当前选定的站点”按钮，如图 1-59 所示。

Step 02 此时，就会在“名称”列表中显示复制的站点，单击“完成”按钮，完成站点复制操作，如图 1-60 所示。

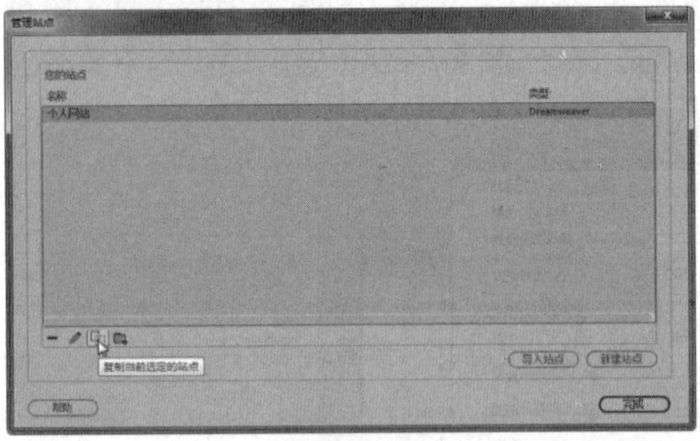

图 1-59　单击“复制当前选定的站点”按钮

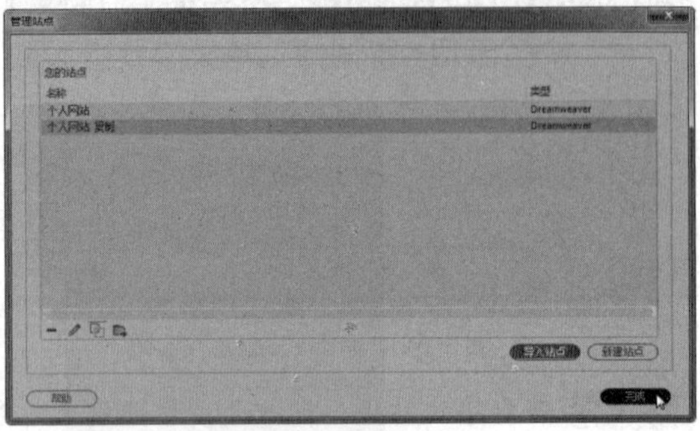

图 1-60　复制站点

Step 03 若要进行删除站点操作，则先选择要删除的站点，然后单击“删除当前选定的站点”按钮，如图 1-61 所示。

Step 04 弹出警告信息框，单击“是”按钮，即可删除站点，如图 1-62 所示。

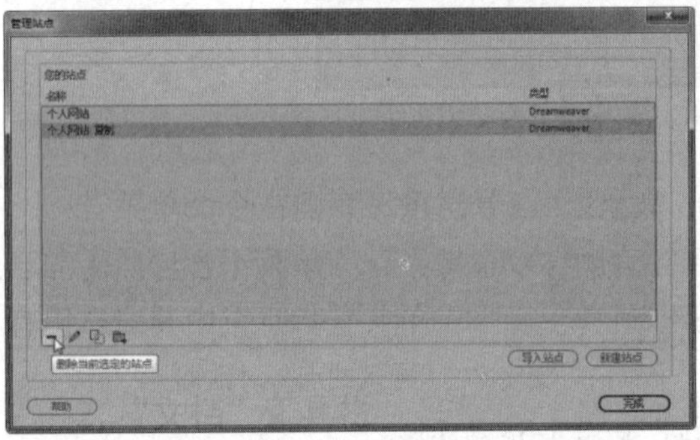

图 1-61　选择要删除的站点

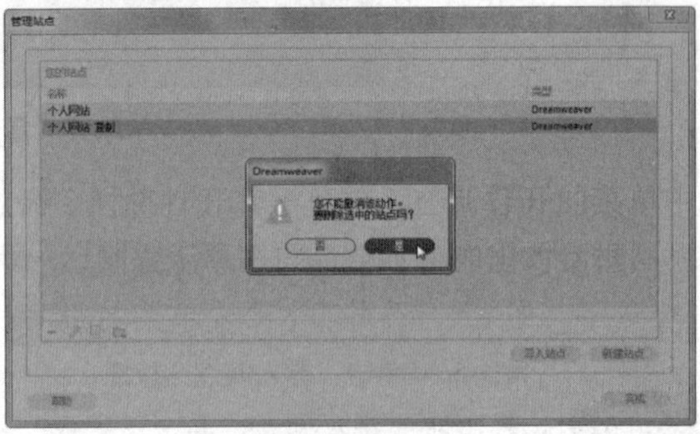

图 1-62　确认删除站点

课堂解疑

使用站点可以防止链接的断开，若移动或重命名文件，在站点范围内将自动更新文件。此外，在站点内便于进行查找和替换操作。

1.4 综合实例——创建与编辑本地站点

下面从网络上下载网页模板，并将其作为本地站点进行创建和管理，具体操作方法如下。

Step 01 打开“模板之家”网站，从中找到所需的网站模板，然后单击“免费下载”按钮，如图 1-63 所示。

Step 02 将下载的文件进行解压和重命名，并将其保存到相应的位置，如图 1-64 所示。

图 1-63　下载网页模板

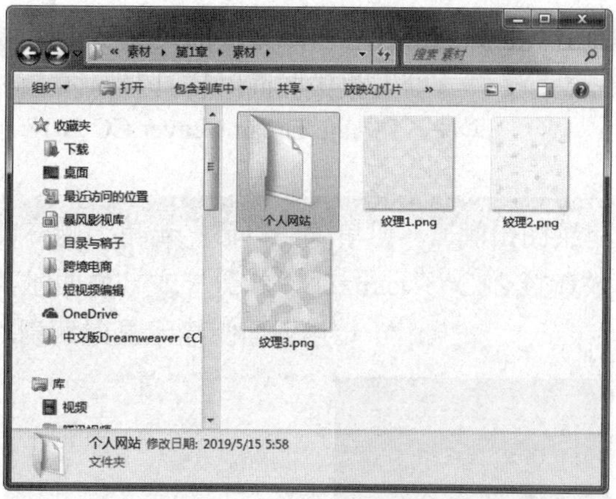

图 1-64　保存网页模板

Step 03 在菜单栏中单击“站点”|“新建站点”命令，如图 1-65 所示。

Step 04 在弹出的“站点设置对象”对话框中输入站点名称，然后单击“本地站点文件夹”文本框右侧的“浏览文件夹”按钮，如图 1-66 所示。

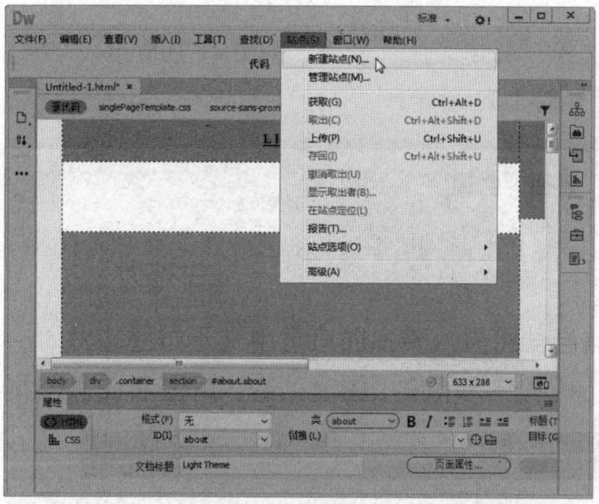

图 1-65　单击“新建站点”命令

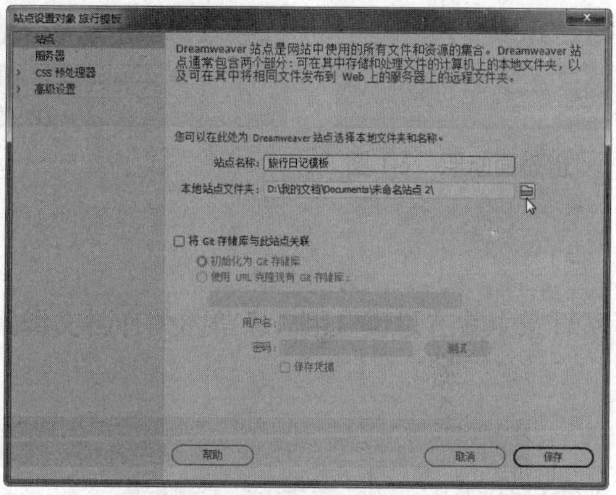

图 1-66　输入站点名称

Step 05 在弹出的对话框中选择下载的网页模板文件夹，然后单击“选择文件夹”按钮，如图 1-67 所示。

图 1-67　选择站点保存位置

Step 06 返回“站点设置对象”对话框，单击“保存”按钮，如图 1-68 所示。

Step 07 按【F8】键打开“文件”面板，查看站点中的文件夹结构和网页文件。双击 index.html 文件，即可在 Dreamweaver CC 2018 中将其打开，如图 1-69 所示。

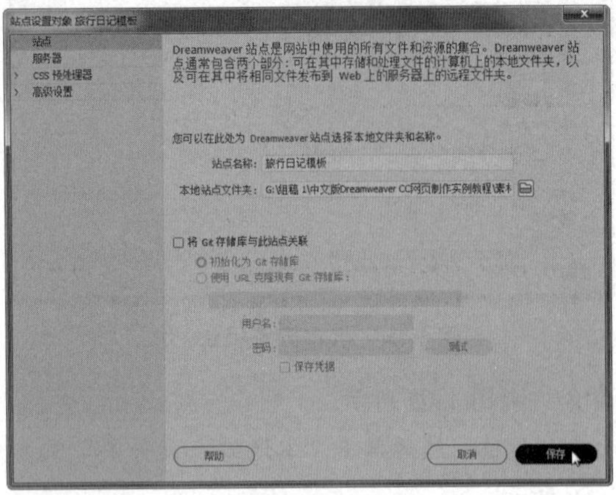

图 1-68　单击“保存”按钮

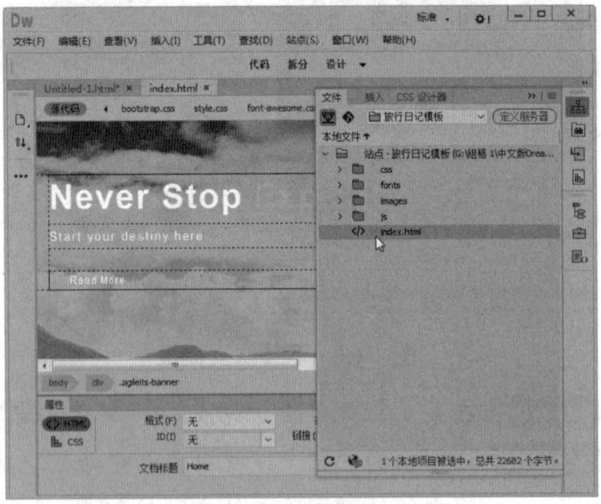

图 1-69　打开网页

Step 08 选择站点并右击，在弹出的快捷菜单中选择“新建文件”命令，如图 1-70 所示。

Step 09 将新建的网页文件重命名为 about.html，如图 1-71 所示。

图 1-70　选择“新建文件”命令

图 1-71　重命名网页文件

Step 10 在站点中右击 index.html 文件，在弹出的快捷菜单中选择“编辑”|“复制”命令，或者直接按【Ctrl+D】组合键，如图 1-72 所示。

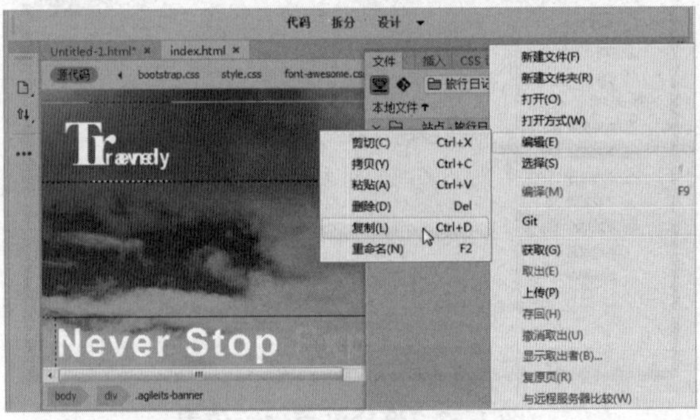

图 1-72　选择“复制”命令

Step 11 此时，即可复制 index.html 网页文件。按【F2】键，将复制的网页文件重命名为“index-备份.html”，如图 1-73 所示。

Step 12 在菜单栏中单击“站点”|“管理站点”命令，如图 1-74 所示。

图 1-73 重命名网页文件

图 1-74 单击“管理站点”命令

Step 13 选择站点，然后单击“导出当前选定的站点”按钮，如图 1-75 所示。

Step 14 弹出“导出站点”对话框，选择导出位置，然后单击“保存”按钮，即可导出站点，如图 1-76 所示。

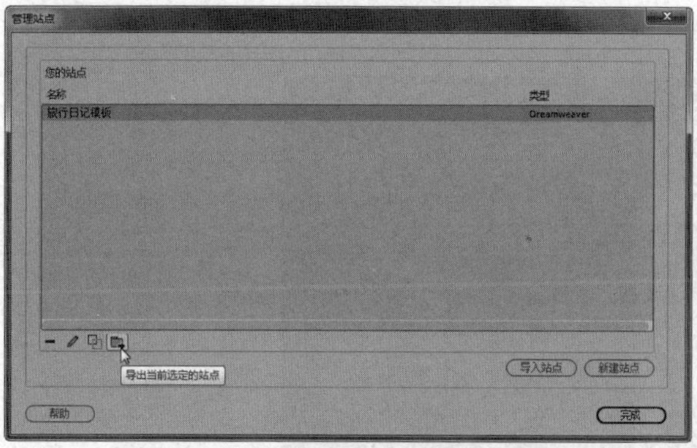

图 1-75 选择导出站点

图 1-76 “导出站点”对话框

本章小结

通过本章的学习，读者应重点掌握以下知识：

（1）Dreamweaver CC 2018 工作界面的组成，包括菜单栏、文档工具栏、文档窗口、“属性”面板和浮动面板等。

（2）新建网页文档，设置页面外观属性，设置页面标题/编码属性。

（3）在 Dreamweaver CC 2018 首选项中设置“常规”“字体”“界面”等选项。

（4）创建站点、编辑站点和管理站点。

课后习题

一、选择题

1. 在页面属性的“外观（CSS）”选项中，不包括下列哪项设置？（　）

A．标题字体　　　　B．文本颜色

C．背景颜色　　　　D．页边距

2. 在“管理站点”对话框中，不可以进行哪项操作？（　）

A．复制站点　　　　B．删除站点

C．导出站点　　　　D．重命名站点

二、填空题

1.“文档”工具栏主要用于文档在不同视图模式间的快速切换，包括________、________、________和________4 个视图按钮。

2．利用________和________功能可以对站点进行备份和恢复。

3．在管理站点文件时，按________组合键可以复制文件，按________键可以重命名文件。

三、实操题

请运用本章所学知识，创建 mysite 站点，新建网页文档，并设置页面外观属性，如图 1-77 所示。

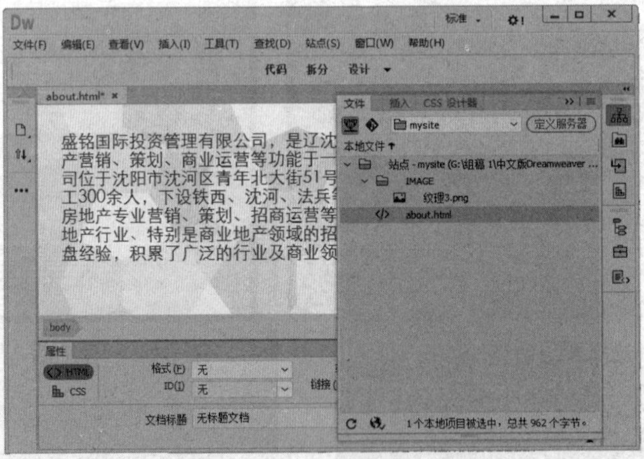

图 1-77　设置页面外观属性

操作提示：

（1）创建站点文件夹，并将纹理素材放到 images 文件夹下。

（2）新建 mysite 站点，并将其保存到站点文件夹下。

（3）新建 about.html 文件，输入文字，然后设置页面外观属性，如文本格式、背景图片、页边距等。

第 2 章 插入网页基本对象

【学习目标】

- 掌握在网页中插入文本元素的方法。
- 掌握在网页中插入图像的方法。
- 掌握在网页中插入超链接并设置属性的方法。

文本、图像和超链接是网页中不可或缺的重要组成部分。文字是最基本的信息载体，文字样式要符合网页风格，以便浏览者阅读；图像不仅能够表达丰富的信息，还能增强网页的观赏性；超链接则可以将网页元素与其他网页、站点、图片、文件等进行链接，组成完整的网站。本章将学习如何插入网页基本对象。

2.1 在网页中插入文本元素

下面详细介绍如何在网页中添加与设置文本，以及如何插入日期、水平线或特殊符号等。

2.1.1 添加与设置文本

在网页中添加文本是网页制作最基本的操作，下面介绍如何在网页中添加文本，以及如何设置文本样式。

1．在网页中添加文本

在网页中添加文本的具体操作方法如下。

Step 01 打开“素材文件\第 2 章\linshi\index.html”，将光标置于要输入文本的位置，如图 2-1 所示。

Step 02 在光标所在的位置输入需要的文本，效果如图 2-2 所示。

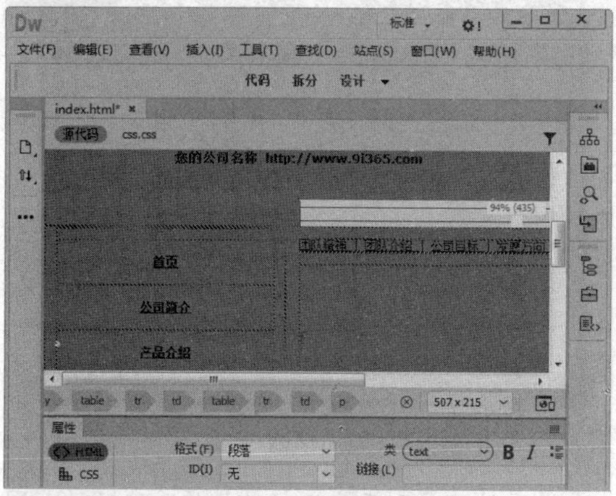

图 2-1　定位光标

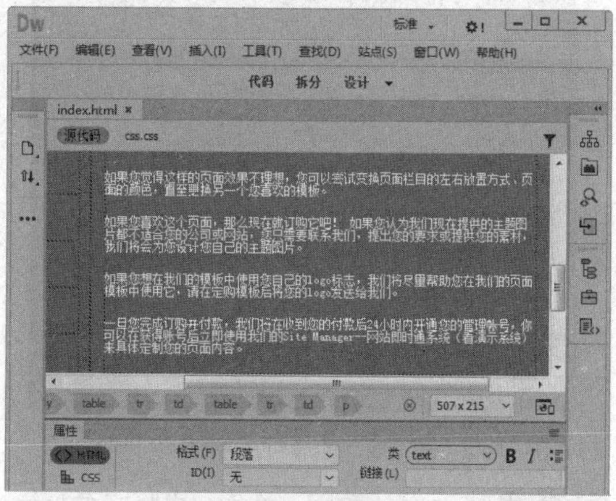

图 2-2　输入文本

2. 设置文本字体属性

在网页中输入文本后，可以在“属性”面板中对文本的大小、字体、颜色等进行设置。设置文本字体属性的具体操作方法如下。

Step 01 在“属性”面板中单击 CSS 按钮，如图 2-3 所示。

Step 02 切换到 CSS“属性”面板，在“字体”下拉列表中选择“管理字体”选项，如图 2-4 所示。

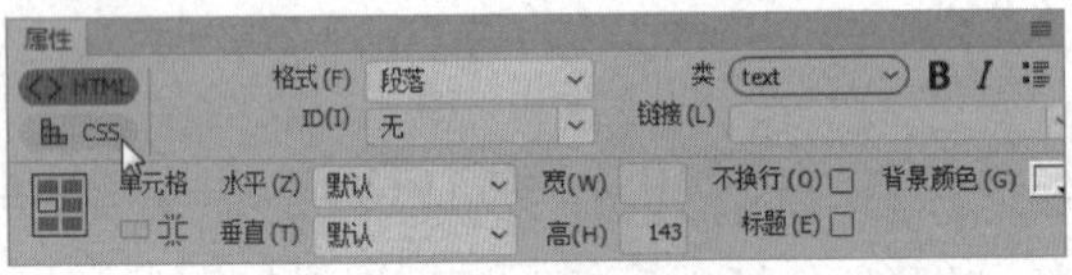

图 2-3 单击“CSS”按钮

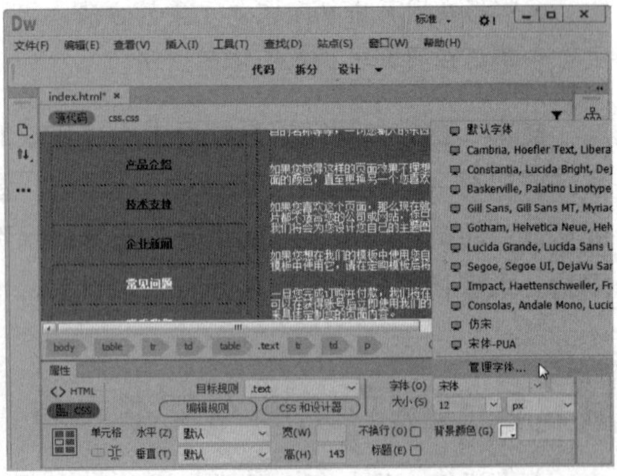

图 2-4 选择“管理字体”选项

Step 03 弹出“管理字体”对话框，选择“自定义字体堆栈”选项卡，在“可用字体”列表框中选择“楷体”选项，然后单击 << 按钮，如图 2-5 所示。

Step 04 此时，即可将“楷体”字体添加到左侧的“选择的字体”列表中，然后单击“完成”按钮，如图 2-6 所示。

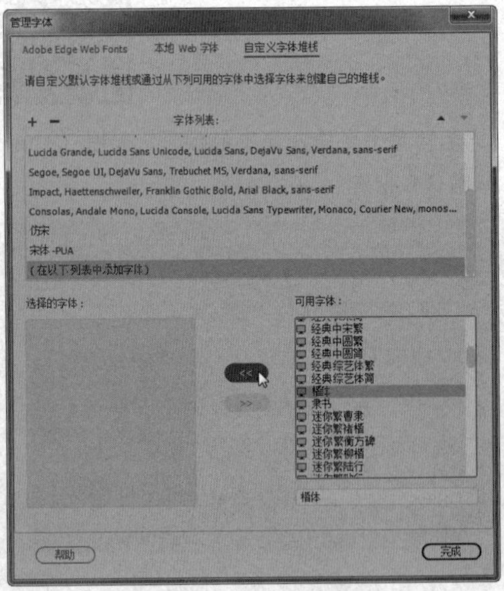

图 2-5 选择可用字体

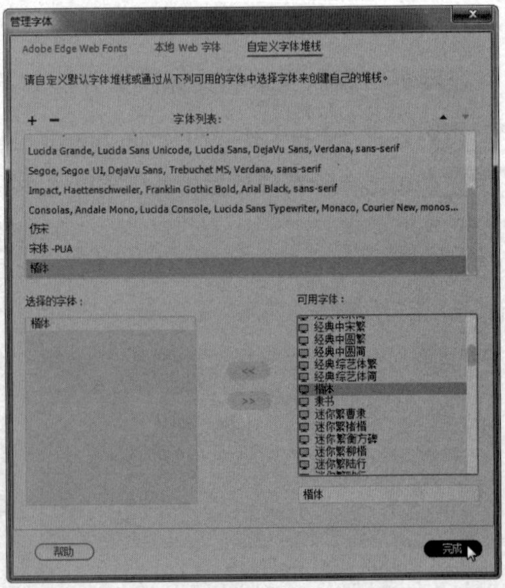

图 2-6 添加字体

Step 05 返回文档窗口，单击“字体”下拉按钮，在弹出的下拉列表中选择“楷体”选项，如图 2-7 所示。

Step 06 此时，所插入文本的字体就会变为楷体，效果如图 2-8 所示。

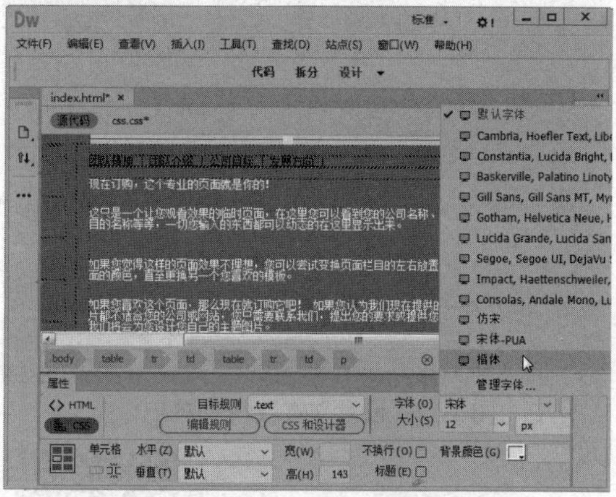

图 2-7　选择“楷体”选项

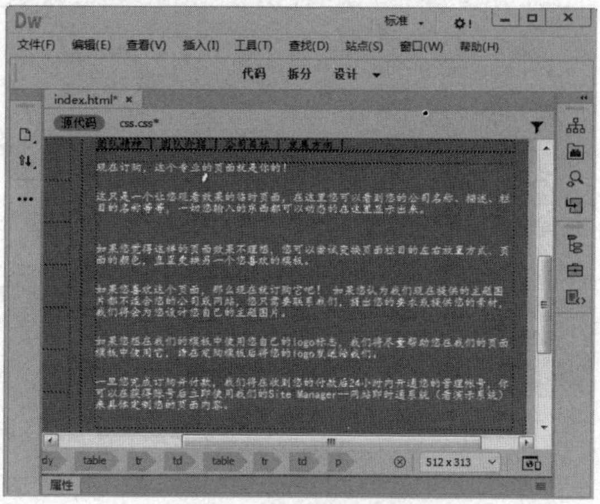

图 2-8　修改字体效果

3. 设置文本大小

在网页制作过程中，中文字体一般都使用“宋体”，文本大小要根据内容的布局来进行设置。设置文本大小的具体操作方法如下。

Step 01 选择需要设置大小的文本，在“属性”面板中的“大小”下拉列表中选择字号，如图 2-9 所示。

Step 02 此时，所选文本的大小就会改变，效果如图 2-10 所示。

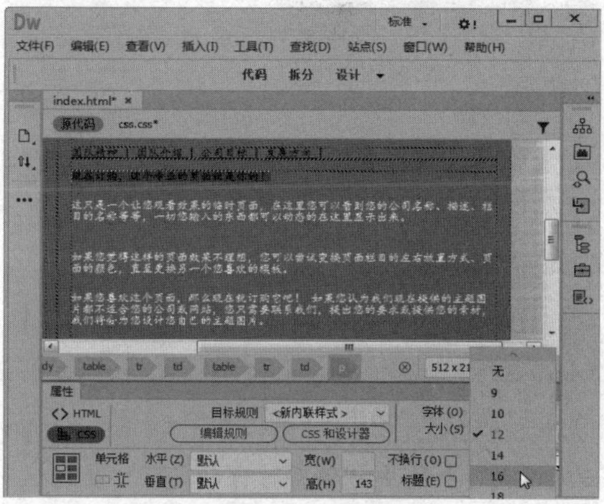

图 2-9　选择字号

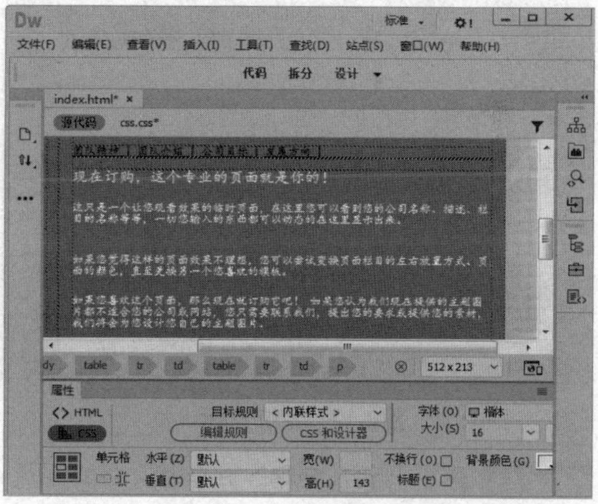

图 2-10　文本效果

4. 设置文本颜色

通过修改网页文本的颜色，可以让网页更加美观。设置文本颜色的具体操作方法如下。

Step 01 选择要设置颜色的文本，在“属性”面板中单击“文本颜色”按钮，在拾色器面板中选择需要的颜色，如图 2-11 所示。

Step 02 此时文本颜色就会变为所选的颜色，效果如图 2-12 所示。

图 2-11　设置文本颜色

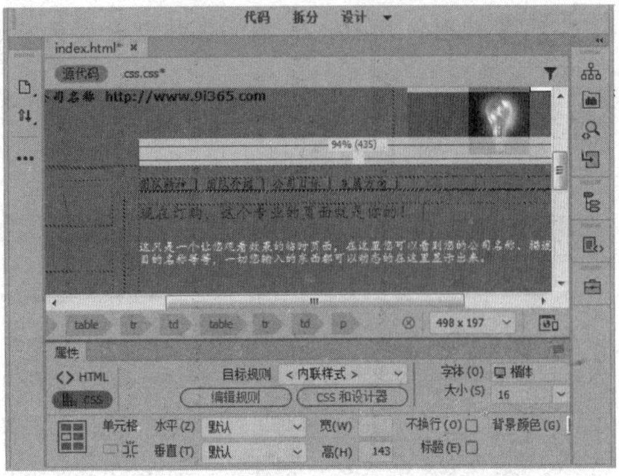

图 2-12　设置文本颜色效果

2.1.2　插入日期

Dreamweaver CC 2018 提供了插入日期的命令，同时提供了日期更新选项。在网页中插入日期的具体操作方法如下。

Step 01 打开“素材文件\第 2 章\xiaozhan\index.html”，将光标置于要输入日期的位置，如图 2-13 所示。

Step 02 在菜单栏中单击“插入” | “HTML” | “日期” 命令，如图 2-14 所示。

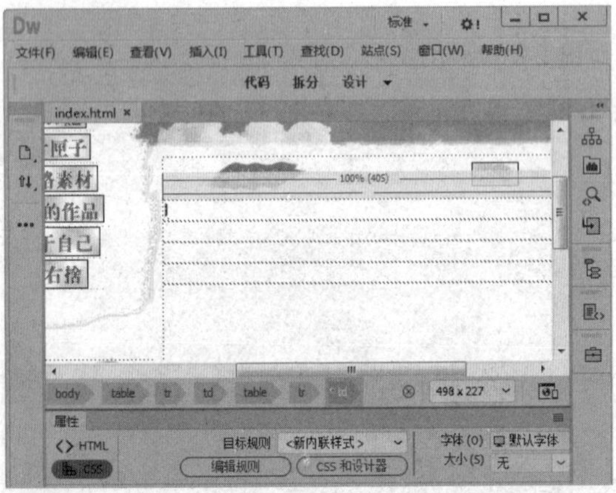

图 2-13　定位光标

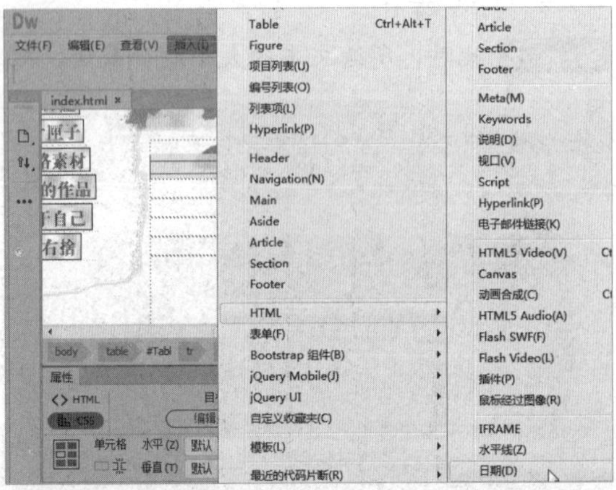

图 2-14　单击“日期”命令

Step 03 弹出“插入日期”对话框，选择所需的日期格式，并选中“储存时自动更新”复选框，然后单击“确定”按钮，如图 2-15 所示。

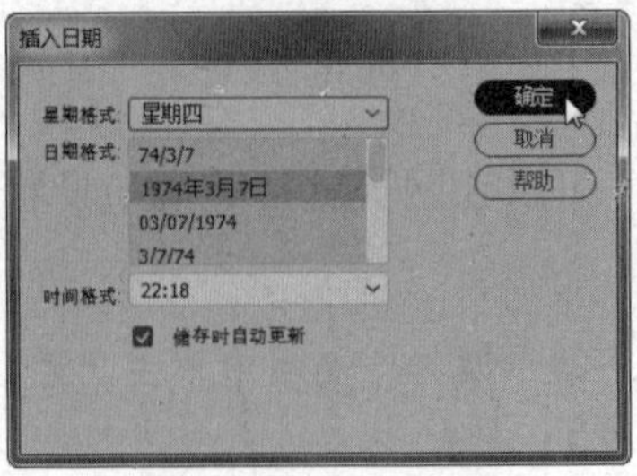

图 2-15　选择日期格式

Step 04 此时，即可在光标位置插入当前日期，该日期与电脑的当前日期一致，如图 2-16 所示。

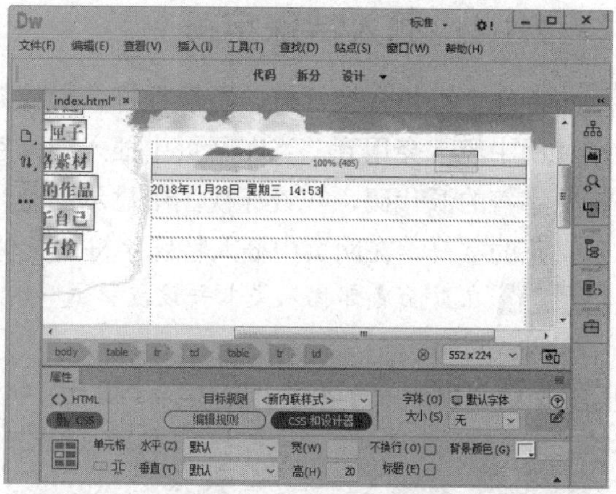

图 2-16　插入日期

2.1.3　插入水平线

在制作网页时经常会用到水平线，主要用于分隔文档内容，使网页文档的排版更加合理。在网页中插入水平线的具体操作方法如下。

Step 01 将光标定位到要插入水平线的位置，如图 2-17 所示。

Step 02 在菜单栏中单击“插入”|“HTML”|“水平线”命令，如图 2-18 所示。

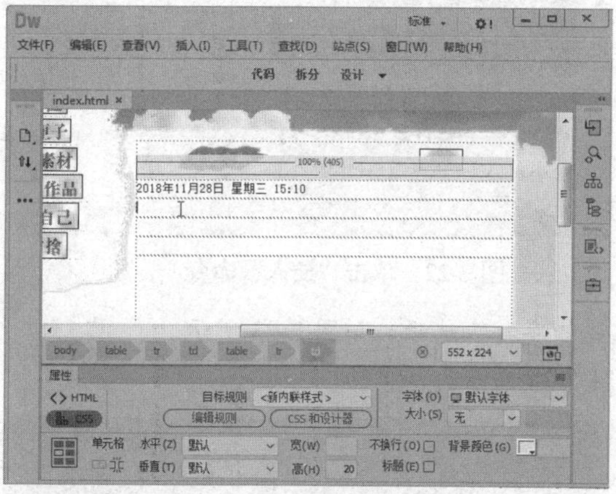

图 2-17　定位光标

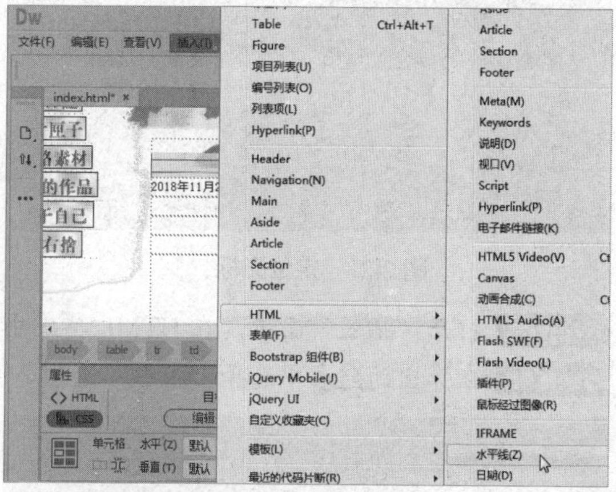

图 2-18　单击“水平线”命令

Step 03 此时，即可在光标位置插入一条水平线，效果如图 2-19 所示。

Step 04 选择水平线，在“属性”面板中可以设置水平线的宽度、高度、对齐方式和阴影等属性，如图 2-20 所示。

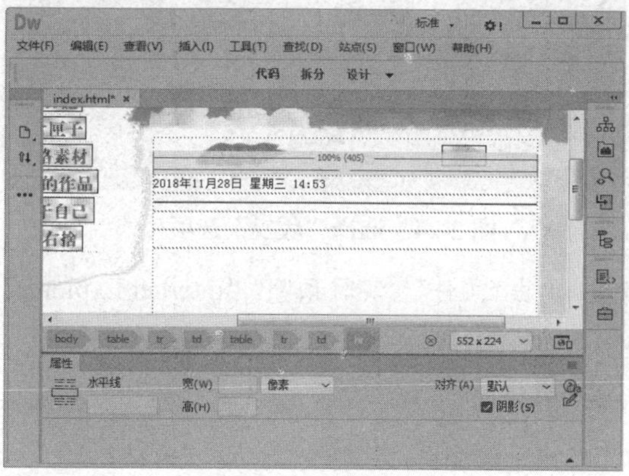

图 2-19　插入水平线

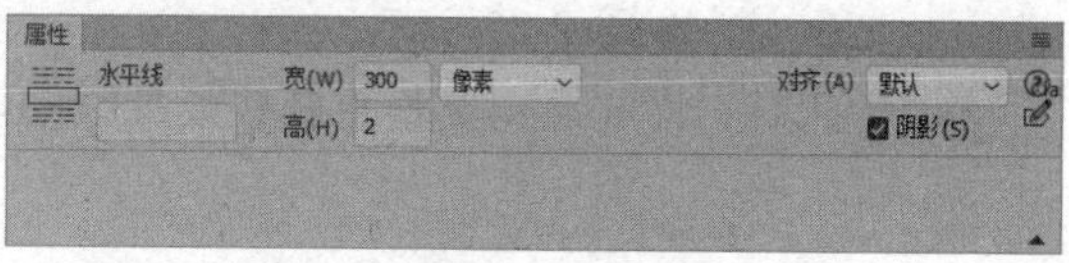

图 2-20　设置水平线属性

2.1.4 插入特殊字符

特殊字符包含换行符、不换行符、版权信息和注册商标等，这在网页制作过程中经常会用到。当在网页中插入特殊字符时，在代码视图中显示的是特殊字符的源代码，在设计视图中显示的是一个标志，只有在浏览器中才显示真正的字符。在网页中插入特殊字符的具体操作方法如下。

Step 01 在页面底部插入文本并设置格式，然后将光标置于要插入特殊字符的位置，如图 2-21 所示。

Step 02 在菜单栏中单击“窗口”|“插入”命令，如图 2-22 所示。

图 2-21 定位光标

图 2-22 单击“插入”命令

Step 03 打开“插入”面板，在 HTML 类别中选择“字符”选项，如图 2-23 所示。

Step 04 在弹出的列表中选择“版权”选项，如图 2-24 所示。

图 2-23 选择“字符”选项

图 2-24 选择“版权”选项

Step 05 此时，即可将版权符号插入到光标所在位置。单击“文件”|“实时预览”|“Internet Explorer”命令，如图 2-25 所示。

Step 06 此时，即可在浏览器中预览效果，如图 2-26 所示。

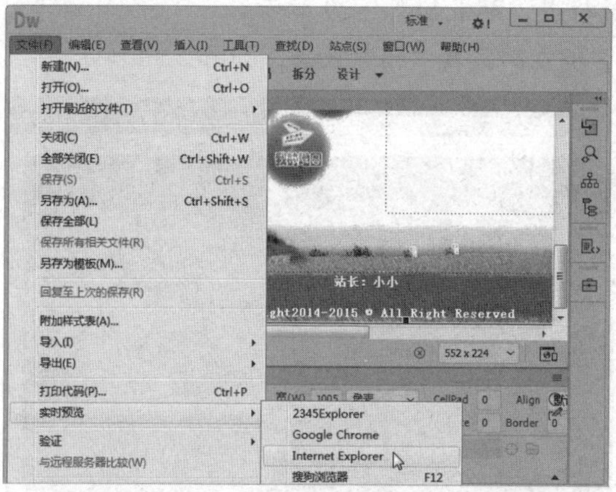

图 2-25　单击“Internet Explorer”命令

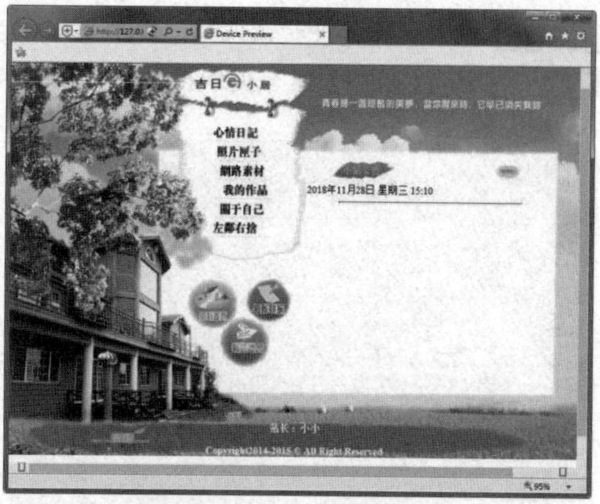

图 2-26　预览效果

2.2　在网页中插入图像

网页中的图像格式通常包括 3 种，即 GIF 格式、JPEG 格式和 PNG 格式。目前，GIF 格式和 JPEG 格式是网页中常见的图像格式，PNG 格式是一种网络专用图像，它兼顾了前两者的优点。下面将介绍如何在网页中插入并设置图像。

2.2.1　插入网页图像

在使用网页图像前，一定要精心选择图像，然后运用图像处理软件对其进行美化，并设置好图像尺寸，否则随意插入的图像可能不够美观。下面详细介绍如何在网页中插入图像，具体操作方法如下。

Step 01 打开“素材文件\第 2 章\guanggao\index.html”，将光标置于要插入图像的位置，然后在“插入”面板的 HTML 类别中选择“Image”选项，如图 2-27 所示。

Step 02 弹出“选择图像源文件”对话框，选择要插入的图像，然后单击“确定”按钮，如图 2-28 所示。

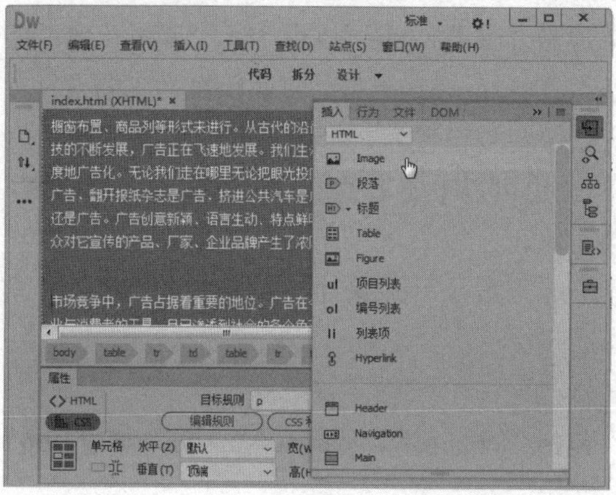

图 2-27　选择“Image”选项

图 2-28　选择插入图像

Step 03 此时，图像即被插入到文档中光标所在的位置，效果如图 2-29 所示。

Step 04 按【Ctrl+S】组合键保存文档，按【F12】键在浏览器中预览效果，如图 2-30 所示。

图 2-29　插入图像

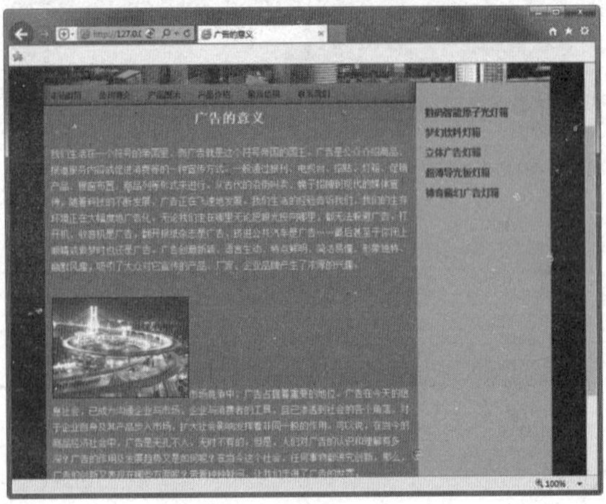

图 2-30　预览效果

2.2.2　设置图像属性

在网页中插入图像后，可以在图像的“属性”面板中对图像的各项参数进行设置，如图 2-31 所示。

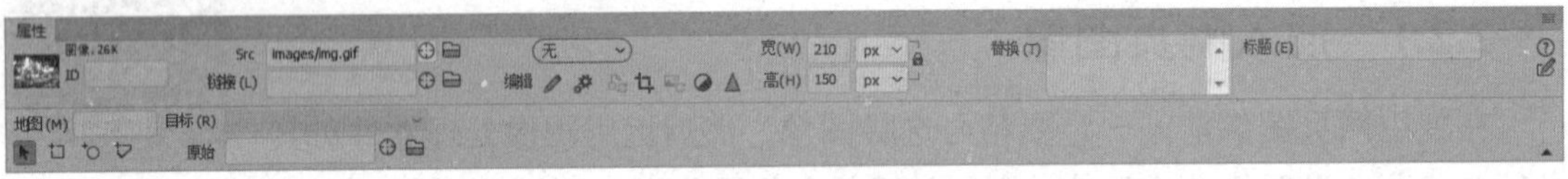

图 2-31　图像属性

在图像“属性”面板中，各参数的具体含义如下。

ID：用于对图像进行命名。

Src：用于设置图像的路径。通常单击“浏览文件”按钮，在弹出的“选择图像源文件”对话框中选择图像文件。

编辑：该选项区中包括多个按钮，利用这些按钮可以对图像进行相应的编辑操作。

宽、高：用于设置图像的宽度和高度，默认单位是“像素”，也可以用“点”“英寸”或“毫米”作为单位。当在文本框中输入其他单位数值时，Dreamweaver 自动将其转换为“像素”。

链接：用于输入图像超链接的 URL 地址，图像会被设置为一个超链接，在浏览器中单击该图像，即可跳转到相应的 URL 地址上。同样，也可以单击右侧的“浏览文件”按钮，在弹出的“选择文件”对话框中选择合适的链接对象。

替换：用于设置图像的替换文字。当浏览器不能正常显示图像时，在图像的位置会用替换文字代替图像。

地图：用于在一幅图像上创建一个或多个链接热区。

目标：用于设置链接时的目标窗口或框架，包括“_blank”“_parent”“_self”和“_top”4 个选项。

_blank：选择该选项，将链接文件载入一个未命名的新浏览器窗口中。

_parent：选择该选项，将链接文件载入含有该链接的框架的父框架集或父窗口中。

_self：将链接的文件载入该链接所在的同一框架或窗口中。

_top：在整个浏览器窗口中载入所链接的文件，因而会删除所有框架。

原始：用于指定网页中暂时先显示一个较低分辨率的图像文件。

标题：用于设置当鼠标指针经过图像上面时显示的提示性文字。

2.2.3 裁剪图像

在 Dreamweaver CC 2018 中可以直接对图像进行裁剪，无须在其他图像编辑软件中进行图像裁剪操作。在网页中裁剪图像的具体操作方法如下。

Step 01 选择要裁剪的图像，在“属性”面板中单击“裁剪”按钮，如图 2-32 所示。

Step 02 拖动图像周围的控制柄，调整裁剪范围，如图 2-33 所示。

图 2-32 单击“裁剪”按钮

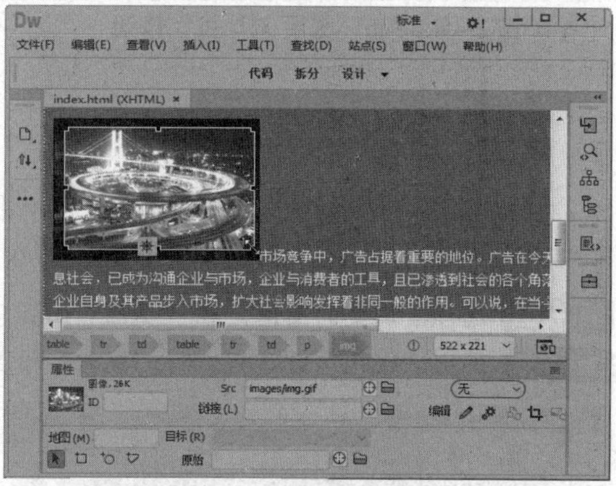

图 2-33 调整裁剪范围

Step 03 调整完成后双击鼠标左键，即可完成图像裁剪操作，如图 2-34 所示。

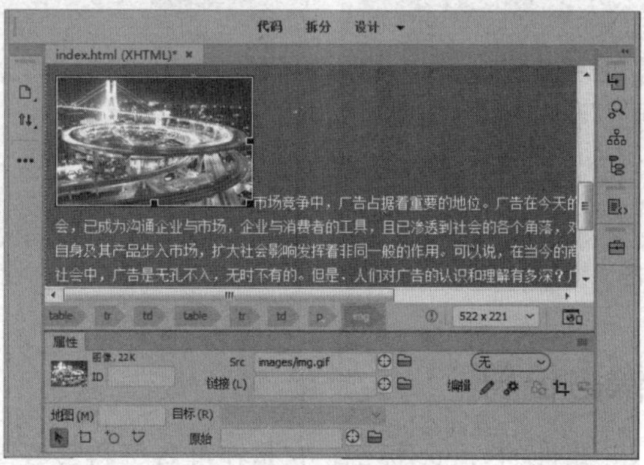

图 2-34 裁剪图像

2.2.4 调整图像的亮度和对比度

在 Dreamweaver CC 2018 中可以直接调整图像的亮度/对比度，具体操作方法如下。

Step 01 选择要调整的图像，在“属性”面板中单击“亮度/对比度”按钮，如图 2-35 所示。

Step 02 将“亮度”设置为-16，“对比度”设置为 10，然后单击“确定”按钮，如图 2-36 所示。

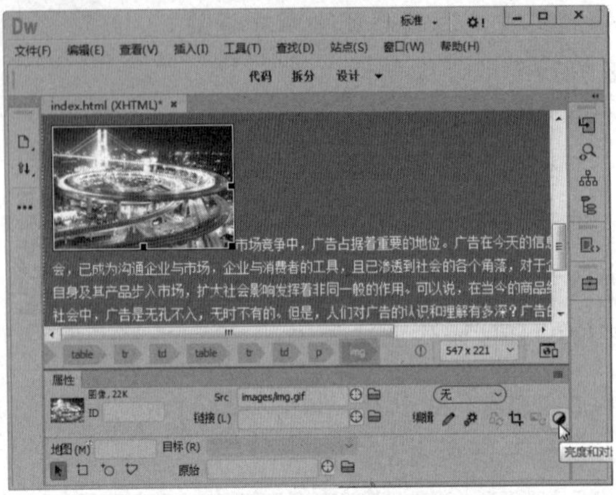

图 2-35　单击“亮度/对比度”按钮

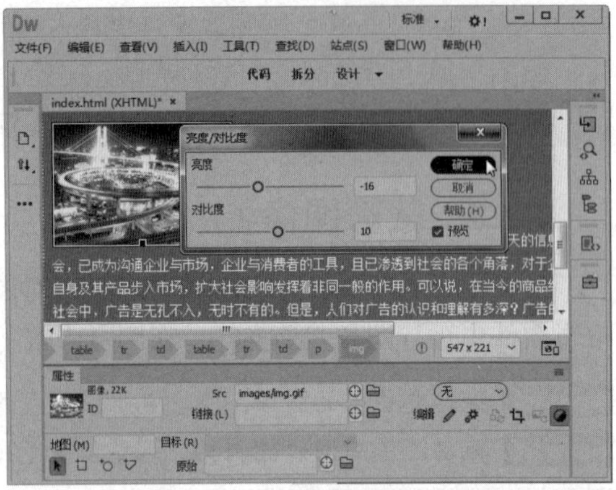

图 2-36　调整亮度和对比度

2.2.5　锐化图像

通过锐化图像可以增加图像边缘像素的对比度，使图像更加清晰。在 Dreamweaver CC 2018 中可以直接锐化图像，具体操作方法如下。

Step 01 选择要调整的图像，在“属性”面板中单击“锐化”按钮，如图 2-37 所示。

Step 02 弹出“锐化”对话框，将“锐化”设置为 3，然后单击“确定”按钮，如图 2-38 所示。

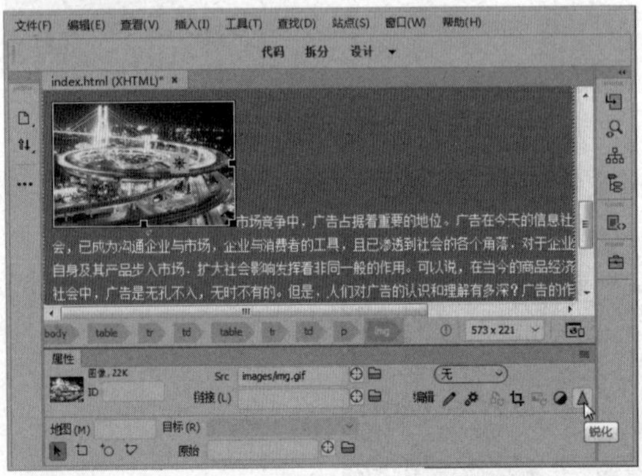

图 2-37　单击“锐化”按钮

图 2-38　设置锐化参数

2.2.6　插入图像占位符

图像占位符是没有 src 属性的<img>标记，它是在准备好将最终图像添加到网页之前使用的图形。用户可以设置占位符的大小和颜色，并为占位符提供文本标签。使用图像占位符是因为在某个网页中暂时找不到合适的图像，先用图像占位符放在最终图像位置上作为替代。在网页中插入图像占位符的具体操作方法如下。

Step 01 打开“素材文件\第 2 章\dichan\main.html”，在“插入”面板的 HTML 类别中选择“Image”选项，如图 2-39 所示。

Step 02 弹出“选择图像源文件”对话框，选择一张图片，然后单击“确定”按钮，如图 2-40 所示。

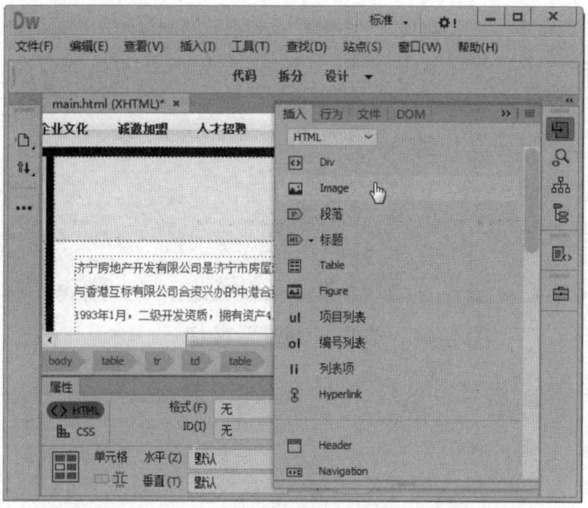

图 2-39　选择“Image”选项

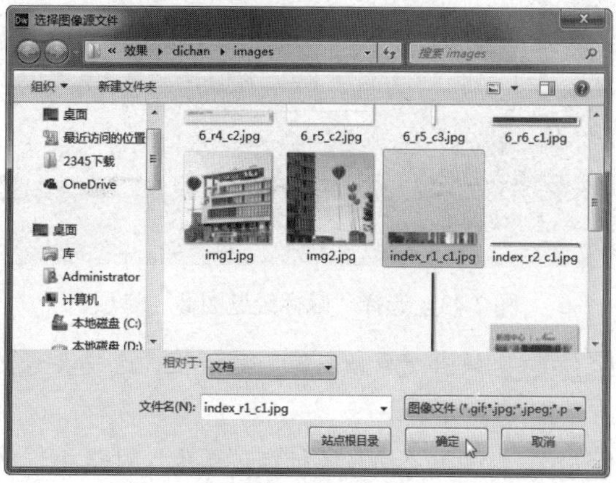

图 2-40　选择图片

Step 03 选择插入的图像，在“属性”面板中清除“Src”文本框中的内容，如图 2-41 所示。

Step 04 此时，插入的图像就会变为图像占位符，显示灰色区域和尺寸大小，在“属性”面板中设置“宽”和“高”，如图 2-42 所示。

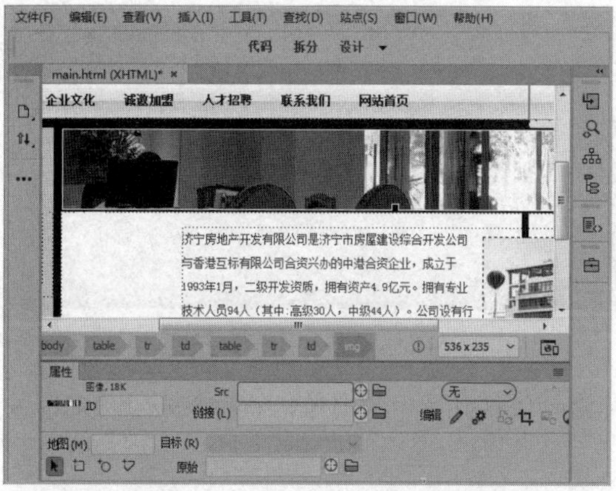

图 2-41　清除“Src”文本框内容

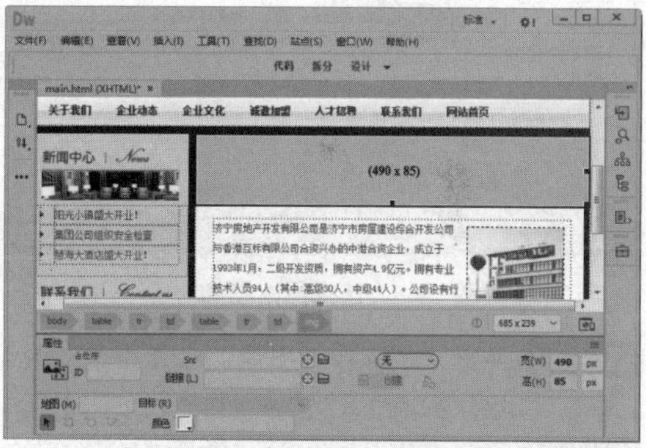

图 2-42　显示图像占位符

2.2.7　创建鼠标经过图像

鼠标经过图像就是当鼠标指针经过图像时，原图像就会变成另一幅图像；当鼠标指针移开时，则恢复为原图像。鼠标经过图像其实是由两幅图像（原始图像和鼠标经过图像）组成的，两张图像的大小应该相等。

在网页中创建鼠标经过图像的具体操作方法如下。

Step 01 将光标置于要插入图像的位置，在“插入”面板的 HTML 类别中选择“鼠标经过图像”选项，如图 2-43 所示。

Step 02 弹出“插入鼠标经过图像”对话框，单击“原始图像”文本框右侧的“浏览”按钮，如图 2-44 所示。

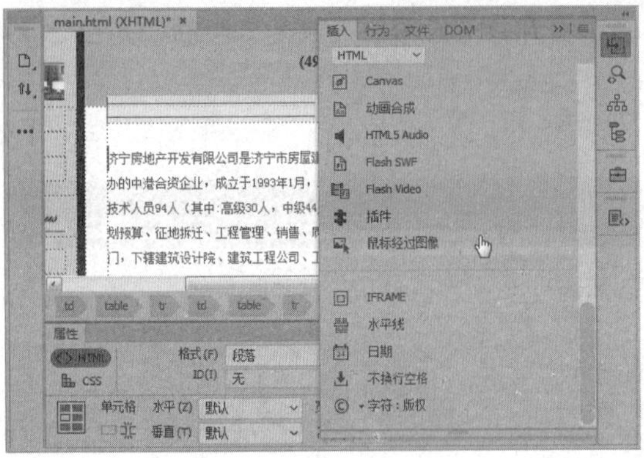

图 2-43　选择“鼠标经过图像”选项

图 2-44　单击“浏览”按钮

Step 03 弹出“原始图像”对话框，选择要设置的原始图像，然后单击“确定”按钮，如图 2-45 所示。

Step 04 返回“插入鼠标经过图像”对话框，单击“鼠标经过图像”文本框右侧的“浏览”按钮，如图 2-46 所示。

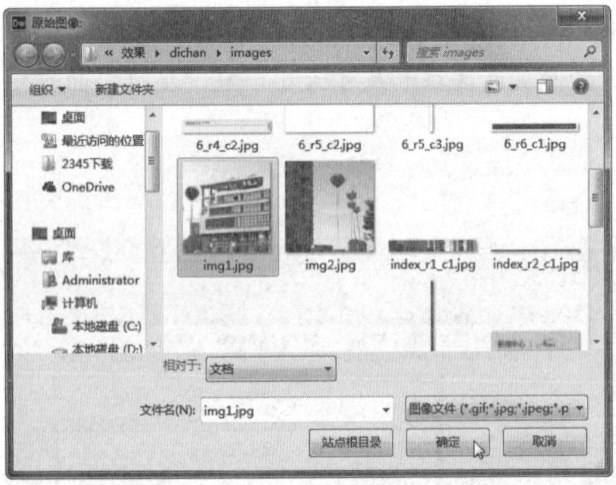

图 2-45　选择原始图像

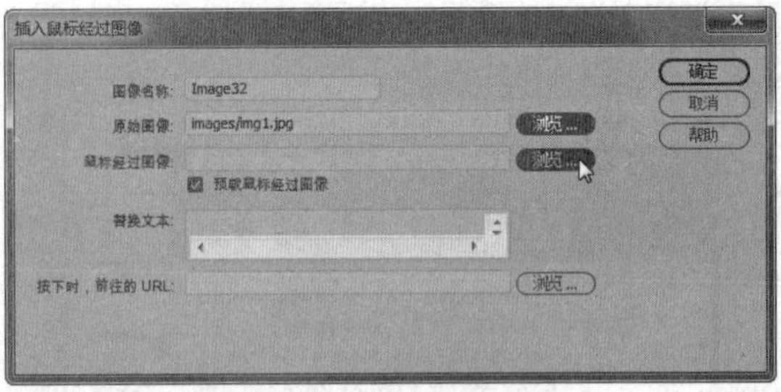

图 2-46　单击“浏览”按钮

Step 05 弹出“鼠标经过图像”对话框，选择鼠标指针经过时显示的图像，然后单击“确定”按钮，如图 2-47 所示。

Step 06 返回“插入鼠标经过图像”对话框，单击“确定”按钮，如图 2-48 所示。

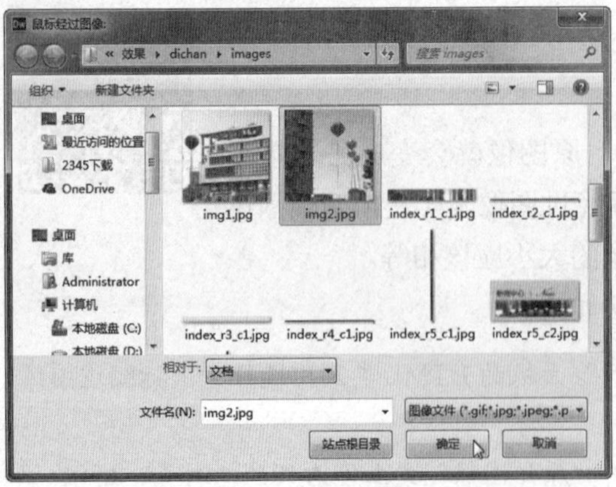

图 2-47　选择图像

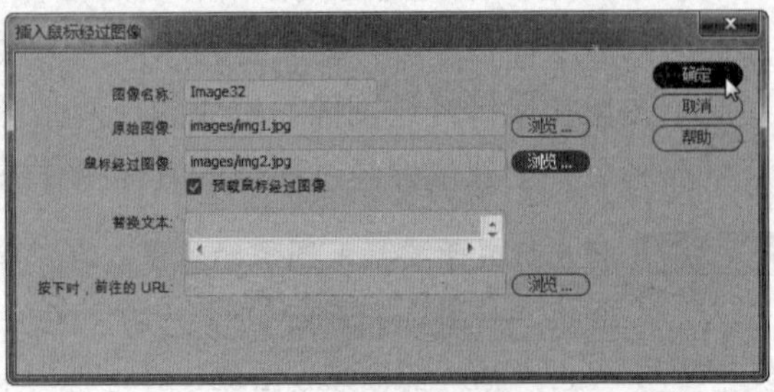

图 2-48　“插入鼠标经过图像”对话框

Step 07 此时，即可在网页中插入鼠标经过图像。选择该图像，在"属性"面板中选择 ggao 类，如图 2-49 所示。

Step 08 选择类后图像被设置为右对齐，按【Ctrl+S】组合键保存文档，如图 2-50 所示。

图 2-49 选择类

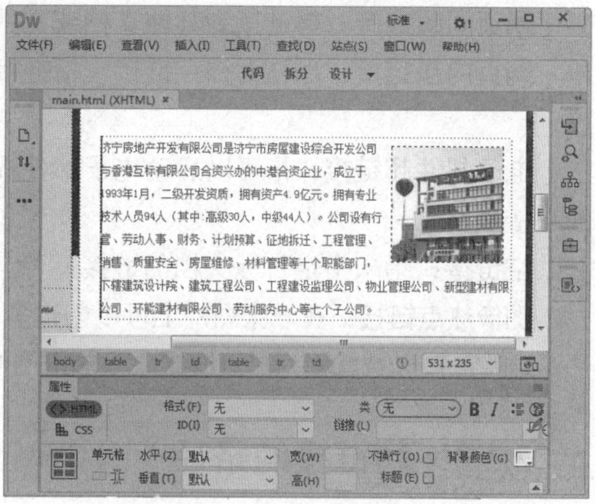

图 2-50 保存文档

Step 09 按【F12】键在浏览器中预览效果，如图 2-51 所示。当鼠标指针经过图像时查看图片变化，如图 2-52 所示。

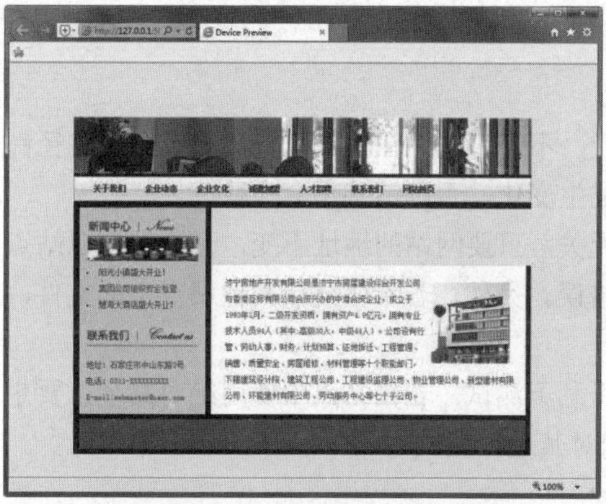

图 2-51 在浏览器中预览效果

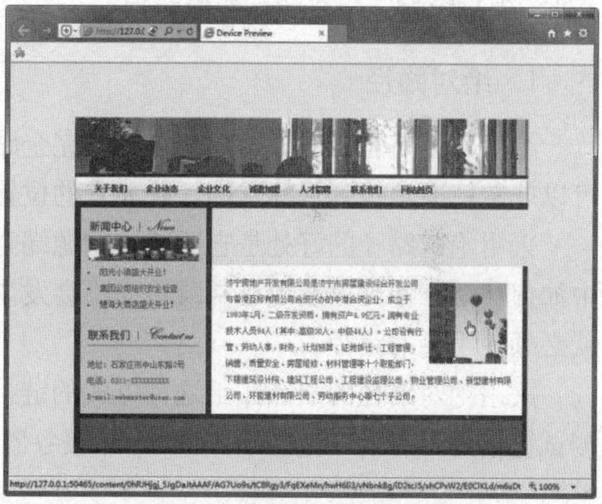

图 2-52 查看图片变化效果

2.3 在网页中插入超链接

每个网站都由很多网页组成，这些网页都通过超链接的形式关联在一起的。链接的目标可以是另一个网页、相同网页上的不同位置、一张图片、一个电子邮件地址、一个文件，甚至是一个应用程序。下面介绍如何在网页中插入超链接。

2.3.1 超链接的类型

超链接在本质上属于网页的一部分，它是一种允许同其他网页或站点之间进行链接的元素。超链接可以是网页中的一段文字，也可以是一张图片，甚至可以是图片中的某一部分。

超链接允许网页元素与其他网页、站点、图片、文件等进行链接，从而使信息构成一个有机的整体。在网页设计中，超链接的应用非常广泛，熟练应用超链接是设计网页的基本要求。

常见的超链接有以下几种类型。

网页间超链接：指链接到其他文档或文件（如图形、电影或声音文件等）的超链接。

网页内超链接：也称为锚点链接，指链接到本地站点中同一页或其他页特定位置的超链接。

电子邮件超链接：指可以启动电子邮件程序，允许用户撰写电子邮件并发送到指定地址的超链接。

空链接：指未指定目标文档的链接。

图像热点链接：在一张图片上可以创建多个链接区域，这些区域可以是矩形、圆形或多边形，这些链接区域就称为热点链接。当单击图像上的热点链接时，就会跳转到所链接的页面上。

2.3.2 超链接的路径

要正确地创建超链接，就必须了解链接与被链接文档之间的路径。每个网页都有一个唯一的地址，称为统一资源定位符（URL）。当在网页中创建内部链接时，一般不会指定链接文档的完整 URL，而是指定一个相对当前文档或站点根文件夹的相对路径。超链接路径包括 3 种：绝对路径、相对路径和根路径。

1．绝对路径

绝对路径是包括服务器规范在内的完全路径，不管源文件在什么位置，通过绝对路径都可以非常精准地找到目标文档，除非它的位置发生变化，否则链接不会失败。

采用绝对路径的好处是它同链接的源端点无关，只要网站的地址不变，无论文档在站点中如何移动，都可以实现正常跳转而不会发生错误。另外，若希望链接其他站点上的文件，就必须使用绝对路径。

采用绝对路径的缺点在于这种方式的链接不利于测试。若在站点中使用绝对路径，要想测试链接是否有效，就必须在 Internet 服务器端对其进行测试。

2．相对路径

对于大多数网页站点的本地链接来说，文档相对路径 通常是最合适的路径。在当前文档与所链接的文档处于同一文件夹内时，文档相对路径特别有用。文档相对路径还可用于链接到其他文件夹中的文档，方法是利用文件夹的层次结构，指定从当前文档到所链接文档的路径。

3．根目录路径

使用 Dreamweaver 制作网页时，需要选定一个文件夹来定义一个本地站点，模拟服务器上的根文件夹，系统会根据这个文件夹来确定所有链接的本地文件，而根相对路径中的根即是指此文件夹。站点根目录相对路径以一个正斜杠开始，该正斜杠表示站点根文件夹。例如，/support/tips.html 是文件（tips.html）的站点根目录相对路径，该文件位于站点根文件夹的 support 子文件夹中。

2.3.3　创建网页文档的链接

若要创建网页文档的超链接，具体操作方法如下。

Step 01 打开"素材文件\第 2 章\dadi\index. html"，选中要创建超链接的文本，然后单击"链接"文本框右侧的"浏览文件"按钮，如图 2-53 所示。

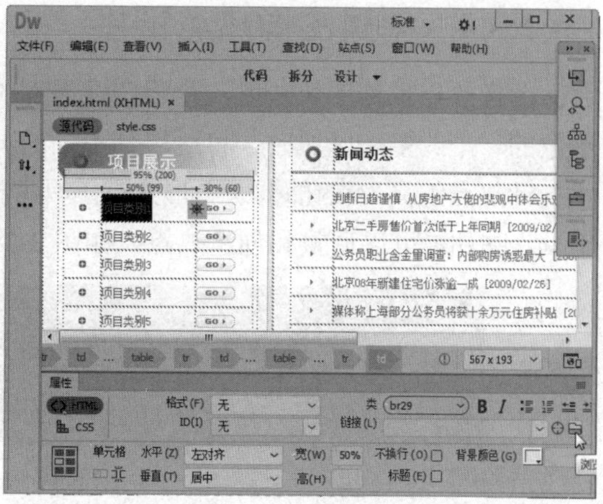

图 2-53　选中文本

Step 02 弹出"选择文件"对话框，选择要链接的文件，然后单击"确定"按钮，如图 2-54 所示。

Step 03 即可创建相应的链接，按【Ctrl+S】组合键保存文档，如图 2-55 所示。

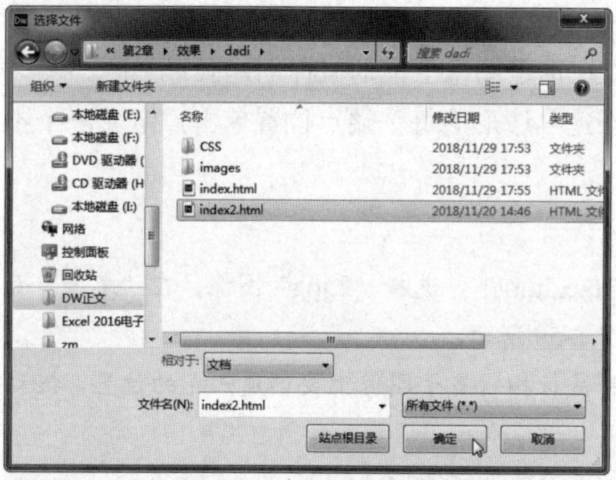

图 2-54　选择链接文件

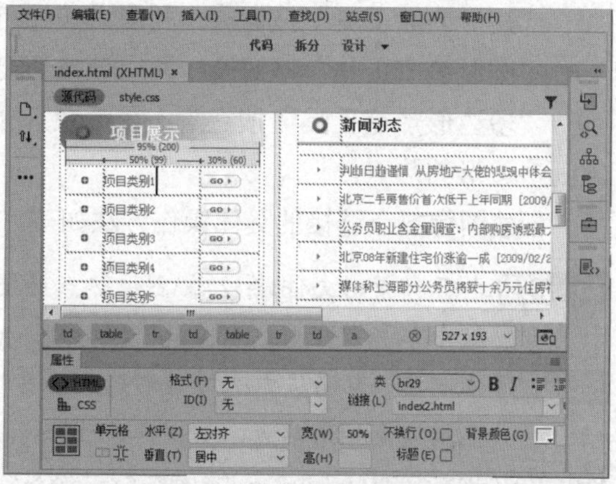

图 2-55　保存文档

Step 04 按【F12】键在浏览器中预览效果，将鼠标指针置于超链接文本上，当指针变为手柄形状时单击鼠标左键，如图 2-56 所示。

Step 05 即可打开链接的网页，如图 2-57 所示。

图 2-56　单击超链接文本

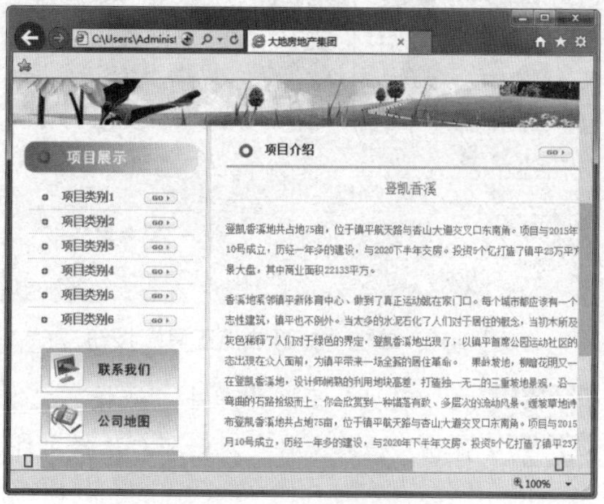

图 2-57　打开链接网页

2.3.4 创建图像热点链接

图像热点也称图像映射，是将图像内部的某个区域创建为热点，当单击图像的一个或多个区域时，将跳转到不同的页面。在“属性”面板中，使用“指针热点工具”按钮、“矩形热点工具”按钮、“圆形热点工具”按钮、“多边形热点工具”按钮可以调整和创建热点，如图 2-58 所示。

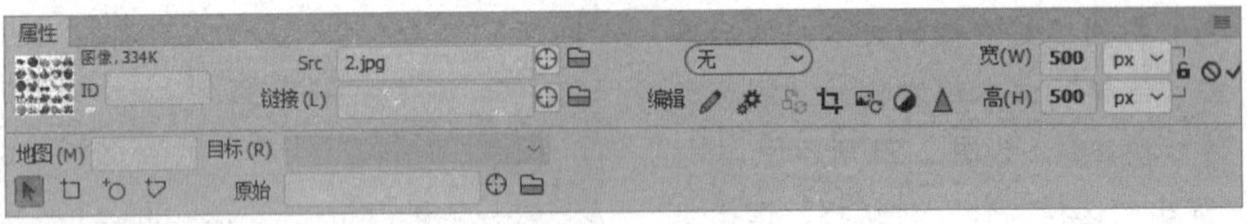

图 2-58 “属性”面板

关于创建图像热点链接按钮的说明如下。

“指针热点工具”按钮：利用该按钮可以选择、调整和移动热点工具。

“矩形热点工具”按钮：利用该按钮可以在选定图像上拖动鼠标创建矩形热区。

“圆形热点工具”按钮：利用该按钮可以在选定图像上拖动鼠标创建圆形热区。

“多边形热点工具”按钮：在图像上要创建多边形的每个端点位置单击，定义一个不规则多边形的热点。

创建图像热点链接的具体操作方法如下。

Step 01 打开“素材文件\第 2 章\图像热点链接\index.html”，选择“2.jpg”图像，在“属性”面板中单击“矩形热点工具”按钮，如图 2-59 所示。

Step 02 在“属性”面板中选择矩形热点工具，将鼠标指针置于图像上要创建热点的位置，拖动鼠标绘制矩形热点，如图 2-60 所示。

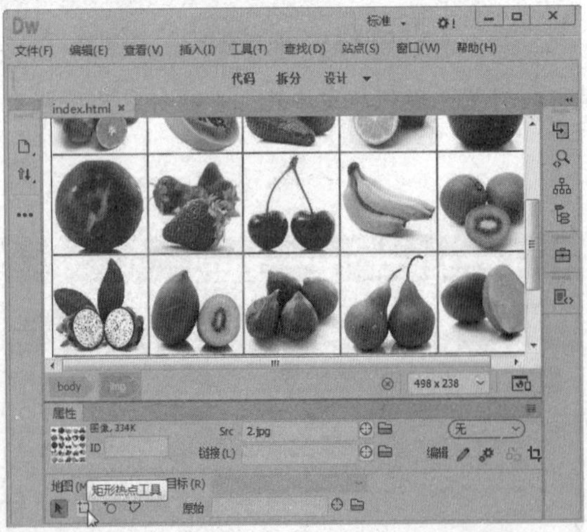

图 2-59 单击“矩形热点工具”按钮

图 2-60 绘制矩形热点

Step 03 在“属性”面板中单击“链接”文本框右侧的“浏览文件”按钮，如图 2-61 所示。

Step 04 弹出“选择文件”对话框，选择文件，然后单击“确定”按钮，如图 2-62 所示。

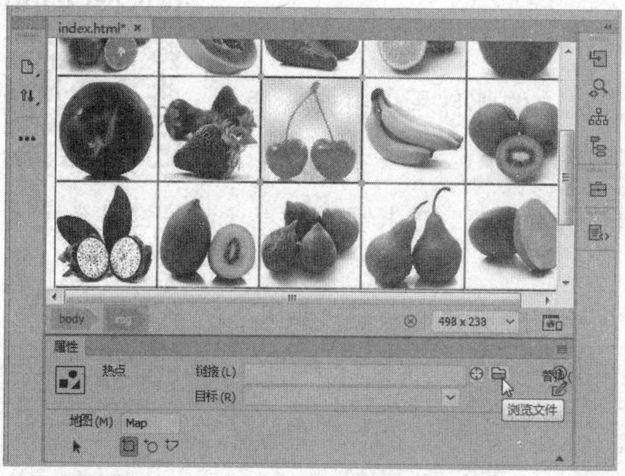

图 2-61　单击“浏览文件”按钮

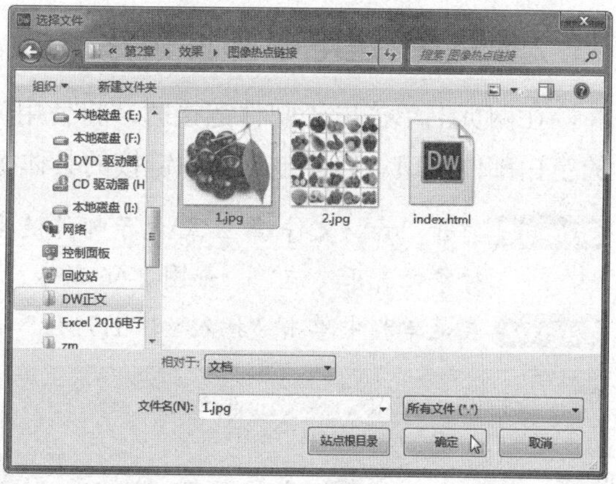

图 2-62　选择文件

Step 05 在“链接”文本框中显示链接文件名，按【Ctrl+S】组合键保存文档，如图 2-63 所示。

Step 06 按【F12】键在浏览器中预览效果，单击绘制热点的图像部分，如图 2-64 所示。

图 2-63　保存文档

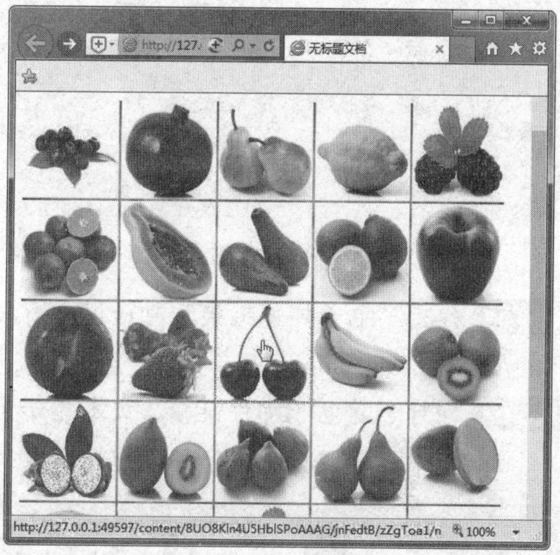

图 2-64　单击图像热点

Step 07 此时，就会跳转到链接的页面，效果如图 2-65 所示。

图 2-65　跳转到链接页面

2.3.5 创建电子邮件链接

在网页上单击电子邮件链接时，将使用计算机上的邮件程序打开一个新的空白邮件窗口。创建电子邮件链接的具体操作方法如下。

Step 01 打开“素材文件\第 2 章\电子邮件链接\music.html”，选择要创建电子邮件链接的文本对象“音乐交流”，如图 2-66 所示。

Step 02 在菜单栏中单击“插入”|“HTML”|“电子邮件链接”命令，如图 2-67 所示。

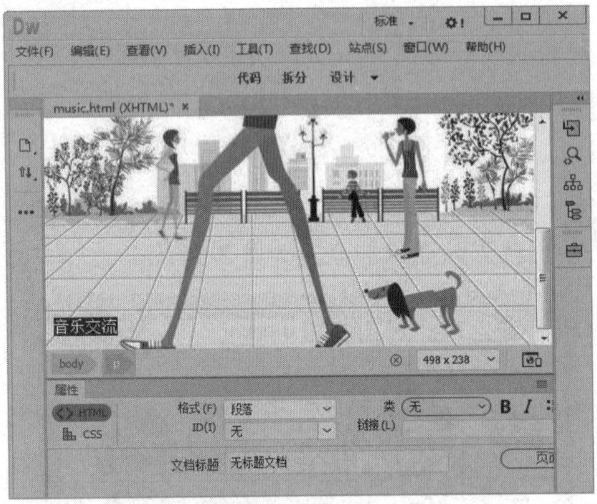

图 2-66 选择文本对象

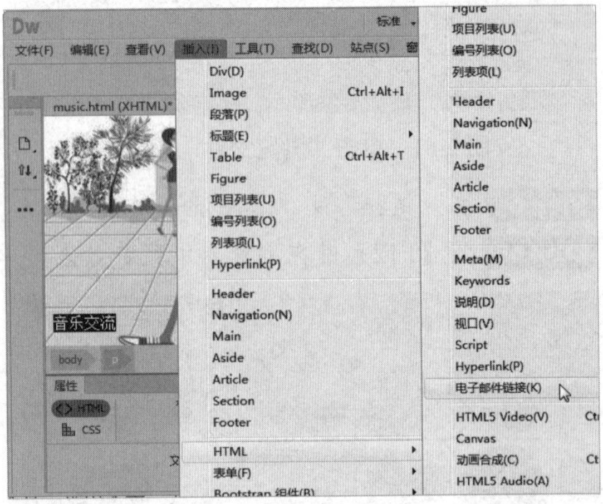

图 2-67 单击“电子邮件链接”命令

Step 03 弹出“电子邮件链接”对话框，输入文本和电子邮件地址，然后单击“确定”按钮，如图 2-68 所示。

Step 04 即可创建电子邮件链接，文本显示为蓝色且带下划线，在“属性”面板的“链接”文本框中显示链接的电子邮件地址，效果如图 2-69 所示。

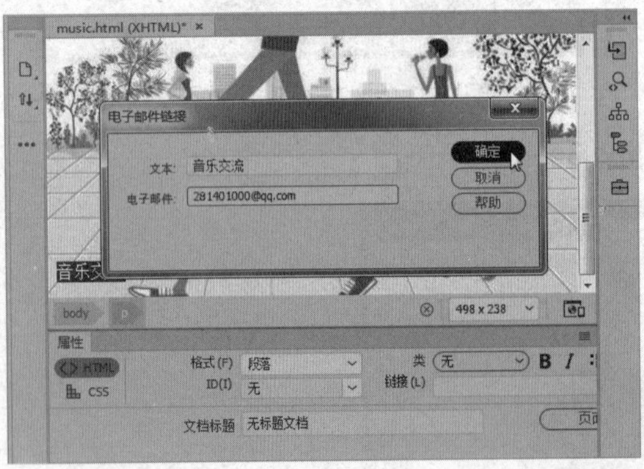

图 2-68 设置电子邮件链接

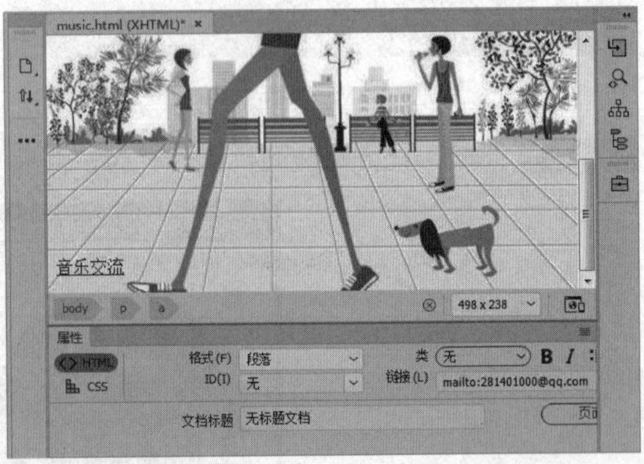

图 2-69 创建电子邮件链接

2.3.6 创建下载文件链接

若超链接指向的不是一个网页文件，而是其他文件（如 ZIP、MP3 或 EXE 文件等），单击超链接时就会下载文件。若在网站中提供下载文件，就要创建下载文件链接，具体操作方法如下。

Step 01 打开“素材文件\第 2 章\下载链接文件\index.html”，选择文本“时尚达人”，如图 2-70 所示。

Step 02 按【F8】键打开“文件”面板并展开目标文件所在的文件夹，在“属性”面板中拖动“链接”文本框右侧的“指向文件”图标到“文件”面板中的目标文件上，如图 2-71 所示。

图 2-70　单击“浏览文件”按钮

图 2-71　选择下载文件

Step 03 即可为文本创建下载文件超链接，按【Ctrl+S】组合键保存文档，如图 2-72 所示。

Step 04 按【F12】键在浏览器中预览网页，单击“时尚达人”超链接，如图 2-73 所示。

图 2-72　保存文档

图 2-73　单击超链接

Step 05 弹出“新建下载任务”对话框，单击“下载”按钮即可，如图 2-74 所示。

图 2-74　下载文件

2.3.7 创建锚点链接

有时网页很长，用户为了找到自己需要的内容，需要上下拖动滚动条将整个网页的内容浏览一遍，很浪费时间。利用锚点链接能够快速、准确地浏览指定位置的网页内容。创建锚点链接的具体操作方法如下。

Step 01 打开“素材文件\第 2 章\锚点链接\price.html”，将光标定位到要插入锚点的位置，在“属性”面板的 ID 文本框中输入 ID 名称，如图 2-75 所示。

Step 02 选择要创建链接的文本，在“链接”文本框中输入“#c”，如图 2-76 所示。

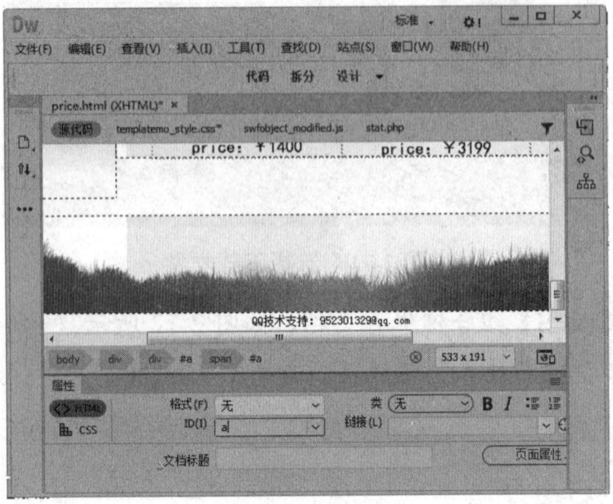

图 2-75 命名锚点

图 2-76 设置锚点链接

Step 03 按【Ctrl+S】组合键保存文档，按【F12】键预览效果。单击“技术支持”超链接，如图 2-77 所示。

Step 04 此时，自动跳转到锚点指向的位置，效果如图 2-78 所示。

图 2-77 单击“技术支持”超链接

图 2-78 自动跳转到锚点指向的位置

2.3.8 创建空链接

空链接是一种无指向的链接。使用空链接的网页对象可以添加行为，一旦用户创建了空链接，就可以为其添加所需的行为。例如，当鼠标指针经过该链接时单击交换图像或显示/隐藏某层。创建空链接的具体操作方法如下。

Step 01 选择要创建空链接的网页对象，选中“购物车”文本，如图 2-79 所示。

Step 02 在“属性”面板的“链接”文本框中输入“#”，即可创建空链接，如图 2-80 所示。

图 2-79 选择创建空链接对象

图 2-80 创建空链接

2.3.9 创建脚本链接

脚本超链接能够执行 JavaScript 代码或调用 JavaScript 函数，能够在不离开当前网页文档的情况下提供有关对象的附加消息。脚本超链接还可以用于超链接时执行计算、表单验证和其他处理任务。下面以创建关闭网页窗口的脚本超链接为例进行介绍，具体操作方法如下。

Step 01 打开“素材文件\第 2 章\脚本链接\index.html”，选择文本对象“谢谢观赏”，如图 2-81 所示。

Step 02 在“属性”面板的“链接”文本框中输入“javascript:alert("谢谢观赏")”，如图 2-82 所示。

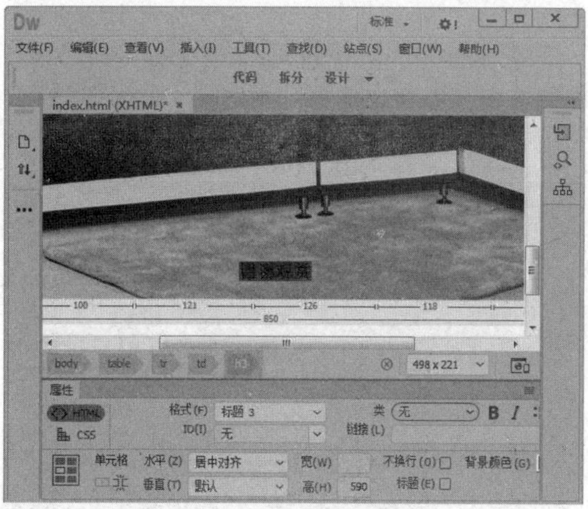

图 2-81 选择链接文本

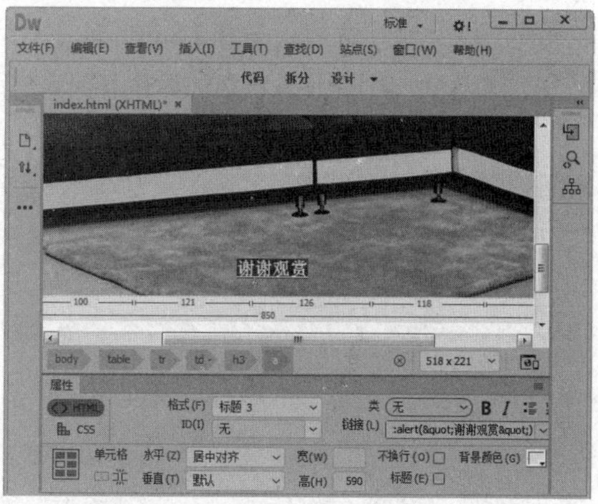

图 2-82 设置链接

Step 03 按【Ctrl+S】组合键保存文档，按【F12】键预览效果，单击“谢谢观赏”超链接，如图 2-83 所示。此时，则会自动弹出提示信息框，如图 2-84 所示。

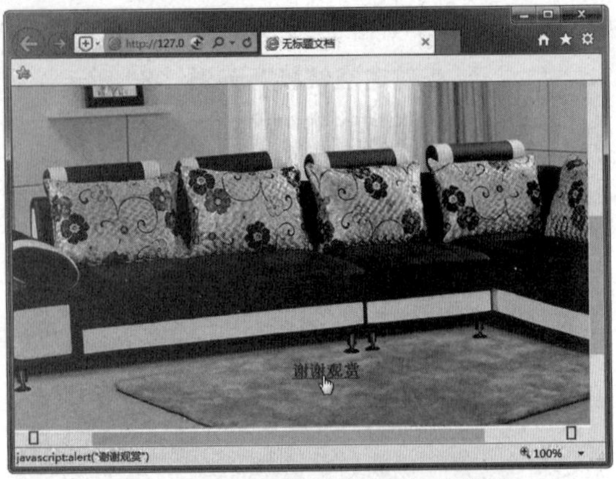

图 2-83　单击“谢谢观赏”超链接

图 2-84　弹出提示信息框

2.3.10　设置超链接 CSS 属性

定义好的超链接可以在 CSS 设计器中对其进行设置，可以更改文本颜色和线条颜色，具体操作方法如下。

Step 01 打开“素材文件\第 2 章\设置超链接属性\index.html”，选择文本对象“项目类别 1”，然后在菜单栏中单击“窗口”|“CSS 设计器”命令，如图 2-85 所示。

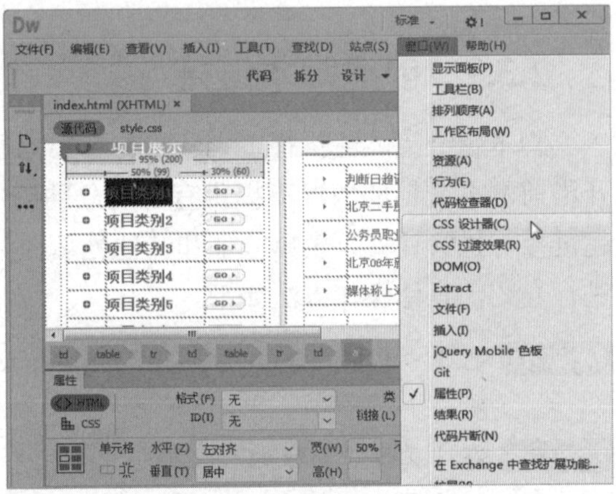

图 2-85　单击“CSS 设计器”命令

Step 02 打开“CSS 设计器”面板，在“源”选项卡左侧单击“添加 CSS 源”按钮**+**，在弹出的列表中选择“在页面中定义”选项，如图 2-86 所示。

Step 03 选择<style>标签，在“选择器”选项卡左侧单击“添加选择器”按钮**+**，如图 2-87 所示。

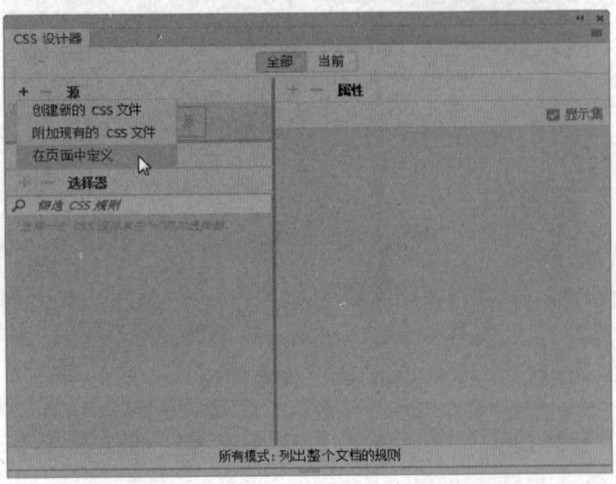

图 2-86　选择“在页面中定义”选项

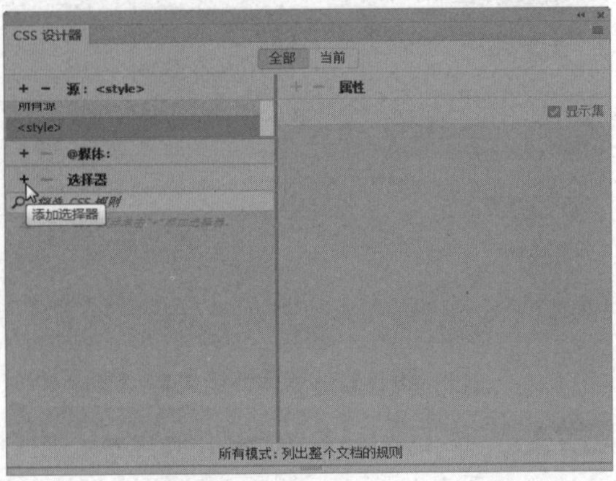

图 2-87　添加选择器

Step 04 此时，即可新增一个选择器，将其命名为“a:link”，如图 2-88 所示。

Step 05 在“属性”面板中单击“文本”按钮，单击 color 选项中的“文本颜色”按钮，在打开的拾色器面板中选择需要的颜色，即可设置超链接文本颜色，如图 2-89 所示。

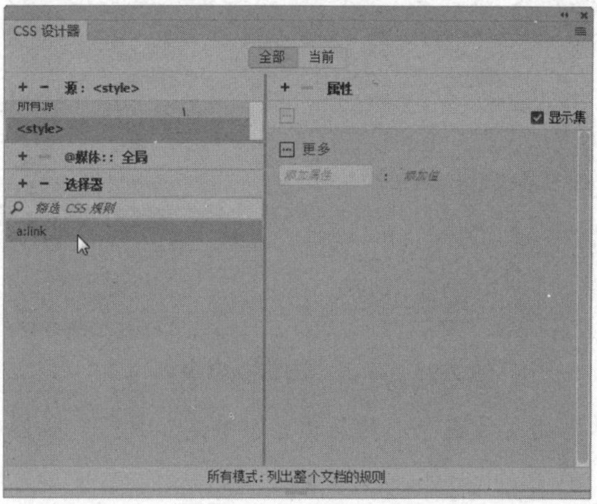

图 2-88 重命名选择器

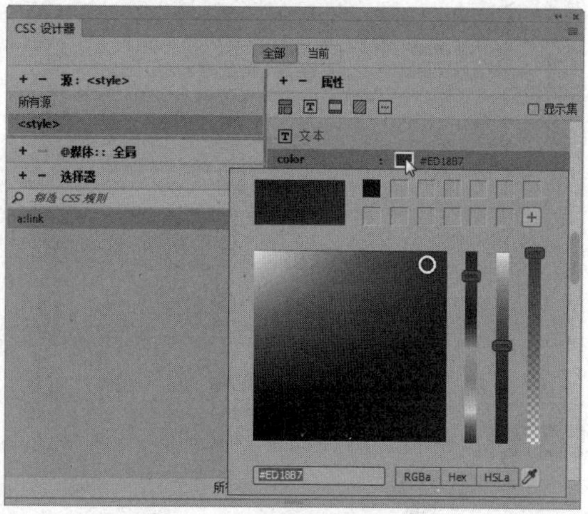

图 2-89 设置超链接文本颜色

Step 06 在 text-decoration 选项中单击 none 按钮，即可设置超链接无下划线，如图 2-90 所示。

Step 07 按【Ctrl+S】组合键保存文档，按【F12】键预览效果，如图 2-91 所示。

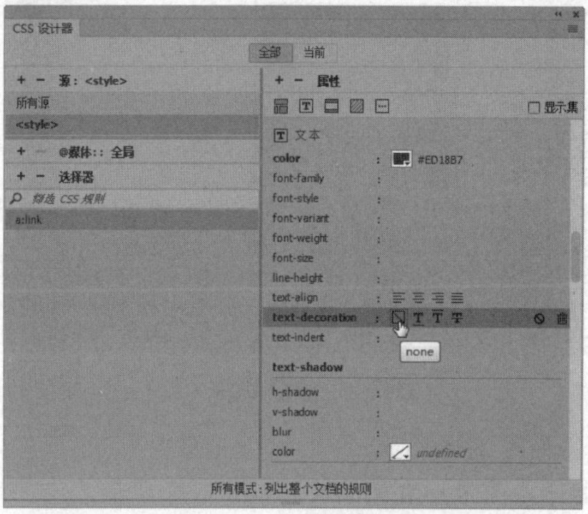

图 2-90 设置超链接无下划线

图 2-91 预览网页效果

2.4 综合实例——制作图文混排网站首页

在网页设计与制作过程中，运用图文混排的方式可以使网页更加美观、大方。下面将综合运用本章所学知识，制作一个图文混排的网站首页，具体操作方法如下。

Step 01 打开“素材文件\第 2 章\混排\index.html”，将光标定位到文字中要插入图像的位置，如图 2-92 所示。

Step 02 在菜单栏中单击“插入”|“图像”命令，如图 2-93 所示。

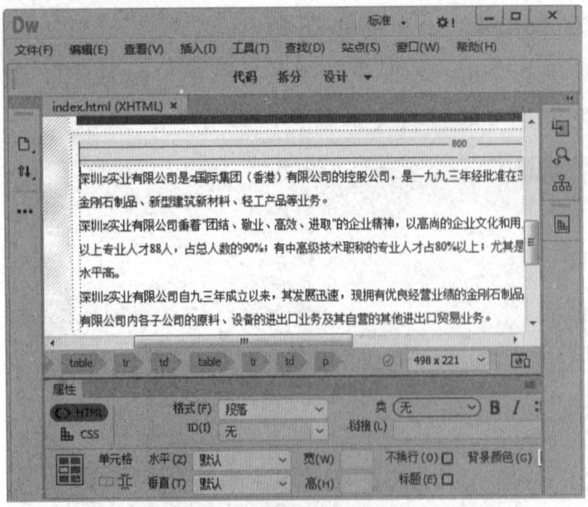

图 2-92　定位光标

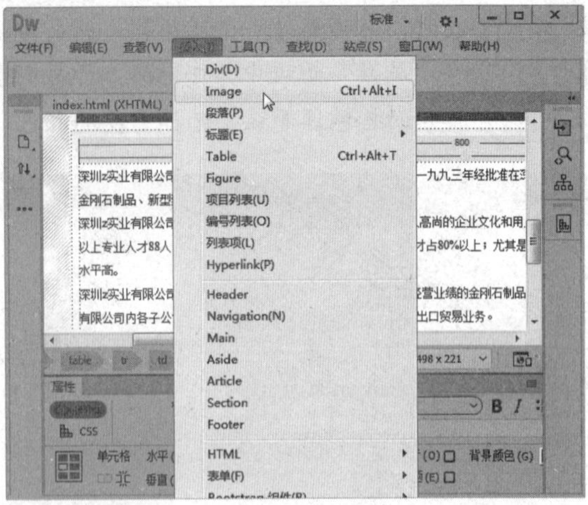

图 2-93　单击“图像”命令

Step 03 弹出“选择图像源文件”对话框，选择要插入的图像，然后单击“确定”按钮，如图 2-94 所示。

Step 04 此时，即可在网页中插入所选的图像。如图 2-95 所示。

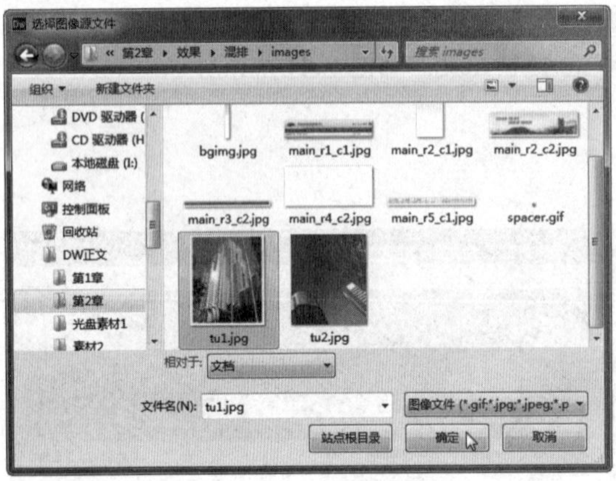

图 2-94　选择图像

图 2-95　插入图像

Step 05 选择图像，在“属性”面板中选择 tu 类，如图 2-96 所示。

Step 06 此时，图像就会被设置为左对齐，文本显示在图像的右侧，效果如图 2-97 所示。

图 2-96　选择类

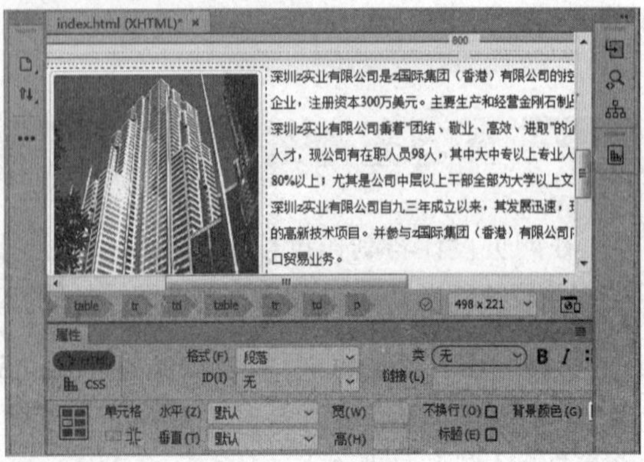

图 2-97　应用类

Step 07 按【Ctrl+S】组合键保存文档，按【F12】键在浏览器中预览效果，如图 2-98 所示。

图 2-98 预览效果

本章小结

通过本章的学习，读者应重点掌握以下知识。

（1）在网页中添加与设置文本，插入日期，插入水平线，插入特殊字符。

（2）在网页中插入图像，设置图像属性，裁剪图像，调整图像的亮度和对比度，锐化图像，插入图像占位符，创建鼠标经过图像。

（3）网页超链接的类型，超链接的路径。

（4）创建网页文档的链接，创建图像热点链接，创建电子邮件链接，创建下载文件链接，创建锚点链接，创建空链接，创建脚本链接，设置超链接 CSS 属性。

课后习题

一、选择题

1．下列能够创建空链接的是（ ）。

A．在“链接”文本框中直接输入“#” B．在“链接”文本框中直接输入“!”

C．在“链接”文本框中直接输入“$” D．在“链接”文本框中直接输入“@”

2．下面哪种图像格式不能插入到网页之中？（ ）

A．GIF B．JPEG

C．PNG D．BMP

3．下列哪项不是图像热点链接工具？（ ）

A．矩形热点工具 B．圆形热点工具

C．多边形热点工具 D．三角形热点工具

二、填空题

1. ______________是没有 src 属性的<img>标记，它是在准备好将最终添加到网页之前使用的图形。

2. 每个网页都有一个唯一的地址，称为__________________。

3. 网页内超链接也称为___________，指链接到本地站点中同一页或其他页特定位置的超链接。

4. 超链接路径包括 3 种，分别为__________、__________和__________。

三、实操题

打开“素材文件\第 2 章\习题\index.html”，在网页中设置鼠标经过图像效果，打开网页显示初始图像，如图 2-99 所示。当鼠标指针移到图像上时，显示另一幅图像，如图 2-100 所示。

图 2-99　显示初始图像

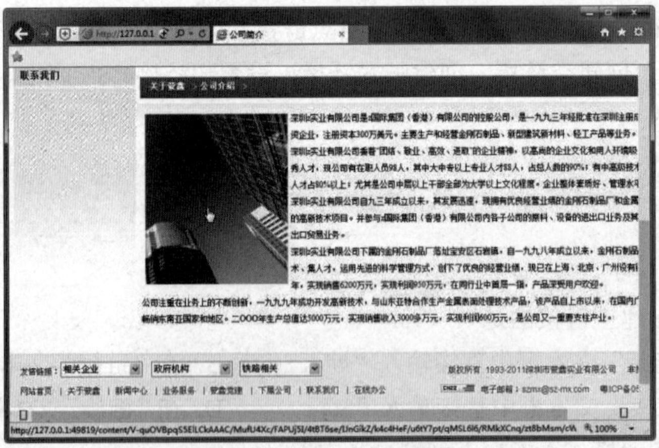

图 2-100　显示其他图像

操作提示：

（1）在“插入”面板的 HTML 类别中选择“鼠标经过图像”选项。

（2）设置原始图像和鼠标经过图像。

第 3 章
插入网页多媒体对象

【学习目标】

- 掌握在网页中插入 Flash 动画的方法。
- 掌握在网页中插入普通音频与视频的方法。
- 掌握在网页中插入 FLV 视频的方法。
- 掌握在网页中插入 HTML5 音频与视频的方法。

在网页中除了使用文本和图像元素来传达网页信息外，还可以在网页中插入 Flash 动画、FLV 视频及音频等多媒体对象，以丰富网页效果。本章将学习如何在网页中插入 Flash 动画、FLV 视频、普通音频与视频、HTML5 音频与视频等多媒体对象。

3.1 插入 Flash 动画

现在的网页不仅仅是由文字和图片组成的，而是动态的、多媒体的。为了增强网页的表现力，丰富网页的显示效果，网页制作者可以在页面中插入 Flash 动画、Java 小程序、音频播放插件等多媒体内容。下面将以插入 Flash 动画为例进行介绍。

3.1.1 插入 Flash 动画文件

在网页文档中插入 Flash 动画文件具体操作方法如下。

Step 01 打开“素材文件\第 3 章\插入 Flash 动画.html”，将光标定位到要插入 Flash 动画的位置，在“插入”面板中“HTML”类别下选择“Flash SWF”选项，如图 3-1 所示。

Step 02 弹出“选择 SWF”对话框，选择所需的 SWF 文件，然后单击“确定”按钮，如图 3-2 所示。

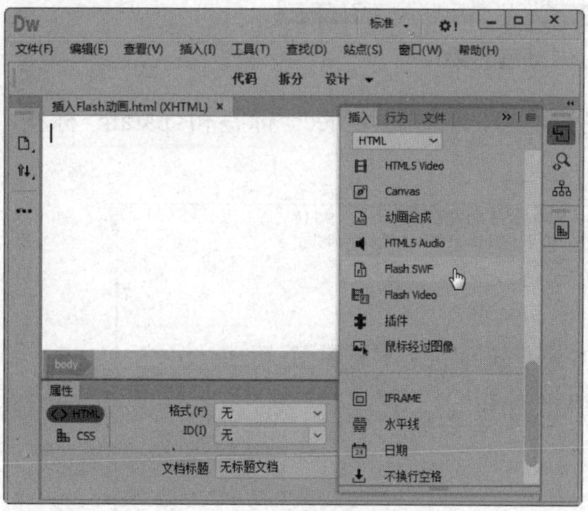

图 3-1 选择 Flash SWF 选项

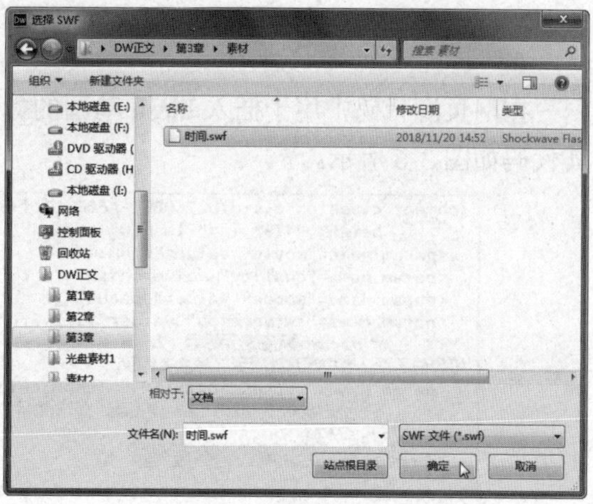

图 3-2 选择 SWF 文件

Step 03 弹出“对象标签辅助功能属性”对话框，设置“标题”“访问键”和“Tab 键索引”，然后单击“确定”按钮，如图 3-3 所示。

Step 04 此时，所选文件已经插入到指定位置，编辑窗口中显示一个带有标志的灰色区域，按【Ctrl+S】组合键保存文档，如图 3-4 所示。

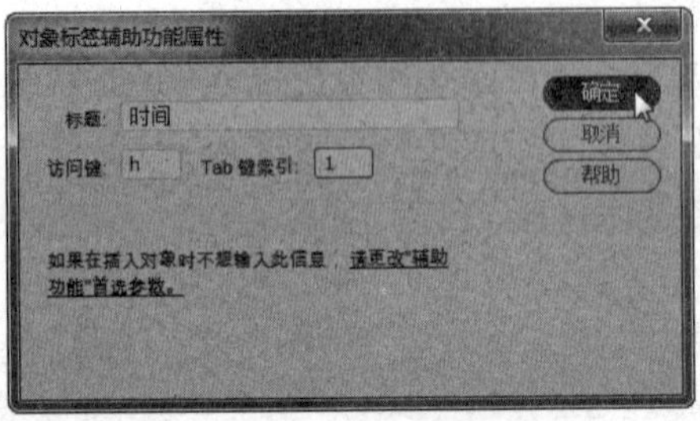

图 3-3　设置对象标签辅助功能属性

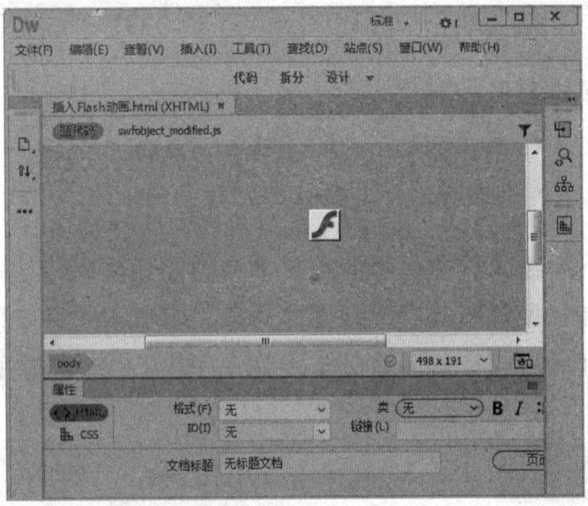

图 3-4　插入 SWF 文件

Step 05 按【F12】键，在浏览器中预览 Flash 动画效果，如图 3-5 所示。

图 3-5　预览 Flash 动画效果

在网页源代码中用于插入 Flash 动画的标签有两个，分别是<object>标签和<param>标签，其代码如图 3-6 所示。

```
<object classid="clsid:D27CDB6E-AE6D-11cf-96B8-444553540000" width="901"
        height="479" id="FlashID" accesskey="h" tabindex="1" title="时间">
  <param name="movie" value="时间.swf" />
  <param name="quality" value="high" />
  <param name="wmode" value="opaque" />
  <param name="swfversion" value="11.2.0.0" />
  <!-- 此 param 标签提示使用 Flash Player 6.0 r65 和更高版本的用户下载最新版本的 Flash Player。
如果您不想让用户看到该提示，请将其删除。 -->
  <param name="expressinstall" value="Scripts/expressInstall.swf" />
  <!-- 下一个对象标签用于非 IE 浏览器。所以使用 IECC 将其从 IE 隐藏。 -->
  <!--[if !IE]>-->
  <object type="application/...
  <!--<![endif]-->
</object>
```

图 3-6　网页源代码

1．<object>标签

<object>标签用于包含对象，如图像、音频、视频、Java applets、ActiveX、PDF 及 Flash。其常用属性值说明见表 3-1。

表 3-1　<object>标签属性说明

属性	说明
classid	指定浏览器中包含对象的位置
width	指定对象的宽度
height	指定对象的高度
codebase	指定在何处可找到对象所需的代码，提供一个基准 URL

2．<param>标签

param 标签为<object>标签提供参数，其属性值说明见表 3-2。

表 3-2 <param>标签属性说明

属性	说明
name	指定参数的名称
value	指定参数的值
type	指定参数的 MIME 类型（internet media type）
valuetype	指定值的 MIME 类型

在 Dreamweaver 中，使用以下 JavaScript 脚本保证在任何浏览器中 Flash 动画都能正常显示。

```
<script src="Scripts/swfobject_modified.js" type="text/javascript"></script>
```

在页面中使用以下 JavaScript 脚本实现对脚本的调用。

```
<script type="text/javascript">
swfobject.registerObject("FlashID");
</script>
```

3.1.2　设置 Flash 动画的属性

在网页文档中插入 Flash 动画后，选择插入的动画，可以在“属性”面板中显示其各项属性，如图 3-7 所示。通过设置各项属性，可以更改所插入的动画效果。

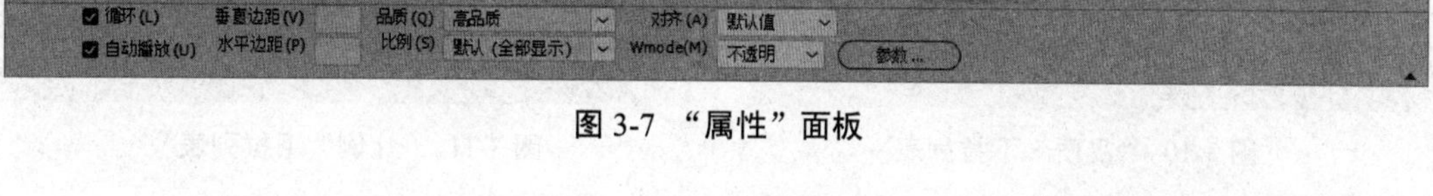

图 3-7 “属性”面板

1．调整 Flash 动画的大小

用户可以利用“属性”面板调整 Flash 动画的大小，具体操作方法如下。

Step 01 选择插入的 Flash 动画，在“属性”面板的“宽”和“高”文本框中输入参数值，可以调整 Flash 动画的大小，如图 3-8 所示。

Step 02 选择 Flash 动画，拖动右下角的控制柄，也可以调整 Flash 动画的大小，如图 3-9 所示。

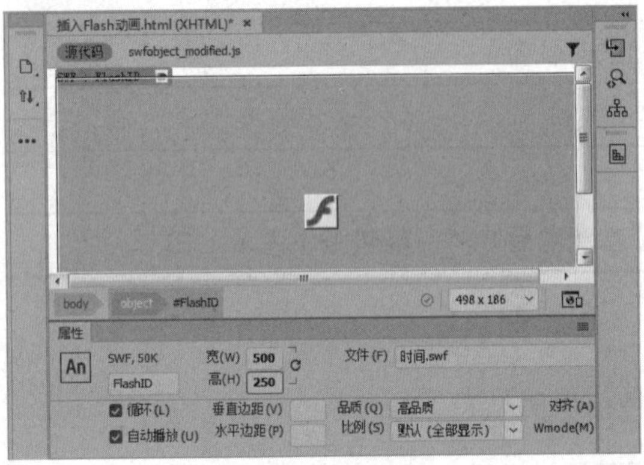

图 3-8 设置宽度和高度

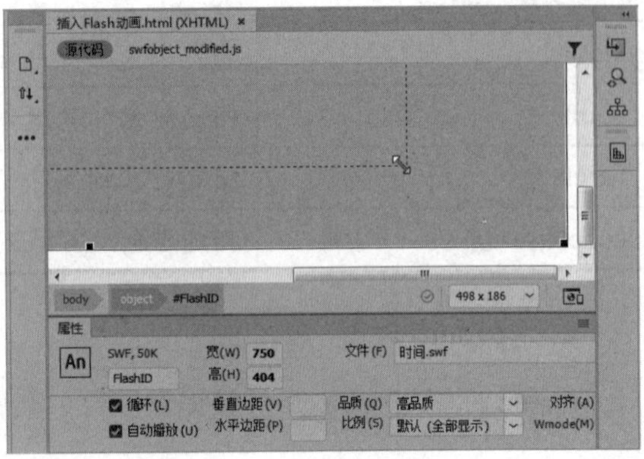

图 3-9 拖动动画控制柄

2．设定 Flash 动画信息

在网页文档中插入 Flash 动画后，可以在“属性”面板中设置 Flash 动画的相关属性，各项参数的含义如下。

Flash ID：用于为当前 Flash 动画分配一个 ID 号。

文件：用于指定当前 SWF 动画文件的路径信息。对于本地 SWE 文件，可以通过单击该文件夹右侧的“浏览文件”按钮进行设置。

Class：用于为当前 Flash 动画指定预订的类。

3．控制 Flash 动画播放

Flash 动画的播放设置包括“循环”控制、“自动播放”控制、“品质”设置和“播放预览”设置等。其中，主要参数的含义如下。

循环：用于设置 SWF 动画循环播放。

自动播放：用于设置网页打开后自动播放 SWF 动画。

品质：用于设置 SWF 动画的品质，包括“高品质”“自动高品质”“低品质”和“自动低品质”4 个选项，如图 3-10 所示。

“比例”下拉列表：用于设置 SWF 动画的显示比例，包括“默认（全部显示）”“无边框”和“严格匹配”3 个选项，如图 3-11 所示。

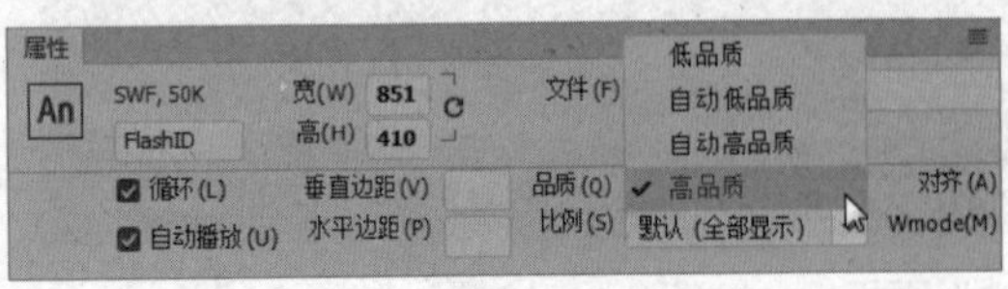

图 3-10 “品质”下拉列表

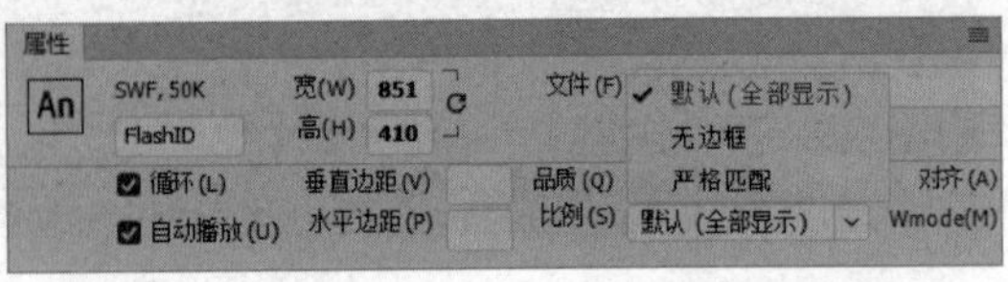

图 3-11 “比例”下拉列表

4．设置 Flash 动画边距

动画边距是指 SWF 动画与周围其他页面元素之间的距离，分为垂直边距和水平间距。选择 Flash 动画，在“属性”面板的“垂直边距”和“水平边距”文本框中输入相应的数值即可，如图 3-12 所示。

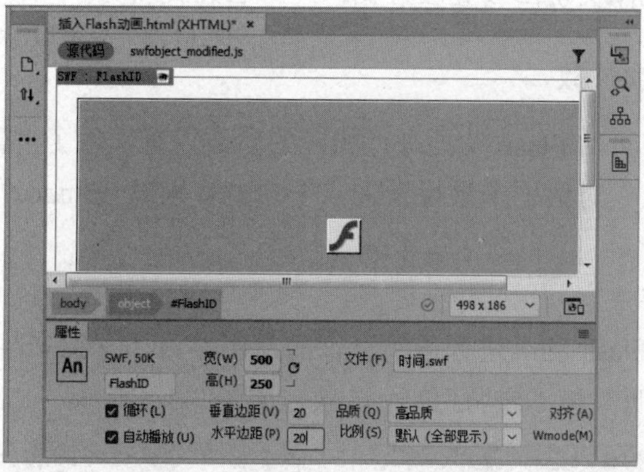

图 3-12 设置 Flash 动画边距

5．设置对齐方式与颜色

用户可以根据页面需要在“属性”面板中设置动画的对齐方式和背景颜色。其中，各项参数的含义如下。

背景颜色：用于设置影片区域的背景颜色，在不播放影片时（在加载时和播放后），也显示此颜色。

对齐：用于设置 SWF 动画的对齐方式。其选项包括以下几种，如图 3-13 所示。

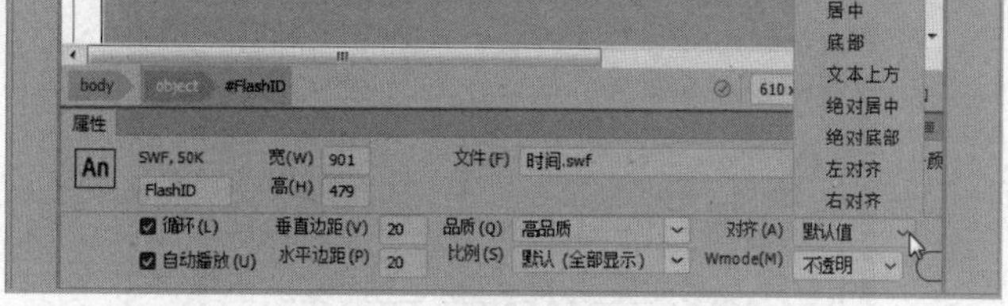

图 3-13 设置“对齐”选项

默认值：SWF 动画将以浏览器默认的方式对齐（通常指基线对齐）。

基线：将文本（或同一段落中的其他元素）的基线与 SWF 动画的底部对齐。

顶端：将 SWF 动画的顶端与当前行中最高项的顶端对齐。

居中：将 SWF 动画的中部与当前行的基线对齐。

底部：将 SWF 动画的底部与当前行的底部对齐。

文本上方：将 SWF 动画的顶端与文本行中最高字符的顶端对齐。

绝对居中：将 SWF 动画的中部与当前行中文本的中部对齐。

绝对底部：将 SWF 动画的底部与当前文本行的最低端对齐。

左对齐：将 SWF 动画放置在左侧，文本在右侧换行。

右对齐：将 SWF 动画放置在右侧，文本在左侧换行。

6. 设置 Flash 附加参数

用户可以对插入网页的 Flash 动画进行相应的参数设置，除了“属性”面板中的参数外，其他参数需要在“参数”对话框中进行设置。下面将分别对 Wmode 参数及“参数”对话框中的参数进行介绍。

（1）Wmode 参数

Wmode 是用于对 Flash 动画进行透明设置的常用参数，它独立存在于“属性”面板，其中包括“窗口”“不透明”和“透明”3 个选项，如图 3-14 所示。

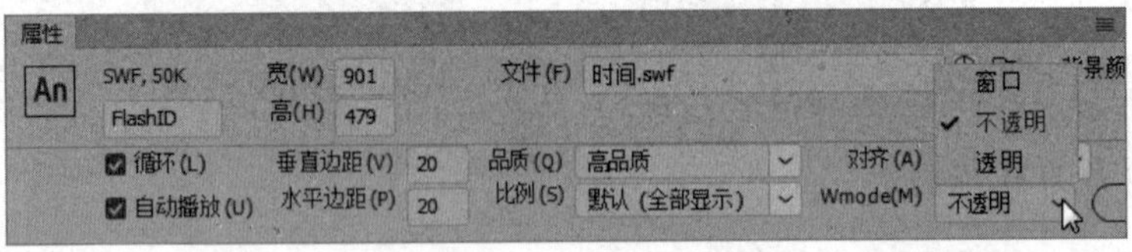

图 3-14 Wmode 参数

窗口：选择该选项，可以使 Flash 动画始终位于页面的最上层，具有不透明属性的功能。

不透明：该属性值是插入 Flash 动画后的默认值，在浏览器中浏览 Flash 动画时不能看到网页的背景颜色，Flash 动画的背景颜色遮挡了网页的背景颜色。

透明：与“不透明”属性完全相反，在浏览器中浏览包含 Flash 动画的网页时，不会显示 Flash 对象的背景颜色。

（2）“参数”对话框

单击 SWF“属性”面板中的“参数”按钮，弹出“参数”对话框，如图 3-15 所示。在该对话框中可以添加、删除 Flash 动画的参数，或者调整参数的载入顺序。

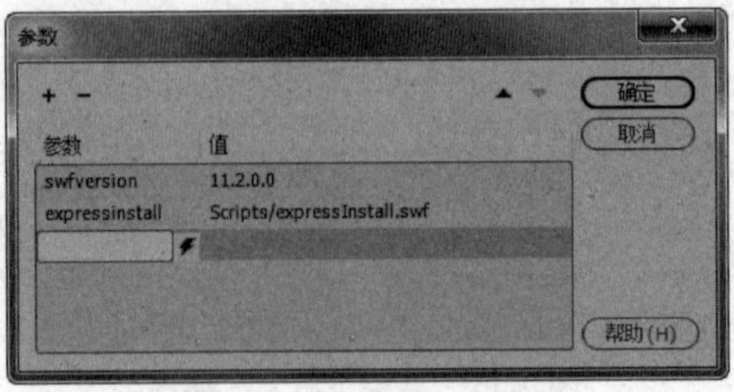

图 3-15 “参数”对话框

图 3-15 中，按钮的功能如下。

“添加参数”按钮+：默认有两个参数项，单击“添加参数”按钮+，可以添加参数项。

“删除参数”按钮-：选择一个参数，单击“删除参数”按钮-，即可将其删除。

“调整参数顺序”按钮▼**和**▲：单击这两个按钮，可以上移或下移参数项的顺序。

3.2 插入 FLV 视频

FLV 是 Flash Video 的简称，它是一种网络视频格式，采用帧间压缩的方法，可以有效地缩小文件大小，保证视频的质量。由于生成的视频文件小，加载速度快，所以已经成为网络视频常用的格式之一。

若要在网页文档中插入 FLV 视频，先打开“插入 FLV”对话框，进行相关参数设置，如图 3-16 所示。单击“确定”按钮，即可插入 FLV 视频。

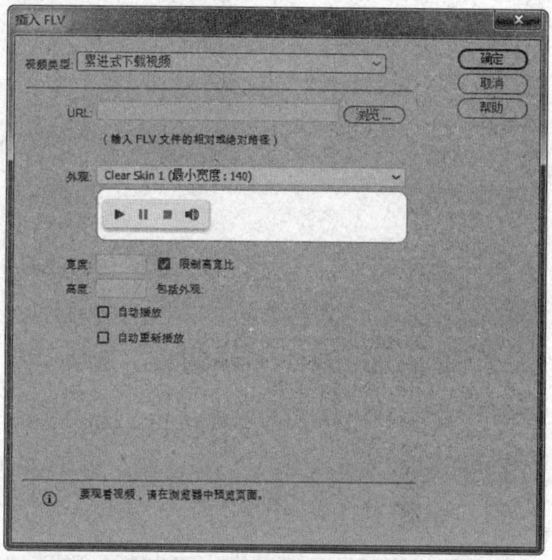

图 3-16 “插入 FLV”对话框

在“插入 FLV”对话框中，各项参数的含义如下。

视频类型：用于设置视频的类型，包括“累进式下载视频”和“流视频”两个选项。

URL：用于设置 FLV 文件的网络地址。单击“浏览”按钮，可以选择要插入的 FLV 文件。

外观：用于设置 FLV 视频的外观。

宽度和高度：用于设置 FLV 视频的大小，以“像素”为单位。

限制高宽比：选中该复选框，可以保持 FLV 视频宽度和高度之间的纵横比不变。

自动播放：用于设置在 Web 页面打开时是否播放视频。

自动重新播放：用于设置播放控件在视频播放完之后是否返回起始位置。

在“插入 FLV”对话框的“视频类型”下拉列表框中选择“流视频”选项，将显示如图 3-17 所示的设置参数。

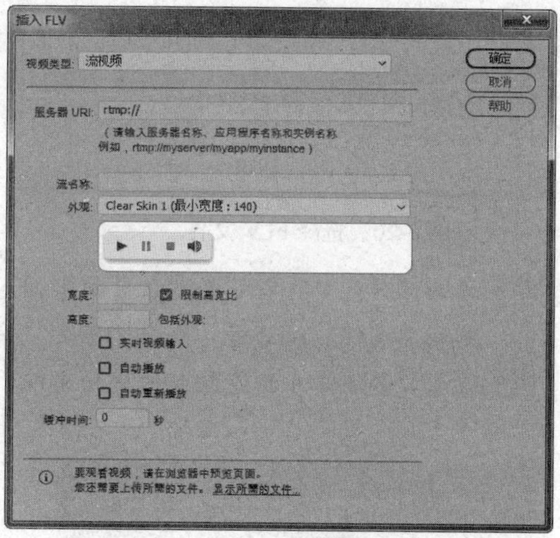

图 3-17 “流视频”设置

其中，部分参数的含义如下。

服务器 URL：用于设置流媒体文件的地址。

流名称：用于设置流媒体文件的名称。

实时视频输入：设置视频内容是否实时的选中该复选框，则 Flash Player 将播放从 Flash Media Server 流入的实时视频流，在组件的外观上将只显示音量控件。

缓冲时间：用于设置流媒体文件的缓冲时间，以“秒”为单位。

下面通过实例介绍如何在网页文档中插入 FLV 视频，具体操作方法如下。

Step 01 打开“素材文件\第 3 章\插入 FLV.html”，在“插入”面板中“HTML”类别下选择“Flash Video”选项，如图 3-18 所示。

Step 02 弹出“插入 FLV”对话框，单击 URL 文本框右侧的“浏览”按钮，如图 3-19 所示。

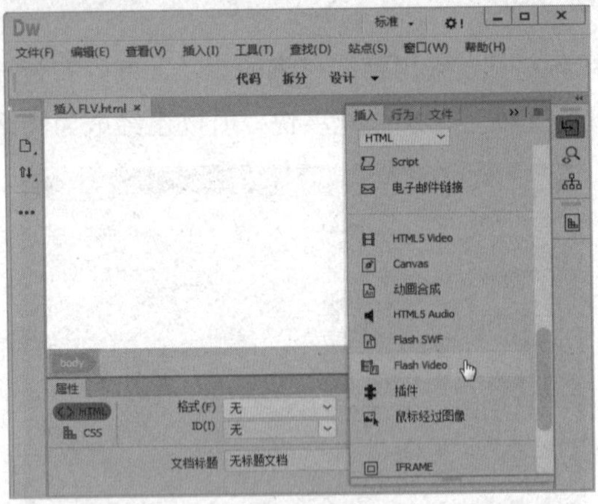

图 3-18 选择“Flash Video”选项

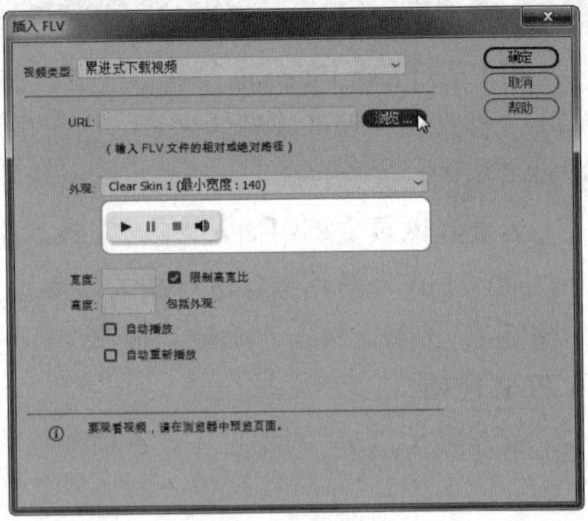

图 3-19 “插入 FLV”对话框

Step 03 弹出“选择 FLV”对话框，选择要插入的 FLV 文件，单击“确定”按钮，如图 3-20 所示。

Step 04 返回“插入 FLV”对话框，此时在 URL 文本框中显示文件路径，单击“确定”按钮，如图 3-21 所示。

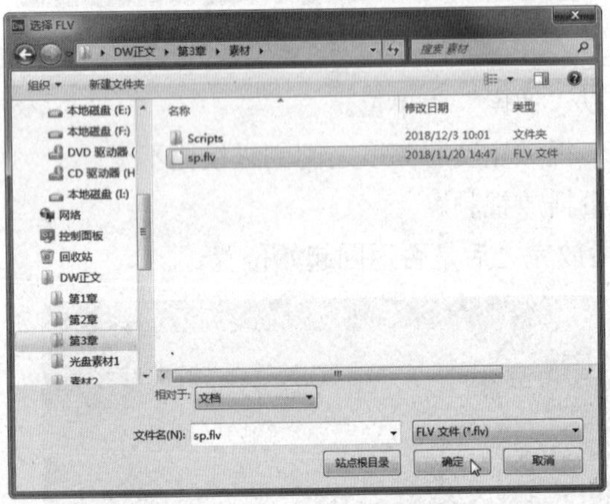

图 3-20 选择 FLV 文件

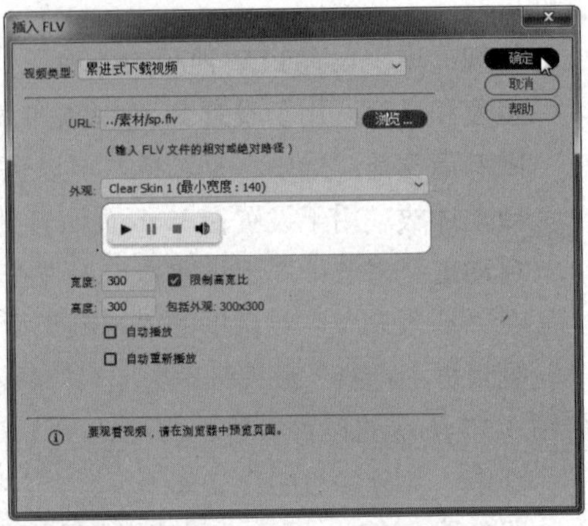

图 3-21 “插入 FLV”对话框

Step 05 返回编辑窗口，即可查看在页面中插入的 FLV 视频。按【F12】键预览网页，弹出“复制相关文件”对话框，单击“确定”按钮，如图 3-22 所示。

Step 06 在浏览器窗口中预览插入的视频文件，效果如图 3-23 所示。

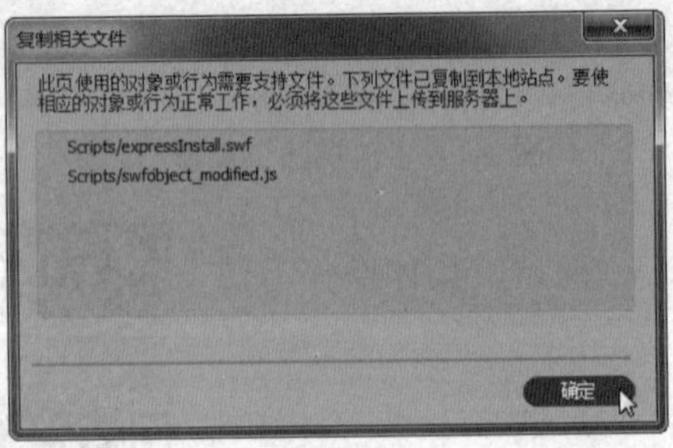

图 3-22 “复制相关文件”对话框

图 3-23 查看视频文件

3.3 插入普通音频与视频

在 Dreamweaver CC 2018 中，可以通过插入插件在网页中添加普通的音频和视频对象。下面以插入音频为例进行介绍，具体操作方法如下。

Step 01 打开“素材文件\第 3 章\插入插件.html”，在“插入”面板中“HTML”类别下选择“插件”选项，如图 3-24 所示。

Step 02 弹出“选择文件”对话框，选择插入的文件，然后单击“确定”按钮，如图 3-25 所示。

图 3-24　选择“插件”选项

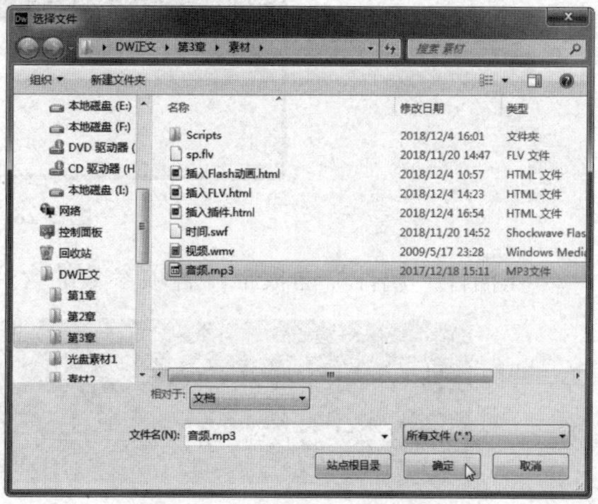

图 3-25　选择插入的文件

Step 03 此时，在页面中就会显示插入的音频，在“属性”面板中设置“宽”为 300，“高”为 300，如图 3-26 所示。

Step 04 按【Ctrl+S】组合键保存文档，然后单击“文件”|“实时预览”|“Google Chrome”命令，如图 3-27 所示。

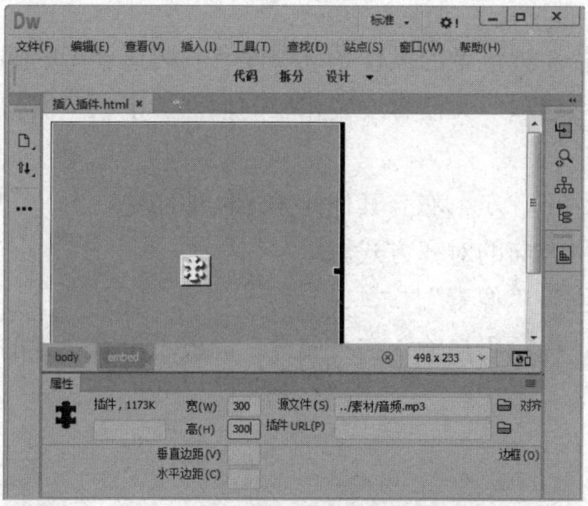

图 3-26　设置宽度与高度

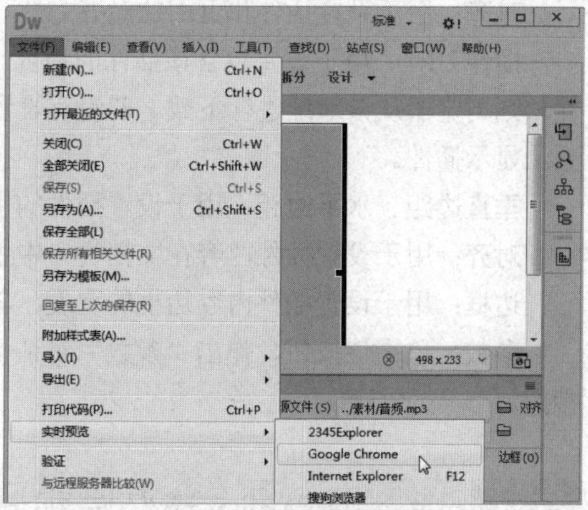

图 3-27　选择浏览器

Step 05 打开浏览器，加载插件并播放音频，如图 3-28 所示。

图 3-28　播放音频

在插件“属性”面板中，各项参数的含义如图 3-29 所示。

图 3-29　插件“属性”面板

插件名称：用于设置插件的名称，以便在脚本中能够引用。

宽、高：用于设置插件在浏览器中显示的宽度和高度，默认以“像素”为单位。

源文件：用于设置插件内容的地址。单击右侧的“选择文件”图标，可以查找并选择源文件，或者直接输入文件地址。

对齐：用于设置插件和页面的对齐方式。

插件 URL：用于设置包含该插件的地址。若在浏览者的操作系统中没有安装该类型的插件，则浏览器从该地址进行下载。若没有设置该选项，又没有安装相应的插件，则浏览器将无法显示插件。

垂直边距、水平边距：用于设置插件的上、下、左、右与其他元素之间的距离。

对齐：用于设置插件内容在文档窗口中水平方向的对齐方式。

边框：用于设置插件内容边框的宽度，单位为“像素”。

参数：单击该按钮，弹出“参数”对话框，提示用户输入在“属性”面板上没有出现的参数。

3.4 插入 HTML5 音频与视频

在 Dreamweaver CC 2018 中，允许用户在网页中插入和预览 HTML5 音频和和视频对象。下面将介绍在网页中插入 HTML5 Audio 和 HTML5 Video 的方法。

3.4.1　插入 HTML5 音频

在网页中插入和预览 HTML5 音频具体操作方法如下。

Step 01 打开“素材文件\第 3 章\插入 HTML5 音频.html”，将鼠标指针置于页面中合适的位置，在“插入”面板中“HTML”类别下选择“HTML5 Audio”选项，如图 3-30 所示。

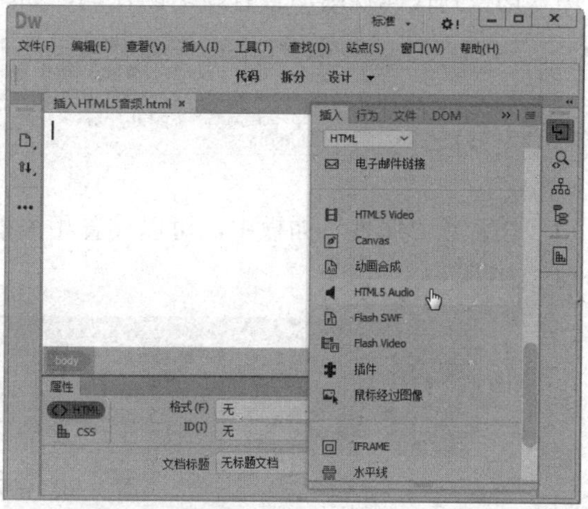

图 3-30　选择“HTML5 Audio”选项

Step 02 此时，即可在页面中插入 HTML5 音频。选择音频对象，在“属性”面板中单击“源”文本框右侧的“浏览”按钮，如图 3-31 所示。

Step 03 弹出“选择音频”对话框，选择要插入的音频文件，然后单击“确定”按钮，如图 3-32 所示。

图 3-31　插入 HTML5 音频

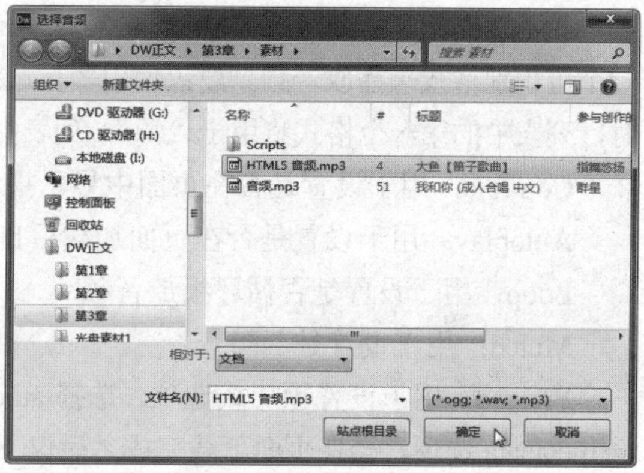

图 3-32　选择音频文件

Step 04 在“属性”面板中设置音频参数，如图 3-33 所示。

Step 05 按【Ctrl+S】组合键保存文档，按【F12】键预览网页。通过 HTML5 音频播放控制栏可以控制音频的播放，效果如图 3-34 所示。

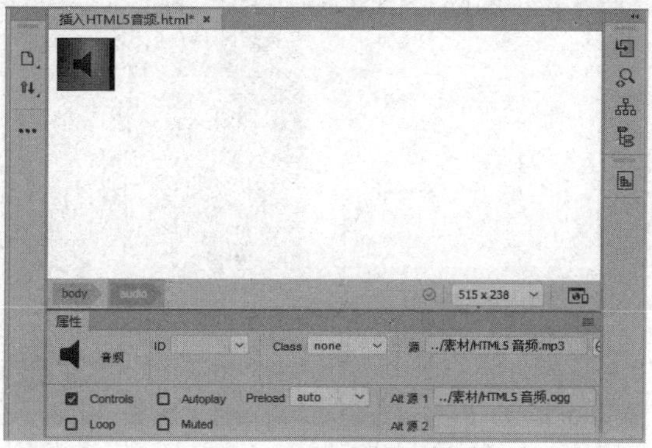

图 3-33　设置音频参数

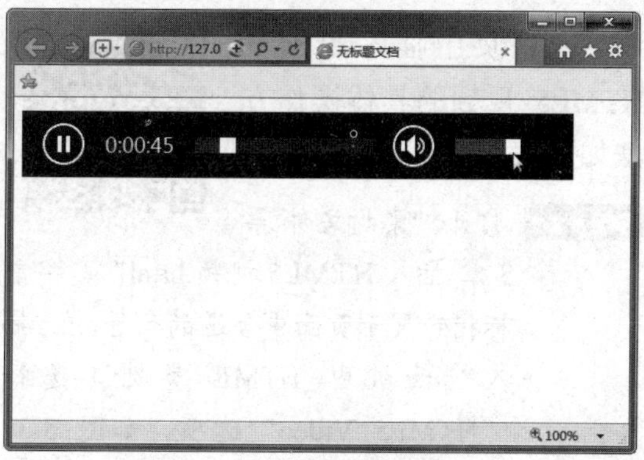

图 3-34　预览播放效果

切换到代码视图，查看新增的代码，如图 3-35 所示。

```
<audio preload="auto" controls="controls" autoplay="autoplay" >
  <source src="../素材/HTML5 音频.mp3" type="audio/mp3">
  <source src="../素材/HTML5 音频.ogg" type="audio/ogg">
  <p>当前浏览器不支持HTML音频</p>
</audio>
```

图 3-35 查看代码

在音频“属性”面板中，可以设置相关播放属性和播放内容。其中，各项参数的含义如图 3-36 所示。

图 3-36 音频“属性”面板

ID：用于设置 HTML5 音频的 ID 值。

Class：用于设置 HTML5 音频控件的类样式。

源、Alt 源 1、Alt 源 2：在“源”文本框中输入音频文件的位置，或单击“浏览文件”按钮从计算机中选择音频文件。对音频格式的支持在不同的浏览器上有所不同，若“源”中的音频格式不被支持，则会使用“Alt 源 1”和“Alt 源 2”文本框中指定的音频格式，浏览器选择第一个可识别格式来播放音频。建议使用多重选择，当从文件夹中为同一音频选择三个音频格式时，列表中的第一个格式将用于“源”，列表中后续的格式用于“Alt 源 1”和“Alt 源 2”。

Controls：用于设置是否在页面中显示播放控件。

Autoplay：用于设置是否在页面加载后自动播放音频。

Loop：用于设置是否循环播放音频

Muted：用于设置是否静音。

Preload：用于设置预加载选项。选择 auto 选项，会在页面下载时加载整个音频文件；选择 metadata 选项，会在页面下载完成之后仅下载元数据；选择 none 选项，则不进行预加载。

Title：用于设置音频文件的标题。

回退文本：用于设置在不支持 HTML5 的浏览器中显示的文本。

3.4.2 插入 HTML5 视频

在网页中插入和预览 HTML5 视频的具体操作方法如下。

Step 01 打开“素材文件\第 3 章\插入 HTML5 视频.html”，将鼠标指针置于页面中合适的位置，在“插入”面板中 HTML 类别下选择“HTML5 Video”选项，如图 3-37 所示。

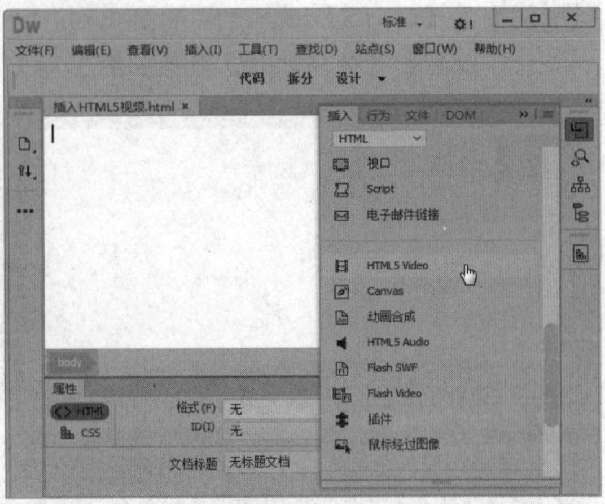

图 3-37 单击“HTML5 Video”按钮

Step 02 此时，即可在页面中插入 HTML5 视频。选择视频对象，在“属性”面板中单击“源”文本框右侧的“浏览”按钮，如图 3-38 所示。

Step 03 弹出“选择视频”对话框，选择要插入的视频文件，然后单击“确定”按钮，如图 3-39 所示。

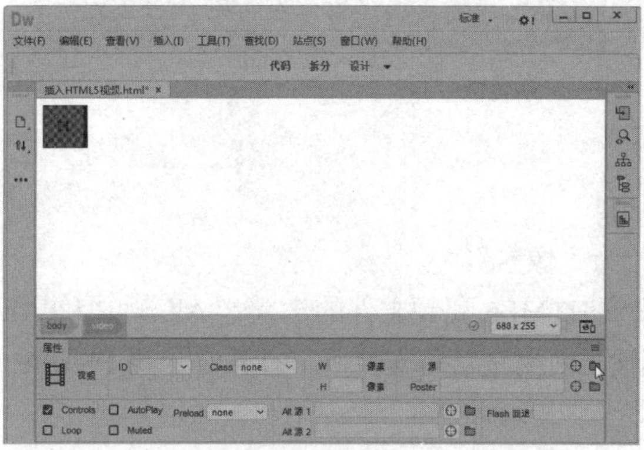

图 3-38 插入 HTML5 视频

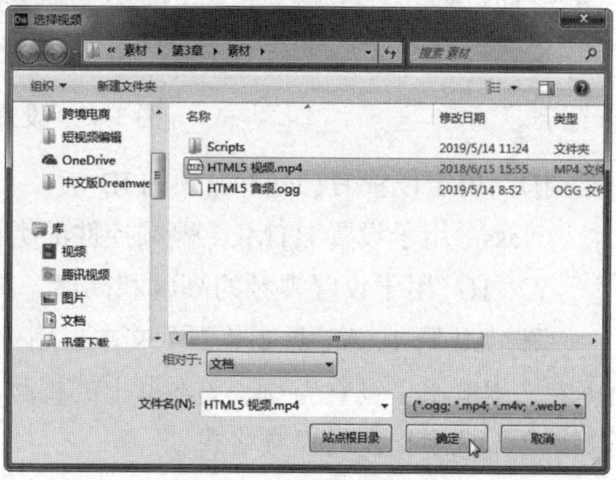

图 3-39 选择视频文件

Step 04 在“属性”面板中设置视频参数，如图 3-40 所示。

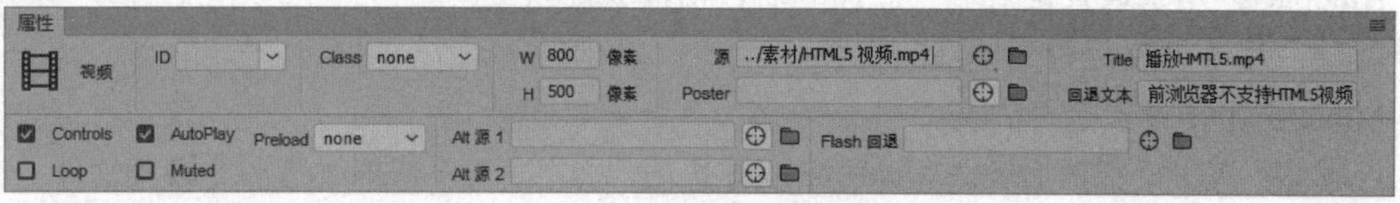

图 3-40 设置视频参数

Step 05 按【Ctrl+S】组合键保存文档，按【F12】键在浏览器中预览 HTML5 视频播放效果，如图 3-41 所示。

图 3-41 预览 HTML5 视频播放效果

切换到代码视图，查看新增的代码，如图 3-42 所示。

```
<video controls="controls" autoplay="autoplay" >
  <source src="../素材/HTML视频.mp4" type="video/mp4">
</video>
```

图 3-42 查看代码

在视频“属性”面板中，可以设置相关播放属性和播放内容，如图 3-43 所示。其中，各项参数的含义如下。

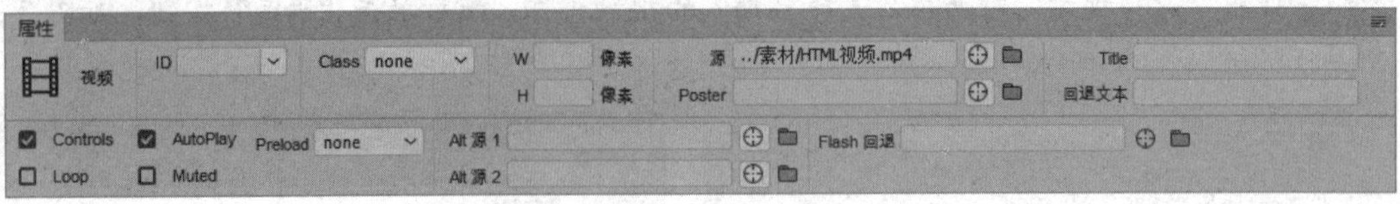

图 3-43　设置 HTML 视频属性

ID：用于设置 HTML5 视频的 ID 值。

Class：用于设置 HTML5 视频控件的类样式。

W、H：用于设置视频的高度和高度，单位为“像素”。

源、Alt 源 1、Alt 源 2：“源”文本框用于设置 HTML5 视频文件的位置。“Alt 源 1”和“Alt 源 2”文本框用于设置当“源”文本框中的视频不被当前浏览器所支持时，打开“Alt 源 1”或“Alt 源 2”文本框中指定的视频格式。

Poster：用于设置在视频下载完成后或用户单击“播放”后显示的图像位置。

Controls：用于设置是否在页面中显示播放控件。

Autoplay：用于设置是否在页面加载后自动播放视频。

Loop：用于设置是否循环播放视频。

Muted：用于设置是否静音。

Preload：用于设置预加载选项。选择 auto 选项，会在页面下载时加载整个视频文件；选择 metadata 选项，则会在页面下载完成之后仅下载元数据；选择 none 选项，则不进行预加载。

Title：用于设置视频文件标题。

回退文本：用于设置在不支持 HTML5 视频的浏览器中显示的文本。

Flash 回退：用于设置对于不支持 HTML5 视频的浏览器，回退选择 Flash SWF 文件。

3.5 综合实例——为网站首页插入动画和音频

下面将综合运用本章所学的知识，为一个房产网站首页插入 Flash 动画和背景音乐，具体操作方法如下。

Step 01 打开“素材文件\第 3 章\爱我家房地产集团\index.html”，将光标定位到要插入 Flash 动画的单元格中，按【Ctrl+F2】组合键打开“插入”面板，在“HTML”类别下选择“Flash SWF”选项，如图 3-44 所示。

图 3-44　选择“Flash SWF”选项

Step 02 在弹出的“选择 SWF”对话框中选择 Flash 动画文件，然后单击“确定”按钮，如图 3-45 所示。

Step 03 在弹出的“对象标签辅助功能属性”对话框中单击“确定”按钮，如图 3-46 所示。

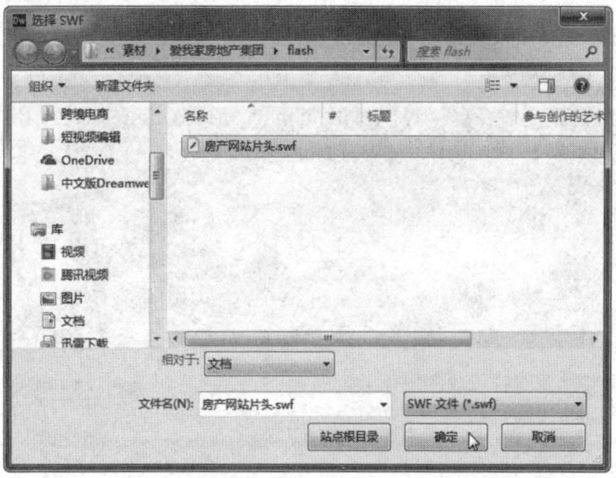

图 3-45　选择 Flash 动画文件

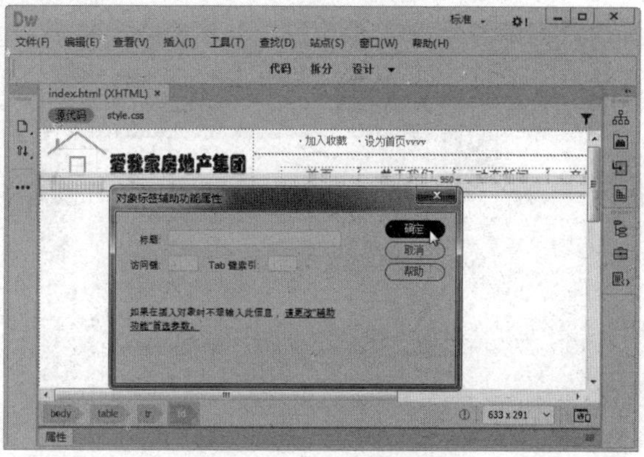

图 3-46　设置属性

Step 04 此时，即可将 Flash 动画文件插入到单元格中。在“属性”面板中设置“宽”为 100%，使 Flash 动画文件匹配单元格的宽度，如图 3-47 所示。

Step 05 在“属性”面板中单击“比例”下拉按钮，在弹出的下拉列表中选择“无边框”选项，如图 3-48 所示。

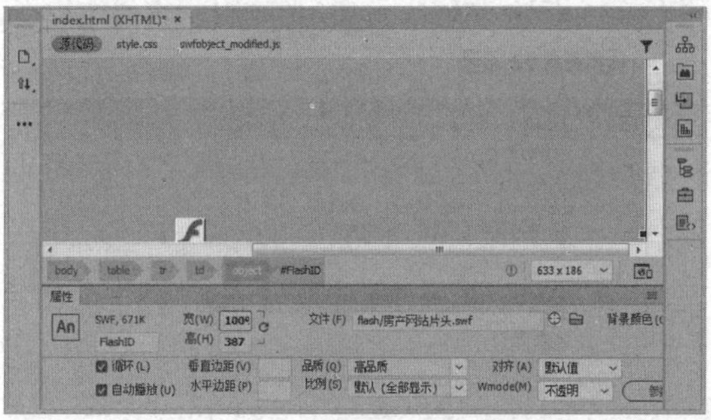

图 3-47　设置动画对象宽度

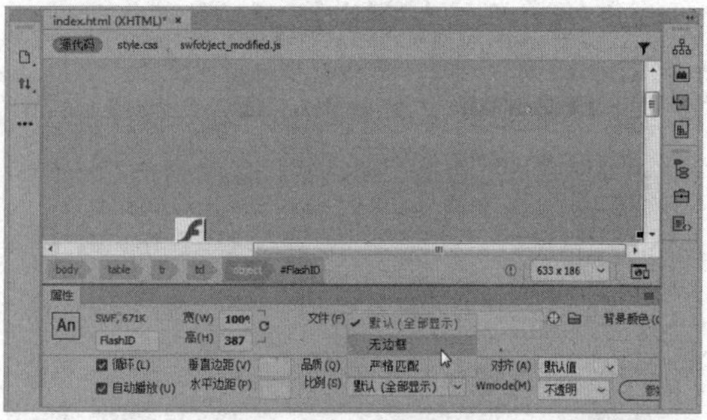

图 3-48　设置无边框

Step 06 打开“插入”面板，在 HTML 类别中选择“HTML5 Audio”选项，如图 3-49 所示。

Step 07 在弹出的“选择音频”对话框中选择音乐文件，然后单击“确定”按钮，如图 3-50 所示。

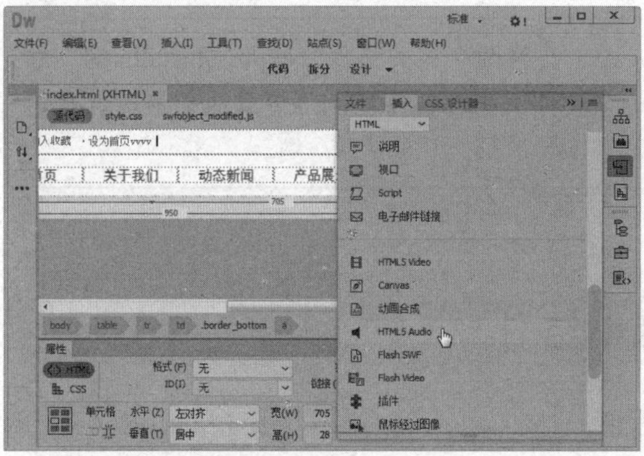

图 3-49　选择“HTML5 Audio”选项

图 3-50　选择音频文件

Step 08 选择插入的 HTML5 音频对象，在“属性”面板中取消选择“Controls”复选框，并选中“Autoplay”和“Loop”复选框，如图 3-51 所示。

Step 09 按【Ctrl+S】组合键保存文档，按【F12】键在浏览器中预览网页效果，如图 3-52 所示。

图 3-51 设置音频属性

图 3-52 预览网页效果

Step 10 选择音频对象，切换到“拆分”视图，查看相应的音频代码，如图 3-53 所示。

Step 11 要想使音频对象在网页中不占据位置，可以在“代码”视图中剪切音频对象代码，并将其粘贴到<head>标签中，如图 3-54 所示。

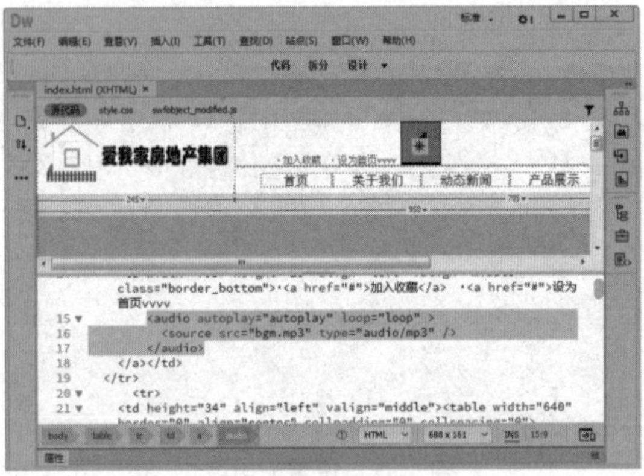

图 3-53 查看音频代码

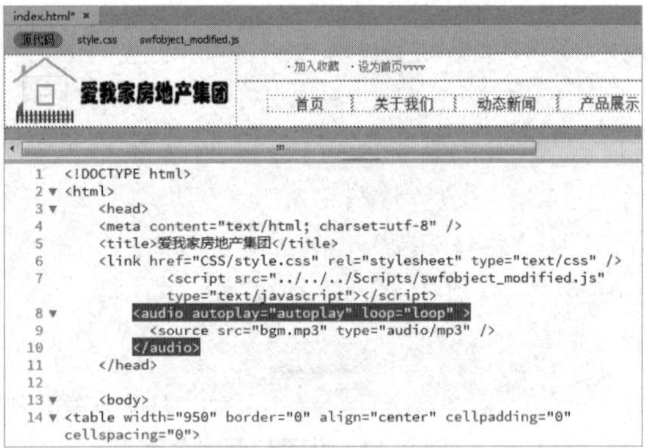

图 3-54 移动音频代码到<head>标签

课堂解疑

在网页中插入 Flash 动画文件后，Dreamweaver 会将两个相关文件“expressInstall.swf”和“swfobject_modified.js”保存到站点的“Scripts”文件夹中。在将站点上传到服务器时，也需要上传这些相关文件，否则浏览器无法正确显示 Flash 动画。

本章小结

通过本章的学习，读者应重点掌握以下知识。

（1）插入 Flash 动画文件，设置 Flash 动画的属性。

（2）插入 FLV 视频，并设置视频属性。

（3）使用插件在网页中插入普通的音频与视频。

（4）在网页中插入 HTML5 音频与 HTML5 视频。

课后习题

一、选择题

1．关于在网页中插入多媒体对象，下列说法错误的是（　）。

A．在网页中插入 HTML5 视频对象时，可以设置视频中的音频静音

B．插入普通的音频和视频后，可以通过“参数”对话框设置其属性

C．插入 HTML5 音频对象后，可以通过“Alt 源 1”和“Alt 源 2”文本框设置音频文件的位置

D．插入 Flash 动画后，可以根据需要设置其播放品质

2．在网页中插入 HTML5 音频对象后，要想使其在网页中不可见，需要设置哪项属性？（　）

A．Controls　　B．Autoplay

C．Loop　　D．Muted

二、填空题

1. 在网页源代码中用于插入 Flash 动画的标签有两个，分别是______标签和______标签。

2．在插入 FLV 视频时，其视频类型包括____________和____________两种。

三、实操题

打开“素材文件\第 3 章\游戏\index.html”，在网页中插入 HTML5 视频对象，并设置视频属性，效果如图 3-55 所示。

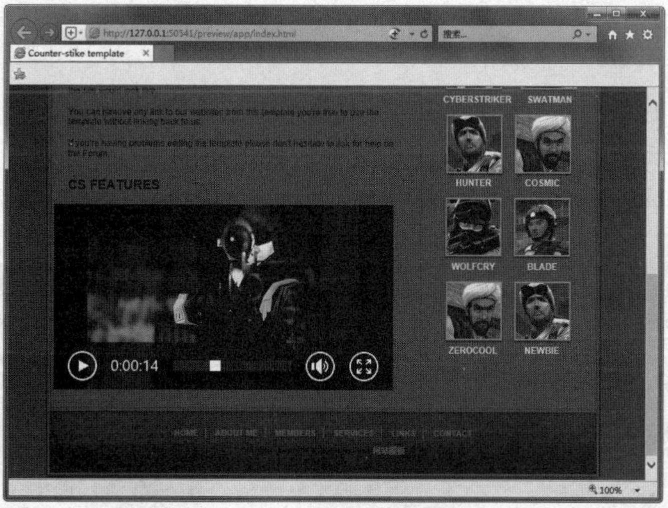

图 3-55　在网页中插入视频

操作提示：

（1）在指定位置插入 HTML5 视频素材。

（2）在“属性”面板中取消选择“Autoplay”复选框，设置对象的宽度和高度。

第 4 章
使用表格布局页面

【学习目标】

- 掌握插入表格和表格元素的方法。
- 掌握表格的基本操作方法。
- 掌握设置表格和单元格属性的方法。
- 掌握对表格数据进行排序与导入/导出的方法。

表格在网页排版中的用途非常广泛，它除了用于排列数据和图像外，还可以用于网页的布局。Dreamweaver CC 2018 提供了非常强大的表格编辑功能，利用表格可以实现各种不同的布局方式。本章将学习如何使用表格布局页面。

4.1 插入表格并添加表格内容

表格是网页中一个重要的容器元素，它能使网页结构紧凑、整齐，使网页内容一目了然。下面将介绍在 Dreamweaver CC 2018 中的表格基本操作，如插入表格、添加表格内容等。

4.1.1 插入表格

下面将介绍如何在网页中创建表格，并实现表格的嵌套。

1. 创建表格

在网页中插入表格的具体操作方法如下。

Step 01 打开“素材文件\第 4 章\插入表格\index.html”，将光标定位到合适的位置，然后单击“插入”|“Table”命令，如图 4-1 所示。

Step 02 弹出“Table”对话框，设置各项参数，然后单击“确定”按钮，如图 4-2 所示。

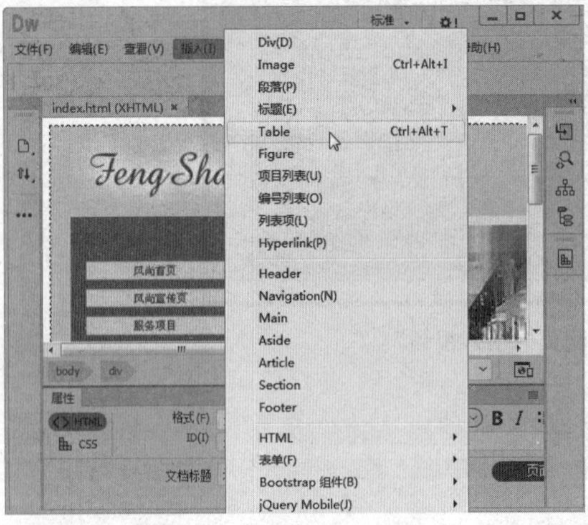

图 4-1 单击“Table”命令

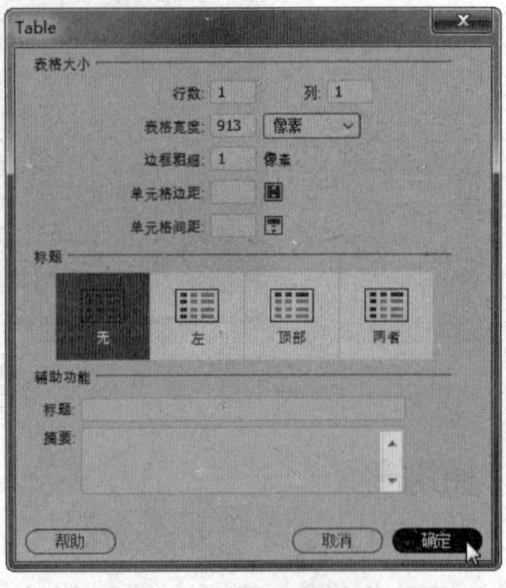

图 4-2 设置表格参数

Step 03 返回网页文档，查看插入表格，如图 4-3 所示。

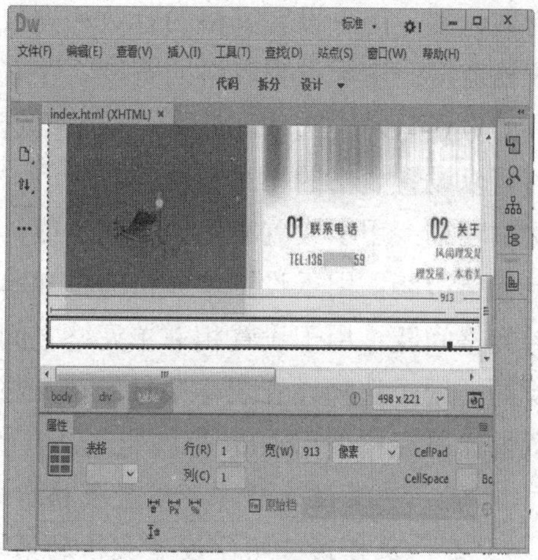

图 4-3　插入表格

2．创建嵌套表格

在表格中再插入新的表格，称为表格的嵌套。采用这种方式可以创建出复杂的表格布局，这也是网页布局常用的方法之一。创建嵌套表格的具体操作方法如下。

Step 01 将光标定位到要嵌套表格的单元格中，然后在“插入”面板中 HTML 类别下选择“Table”选项，如图 4-4 所示。

Step 02 弹出“Table”对话框，设置各项参数，然后单击“确定”按钮，如图 4-5 所示。

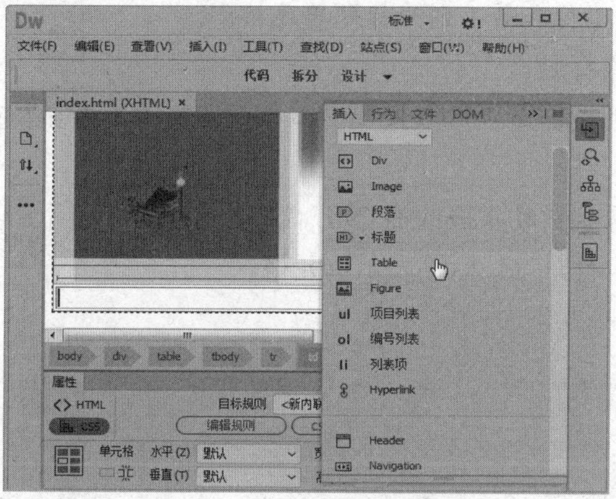

图 4-4　选择“Table”选项

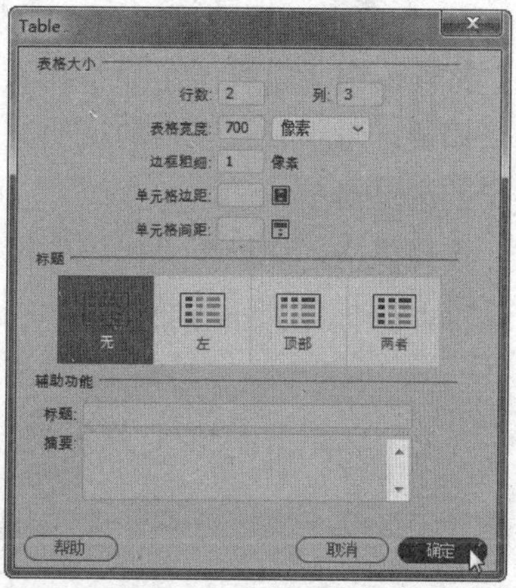

图 4-5　设置表格参数

Step 03 此时，即可将表格插入到光标所在的单元格中，如图 4-6 所示。

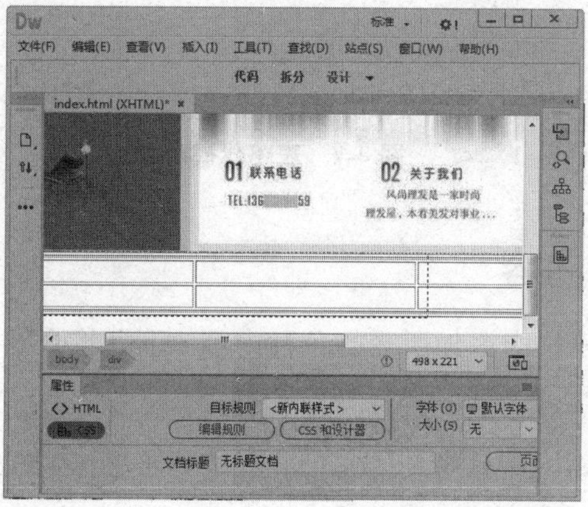

图 4-6　插入表格

在“Table”对话框中，各选项的含义如下。

行数、列：用于设置表格的行数和列数。

表格宽度：用于设置表格的宽度。在右侧下拉列表框中可以选择度量单位，包括“百分比”和“像素”两个选项。选择“像素”选项，可以设置表格的固定宽度；选择“百分比”选项，可以设置表格的相对宽度。

边框粗细：用于设置表格边框的宽度，单位为“像素”。

单元格边距：用于设置单元格边框和单元格内容之间的距离，单位为“像素”。

单元格间距：用于设置相邻单元格之间的距离，单位为“像素”。

标题：用于选择设置表格中标题单元格所在的行或列。标题列单元格使用＜th＞标签定义，而普通单元格使用＜td>标签定义。在“标题”选项区中，包括以下选项。

- **无**：选择该选项，不设置表格行或列标题。
- **左**：选择该选项，设置表格的第 1 列作为标题列，以便为表格中的每一行输入一个标题。
- **顶部**：选择该选项，设置表格的第 1 行作为标题列，以便为表格中的每一列输入一个标题。
- **两者**：选择该选项，设置表格的第 1 行和第 1 列为标题单元格。

标题：用于设置一个显示在表格外的表格标题。

摘要：用于设置表格的说明文本，屏幕阅读器可以读取摘要文本，但该文本不会显示在用户的浏览器中。

选择表格，切换至“代码”视图，即可看到自动生成的 HTML 代码，如图 4-7 所示。其中，<table>标签表示表格框架，<tr>标签表示行，<td>标签表示单元格。

```
<table width="913" border="1">
  <tbody>
    <tr>
      <td><table width="700" border="1">
        <tbody>
          <tr>
            <td> </td>
            <td> </td>
            <td> </td>
          </tr>
          <tr>
            <td> </td>
            <td> </td>
            <td> </td>
          </tr>
        </tbody>
      </table></td>
    </tr>
  </tbody>
</table>
```

图 4-7　表格代码

4.1.2　添加表格内容

创建表格后，可以在表格中添加所需的各种内容。下面将介绍如何在表格中添加文本、图像等网页元素，具体操作方法如下。

Step 01 打开“素材文件\第 4 章\编辑表格\index.html”，将光标定位到要插入图像的位置，然后单击“插入”|“Image”命令，如图 4-8 所示。

Step 02 弹出“选择图像源文件”对话框，选择要插入的图片，然后单击“确定”按钮，如图 4-9 所示。

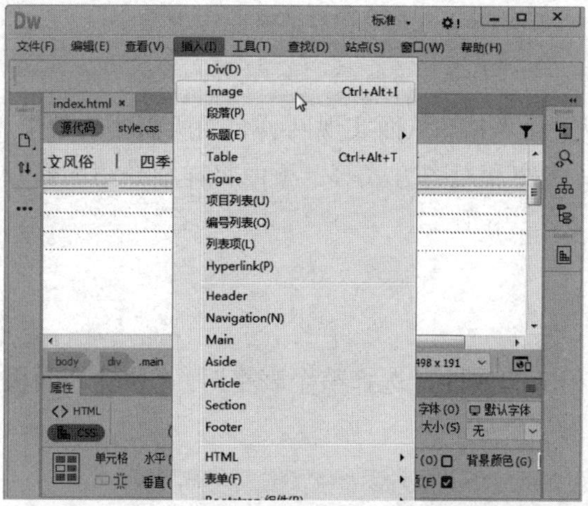

图 4-8　单击"Image"命令

图 4-9　选择图像文件

Step 03 此时，即可在单元格中插入所需的图像，如图 4-10 所示。

Step 04 将光标定位到图像右侧的单元格中，在单元格中输入文本，如图 4-11 所示。

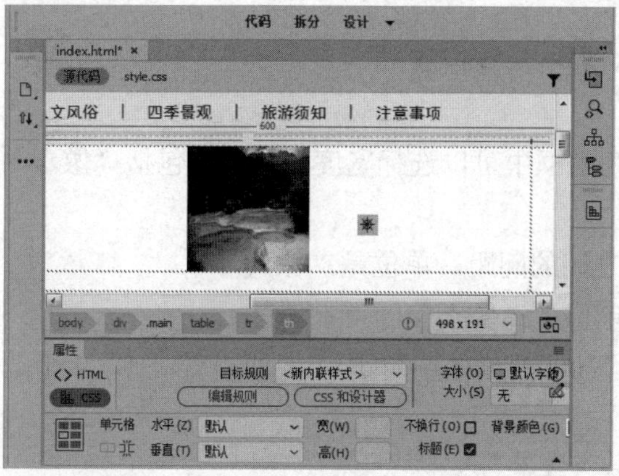

图 4-10　插入图像

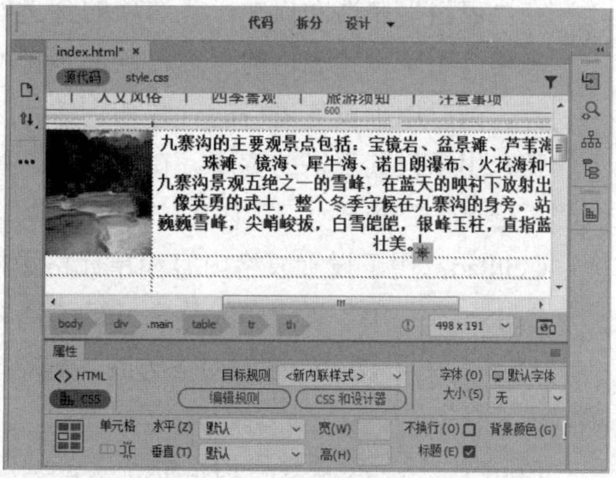

图 4-11　输入文本

Step 05 选择输入的文本，在"属性"面板中设置文本颜色、字体、字号和对齐方式，如图 4-12 所示。

Step 06 按【Ctrl+S】组合键保存文档，按【F12】键在浏览器中预览网页效果，如图 4-13 所示。

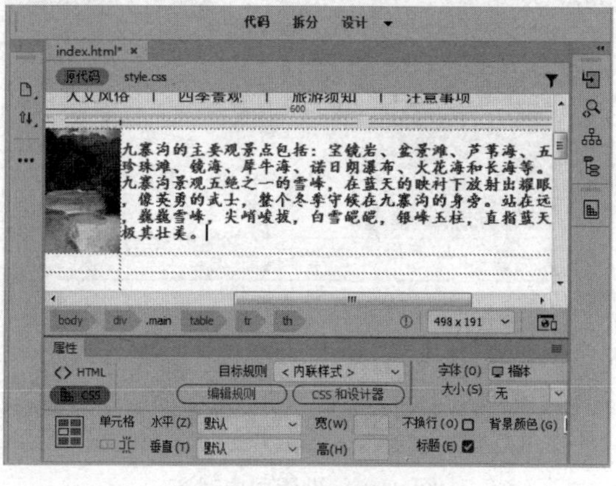

图 4-12　设置文本格式

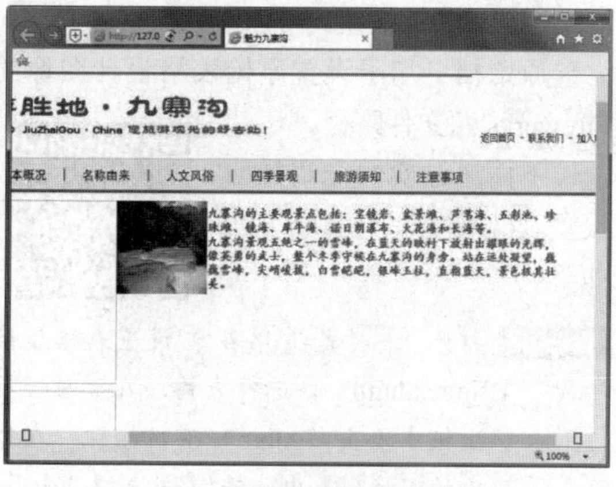

图 4-13　预览网页效果

4.2 设置表格和单元格属性

利用“属性”面板对表格属性进行设置可以美化表格，从而实现网页布局所需要的效果。表格的属性设置包括表格的大小、边框、间距、填充和对齐方式等。下面将详细介绍如何设置表格和单元格属性。

4.2.1 设置表格属性

选择表格后，表格“属性”面板中会显示相应的属性。选择整个表格时，“属性”面板如图 4-14 所示。

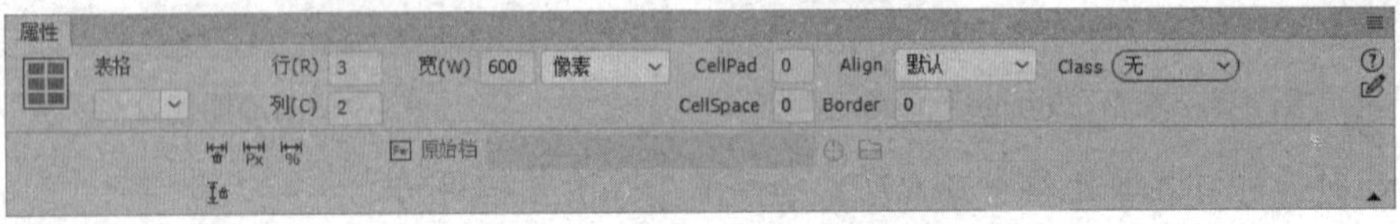

图 4-14 表格“属性”面板

在“表格”属性面板中，各选项的含义如下。

表格：用于设置表格的名称，以便于脚本对表格进行控制。

行、列：用于设置表格的行数和列数。

宽：用于设置表格的宽度。在右侧的下拉列表框中可以选择宽度的单位，包括“像素”和“百分比”2 个选项，默认单位为“像素”。

CellPad：用于设置表格内容和单元格边框之间的间距，单位是“像素”。

CellSpace：用于设置单元格之间的距离，单位是“像素”。

Align：用于设置表格的对齐方式，包括“默认”“左对齐”“居中”和“右对齐”4 个选项。

Border：用于设置表格边框的宽度，单位是“像素”。

Class：用于设置表格的 CSS 样式表的类样式。

：单击该按钮，可以将表格宽度单位转换为“像素”。

：单击该按钮，可以将表格宽度单位转换为“百分比”。

：单击该按钮，可以清除表格的宽度。

：单击该按钮，可以清除表格的高度。

原始档：用于设置原始表格设计图像的 Fireworks 源文件路径。

下面通过实例介绍如何设置表格属性，具体操作方法如下。

Step 01 打开“素材文件\第 4 章\设置表格属性\index.html”，选择表格，在“属性”面板中单击“Align”下拉按钮，在弹出的下拉列表中选择“居中对齐”选项，

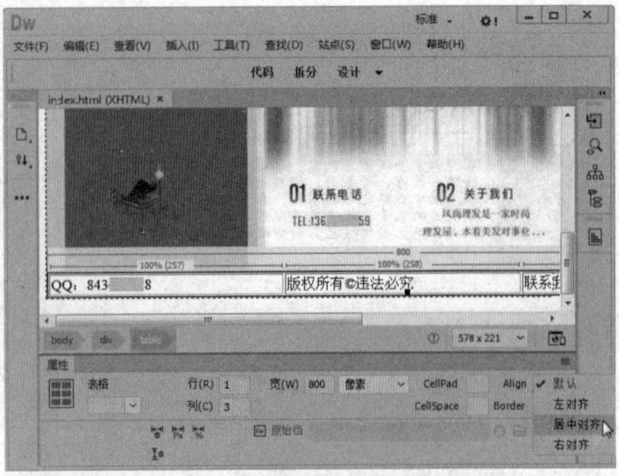

图 4-15 设置居中对齐

如图 4-15 所示。

Step 02 在“属性”面板中设置“Border”值为 0，如图 4-16 所示。

Step 03 单击“将表格宽度转换成百分比”按钮，如图 4-17 所示。

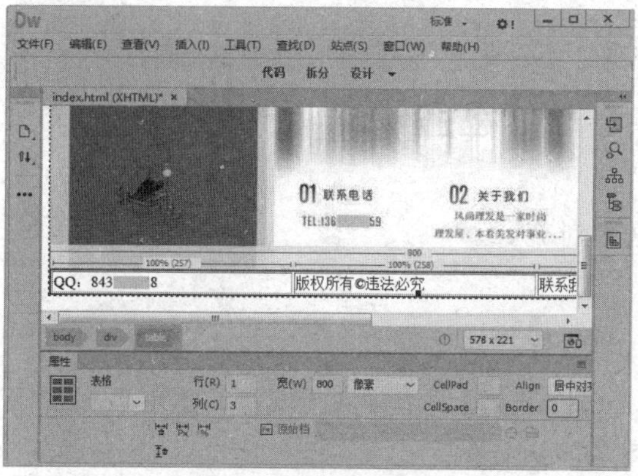

图 4-16　设置“Border”值

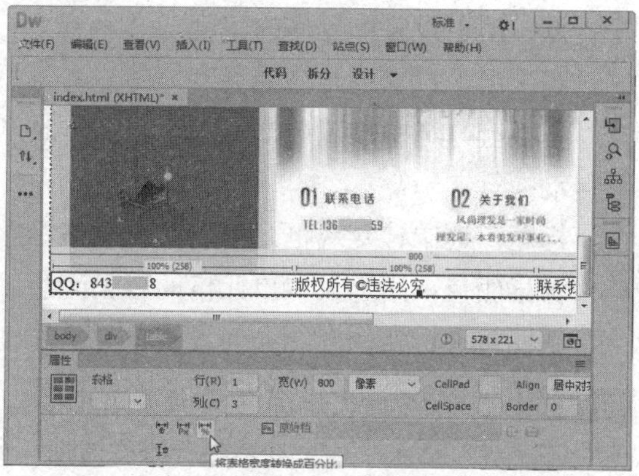

图 4-17　将表格宽度单位转换成“百分比”

Step 04 此时表格宽度单位转换为“百分比”，在“宽”文本框中输入 50，如图 4-18 所示。

Step 05 按【Ctrl+S】组合键保存文档，按【F12】键在浏览器中预览网页效果，如图 4-19 所示。

图 4-18　设置宽度

图 4-19　预览网页效果

4.2.2　设置单元格属性

将光标置于表格的某个单元格内，在“属性”面板中可以设置单元格属性，上半部分为单元格内文本的属性，下半部分为单元格属性，如图 4-20 所示。

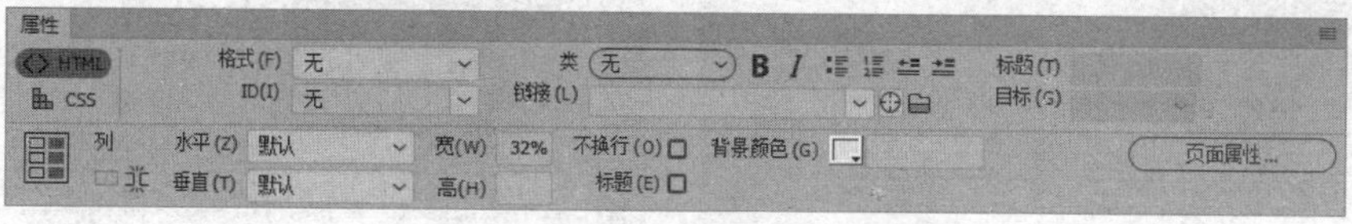

图 4-20　单元格“属性”面板

在单元格“属性”面板中，各选项的含义如下。

：选择两个以上的单元格，单击该按钮，可以将选择的单元格合并。

：单击该按钮，在弹出的对话框中选择行或列以及拆分的个数，就可以拆分所选的单元格。

垂直：用于设置单元格中图像或文本的纵向位置，包括“顶端”“居中”“底部”“基线”和“默认”5 种形式。

水平：用于设置单元格中图像或文本的横向位置。

宽：用于设置单元格的宽度。

高：用于设置单元格的高度。

不换行：选中该复选框，在输入文本时，即使输入的文本已经超出了单元格宽度，也不会自动换行。

标题：选中该复选框，可以将单元格标题居中对齐。

背景颜色：用于设置单元格的背景颜色。

下面将通过实例介绍如何设置单元格属性，具体操作方法如下。

Step 01 打开“素材文件\第 4 章\设置单元格属性\index.html”，选择要设置属性的单元格，在“属性”面板中选中“不换行”复选框，如图 4-21 所示。

Step 02 单击“水平”下拉按钮，在弹出的下拉列表中选择“居中对齐”选项，如图 4-22 所示。

图 4-21 设置单元格内容不换行

图 4-22 设置水平居中对齐

Step 03 单击“垂直”下拉按钮，在弹出的下拉列表中选择“居中”选项，如图 4-23 所示。

Step 04 在“宽”和“高”文本框中输入数值，设置单元格的宽度和高度，如图 4-24 所示。

图 4-23 设置垂直居中对齐

图 4-24 设置单元格宽度和高度

Step 05 单击“背景颜色”右侧的颜色按钮□，在拾色器面板中选择需要的颜色，如图 4-25 所示。

Step 06 按【Ctrl+S】组合键保存文档，按【F12】键在浏览器中预览网页效果，如图 4-26 所示。

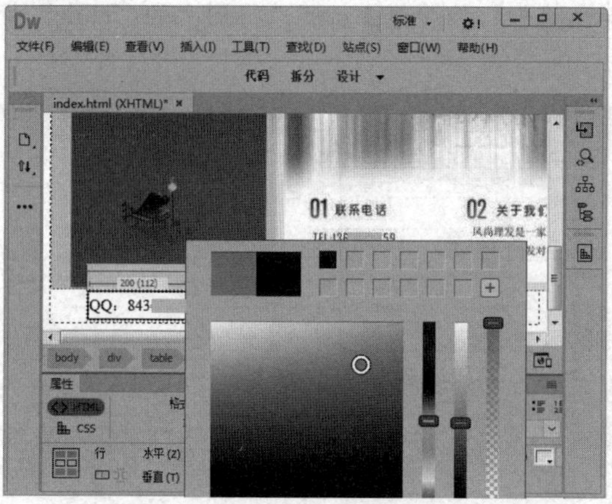

图 4-25　选择背景颜色

图 4-26　预览网页效果

4.3 表格的基本操作

下面将对表格的基本操作进行介绍，如选择表格，拆分与合并单元格，以及添加与删除表格的行或列等知识。

4.3.1 选择表格

在对表格进行编辑操作之前，首先需要选择要编辑的表格区域，可以选择整个表格、一行、一列、连续或不连续的多个单元格等。选择表格的具体操作方法如下。

Step 01 打开“素材文件\第 4 章\设置单元格属性\index.html”，如图 4-27 所示。

Step 02 按住【Ctrl】键的同时在单元格中单击鼠标左键，即可选择不连续的多个单元格，如图 4-28 所示。

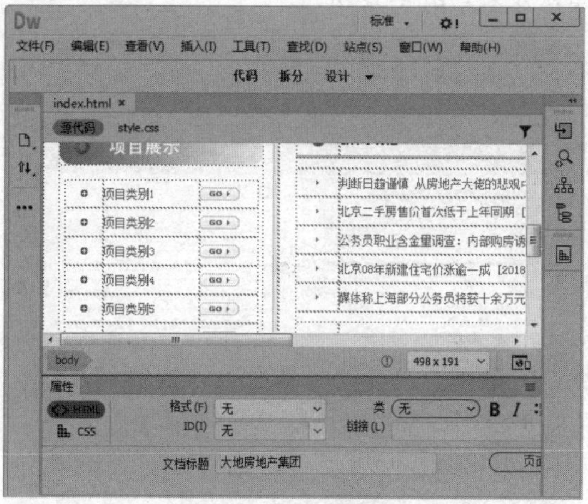

图 4-27　打开网页文件

图 4-28　选择不连续的多个单元格

Step 03 若要选择连续的多个单元格，则按住鼠标左键向右、向左、向上或向下拖动即可，如图 4-29 所示。

Step 04 若要选择整个表格，则将光标置于某个单元格中，然后单击标签选择器上的“table”标签即可，如图 4-30 所示。

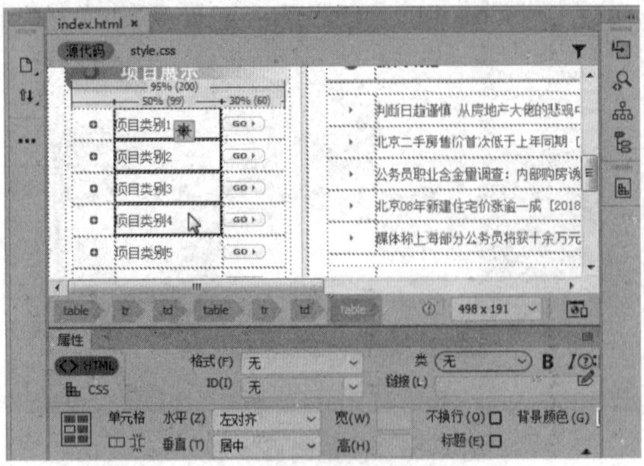

图 4-29　选择连续的多个单元格

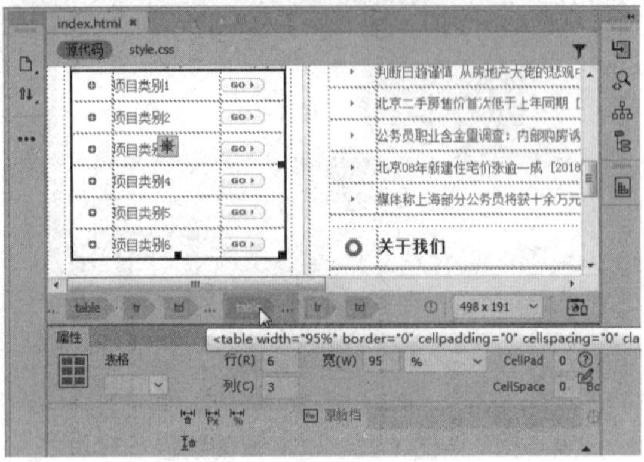

图 4-30　选择整个表格

4.3.2　拆分与合并单元格

拆分单元格，是指将一个单元格拆分为多个单元格；合并单元格，是指将多个连续的单元格合并为一个单元格。合并和拆分单元格有很多方法，下面将分别对其进行介绍。

1. 合并单元格

在使用表格布局网页的过程中，有的内容需要占用多个单元格，此时需要将这些单元格合并为一个单元格，方法如下。

方法 1：使用快捷菜单合并单元格

Step 01 选择要合并的几个单元格并右击，在弹出的快捷菜单中选择“表格” | “合并单元格”命令，如图 4-31 所示。

Step 02 此时，所选单元格即被合并为一个单元格，效果如图 4-32 所示。

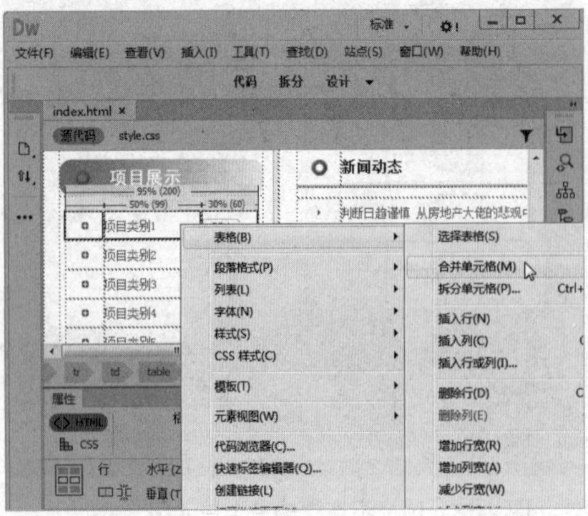

图 4-31　选择“合并单元格”命令

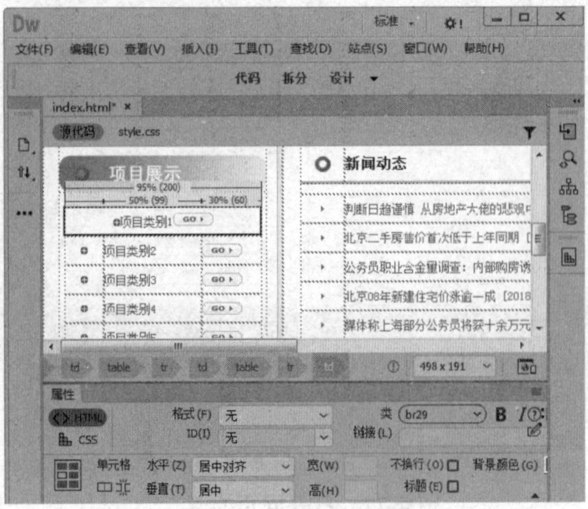

图 4-32　合并单元格效果

方法 2：使用“属性”面板合并单元格

Step 01 选择要合并的几个单元格，在“属性”面板中单击“合并所选单元格，使用跨度”按钮，如图 4-33 所示。

Step 02 此时，所选单元格即被合并为一个单元格，效果如图 4-34 所示。

图 4-33　单击“合并所选单元格，使用跨度”按钮

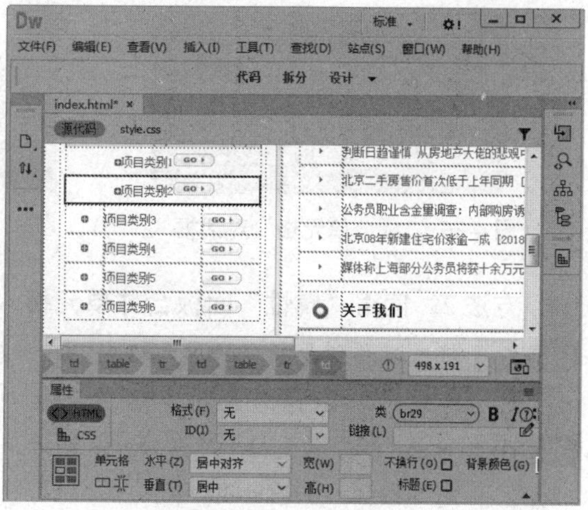

图 4-34　合并单元格效果

2．拆分单元格

如果插入的表格中缺少单元格，则可以将指定的单元格进行拆分，拆分单元格的具体操作方法如下。

方法 1：使用快捷菜单拆分单元格

Step 01 将光标移到要拆分的单元格中并右击，在弹出的快捷菜单中选择“表格”｜“拆分单元格”命令，如图 4-35 所示。

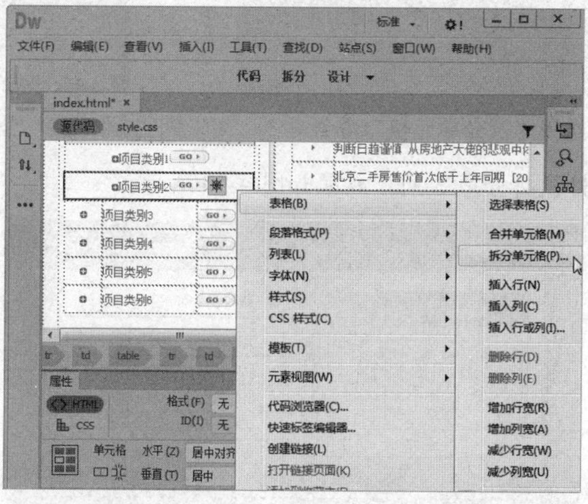

图 4-35　选择“拆分单元格”命令

Step 02 弹出“拆分单元格”对话框，设置拆分单元格的各项参数，然后单击“确定”按钮，如图 4-36 所示。

Step 03 此时，该单元格被拆分成 3 列，效果如图 4-37 所示。

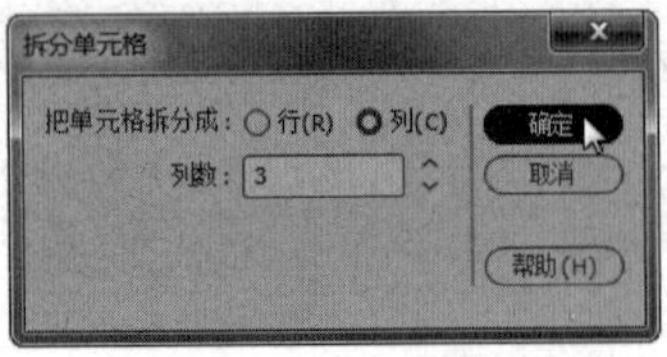

图 4-36 “拆分单元格”对话框

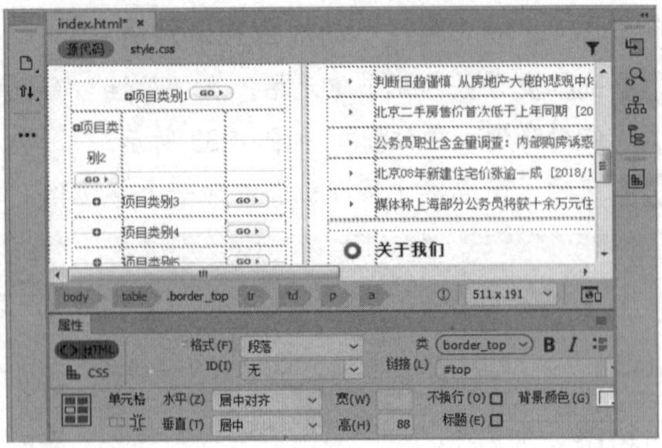

图 4-37 拆分单元格效果

方法 2：使用“属性”面板合并单元格

Step 01 将光标移到要拆分的单元格中，在“属性”面板中单击“拆分单元格为行或列”按钮，如图 4-38 所示。

Step 02 弹出“拆分单元格”对话框，设置拆分单元格的各项参数，然后单击“确定”按钮，如图 4-39 所示。

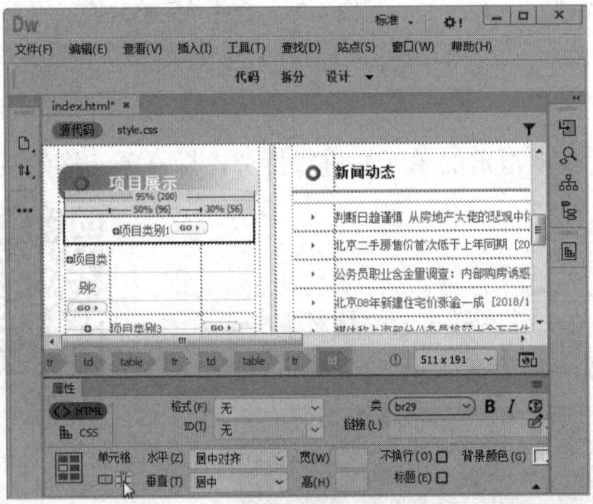

图 4-38 选择“拆分单元格”命令

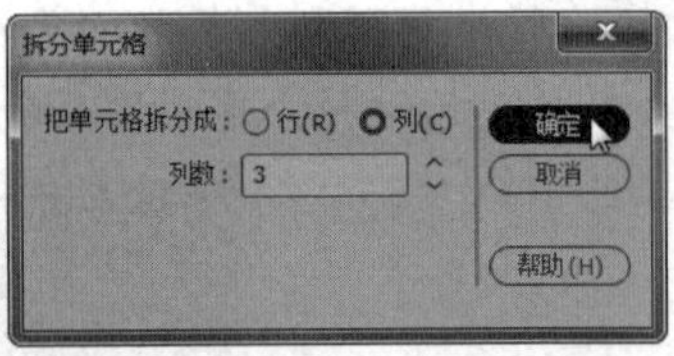

图 4-39 “拆分单元格”对话框

Step 03 此时，该单元格被拆分成 3 列，效果如图 4-40 所示。

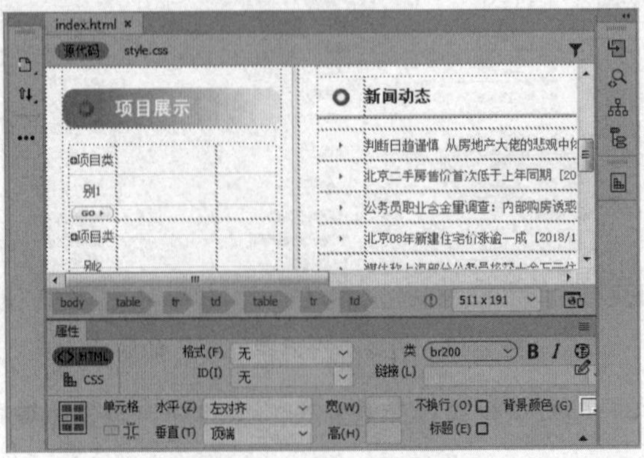

图 4-40 拆分单元格效果

4.3.3 添加与删除行或列

在网页制作过程中，在表格中添加与删除行或列是经常用到的基本操作之一。下面将详细介绍添加与删除行或列的方法。

1. 添加行或列

当表格的行或列不够用时，就需要进行添加。添加行或列具体操作方法如下。

Step 01 将光标移到需要插入行的单元格中并右击，如图 4-41 所示。

Step 02 在弹出的快捷菜单中选择“表格” | “插入行或列”命令，如图 4-42 所示。

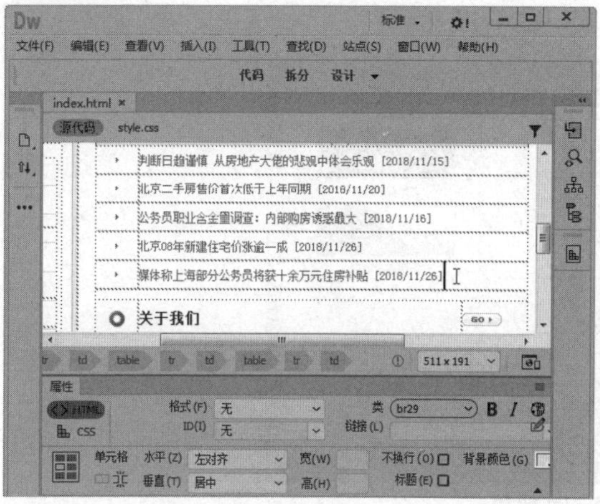

图 4-41 定位光标

图 4-42 选择“插入行或列”命令

Step 03 弹出“插入行或列”对话框，设置“行数”为 3，“位置”为“所选之下”，然后单击“确定”按钮，如图 4-43 所示。

Step 04 此时，即可在所选位置之下插入 3 行，效果如图 4-44 所示。

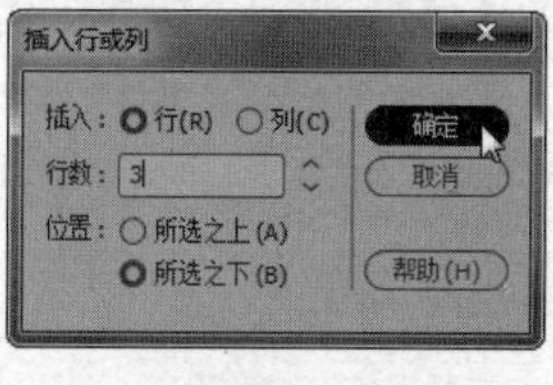

图 4-43 “插入行或列”对话框

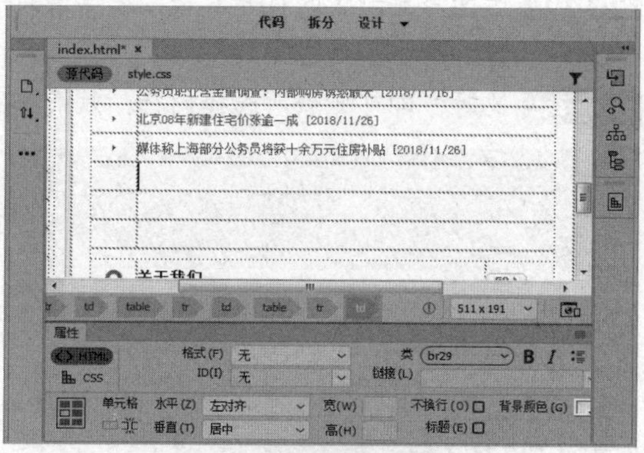

图 4-44 插入行效果

Step 05 将光标移到需要插入列的某一单元格中并右击，在弹出的快捷菜单中选择“表格” | “插入行或列”命令，如图 4-45 所示。

Step 06 弹出“插入行或列”对话框，设置“列数”为 3，“位置”为“当前列之后”，然后单击“确定”按钮，如图 4-46 所示。

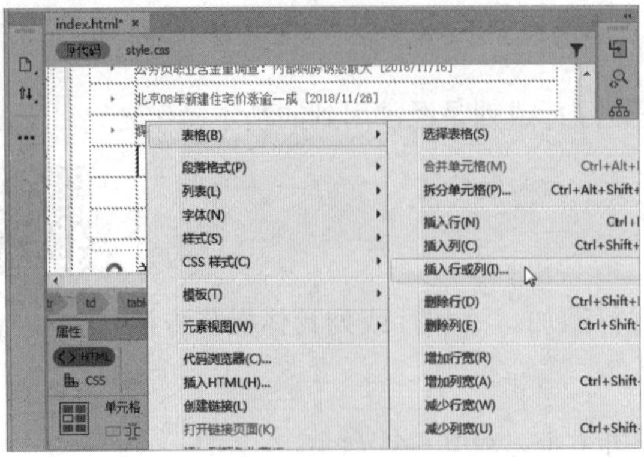

图 4-45 选择“插入行或列”命令

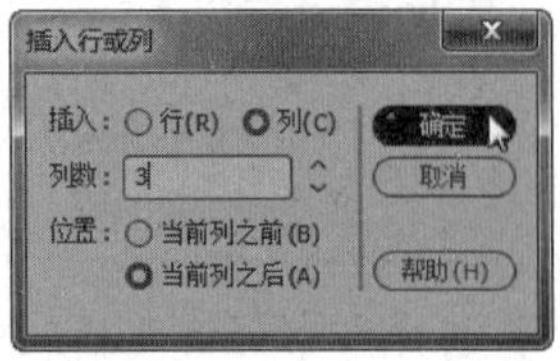

图 4-46 “插入行或列”对话框

Step 07 此时，即可在当前列之后插入 3 列，效果如图 4-47 所示。

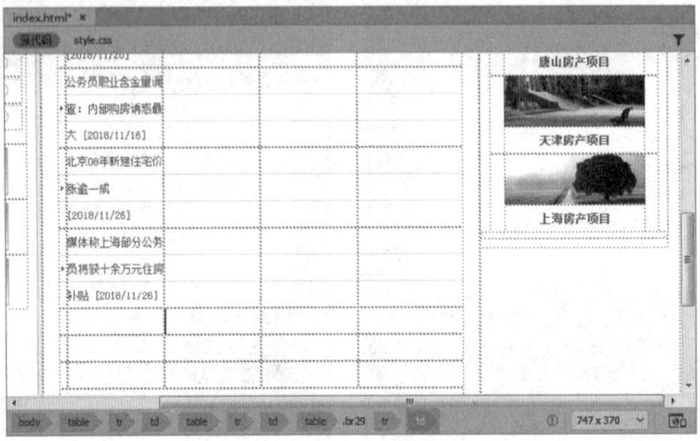

图 4-47 插入列效果

2. 删除行和列

若在表格中有多余的行或列，可以将其删除，具体操作方法如下。

Step 01 选择需要删除的行并右击，在弹出的快捷菜单中选择“表格” | “删除行”命令，如图 4-48 所示。

Step 02 此时，即可删除所选择的行，效果如图 4-49 所示。

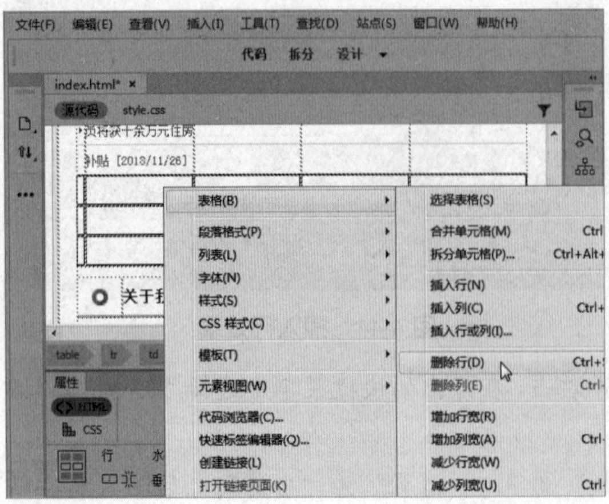

图 4-48 选择“删除行”命令

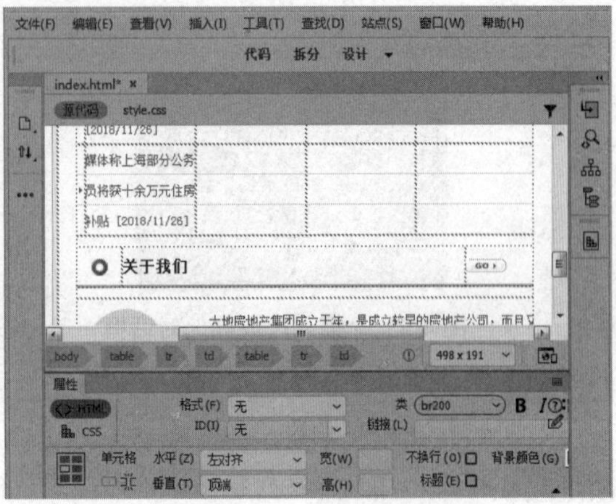

图 4-49 删除行效果

Step 03 选择需要删除的列并右击，在弹出的快捷菜单中选择“表格”|“删除列”命令，如图 4-50 所示。

Step 04 此时，即可删除所选择的列，效果如图 4-51 所示。

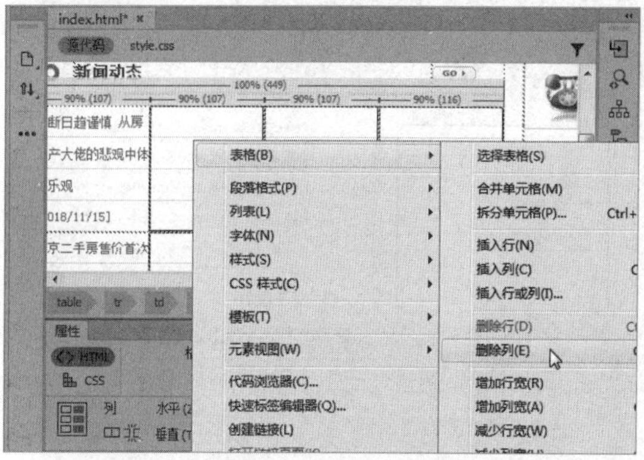

图 4-50　选择“删除列”命令

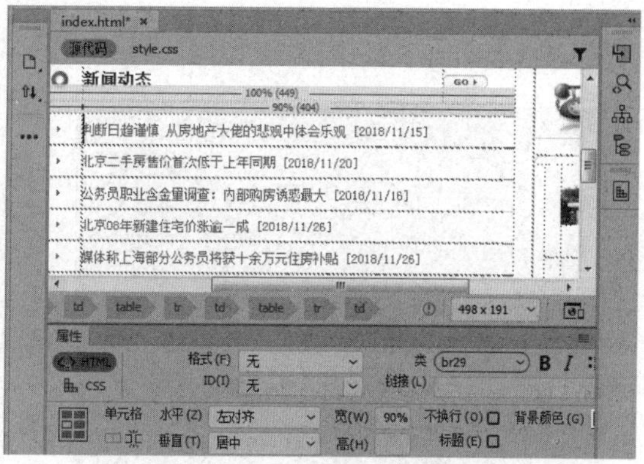

图 4-51　删除列效果

4.4 表格数据排序及导入/导出

当使用表格展示大量数字、文本型数据时，可以使用“表格排序”功能对表格中指定内容进行排序。用户可以将预先储存在其他应用程序中的表格式数据导入到网页文档中，同样，也可以将 Dreamweaver 中的表格导出。下面将介绍如何对表格数据进行排序，以及如何导入与导出表格数据。

4.4.1 对表格数据进行排序

用户可以根据需要对表格中的数据进行排序，具体操作方法如下。

Step 01 打开“素材文件\第 4 章\排序表格\index.html”，选择要对数据进行排序的表格，如图 4-52 所示。

Step 02 在菜单栏中单击“命令”|“排序表格”命令，如图 4-53 所示。

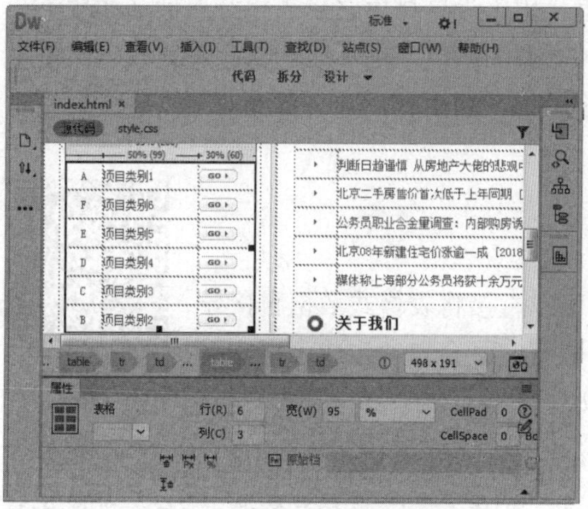

图 4-52　选择表格

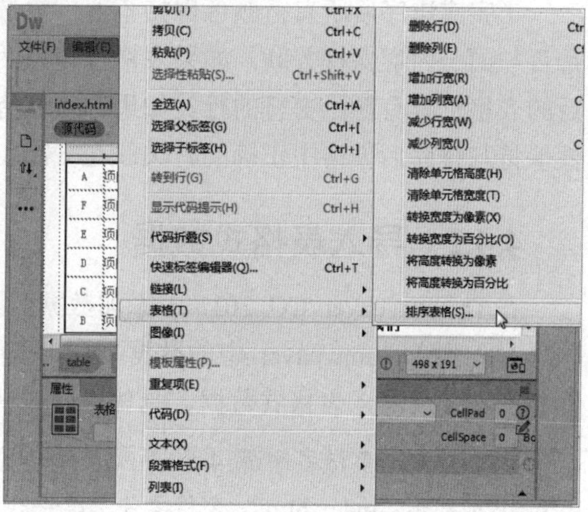

图 4-3　单击“排序表格”命令

Step 03 弹出“排序表格”对话框，设置各项参数，然后单击“确定”按钮，如图 4-54 所示。

Step 04 此时，表格就会按照设置的条件进行排序，效果如图 4-55 所示。

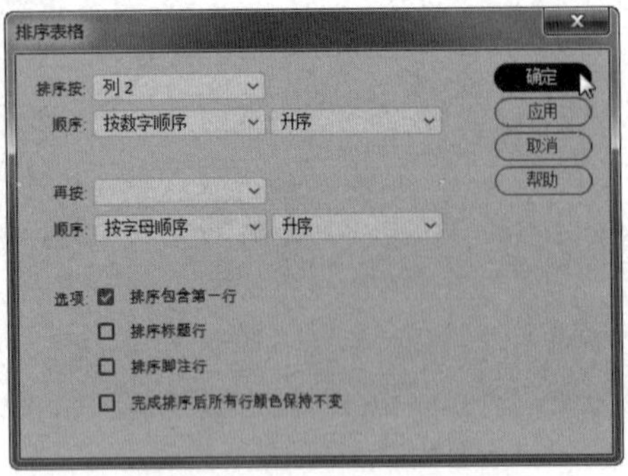

图 4-54 “排序表格”对话框

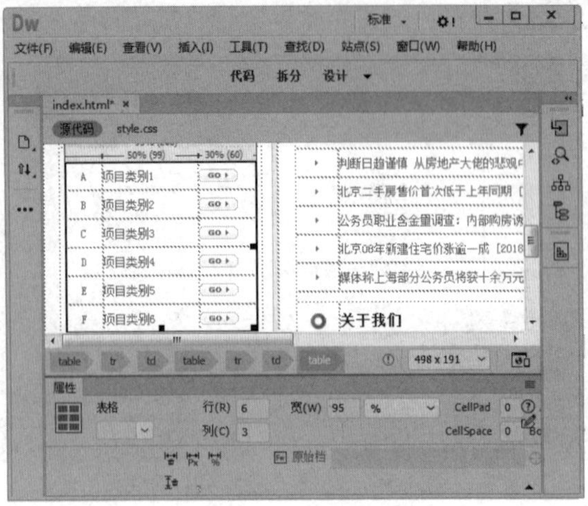

图 4-55 表格排序效果

在“排序表格”对话框中，各选项的含义如下。

“排序按”下拉列表：用于设置选择哪列的值对表格的行进行排序。

“顺序”下拉列表：用于设置按字母顺序，还是按数字顺序，以及是以升序还是降序对列进行排序。

“再按”和“顺序”下拉列表：用于设置在另一列上应用的第二种排序方法和排序顺序。在“再按”下拉列表框中选择将应用第二种排序方法的列，在“顺序”下拉列表框中设置第二种排序方法的排序顺序。

“排序包含第一行”复选框：用于设置是否将表格的第一行包括在排序中。若第一行是表格标题，不宜移动时，则不选择此选项。

“排序脚注行”复选框：用于设置是否按照与主体行相同的条件对表格的 tfoot 部分中的所有行进行排序。

“排序标题行”复选框：用于设置在排序时是否包括表格的标题行。

“完成排序后所有行颜色保持不变”复选框：用于设置排序之后表格行属性（如颜色）是否与同一内容保持关联。如果表格行使用两种交替的颜色，则不要选择此选项以确保排序后的表格仍具有颜色交替的行。如果行属性特定于每行的内容，则选择此选项以确保这些属性保持与排序后表格中正确的行关联在一起。

4.4.2 导入表格式数据

在 Dreamweaver CC 2018 中添加数据时，可以直接将表格式数据直接导入。导入到 Dreamweaver 中的数据不会出现分隔符，且会自动生成表格。下面将介绍如何导入表格式数据，具体操作方法如下。

Step 01 打开“素材文件\第 4 章\导入表格\九寨沟介绍.txt”，如图 4-56 所示。

Step 02 打开“index.html”素材文件，单击“文件”|“导入”|“表格式数据”命令，如图 4-57 所示。

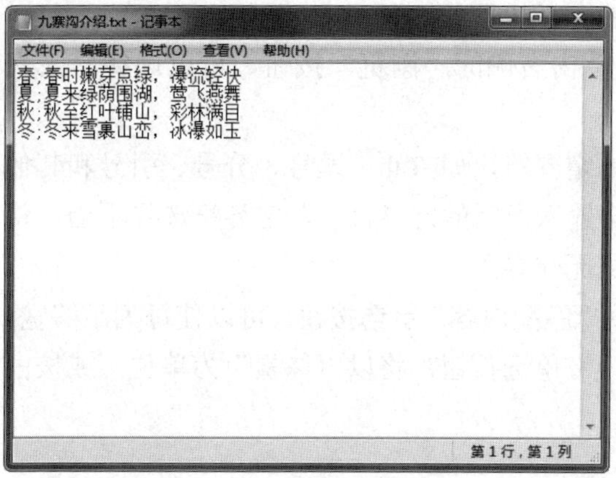

图 4-56　打开表格式数据文件

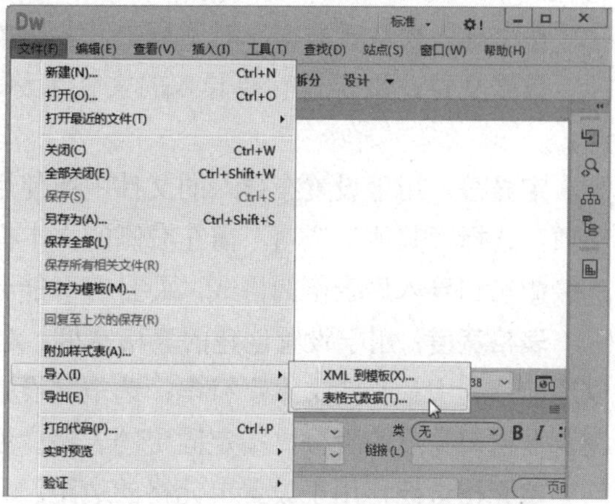

图 4-57　单击“表格式数据”命令

Step 03 弹出“导入表格式数据”对话框，单击“数据文件”文本框右侧的“浏览”按钮，如图 4-58 所示。

Step 04 弹出“打开”对话框，选择要导入的数据文件，然后单击“打开”按钮，如图 4-59 所示。

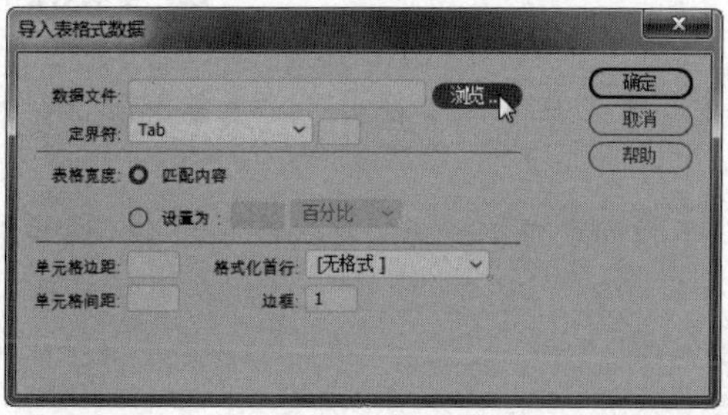

图 4-58　“导入表格式数据”对话框

图 4-59　选择数据文件

Step 05 返回“导入表格式数据”对话框，在“定界符”下拉列表框中选择“分号”选项，然后单击“确定”按钮，如图 4-60 所示。

Step 06 此时，在编辑窗口中即可看到导入的表格式数据，如图 4-61 所示。

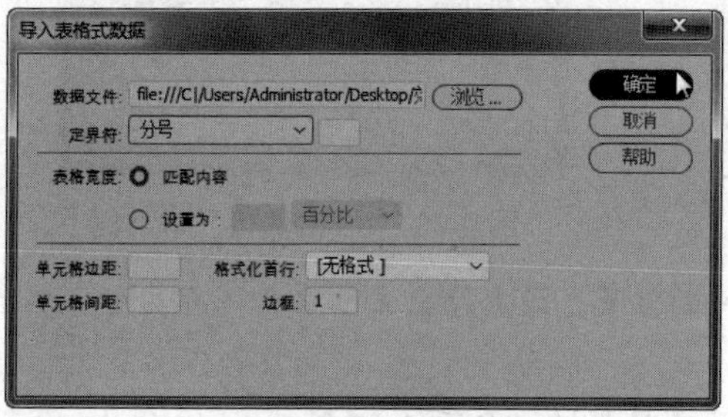

图 4-60　设置定界符

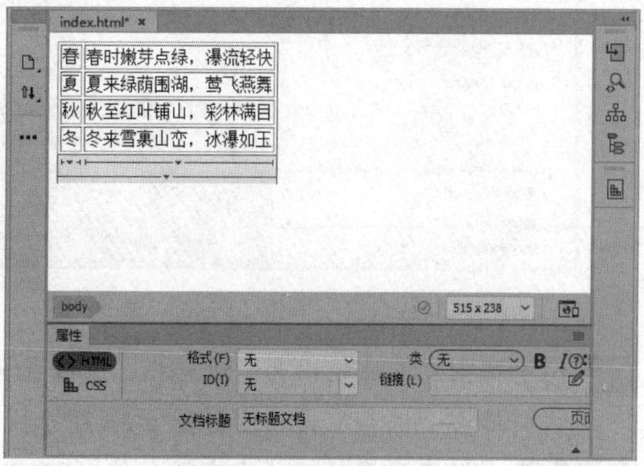

图 4-61　导入表格式数据

在“导入表格式数据”对话框中，各选项的含义如下。

数据文件：用于设置要导入的文件名称。单击右侧的“浏览”按钮，可以选择导入文件。

定界符：用于设置在导入的文件中所使用的定界符，如 Tab、逗号、分号、引号和其他选项。选择“其他”选项，需在右侧的文本框中输入所需的定界符。若定界符选择不当，将直接影响到导入后表格的格式，而且有可能造成无法导入。

表格宽度：用于设置创建的表格宽度。选中“匹配内容”单选按钮，可以使每列足够宽，以适应该列中最长的文本字符串；选中“设置为”单选按钮，将以“像素”为单位，或按占浏览器窗口宽度的百分比指定固定的表格宽度。

单元格边距：用于设置单元格的边距。

单元格间距：用于设置单元格的间距。

格式化首行：用于设置表格首行的格式，包括“无格式”“粗体”“斜体”和“加粗斜体”4 个选项。

边框：用于设置表格边框的宽度，单位为“像素”。

4.4.3　导出表格式数据

在 Dreamweaver CC 2018 中，用户可以将网页中的表格内容导出为表格式数据，具体操作方法如下。

Step 01 打开要导出表格式数据的网页，在菜单栏中单击“文件”|“导出”|“表格”命令，如图 4-62 所示。

Step 02 弹出“导出表格”的对话框，在“定界符”下拉列表框中选择“空白键”选项，然后单击“导出”按钮，如图 4-63 所示。

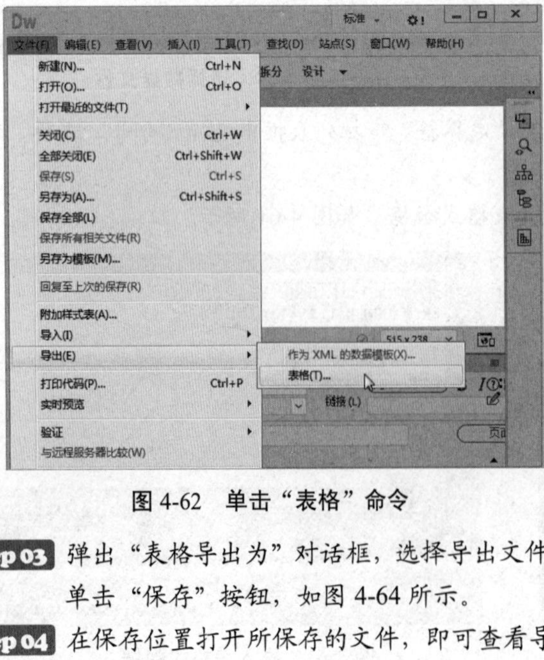

图 4-62　单击“表格”命令

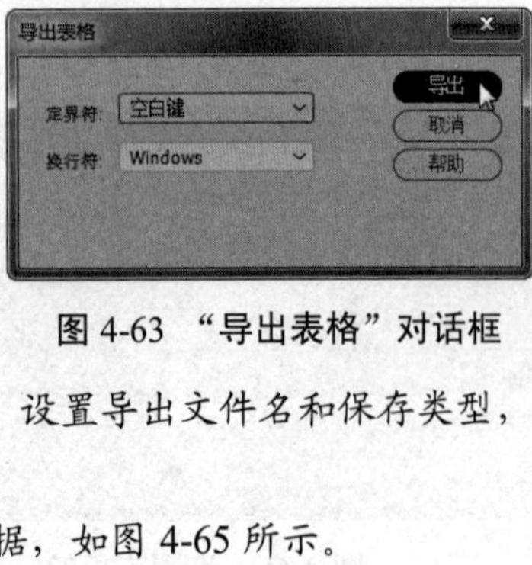

图 4-63　“导出表格”对话框

Step 03 弹出“表格导出为”对话框，选择导出文件的位置，设置导出文件名和保存类型，然后单击“保存”按钮，如图 4-64 所示。

Step 04 在保存位置打开所保存的文件，即可查看导出的数据，如图 4-65 所示。

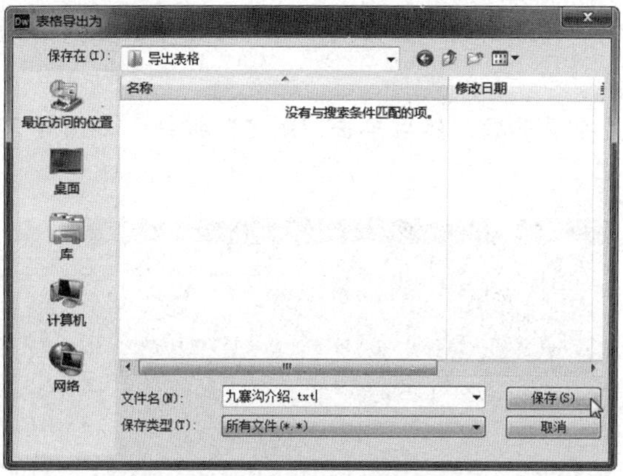

图 4-64 “表格导出为”对话框

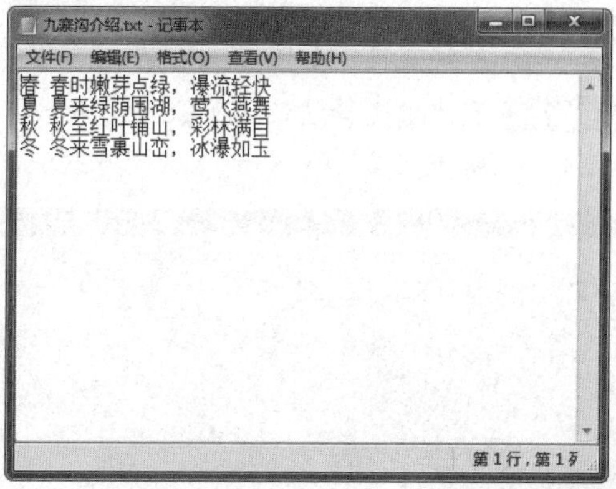

图 4-65 查看导出数据

4.5 综合实例——利用表格布局文章列表

下面将综合运用本章所学知识，利用表格对文章列表进行布局，具体操作方法如下。

Step 01 打开“素材文件\第 4 章\表格布局\index.html”，在菜单栏中单击“插入”|“Table”命令，如图 4-66 所示。

Step 02 弹出“Table”对话框，设置各项表格参数，然后单击“确定”按钮，如图 4-67 所示。

Step 03 此时，即可在页面中插入一个 2 行 1 列的表格。在“属性”面板中设置“Align”为“居中对齐”，如图 4-68 所示。

图 4-66 单击“Table”命令

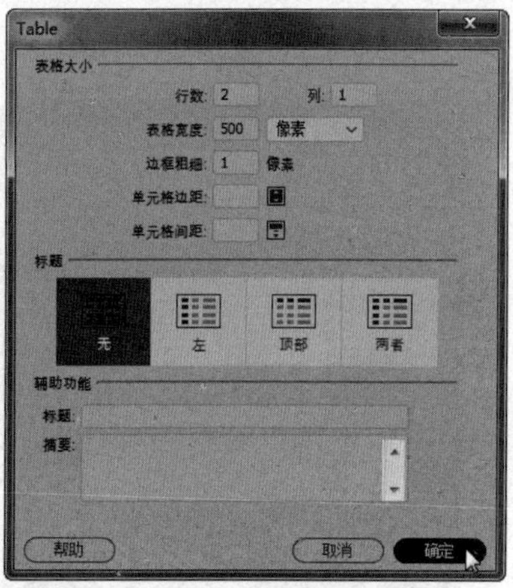

图 4-67 设置表格参数

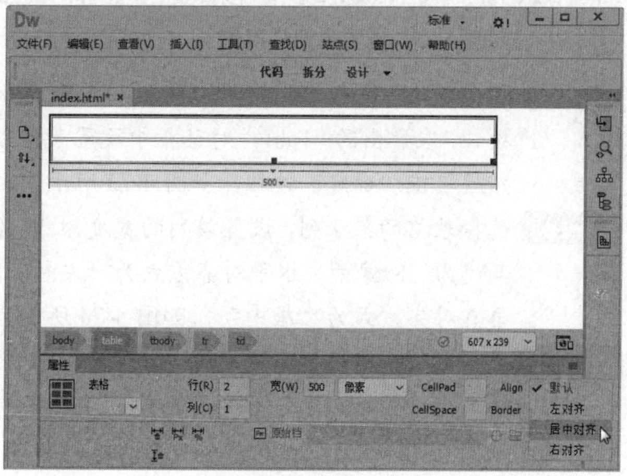

图 4-68 设置表格居中对齐

Step 04 单击“属性”面板上的“页面属性”按钮，在弹出的“页面属性”对话框中设置所需的外观属性，如图 4-69 所示。

Step 05 在左侧选择“链接（CSS）”分类，设置各项参数，然后单击“确定”按钮，如图 4-70 所示。

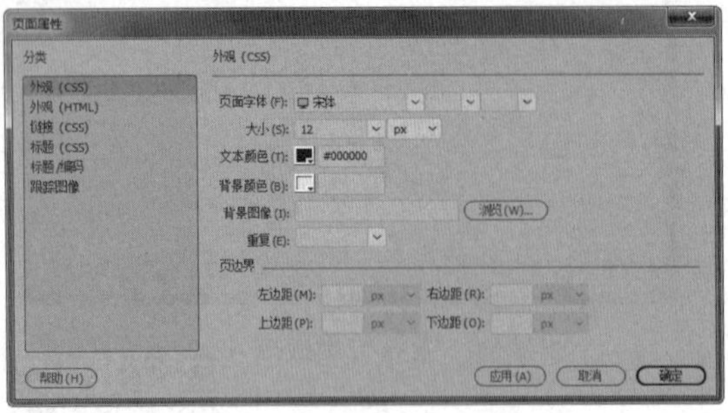

图 4-69　设置外观属性

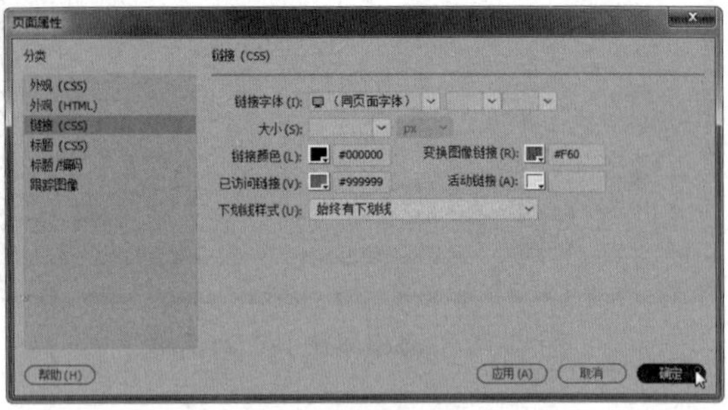

图 4-70　设置链接属性

Step 06 返回编辑窗口，将光标移到第 1 行单元格中，在“属性”面板中设置单元格水平对齐方式和垂直对齐方式分别为“居中对齐”和“居中”，设置“背景颜色”为#FFFF99，如图 4-71 所示。

Step 07 将光标移到第 2 行单元格中，设置该单元格的高度为 185 像素，水平对齐方式为“居中对齐”，垂直对齐方式为“顶端”，如图 4-72 所示。

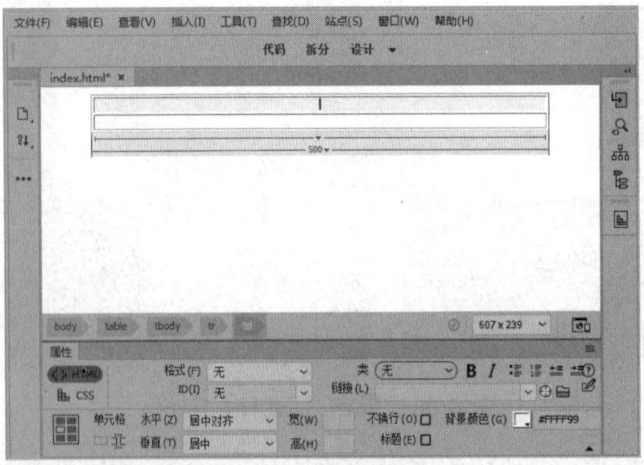

图 4-71　设置单元格属性

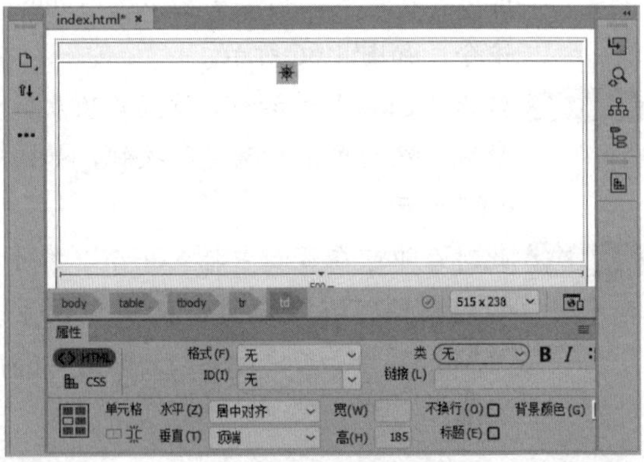

图 4-72　设置第 2 行单元格属性

Step 08 在“插入”面板中“常用”类别下单击“Table”按钮，在弹出的“Table”对话框中设置表格参数，然后单击“确定”按钮，如图 4-73 所示。

Step 09 选择表格的第 1 列，设置该列的宽度为 35 像素，高度为 28 像素，水平对齐方式为“左对齐”，垂直对齐方式为“居中”，如图 4-74 所示。

Step 10 选择第 2 列，设置其宽度为 316 像素，水平对齐方式为“左对齐”，垂直对齐方式为“居中”，如图 4-75 所示。

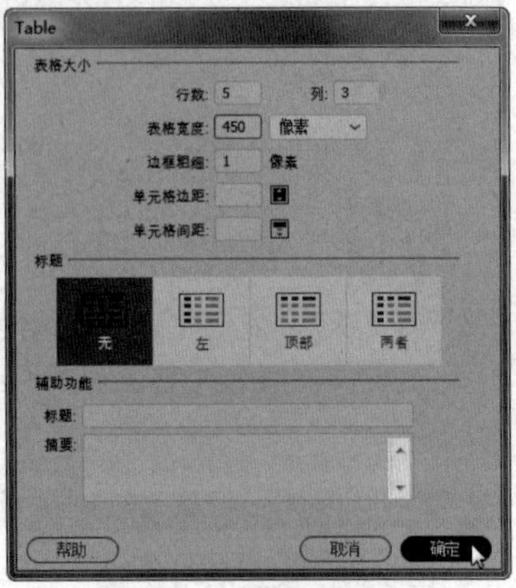

图 4-73　设置表格参数

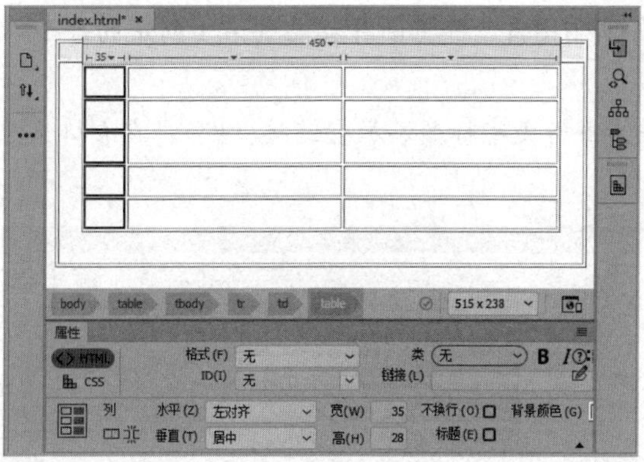

图 4-74　设置第 1 列单元格属性

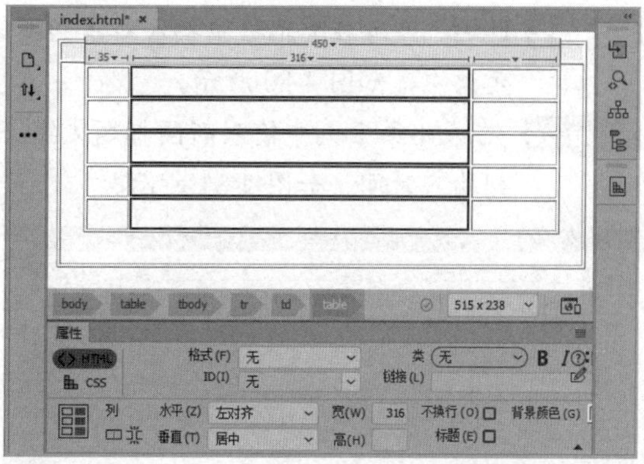

图 4-75　设置第 2 列单元格属性

Step 11 选择第 3 列，设置其宽度为 99 像素，水平对齐方式为“右对齐”，垂直对齐方式为“居中”，如图 4-76 所示。

Step 12 选择嵌套的表格，在“属性”面板中设置“Border”选项为 0，如图 4-77 所示。

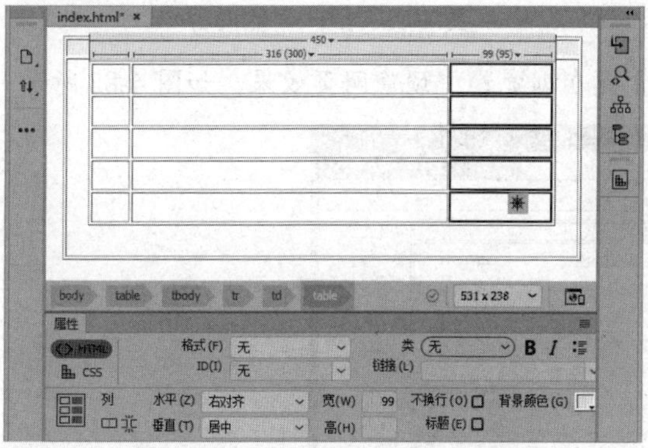

图 4-76　设置第 3 列单元格属性

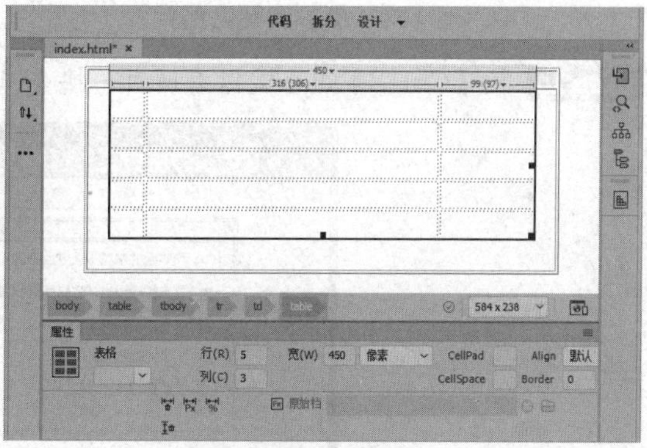

图 4-77　设置边框

Step 13 选择最外面表格的第 1 行，输入文字“最新动态”。将光标移到里面表格第 1 列第 1 个单元格中，在菜单栏中单击“插入”|“Image”命令，如图 4-78 所示。

Step 14 弹出“选择图像源文件”对话框，选择要插入的图像，然后单击“确定”按钮，如图 4-79 所示。

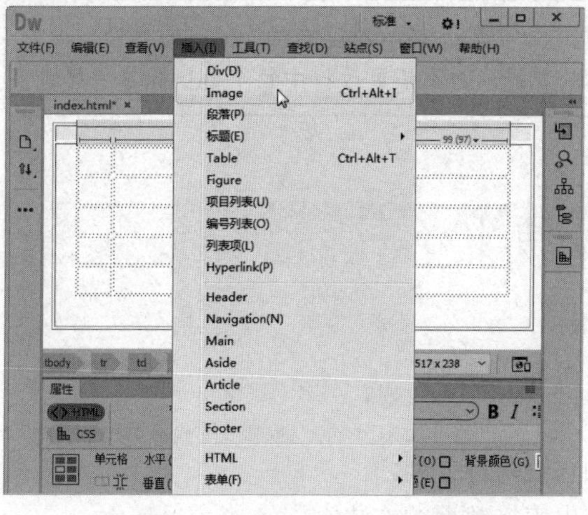

图 4-78　单击“Image”命令

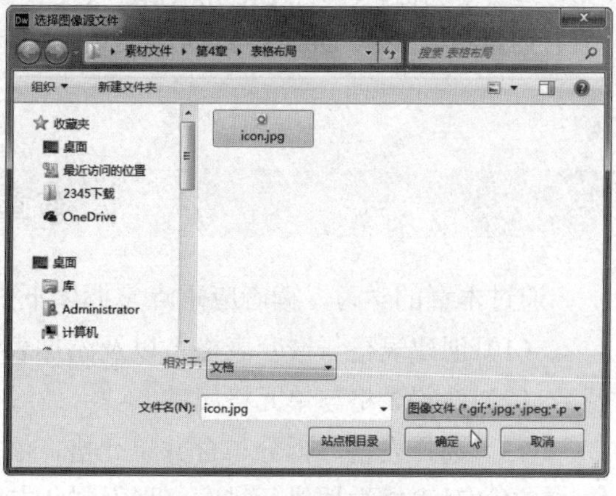

图 4-79　选择插入图像

Step 15 此时，即可在单元格中插入所需的图像。复制图片，并将图片粘贴到第 1 列中的每个单元格中，如图 4-80 所示。

Step 16 在表格第 2 列中输入新闻标题文字，并为每行文字标题添加空链接“#”，在表格第 3 列输入时间，如图 4-81 所示。

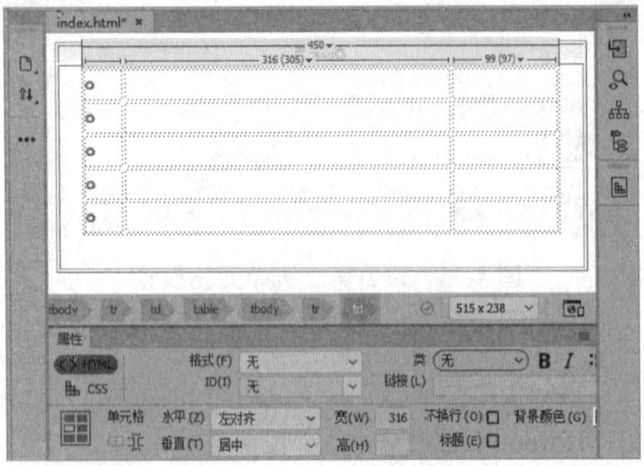

图 4-80　复制和粘贴图片

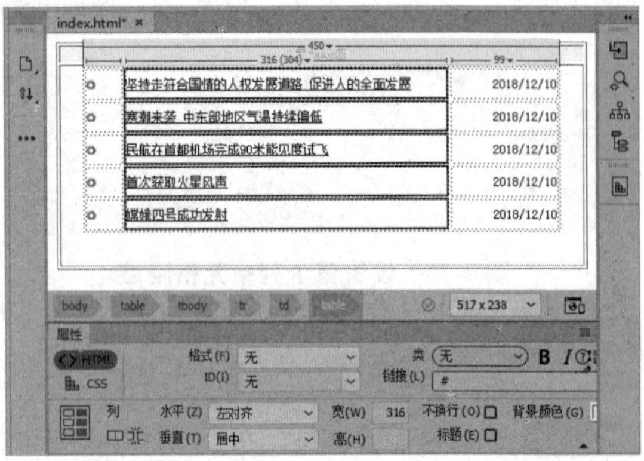

图 4-81　插入其他内容

Step 17 按【Ctrl+S】组合键保存网页，按【F12】键在浏览器中预览网页效果，如图 4-82 所示。

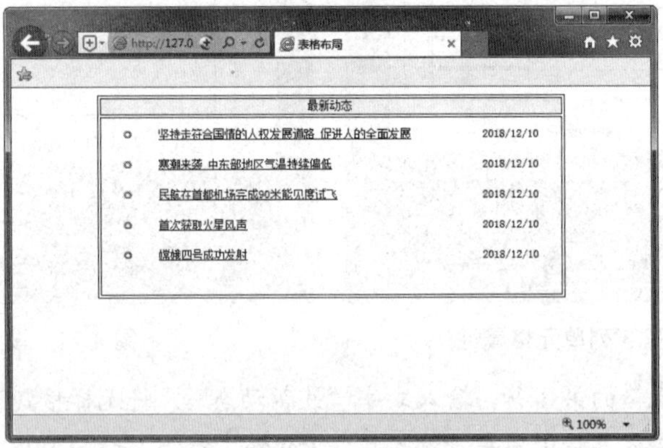

图 4-82　预览网页效果

课堂解疑

当设置列的属性时，Dreamweaver 会更改该列中每个单元格所对应的<td>标签的属性。当设置行的某些属性时，Dreamweaver 会更改<tr>标签的属性，而不是更改行中每个<td>标签的属性。

本章小结

通过本章的学习，读者应重点掌握以下知识。

（1）创建表格与嵌套表格，以及添加表格内容。

（2）设置表格与单元格属性。

（3）选择表格，拆分与合并单元格，添加与删除行或列。

（4）对表格数据进行排序，以及导入与导出表格数据的方法。

课后习题

一、选择题

1．在表格“属性”面板中，哪项参数表示内容和单元格之间的间距？（　）

A．CellSpace　　B．CellPad

C．Border　　D．Align

2．下列说法错误的是（　）。

A．通过设置单元格属性，可以设置单元格边框的粗细

B．在表格中可以选择整个表格、一行、一列、连续或不连续的多个单元格

C．在对表格进行排序时，可以设置排序后所有行的颜色保持不变

D．在导入和导出表格数据时，需要对定界符进行设置

二、填空题

1．按住______键的同时在单元格中单击鼠标左键，可以选择不连续的多个单元格。

2．在表格 HTML 代码中，_______标签表示表格框架，_____标签表示行，______标签表示单元格。

三、实操题

打开“素材文件\第 4 章\网页图片切片\切片.html”，运用本章所学知识，使用表格对网页切片图片进行排版，如图 4-83 所示。

图 4-83　使用表格排版网页切片图片

操作提示：

（1）插入 5 行 5 列的表格，设置表格宽度为 1024 像素，无边框。

（2）根据网页图像的切片素材对单元格进行“合并单元格”操作，并插入图像。

第 5 章 使用表单

【学习目标】

- 掌握创建表单与设置表单属性的方法。
- 掌握添加表单对象的方法。

表单是用户和服务器之间的桥梁，专门用于接收用户填写的信息，从而采集客户端信息，使网页具有交互功能。表单中可以包含允许与用户进行交互的各种对象，包括文本域、列表框、复选框、单选按钮、图像域、按钮及其他表单对象。本章就来学习如何创建与设置表单，以及如何添加表单元素。

5.1 创建与设置表单

在制作实现信息交互的动态网页时，表单是必不可少的元素，它是接收用户信息的重要窗口，然后交由服务器端的脚本处理相关信息并进行反馈。

5.1.1 了解表单

一个完整的交互表单主要由两部分组成：一是客户端包含的表单页面，用于让用户填写进行交互的信息；二是服务端的应用程序，用于处理用户提交的信息。表单在网页中给用户提供填写信息的区域，从而收集客户端信息，使网页具有交互功能。图 5-1 所示为一个使用表单的网页。

图 5-1 使用表单的页面

5.1.2 创建表单

在 HTML 代码中使用<form>标签声明表单，<form>和</form>标签之间的部分都属于表单的内容。在网页中创建表单的方法非常简单，具体操作方法如下。

Step 01 新建一个空白文档，将光标定位到需要插入表单的位置，然后在菜单栏中单击“插入”|“表单”|“表单”命令，如图 5-2 所示。

Step 02 此时，即可在网页中插入一个表单，并显示表单“属性”面板，如图 5-3 所示。

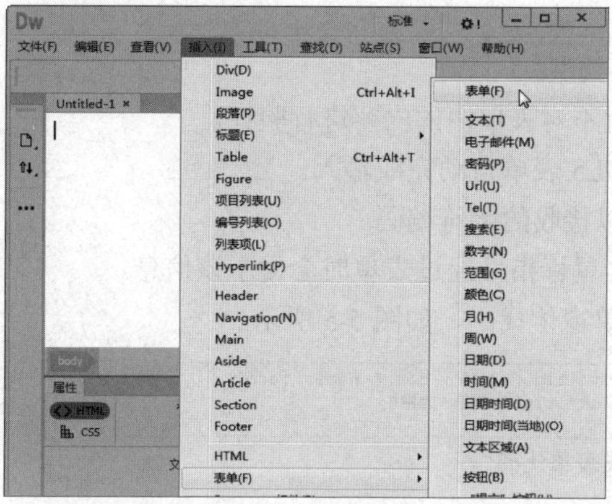

图 5-2 单击“表单”命令

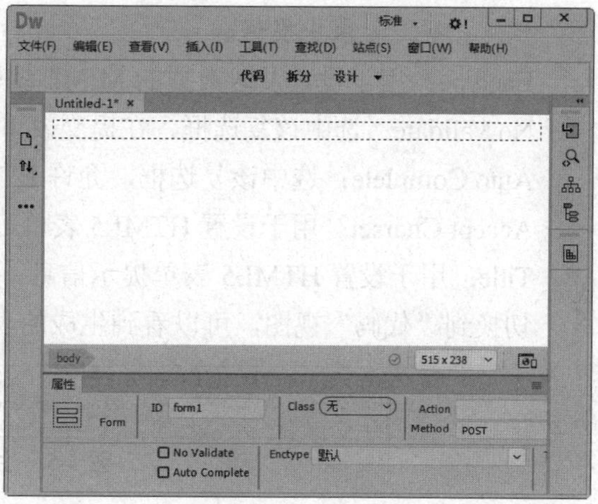

图 5-3 插入表单

5.1.3 表单属性的设置

在网页中插入表单后，可以在“属性”面板中设置各项参数，如图 5-4 所示。

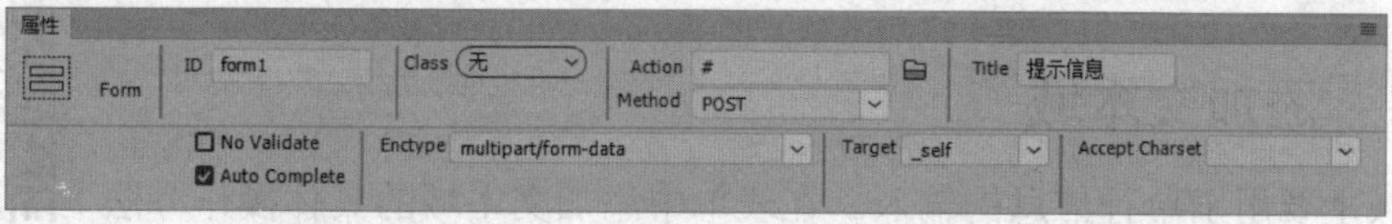

图 5-4 表单“属性”面板

在表单“属性”面板中，各选项的含义如下。

ID：用于设置表单的唯一标识名称，在程序中传送表单值。默认名称为 forml，以此类推。

Action：用于设置处理该表单的动态页或脚本的路径。

Target：用于设置表单被处理后，响应网页打开的方式，包括“_blank”“new”“_parent”“_self”“_top”和“默认”6 个选项。

- _blank：选择该选项，在未命名的新窗口中打开响应的网页。
- new：选择该选项，在新窗口中打开响应的网页。
- _parent：选择该选项，在当前文档的父窗口中打开响应的网页。
- _self：选择该选项，在同一窗口中打开响应的网页。
- _top：选择该选项，在顶层窗口中打开响应的网页。

默认：选择该选项，根据浏览器默认的方式打开响应的网页。

Method：用于设置在提交表单时所用的 HTTP 方法，包括“默认”“GET”和“POST”3 个选项。

默认：选择该选项，使用浏览器的默认设置将表单数据发送到服务器。一般默认为 GET。

GET：选择该选项，将以 GET 方法发送表单数据，把表单数据附加到请求 URL 中发送。

POST：选择该选项，将以 POST 方法发送表单数据，把表单数据嵌入到 HTTP 请求中发送。

Enctype：用于设置发送数据的 MIME 编码类型。

No Validate：选中该复选框，在提交表单时不对表单中的内容进行验证。

Auto Complete：选中该复选框，允许 HTML5 表单自动完成输入。

Accept Charset：用于设置 HTML5 表单可以接收的字符编码。

Title：用于设置 HTML5 表单提示信息，当鼠标指针经过表单时会提示该信息。

切换到“代码”视图，可以看到生成的表单窗体代码，如图 5-5 所示。

```
<form action="#" method="post" enctype="multipart/form-data" name="form1"
target="_self" id="form1" autocomplete="on" title="提示信息">
</form>
```

图 5-5 生成表单代码

5.2 添加表单元素

表单由表单窗体和表单元素组成，表单元素用于填写和提交信息，包括文本域、单选按钮、复选框、按钮和下拉菜单等。下面将详细介绍添加表单元素的方法。

5.2.1 添加文本域

文本域主要用于单行信息的输入。在表单中添加文本域的具体操作方法如下。

Step 01 打开“素材文件\第 5 章\表单\index.html”，将光标置于表单中，在菜单栏中单击“插入”|“Table”命令，如图 5-6 所示。

Step 02 弹出“Table”对话框，设置“行数”为 11，“列”为 2，“表格宽度”为 500 像素，然后单击“确定”按钮，如图 5-7 所示。

Step 03 选择整个表格，在“属性”面板中设置“Align”为“居中对齐”，如图 5-8 所示。

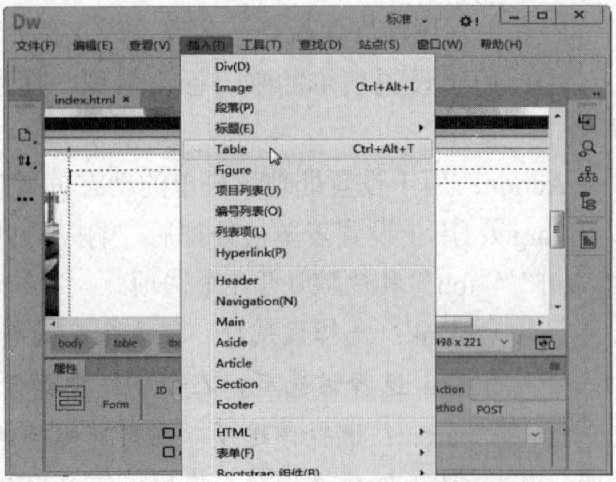

图 5-6 单击“Table”命令

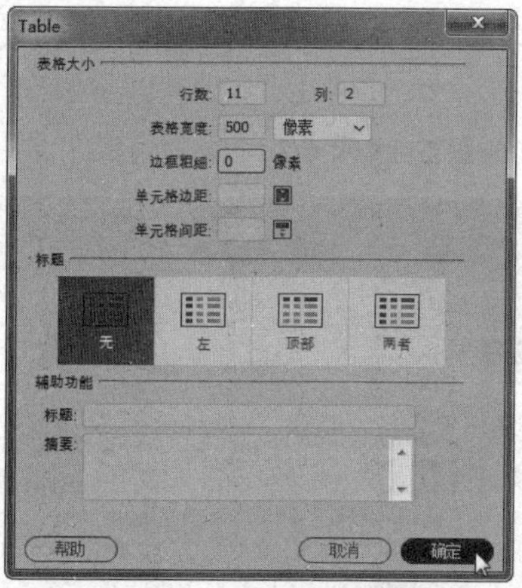

图 5-7　设置表格参数

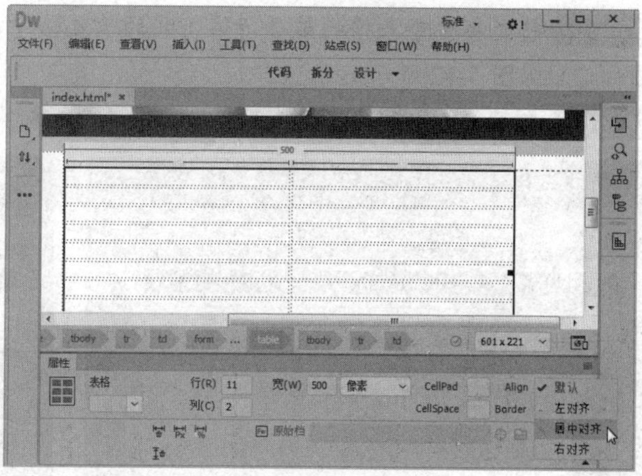

图 5-8　设置表格对齐方式

Step 04 选择第 1 行的 2 个单元格，在“属性”面板中单击“合并所选单元格，使用跨度”按钮 ，如图 5-9 所示。

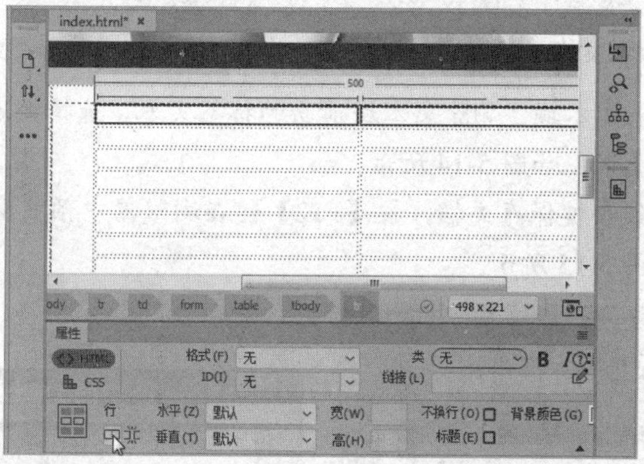

图 5-9　单击“合并所选单元格，使用跨度”按钮

Step 05 此时，即可将第 1 行单元格合并。在第 1 行中输入文本“注册”，在“属性”面板中设置字体格式，如图 5-10 所示。

Step 06 选择第 1 列单元格，在“属性”面板中设置“水平”为“居中对齐”，“宽”为 120，“高”为 30，如图 5-11 所示。

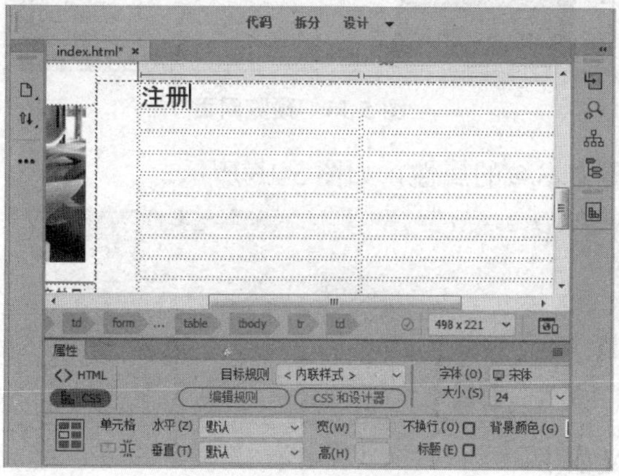

图 5-10　输入文本

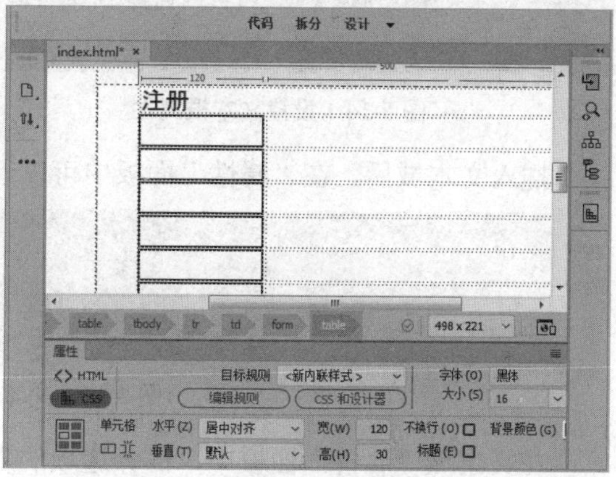

图 5-11　设置单元格属性

Step 07 将光标置于表格的第 2 行第 1 列的单元格中，输入文本“用户名：”，并设置文本格式，如图 5-12 所示。

Step 08 在菜单栏中单击“插入”|“表单”|“文本”命令，如图 5-13 所示。

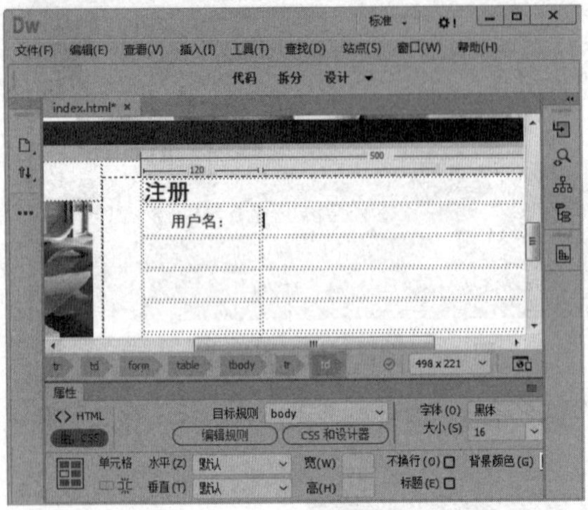

图 5-12 输入文本

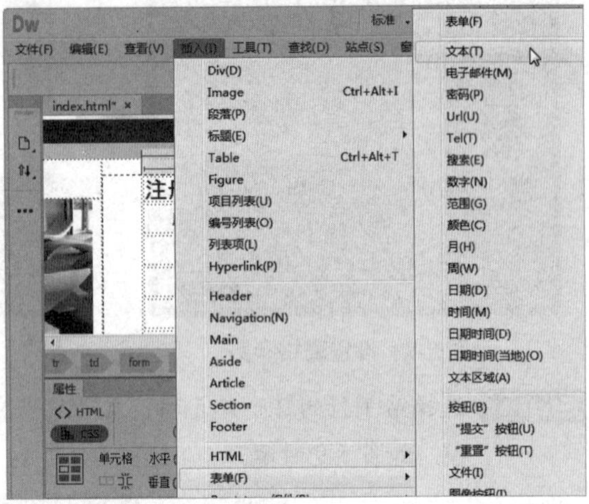

图 5-13 单击“文本”命令

Step 09 此时，即可插入文本域。删除文本域前面的标签文本，选择文本域，可以在“属性”面板中设置相关属性，如图 5-14 所示。

Step 10 按【Ctrl+S】组合键保存文档，按【F12】键在浏览器中预览网页，即可在文本域中输入用户名，如图 5-15 所示。

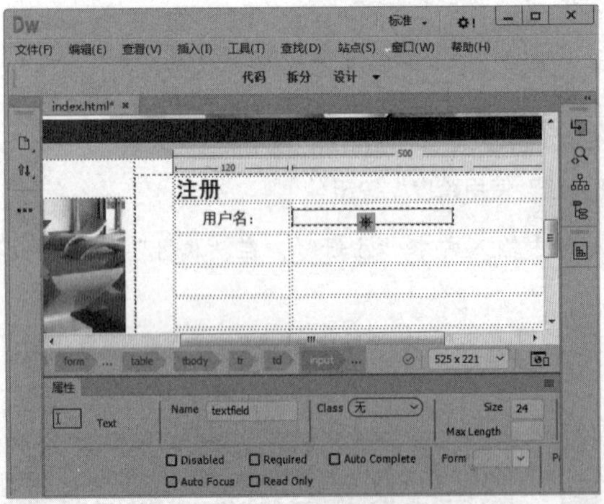

图 5-14 设置文本框属性

图 5-15 预览网页

插入文本域后，在“属性”面板中可以设置文本域的属性，如图 5-16 所示。

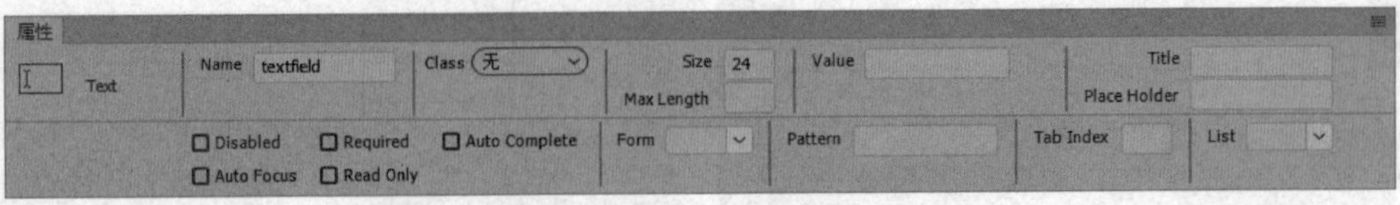

图 5-16 文本域“属性”面板

在文本域“属性”面板中，部分选项的含义如下。

Name：用于设置文本域名称。每个文本域必须有唯一的名称。

Class：用于设置文本域的 CSS 类样式。

Size：用于设置对象最多可以显示的字符数。

Max Length：用于设置文本域中最多可以显示的字符数。若设置为空，则可以在对象中输入任意数量的文本。

Value：用于设置文本域默认显示的值，一般会输入一些提示性的文本提示用户输入的信息，帮助用户填写信息。

Title：用于设置文本域的提示标题文字。

Place Holder：用于设置对象预期值的提示信息，该提示信息会在对象为空时显示，并在对象获得焦点时消失。

Disabled：用于设置文本域是否可用。

Required：选中该复选框，在提交表单之前必须填写文本域内容。

Auto Complete：选中该复选框，将启动表单的自动完成功能。

Auto Focus：选中该复选框，当网页被加载时文本域会自动获得焦点。

Read Only：用于设置文本域是否为只读。

Pattern：用于设置文本域匹配模式，验证输入值是否匹配指定的模式。

Tab Index：用于设置表单元素 Tab 键的控制次序。

List：用于设置引用数据列表，其中包含文本域的预定义选项。

切换到“代码”视图，添加的文本域代码如下。

```
<input name="textfield" type="text" id="textfield" size="24">
```

从代码中可以看出文本域使用<input>标签定义输入域的开始，在其中用户可输入数据。实际上，在表单元素中文本域、复选框、按钮、电子邮件等元素都可以使用<input>标签来定义。对于每个元素来说，只有 type 和 name 属性是必需的，type 表示输入元素的类型，name 表示输入元素的名称。

5.2.2 添加单选按钮

单选按钮只允许用户从多个选项中选择一个选项，通常成组使用，在同一组中的所有单选按钮必须具有相同的 name 值。在表单中添加单选按钮的具体操作方法如下。

Step 01 将光标定位到表格的第 2 行第 2 列文本域的右侧，在菜单栏中单击“插入”|“表单”|“单选按钮”命令，如图 5-17 所示。

Step 02 此时，即可插入单选按钮。在“属性”面板中可以设置相关属性，如图 5-18 所示。

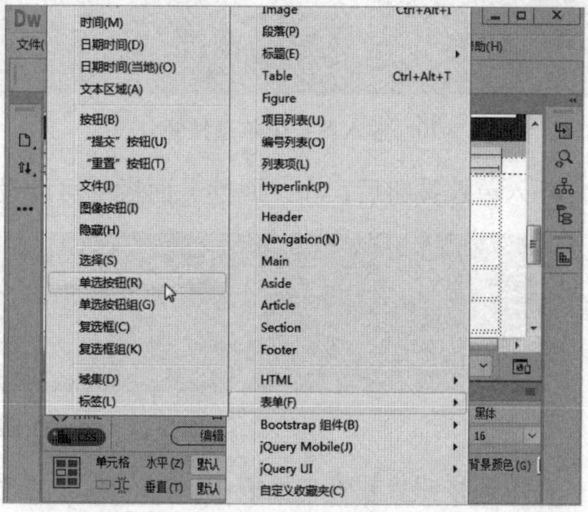

图 5-17 单击“单选按钮”命令

Step 03 选择插入的单选按钮，将光标置于其右侧，删除原有文本，输入文本“男”，如图 5-19 所示。

图 5-18　插入单选按钮

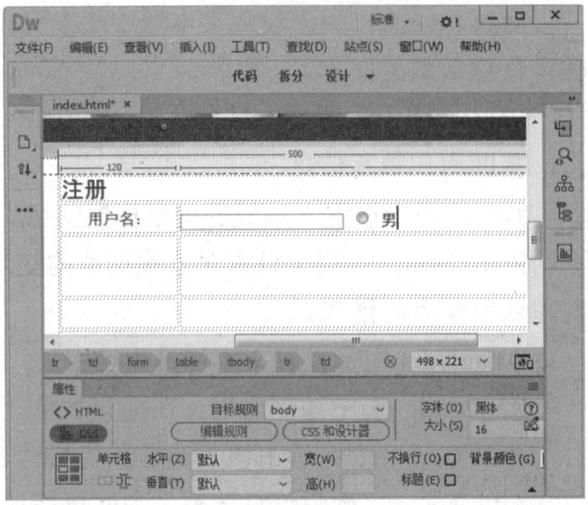

图 5-19　输入文本

Step 04 采用同样的方法，插入第二个单选按钮，并输入文本“女”，如图 5-20 所示。若单击“单选按钮组”命令，则可以一次插入多个单选按钮。

Step 05 按【Ctrl+S】组合键保存文档，按【F12】键在浏览器中预览网页，单击单选按钮，即可选中，如图 5-21 所示。

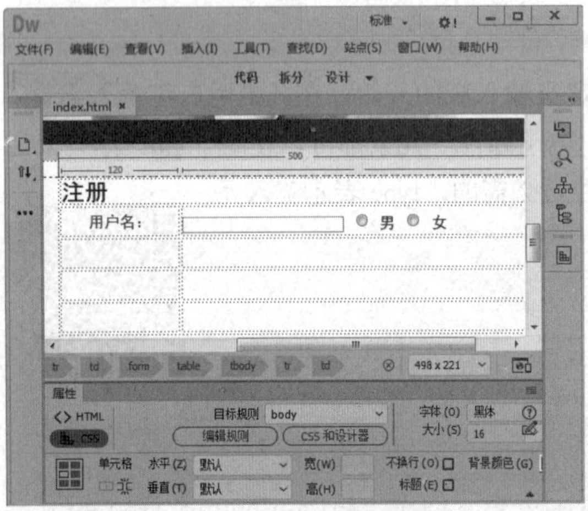

图 5-20　插入第二个单选按钮

图 5-21　预览网页

插入单选按钮后，在“属性”面板中可以设置单选按钮的各项属性，如图 5-22 所示。

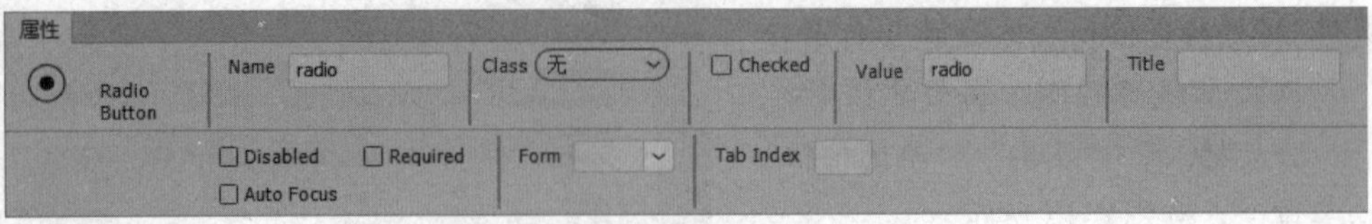

图 5-22　单选按钮“属性”面板

在单选按钮“属性”面板中，部分选项的含义如下。

Name：用于设置按钮名称。应将一组单选按钮设置为相同的名称，如将两个单选按钮都命名为 sex。

Checked：用于设置当前单选按钮的初始状态。

Value：用于设置单选按钮被选中的值，这个值会随着表单提交到服务器上，因此必须要输入。

Disabled：用于设置是否禁用当前单选按钮。

Required：用于设置是否必须在提交表单之前选中当前单选按钮。

Auto Focus：用于设置是否自动获取焦点。

Form：用于设置当前单选按钮所在的表单。

切换到“代码”视图，添加的单选按钮代码如下。

```
<input type="radio" name="radio1" id="radio" value="radio">
<span style="color: #A024AC">男</span>
<input type="radio" name="radio1" id="radio2" value="radio2">
<span style="color: #A024AC">女</span>
```

5.2.3 添加密码域

密码域是输入密码时使用的方式，其添加与设置方法与文本域相同。在密码域中输入的文本一般都被圆点或星号代替，以避免其他人看到。在表单中添加密码域的具体操作方法如下。

Step 01 将光标置于表格的第 3 行第 1 列的单元格中，输入文本“密码：”，并在“属性”面板中设置相关属性，如图 5-23 所示。

Step 02 将光标置于表格的第 3 行第 2 列的单元格中，在菜单栏中单击“插入”|“表单”|“密码”命令，即可插入密码域，如图 5-24 所示。

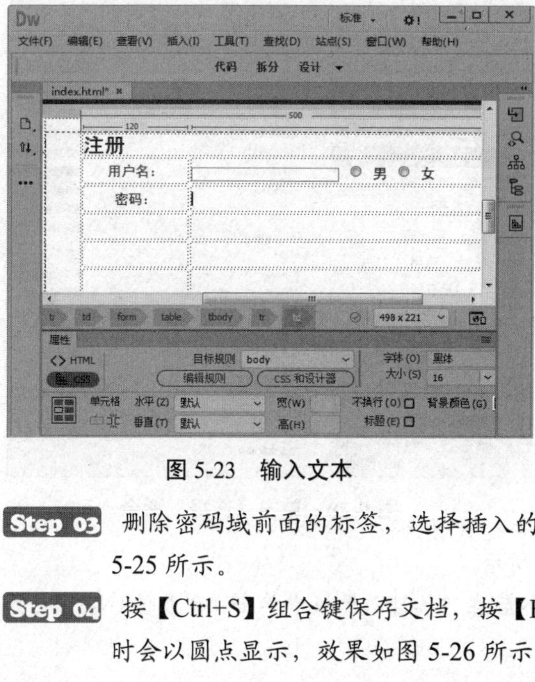

图 5-23 输入文本

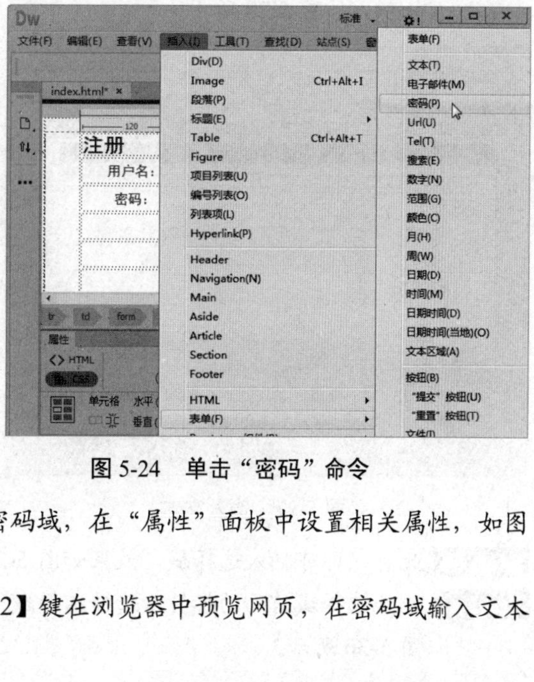

图 5-24 单击“密码”命令

Step 03 删除密码域前面的标签，选择插入的密码域，在“属性”面板中设置相关属性，如图 5-25 所示。

Step 04 按【Ctrl+S】组合键保存文档，按【F12】键在浏览器中预览网页，在密码域输入文本时会以圆点显示，效果如图 5-26 所示。

图 5-25　设置密码域属性

图 5-26　预览网页

密码域“属性”面板中各选项的功能与文本域“属性”面板各选项的功能相同，在此不再赘述。切换到“代码”视图，添加的密码域代码如下。

```
<input name="password" type="password" id="password" size="24">
```

5.2.4　添加选择域

选择域使用户可以从列表中选择一个或多个项目，当空间有限但需要显示许多项目时，选择域非常有用。在表单中可以插入两种类型的选择域：一种是用户单击时的下拉列表，另一种是显示可供用户从中选择的可滚动项目列表。在表单中添加选择域的具体操作方法如下。

Step 01 将光标置于表格的第 4 行第 1 列的单元格中，输入文本“所在城市：”，并在“属性”面板中设置相关属性，如图 5-27 所示。

Step 02 将光标置于表格的第 4 行第 2 列的单元格中，在菜单栏中单击“插入”|“表单”|“选择”命令，如图 5-28 所示。

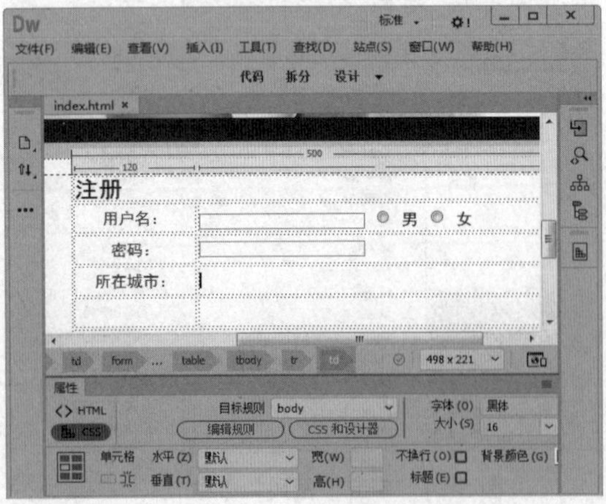

图 5-27　输入文本

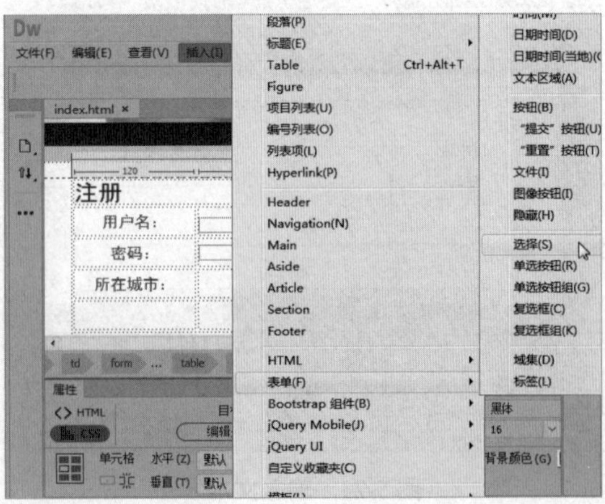

图 5-28　单击“选择”命令

Step 03 此时，即可插入选择域，效果如图 5-29 所示。

Step 04 删除选择域前面的标签，选择选择域，然后在“属性”面板中单击“列表值”按钮，如图 5-30 所示。

图 5-29 插入选择域

图 5-30 单击“列表值”按钮

Step 05 弹出“列表值”对话框，单击⊞或⊟按钮添加或删除项目，并输入项目标签，如图 5-31 所示。

Step 06 单击▲或▼按钮，可以调整项目标签的顺序，如图 5-32 所示。调整完毕后，单击“确定”按钮。

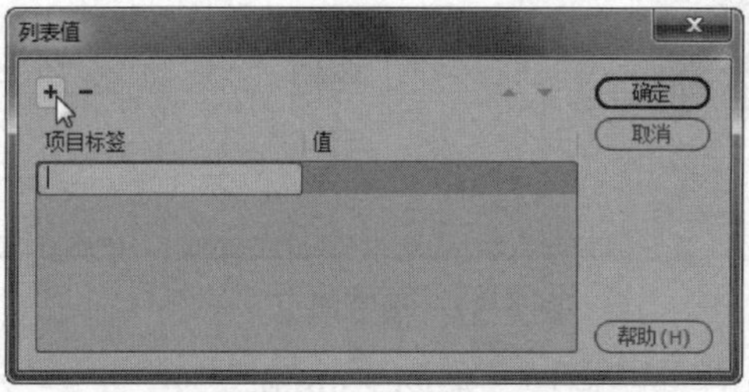

图 5-31 输入项目标签

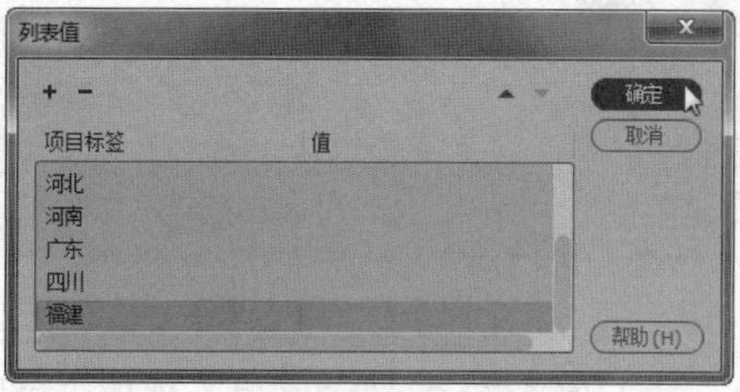

图 5-32 调整项目标签顺序

Step 07 将光标定位到选择域的右侧，输入文本“省”，并在“属性”面板中设置相关属性，如图 5-33 所示。

Step 08 采用同样的方法，在“省”的右侧再次添加选择域，然后单击“属性”面板中的“列表值”按钮，如图 5-34 所示。

图 5-33 输入文本

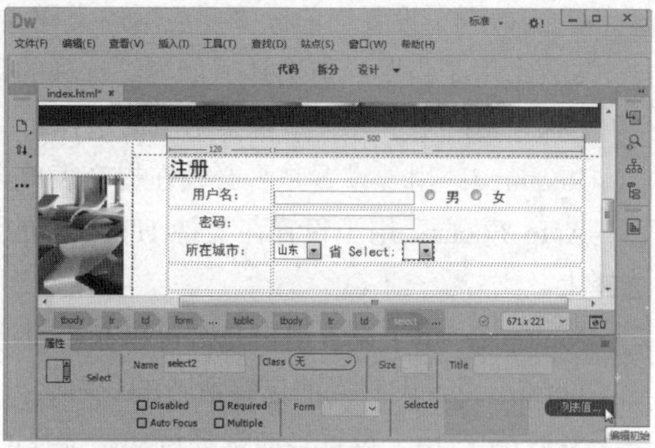

图 5-34 单击“列表值”按钮

Step 09 弹出“列表值”对话框，添加项目标签并调整顺序，然后单击“确定”按钮，如图 5-35 所示。

Step 10 删除选择域前面的标签，在选择域右侧输入文本“市”，并在“属性”面板中设置相关属性，如图 5-36 所示。

Step 11 按【Ctrl+S】组合键保存文档，按【F12】键在浏览器中预览网页，单击下拉按钮，可以从中选择需要的选项，如图 5-37 所示。

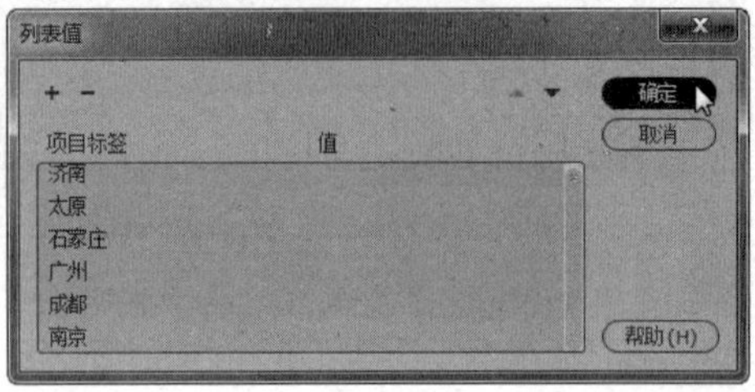

图 5-35 添加项目标签并调整顺序

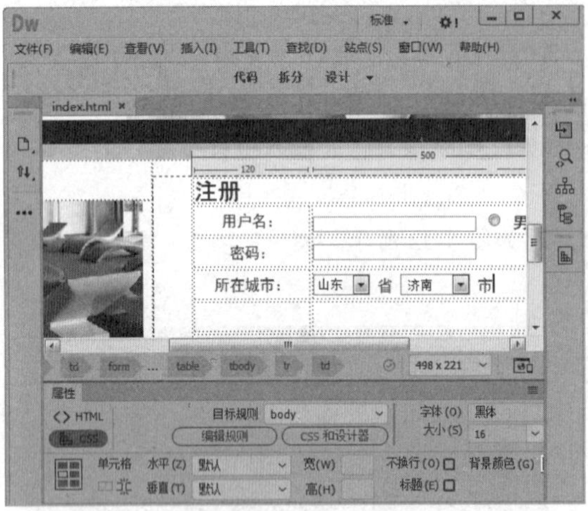

图 5-36 输入文本

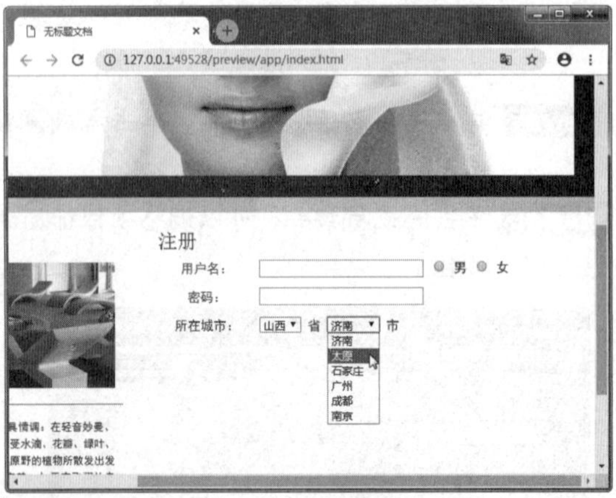

图 5-37 预览网页

插入选择域后，在“属性”面板中可以设置选择域的属性，如图 5-38 所示。

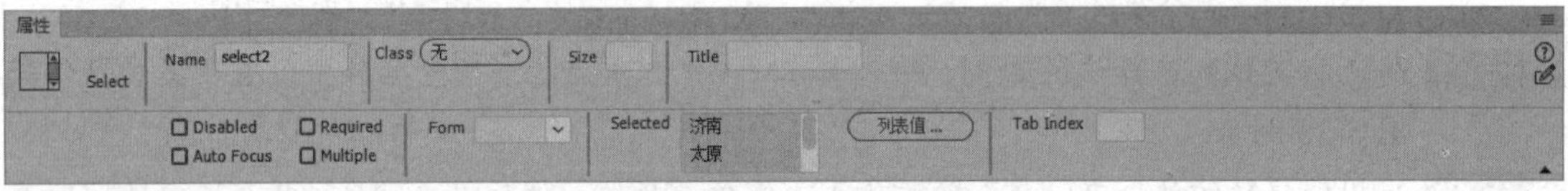

图 5-38 选择域“属性”面板

在选择域“属性”面板中，部分选项的含义如下。

Name：网页中包含多个表单时，用于设置当前选择的名称。

Class：用于设置当前选择要应用的类样式。

Size：用于设置当前选择所能容纳选项的数量，即可以在选择域中看到多少个选项。

Disabled：用于设置是否禁用当前选择。

Required：用于设置是否必须在提交表单之前在当前选择中选择任意一个选项。

Auto Focus：用于设置在支持 HTML5 的浏览器打开网页时，光标是否自动聚焦在当前选择上。

Multiple：用于设置用户是否可以在当前选择中选择多个选项。

Form：用于设置当前选择所在的表单。

Selected：用于设置当前选择域初始选择的选项。

列表值：用于输入或修改选择表单要素的各种项目。

切换到“代码”视图，添加的选择域代码如下。

```
<select name="select" id="select">
  <option>山东</option>
  <option>山西</option>
  <option>河北</option>
  <option>河南</option>
  <option>广东</option>
  <option>四川</option>
  <option>福建</option>
</select>
```

5.2.5　添加 Tel 域

Tel 表单元素是主要用于输入电话号码的文本字段，在表单中添加 Tel 域的具体操作方法如下。

Step 01 将光标置于表格的第 5 行第 1 列的单元格中，输入文本“电话：”，并在“属性”面板中设置相关属性，如图 5-39 所示。

Step 02 将光标置于表格的第 5 行第 2 列的单元格中，在菜单栏中单击“插入”|“表单”|“Tel”命令，即可插入 Tel 域，如图 5-40 所示。

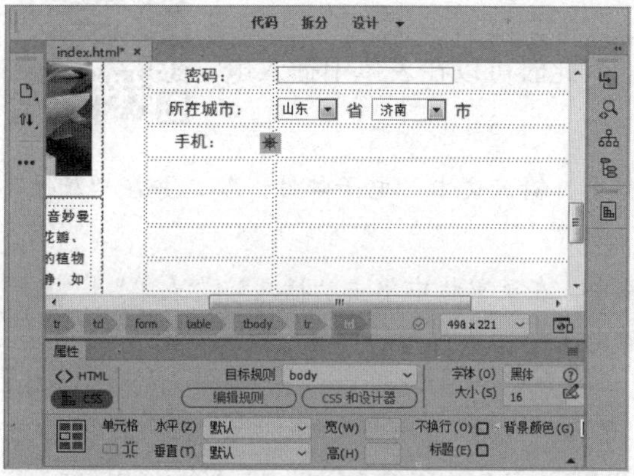

图 5-39　输入文本

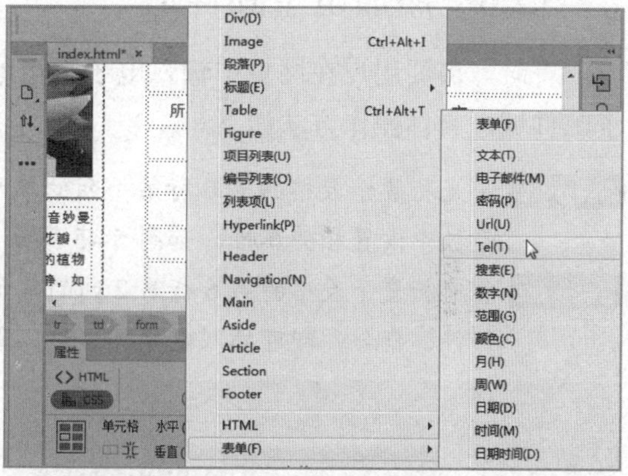

图 5-40　单击“Tel”命令

Step 03 选择插入的 Tel 域，在“属性”面板中设置 Size 和 Max Length 均为 11，如图 5-41 所示。

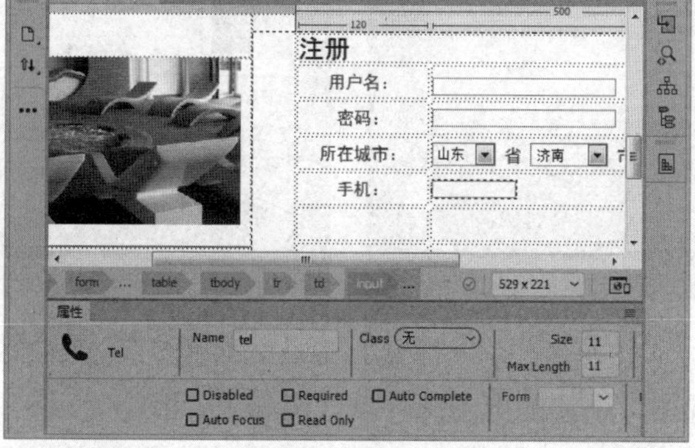

图 5-41　设置属性

Step 04 按【Ctrl+S】组合键保存文档，按【F12】键在浏览器中预览网页，在“手机”文本框中输入号码，不会超过 11 位，如图 5-42 所示。

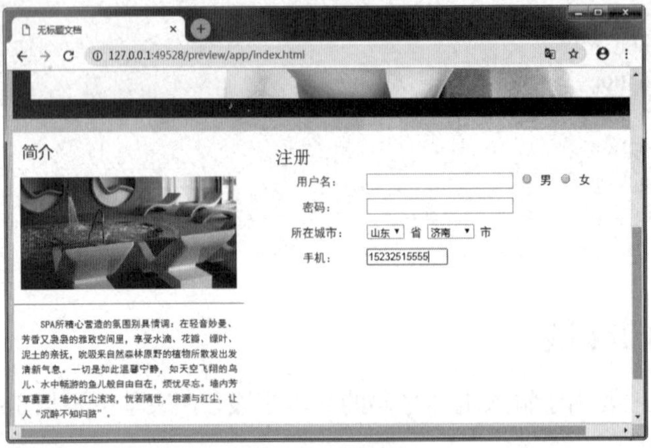

图 5-42　预览网页

切换到“代码”视图，添加的 Tel 域代码如下。

```
<input name="tel" type="tel" id="tel" size="11" maxlength="11">
```

5.2.6　添加电子邮件域

有时，需要用户在网页中输入电子邮箱地址，此时可以在表单中插入电子邮件域，具体操作方法如下。

Step 01 将光标置于表格的第 6 行第 1 列的单元格中，输入文本“电子邮件：”，并在“属性”面板中设置相关属性，如图 5-43 所示。

Step 02 将光标置于表格的第 6 行第 2 列的单元格中，在菜单栏中单击“插入”|“表单”|“电子邮件”命令，即可插入电子邮件域，删除电子邮件域前面的标签，效果如图 5-44 所示。

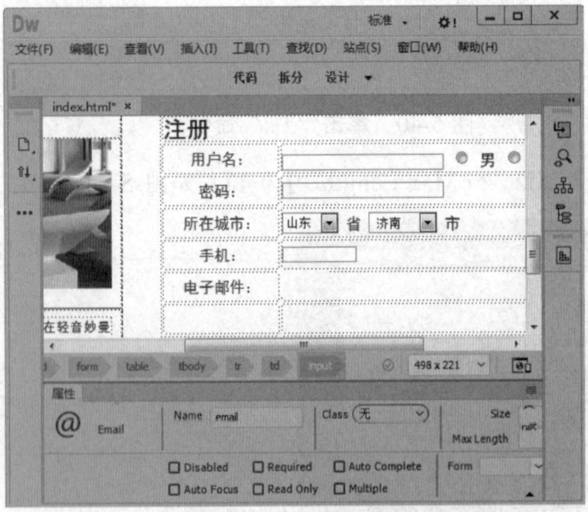

图 5-43　输入文本

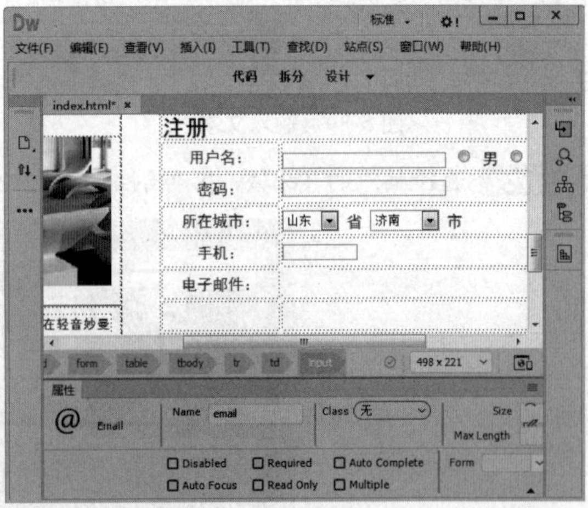

图 5-44　插入电子邮件域

切换到“代码”视图，添加的电子邮件域代码如下。

```
<input type="email" name="email" id="email">
```

5.2.7　添加日期域和图像按钮

有时需要用户在网页中输入日期，此时就可以添加日期域。在网页制作过程中，可以使用指定的图像作为按钮。若使用图像按钮来执行任务而不是提交数据，则需要将某种行为附加到表单对象上。在表单中添加日期域和图像按钮的具体操作方法如下。

Step 01 将光标置于表格的第 7 行第 1 列的单元格中，输入文本“出生年月：”，并在“属性”面板中设置相关属性，如图 5-45 所示。

Step 02 将光标置于表格的第 7 行第 2 列的单元格中，在菜单栏中单击“插入”|“表单”|“日期”命令，即可插入日期域，如图 5-46 所示。

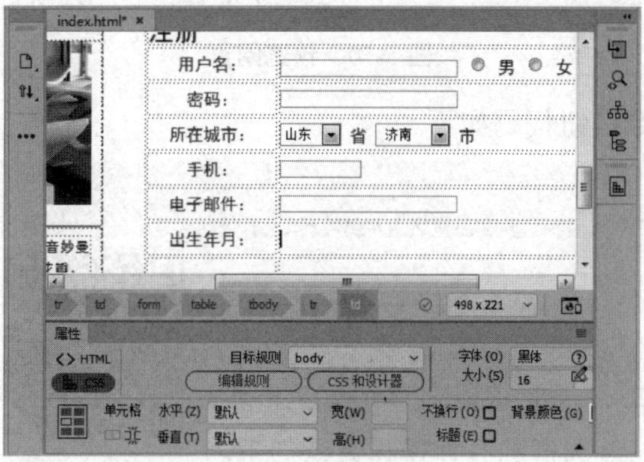

图 5-45　输入文本

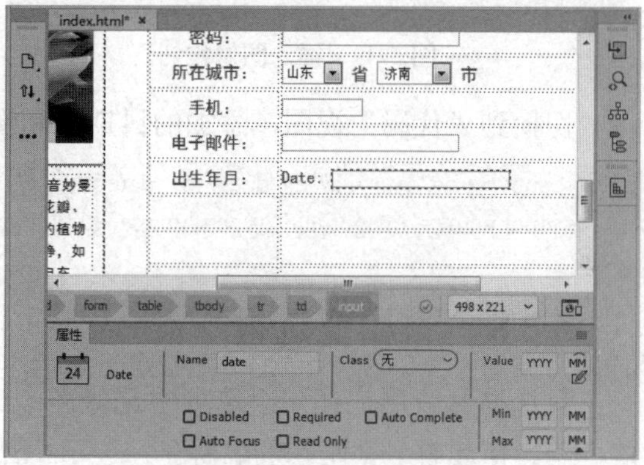

图 5-46　插入日期域

Step 03 删除日期域前面的标签，将光标定位到日期域的右侧，在菜单栏中单击“插入”|“表单”|“图像按钮”命令，如图 5-47 所示。

Step 04 弹出“选择图像源文件”对话框，选择要作为按钮的图像，然后单击“确定”按钮，如图 5-48 所示。

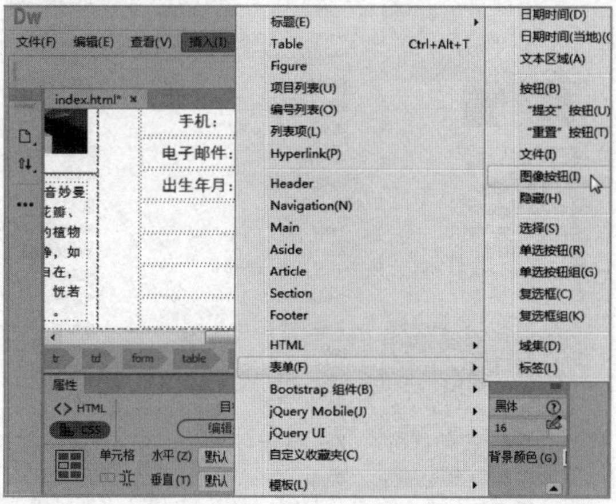

图 5-47　单击“图像按钮”命令

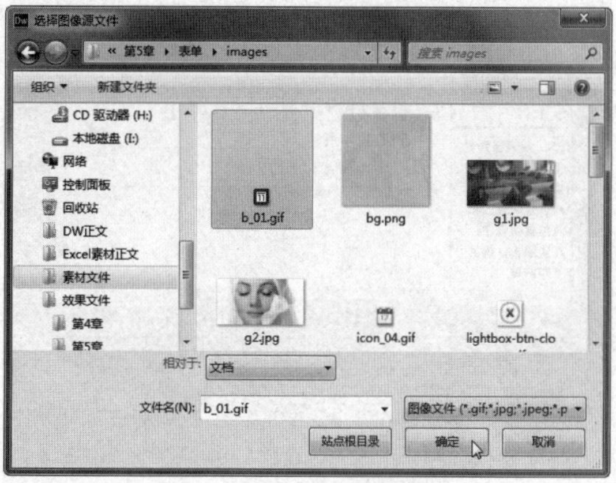

图 5-48　选择插入图像

Step 05 此时，即可在编辑窗口中看到插入的图像按钮，效果如图 5-49 所示。

Step 06 按【Ctrl+S】组合键保存文档，按【F12】键在浏览器中预览网页，可以设置出生日期，效果如图 5-50 所示。

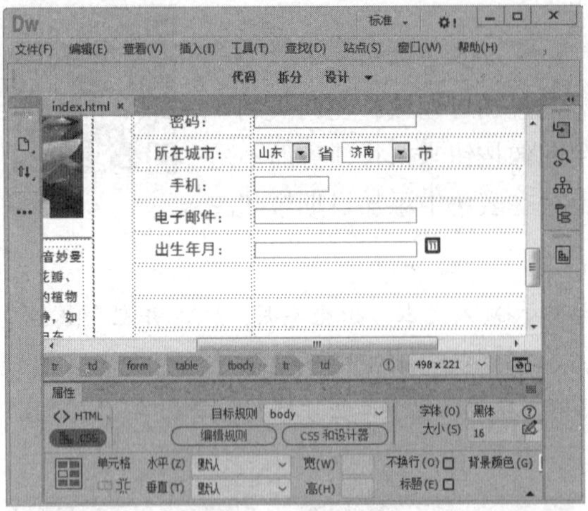

图 5-49 插入图像按钮

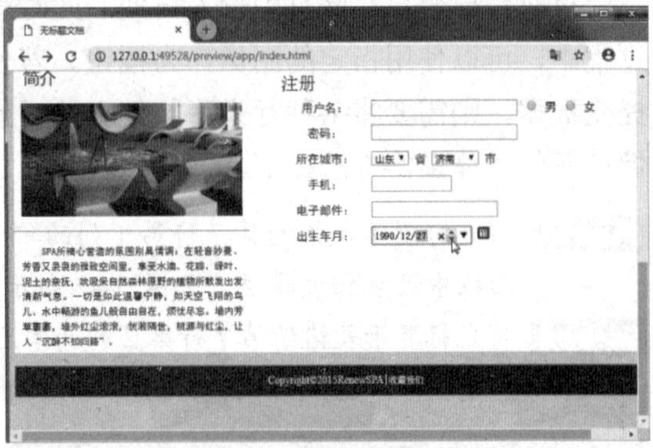

图 5-50 预览网页

切换到“代码”视图，添加的日期域和图像按钮代码如下。

```
<input type="date" name="date" id="date">
<input name="imageField" type="image" id="imageField" src="images/b_01.gif" >
```

5.2.8 添加复选框

复选框允许用户在一组选项中选择多个选项，因此可以将多个复选框组成一组，使其有一个唯一的名称。在表单中添加复选框的具体操作方法如下。

Step 01 将光标置于表格的第 8 行第 1 列的单元格中，输入文本“兴趣爱好：”，并在“属性”面板中设置相关属性，如图 5-51 所示。

Step 02 将光标置于表格的第 8 行第 2 列的单元格中，在菜单栏中单击“插入”|“表单”|“复选框”命令，即可插入复选框，如图 5-52 所示。

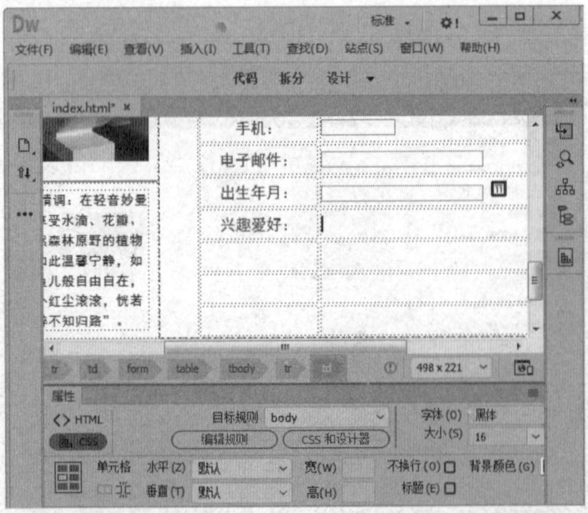

图 5-51 输入文本

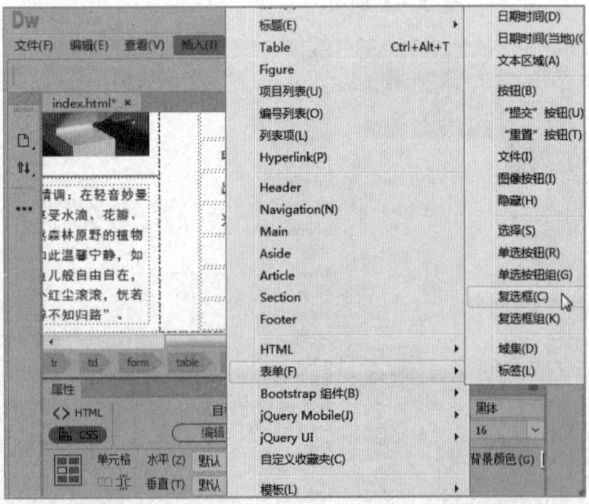

图 5-52 单击“复选框”命令

Step 03 将光标定位到复选框的右侧，输入文本“读书”，并在“属性”面板中设置相关属性，如图 5-53 所示。

Step 04 采用同样的方法，插入其他复选框，如图 5-54 所示。

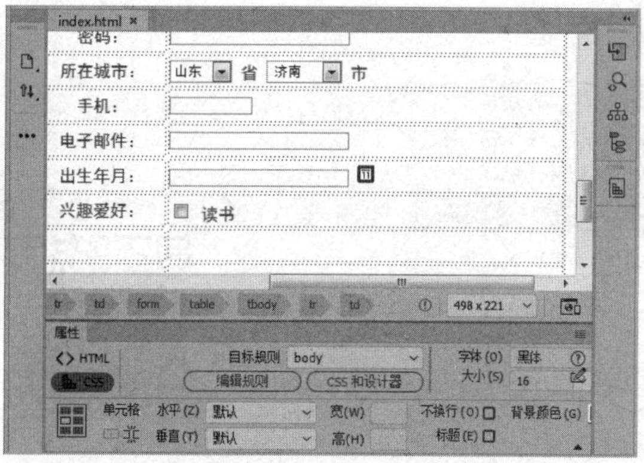

图 5-53　输入文本

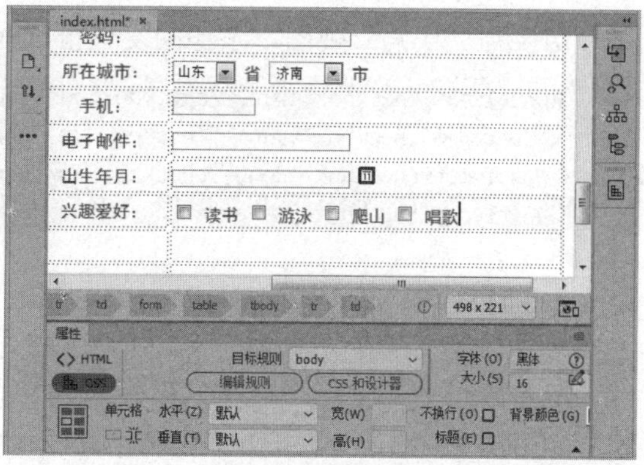

图 5-54　插入其他复选框

Step 05 按【Ctrl+S】组合键保存文档，按【F12】键在浏览器中预览网页，选中需要的复选框，效果如图 5-55 所示。

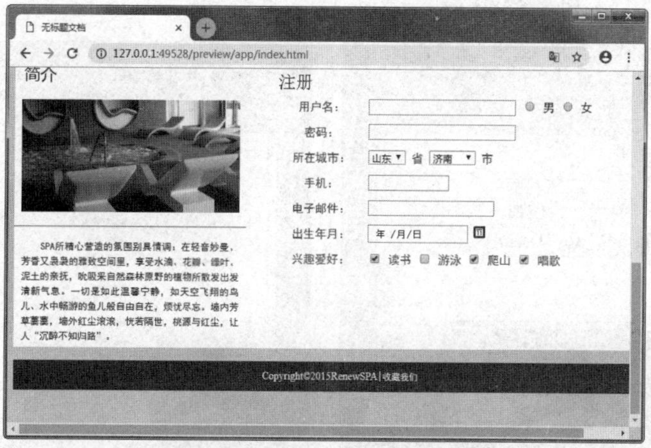

图 5-55　预览网页

插入复选框后，在“属性”面板中可以设置复选框的属性，如图 5-56 所示。

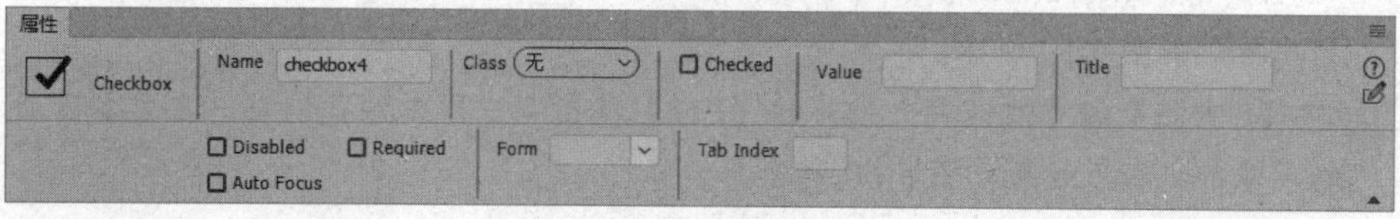

图 5-56　复选框“属性”面板

在复选框“属性”面板中，部分选项的含义如下。

Name：用于设置复选框的名称。要将多个复选框设置为一组，应设置为相同的名称。

Checked：用于设置当前复选框的初始状态。

Value：用于设置当前复选框被选中的值。

Disabled：用于设置是否禁用当前复选框。

Required：用于设置是否在提交表单之前必须选中当前复选框。

Auto Focus：用于设置在支持 HTML5 的浏览器打开网页时，鼠标指针是否自动聚焦在当前复选框上。

Form：用于设置当前复选框所在的表单。

切换到“代码”视图，添加的复选框代码如下。

```
<input type="checkbox" name="checkbox" id="checkbox"> 读书
<input type="checkbox" name="checkbox" id="checkbox2"> 游泳
<input type="checkbox" name="checkbox" id="checkbox3"> 爬山
<input type="checkbox" name="checkbox" id="checkbox4"> 唱歌
```

5.2.9 添加文本区域

有些网页需要用户输入文本信息，此时可以在表单中添加文本区域，具体操作方法如下。

Step 01 将光标置于表格的第 9 行第 1 列的单元格中，输入文本“个人特点：”，并在“属性”面板中设置相关属性，效果如图 5-57 所示。

Step 02 将光标置于表格的第 9 行第 2 列的单元格中，在菜单栏中单击“插入”|“表单”|“文本区域”命令，如图 5-58 所示。

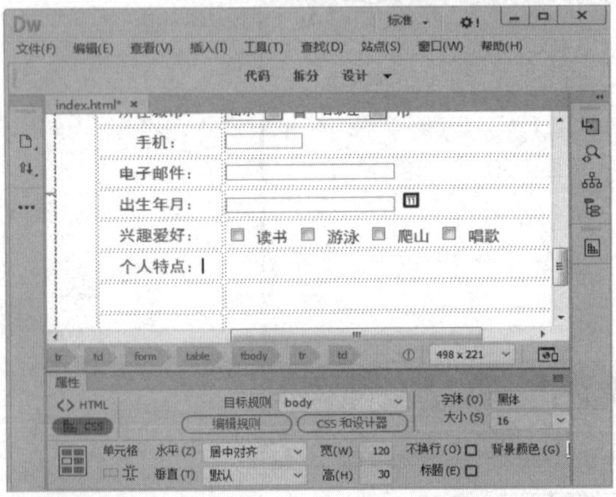

图 5-57　输入文本

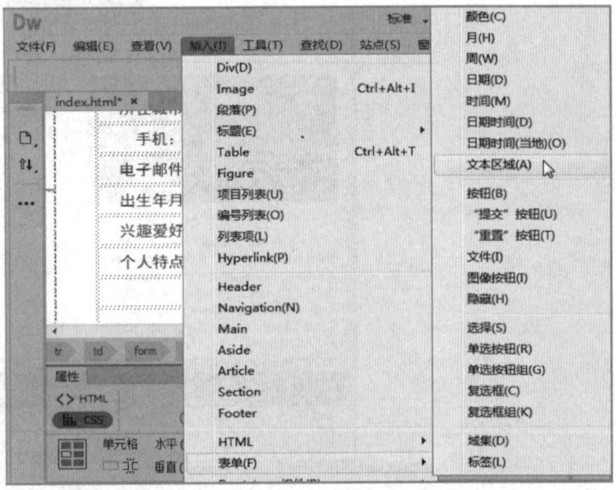

图 5-58　单击“文本区域”命令

Step 03 此时，即可插入文本区域。删除文本区域前面的标签，在“属性”面板中设置文本区域的属性，如图 5-59 所示。

Step 04 按【Ctrl+S】组合键保存文档，按【F12】键在浏览器中预览网页，在文本区域中可以输入多行文本，效果如图 5-60 所示。

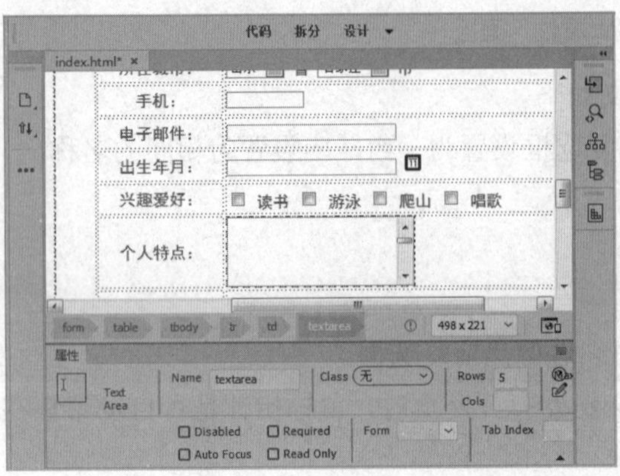

图 5-59　设置文本区域属性

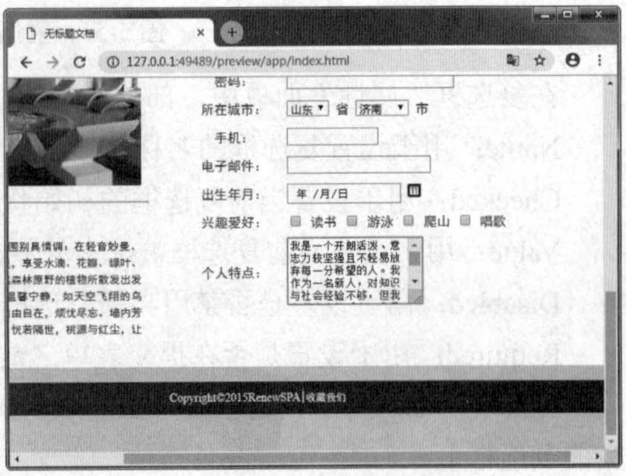

图 5-60　预览网页

文本区域“属性”面板选项与文本域的基本相同，具体的选项含义可以参照文本域“属性”面板选项。除此之外，在文本区域“属性”面板中增加了两个选项，含义如下。

Cols：用于设置文本区域一行中最多可以显示的字符数。

Rows：用于设置所选文本区域显示的行数，可以输入数值。

切换到“代码”视图，添加的文本区域代码如下。

```
<textarea name="textarea" rows="5" id="textarea"></textarea>
```

5.2.10　添加文件域

使用文件域可以在表单中制作文件附加项目，浏览计算机上的某个文件，并将该文件作为表单数据上传。在表单中添加文件域的具体操作方法如下。

Step 01 将光标置于表格的第 10 行第 1 列的单元格中，输入文本“上传照片：”，并在“属性”面板中设置相关属性，如图 5-61 所示。

Step 02 将光标置于表格的第 10 行第 2 列的单元格中，在菜单栏中单击“插入”|“表单”|“文件”命令，如图 5-62 所示。

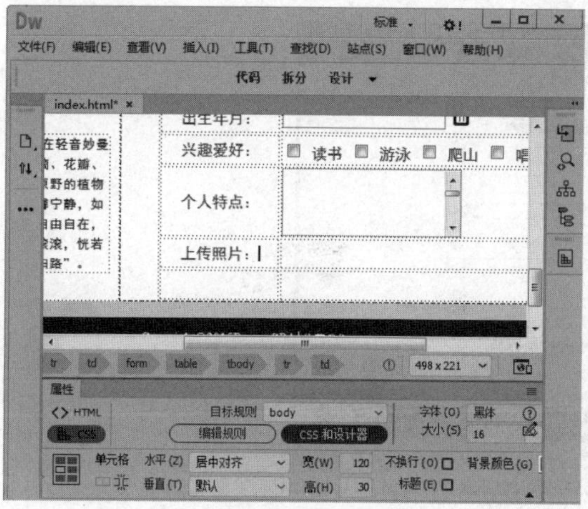

图 5-61　输入文本

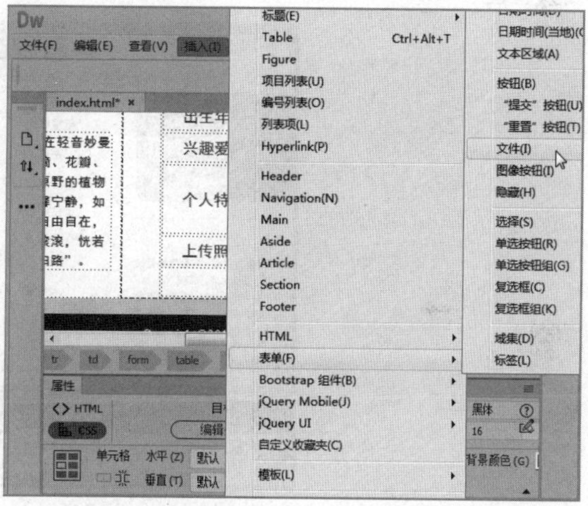

图 5-62　单击“文件”命令

Step 03 此时，即可插入文件域，删除文件域前面的标签，如图 5-63 所示。

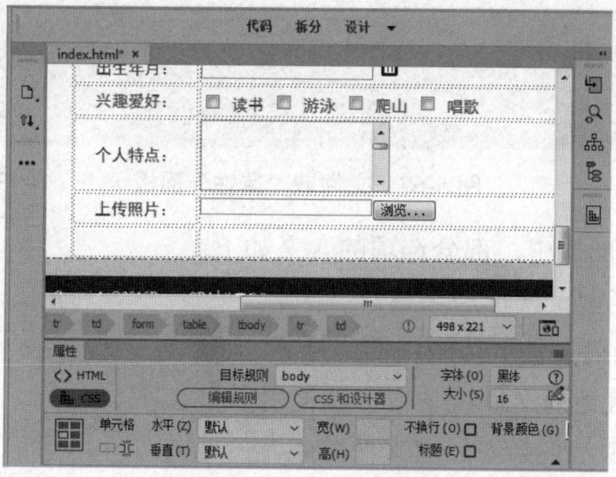

图 5-63　插入文件域

Step 04 按【Ctrl+S】组合键保存文档，按【F12】键在浏览器中预览网页，在文件域右侧显示“未选择任何文件”，单击“选择文件”按钮，如图 5-64 所示。

Step 05 弹出“打开”对话框，选择要上传的文件，然后单击“打开”按钮，如图 5-65 所示。

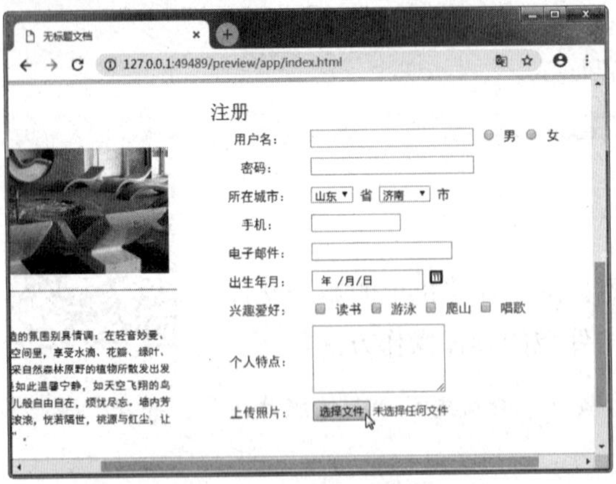

图 5-64　单击“选择文件”按钮

图 5-65　选择上传文件

Step 06 此时，在文件域右侧显示提交文件的名称，如图 5-66 所示。

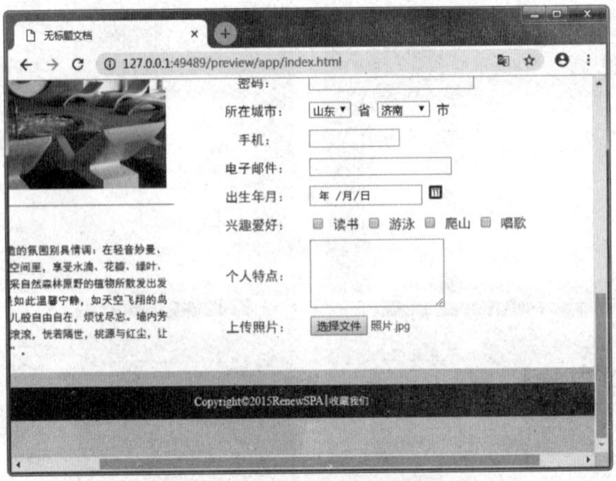

图 5-66　显示提交文件名称

插入文件域后，在“属性”面板中可以设置文件域的属性，如图 5-67 所示。

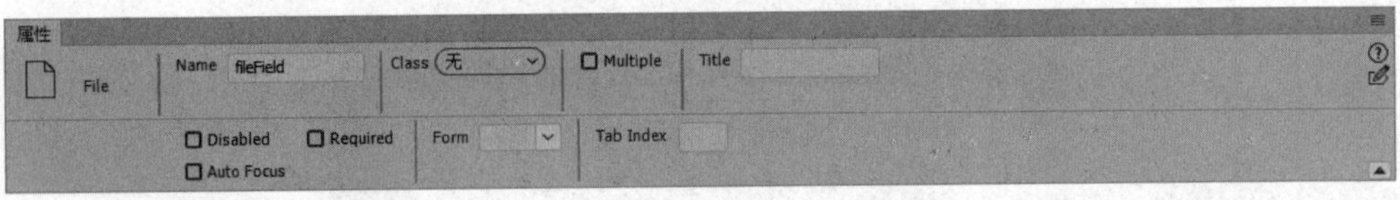

图 5-67　文件域“属性”面板

在文件域“属性”面板中，部分选项的含义如下。

Name：用于设置当前文件域的名称。

Class：用于设置当前文件域要应用的类样式。

Multiple：用于设置当前文件域是否可以使用多个选项。

Disabled：用于设置是否禁用当前文件域。

Required：用于设置是否必须在提交表单之前在文件域中设定上传文件。

Auto Focus：用于设置在支持 HIML5 的浏览器中打开网页时，鼠标指针是否自动聚焦在当前文件域上。

切换到“代码”视图，添加的文件域代码如下：

```
<input type="file" name="fileField" id="fileField">
```

与其他表单输入元素不同，文件域只有在特定的表单数据编码方式和传输方法下才能正常工作。若一个表单中包括一个或多个文件域，则必须将<form>标签的 enctype 属性设置为 multipart/form-data，并把<form>标签的 method 属性设置为 post，否则文件域的行为就会像普通的文本域一样将它的值传输给服务器，而不是传输文件本身的内容。

5.2.11　添加标签

在网页中，使用<label>标签可以为 input 元素定义标签。label 元素不会向用户呈现任何特殊的样式，不过它改善了使用鼠标操作的便捷性，若用户单击 label 元素内的对象，就会切换到表单控件本身。在表单中添加标签的具体操作方法如下。

Step 01 在“注册”文本右侧插入两个表示男女性别的图片，如图 5-68 所示。

Step 02 选中“男”单选按钮，在“属性”面板中单击“快速标签编辑器”按钮，如图 5-69 所示。

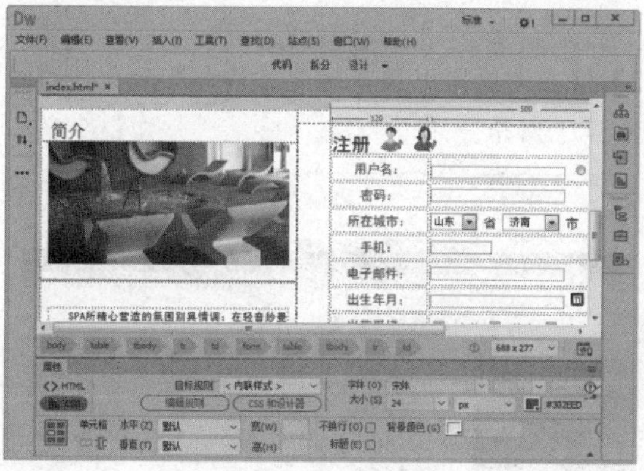

图 5-68　插入图片

图 5-69　单击“快速标签编辑器”按钮

Step 03 编辑代码为“<input type="radio" name="radio1" id="radio1-1" value="1">”，如图 5-70 所示。

Step 04 采用同样的方法，编辑“女”单选按钮的代码为“<input type="radio" name="radio1" id="radio1-2" value="2">”，如图 5-71 所示。

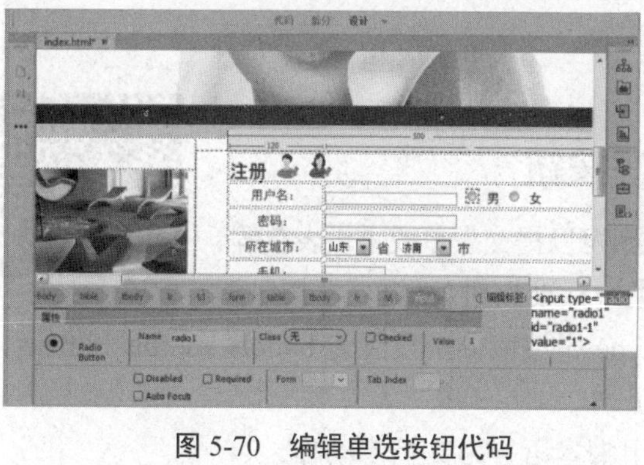

图 5-70　编辑单选按钮代码

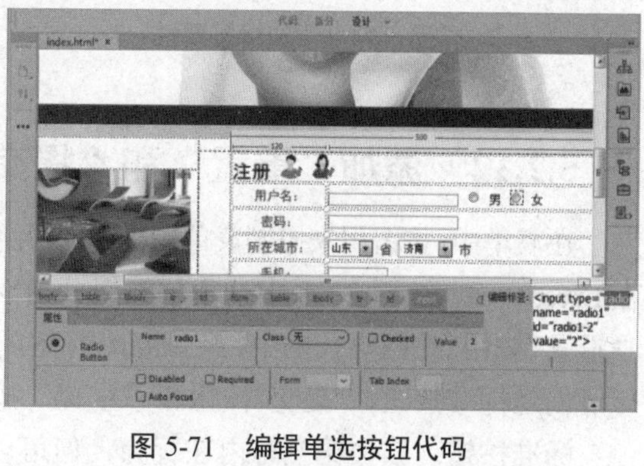

图 5-71　编辑单选按钮代码

Step 05 在网页文档中选择表示男性的图片，按【Ctrl+F2】组合键打开“插入”面板，在“表单”类别下选择“标签”选项，如图 5-72 所示。

Step 06 在“属性”面板中刷新代码，可以看到<label>标签只有一个 for 属性，属性值应该等于相关元素的 id 名称，以便将它们捆绑起来。在此输入“男”单选按钮的 id 名称“radio1-1”，或从下拉列表中选择该名称，如图 5-73 所示。

图 5-72　选择“标签”选项

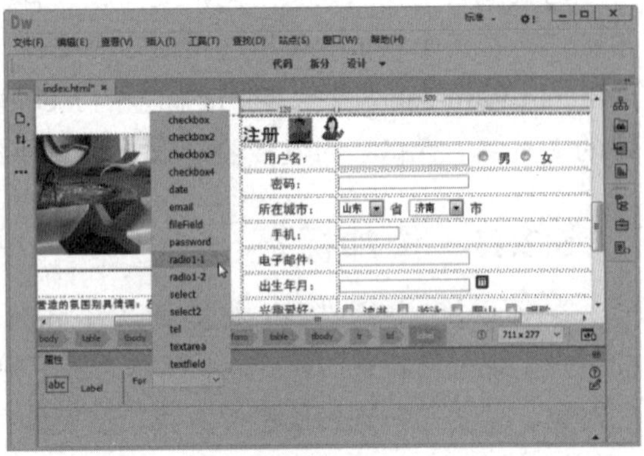

图 5-73　选择单选按钮的 id 名称

Step 07 选择表示女性的图片，切换到“拆分”视图，为<label>标签添加 for 属性，在此输入“for="radio1-2">”，如图 5-74 所示。

Step 08 按【Ctrl+S】组合键保存文档，按【F12】键在浏览器中预览网页，单击表示女性的图片，即可自动选中“女”单选按钮，如图 5-75 所示。

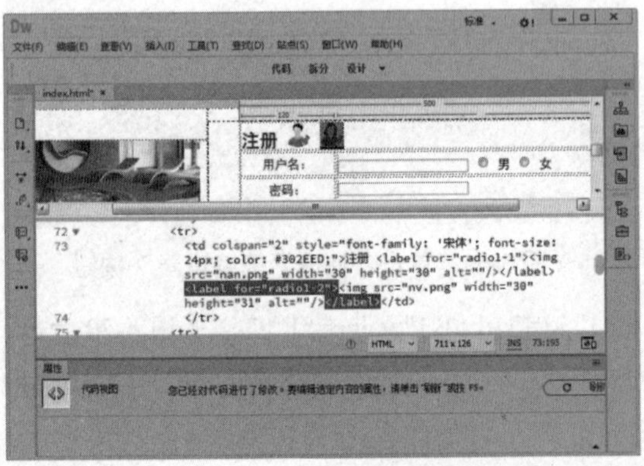

图 5-74　添加标签属性

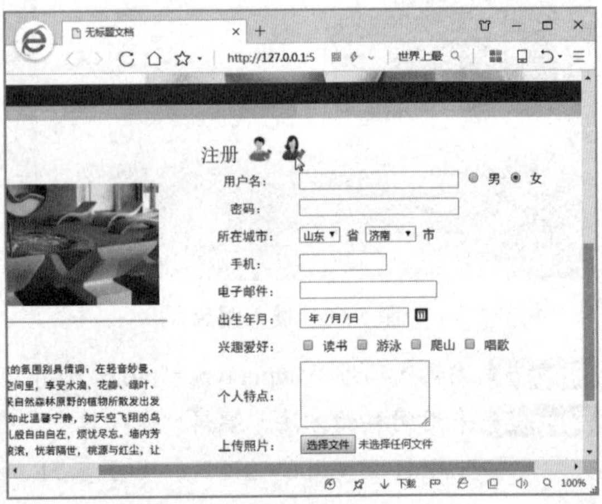

图 5-75　预览网页

5.2.12　添加“重置”和“提交”按钮

在表单中，按钮用来控制表单的操作。使用按钮可以提交表单或重设表单等。在 Dreamweaver CC 2018 中，表单按钮分为 3 类：标准按钮、“提交”按钮和“重置”按钮。在网页代码中，将<input>标签的 type 属性值分别设置为 botton、submit 和 reset，即可创建标准按钮、“提交”按钮和“重置”按钮。

标准按钮：该按钮没有内在行为，但可以用脚本语言为其指定动作。

“提交”按钮：使用该按钮可以把表单中的所有内容发送到服务器端的指定应用程序。

“重置”按钮：在填写表单的过程中，若要重新填写，单击该按钮可以使全部表单元素的值还原为初始值。

下面将介绍如何在表单中添加“重置”和“提交”按钮，具体操作方法如下。

Step 01 将光标置于表格的第 11 行第 2 列的单元格中，在菜单栏中单击“插入”|“表单”|“‘重置’按钮”命令，如图 5-76 所示。

Step 02 将光标置于“重置”按钮的右侧，在菜单栏中单击“插入”|“表单”|“‘提交’按钮”命令，如图 5-77 所示。

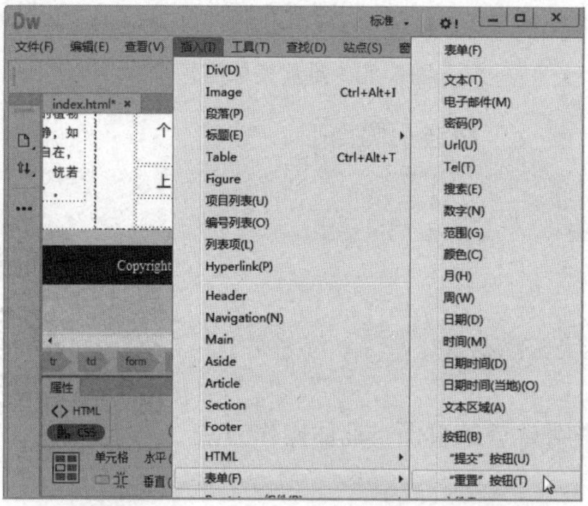

图 5-76 单击“‘重置’按钮”命令

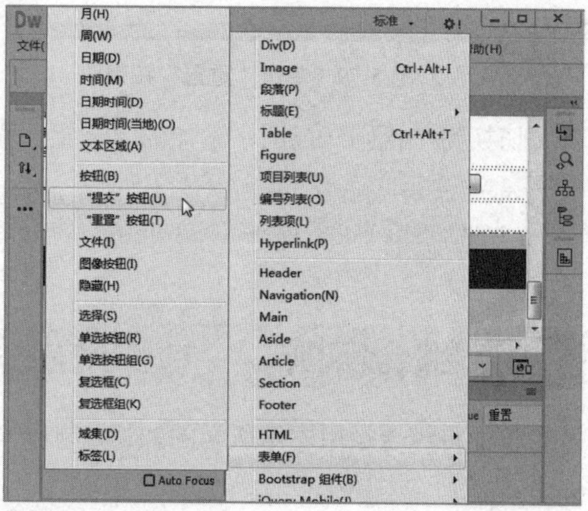

图 5-77 单击“‘提交’按钮”命令

Step 03 选择插入的任一按钮，在“属性”面板中可以设置其相关属性，如图 5-78 所示。

图 5-78 设置属性

Step 04 按【Ctrl+S】组合键保存文档，按【F12】键在浏览器中预览网页，输入注册内容，然后单击“重置”按钮，如图 5-79 所示。

Step 05 此时表单中的信息就会被重置，效果如图 5-80 所示。

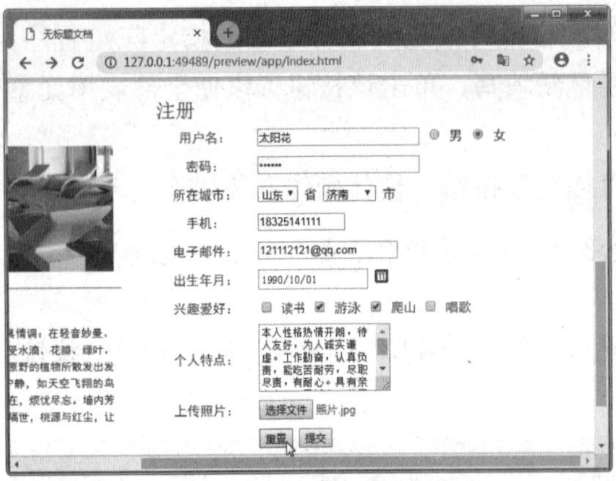

图 5-79 单击“重置”按钮

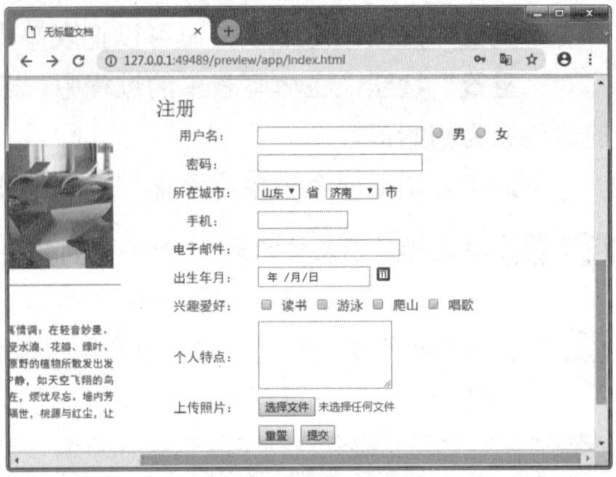

图 5-80 重置表单信息

切换到“代码”视图，添加的“重置”和“提交”按钮代码如下。

```
<input type="reset" name="reset" id="reset" value="重置">
<input type="submit" name="submit" id="submit" value="提交">
```

5.3 综合实例——制作用户登录页面

下面将综合运用本章所学的知识，制作一个用户登录页面，具体操作方法如下。

Step 01 打开“素材文件\第 5 章\综合实例\form.html”，将光标定位到合适的位置，然后在菜单栏中单击“插入”|“Table”命令，如图 5-81 所示。

Step 02 弹出“Table”对话框，设置各项表格参数，然后单击“确定”按钮，如图 5-82 所示。

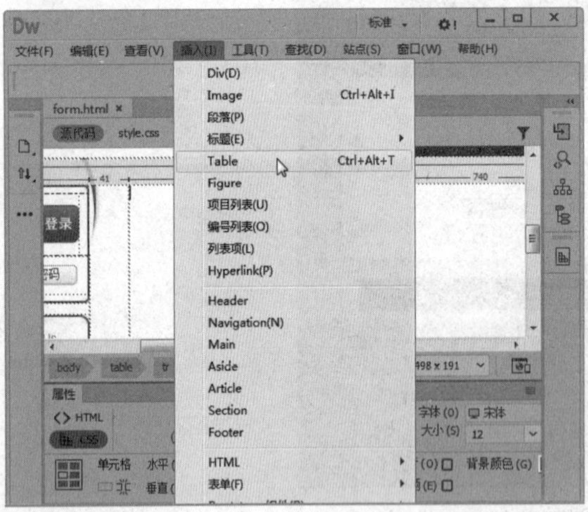

图 5-81 单击“Table”命令

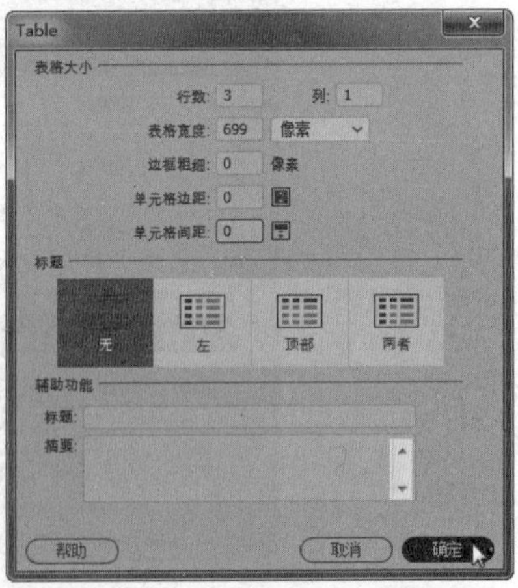

图 5-82 设置表格参数

Step 03 将光标定位到第 1 行，在“属性”面板中设置各项参数，然后在菜单栏中单击“插入”|“Image”命令，如图 5-83 所示。

Step 04 弹出“选择图像源文件”对话框，选择要插入的图像，然后单击“确定”按钮，如图 5-84 所示。

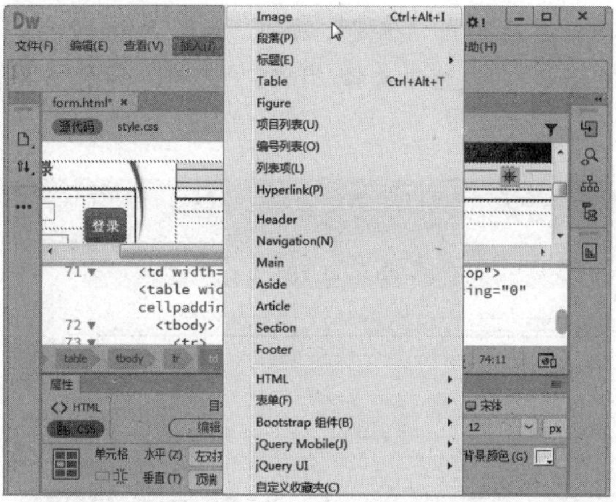

图 5-83　单击“Image”命令

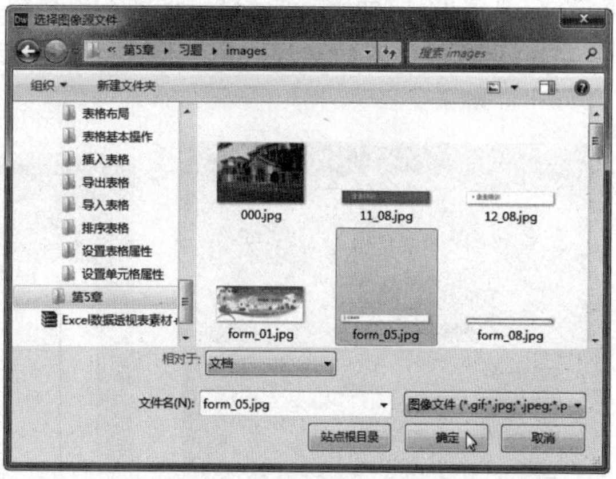

图 5-84　选择插入图像

Step 05 此时，即可在第 1 行中插入图像。将光标定位到第 2 行，在“属性”面板中设置单元格属性，如图 5-85 所示。

Step 06 在菜单栏中单击“插入”|“表单”|“表单”命令，如图 5-86 所示。

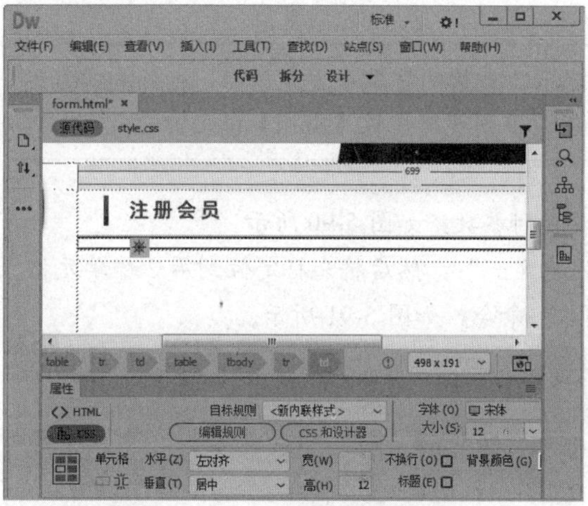

图 5-85　设置单元格属性

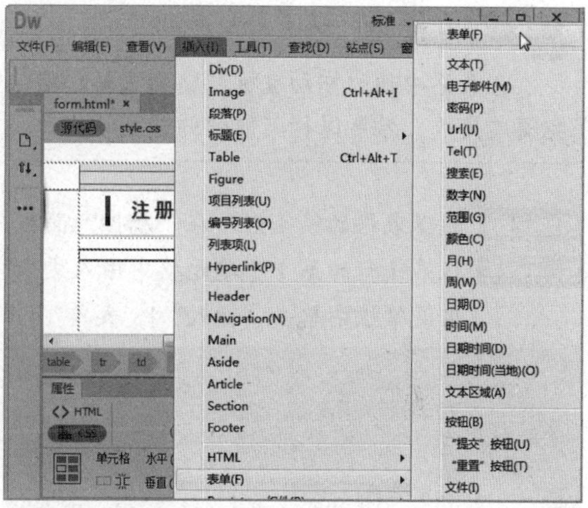

图 5-86　单击“表单”命令

Step 07 此时，即可插入表单。将光标定位到表单中，在菜单栏中单击“插入”|“Table”命令，如图 5-87 所示。

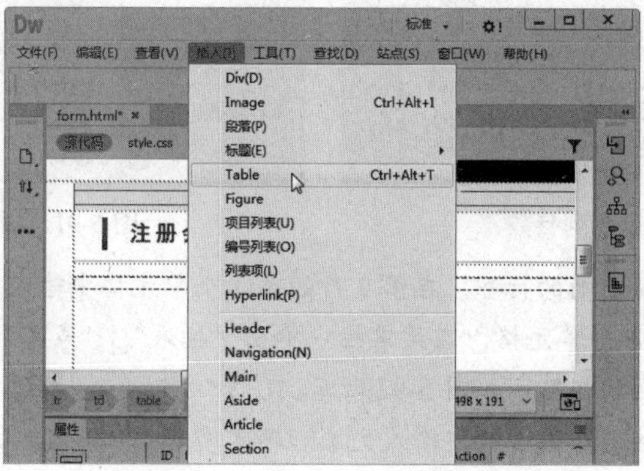

图 5-87　单击“Table”命令

Step 08 弹出“Table”对话框，设置各项表格参数，然后单击“确定”按钮，如图 5-88 所示。

Step 09 选择插入的表格，在“属性”面板的“Class”列表框中选择“br25”选项，如图 5-89 所示。

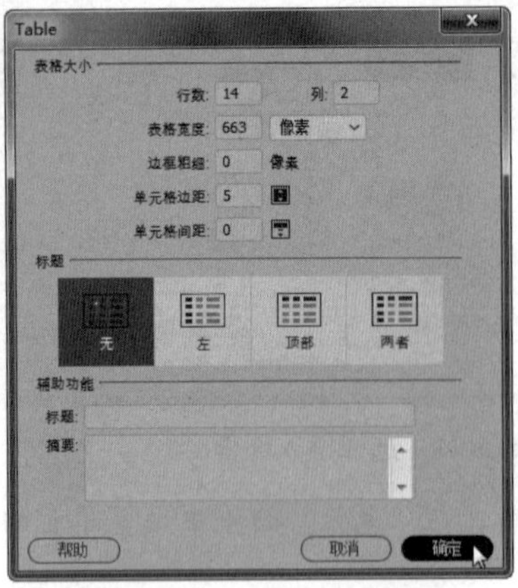

图 5-88 设置表格参数

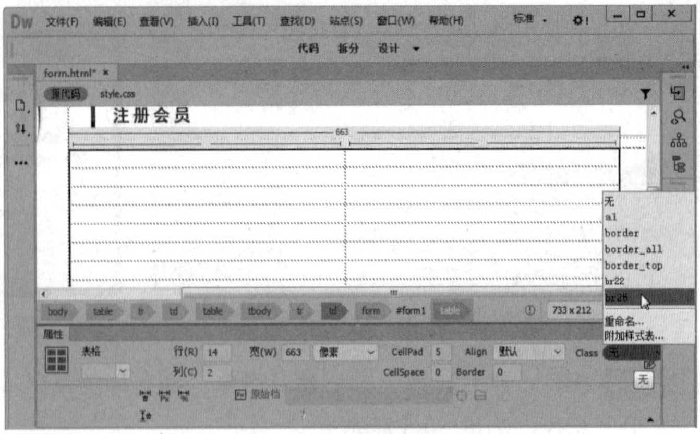

图 5-89 设置表格样式

课堂解疑

在表格中通过拖动鼠标调整列宽时，默认情况下，表格的宽度不发生改变，相邻列的宽度会随之更改。若要保持其他列的宽度不变，可以在调整列宽时按住【Shift】键。

Step 10 选择表格的第 1 列，在“属性”面板中设置列参数，如图 5-90 所示。

Step 11 在第 1 行的第 1 个单元格中输入文本“用户名：”，然后将光标定位到第 2 个单元格，在菜单栏中单击“插入”|“表单”|“文本”命令，如图 5-91 所示。

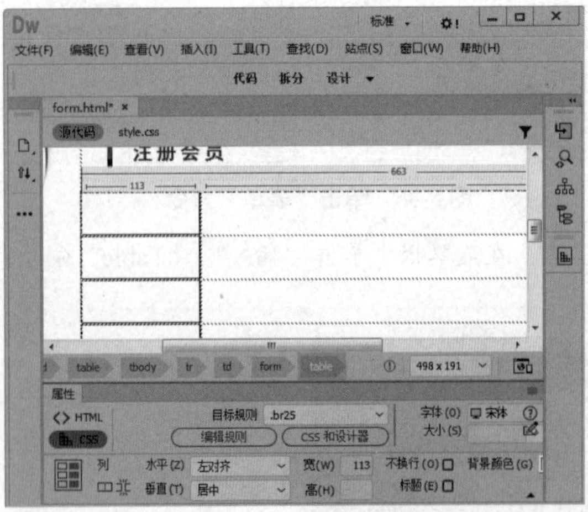

图 5-90 设置列参数

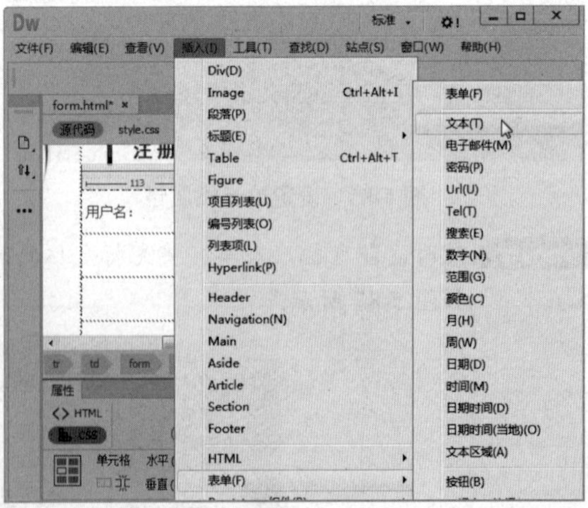

图 5-91 插入文本域

Step 12 删除插入文本域前面的标签。在第 2 行的第 1 个单元格中输入文本“密码：”，然后将光标定位到第 2 个单元格，在菜单栏中单击“插入”|“表单”|“密码”命令，并删除插入密码域前面的标签，如图 5-92 所示。

Step 13 采用同样的方法，在第 3 行中输入文本“确定密码：”并插入文本域，在第 4 行中输入文本“性别：”，如图 5-93 所示。

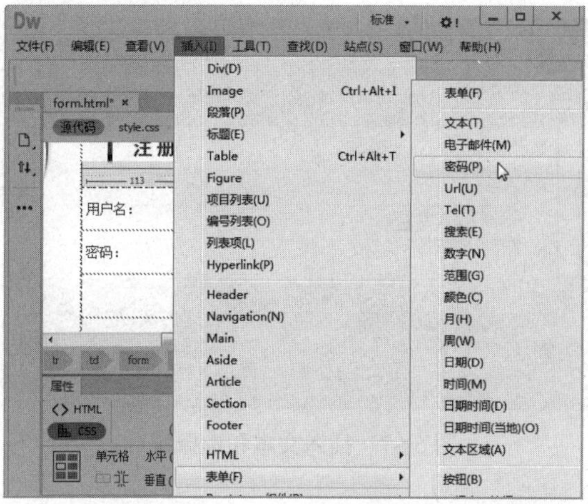

图 5-92　插入密码域

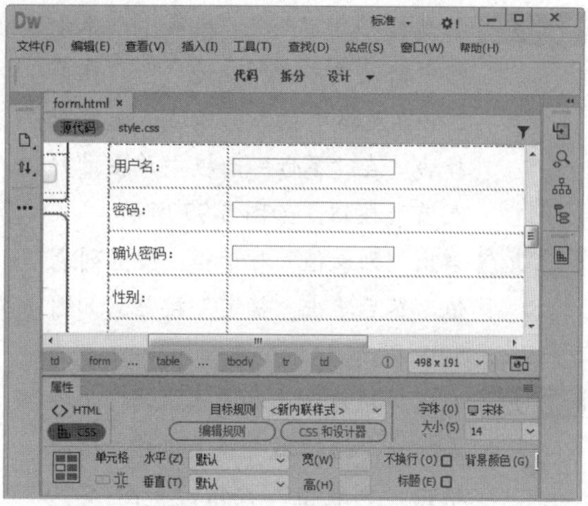

图 5-93　输入文本并插入文本域

Step 14 将光标定位到第 4 行第 2 个单元格中，在菜单栏中单击“插入”|“表单”|“单选按钮组”命令，在弹出的对话框中设置各项参数，然后单击“确定”按钮，如图 5-94 所示。

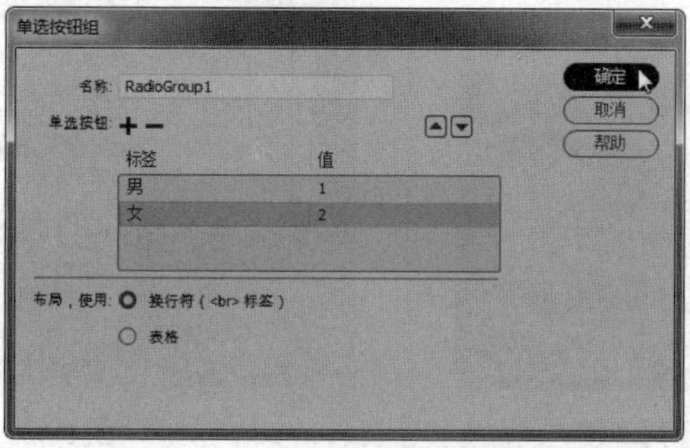

图 5-94　设置单选按钮组参数

Step 15 此时，即可插入单选按钮组，将两个单选按钮放到一行，如图 5-95 所示。

Step 16 将光标移到下一行，在第 1 个单元格中输入文本“出生日期：”。将光标定位到第 2 个单元格，在菜单栏中单击“插入”|“表单”|“日期”命令，即可插入日期域，删除前面的标签，如图 5-96 所示。

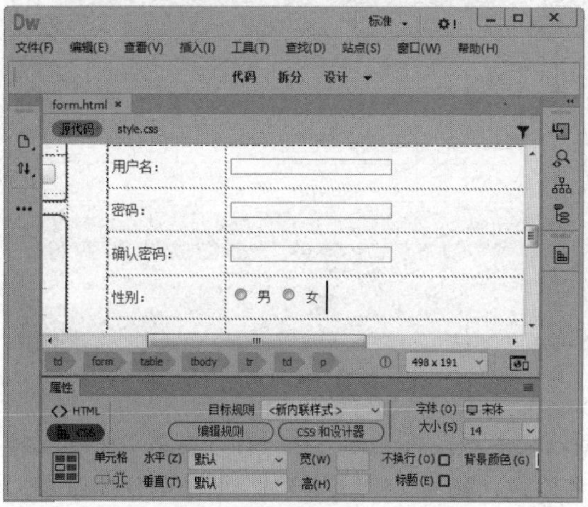

图 5-95　插入单选按钮组

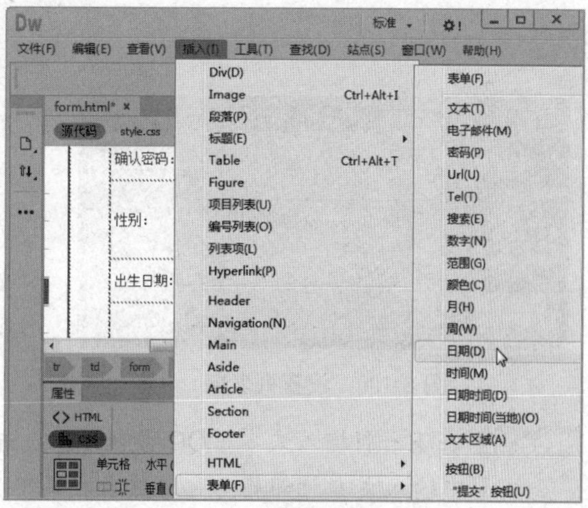

图 5-96　插入日期域

Step 17 将光标移到下一行，在第 1 个单元格中输入文本“所在地：”，在第 2 个单元格中插入选择域。选择选择域，在“属性”面板中单击“列表值”按钮，如图 5-97 所示。

Step 18 弹出“列表值”对话框，设置列表值，然后单击“确定”按钮，如图 5-98 所示。

Step 19 在选择域右侧添加文本“省”，再添加一个选择域并将其选中，然后单击“列表值”按钮，如图 5-99 所示。

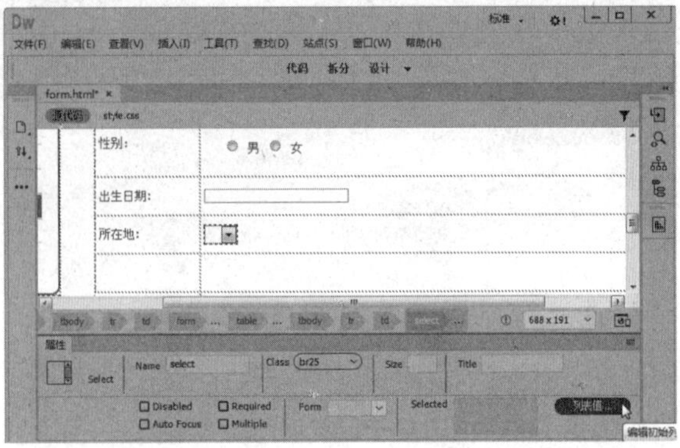

图 5-97　插入文本和选择域

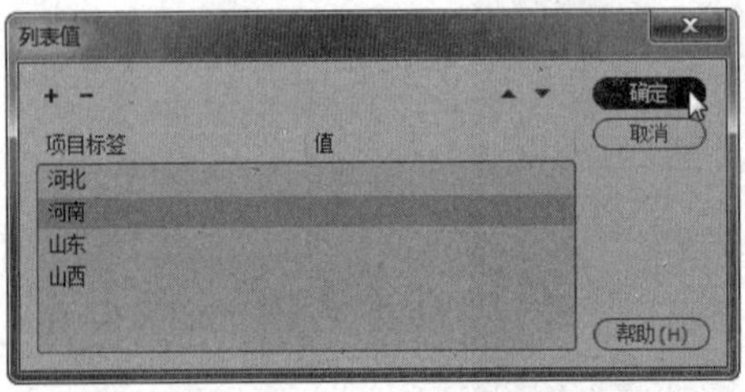

图 5-98　设置列表值

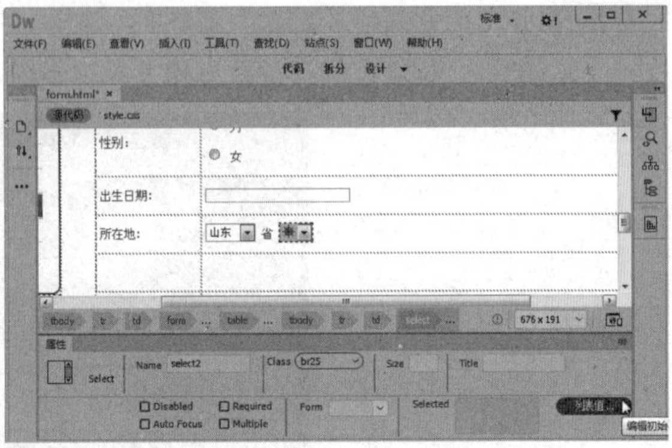

图 5-99　添加选择域

Step 20 弹出“列表值”对话框，设置列表值，然后单击“确定”按钮，如图 5-100 所示。

Step 21 在第 2 个选择域的右侧添加文本“市”，并在“属性”面板中设置“Selected”为“济南”，如图 5-101 所示。

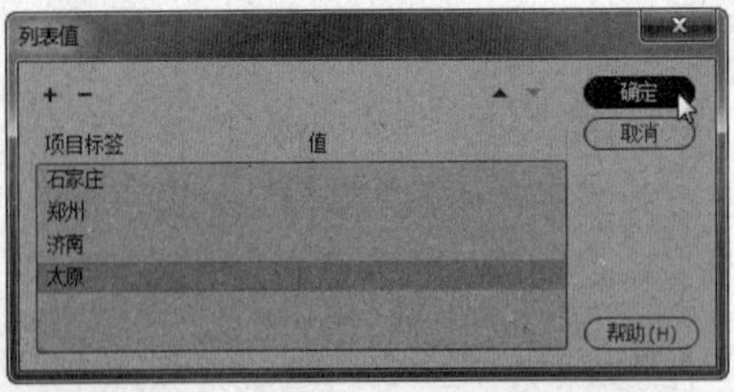

图 5-100　设置列表值

图 5-101　设置“Selected”选项

Step 22 在下一行输入文本“QQ 号码：”，并插入文本域。将光标下移一行，在第 1 个单元格中输入文本“邮箱：”，然后在菜单栏中单击“插入”|“表单”|“电子邮件”命令，插入电子邮件域，删除前面的标签，如图 5-102 所示。

Step 23 将光标定位到下一行，在第 1 个单元格中输入文本“兴趣爱好：”，在菜单栏中单击“插入”|“表单”|“复选框组”命令，如图 5-103 所示。

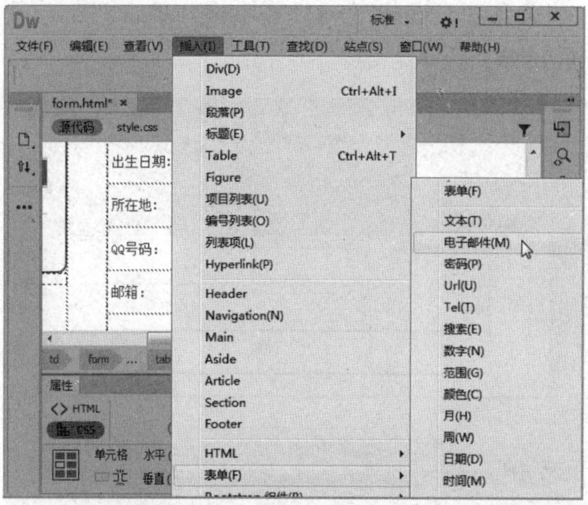

图 5-102 插入电子邮件域

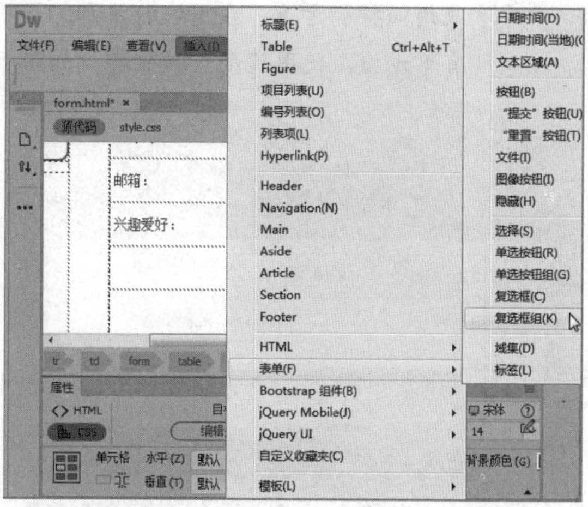

图 5-103 单击“复选框组”命令

Step 24 弹出“复选框组”对话框，设置各项参数，然后单击“确定”按钮，如图 5-104 所示。

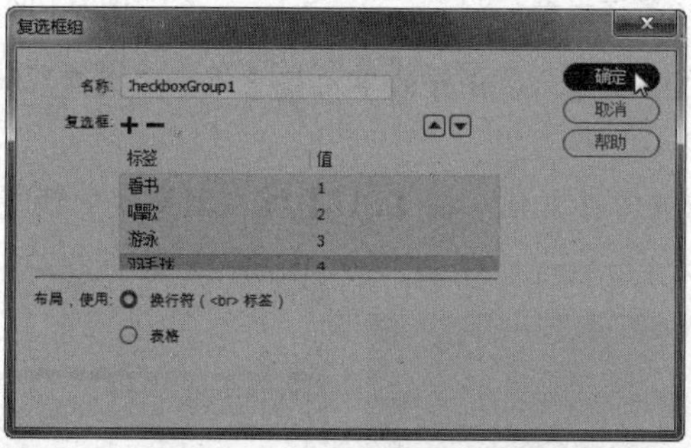

图 5-104 设置复选框组参数

Step 25 将复选框组选项移到一行，然后将光标下移一行，添加文本“喜欢的课程：”，在第 2 个单元格中插入选择域，并删除选择域前面的标签，如图 5-105 所示。

Step 26 将光标下移一行，添加文本“上传头像：”，在第 2 个单元格中插入文件域，用来上传头像，并删除文件域前面的标签，如图 5-106 所示。

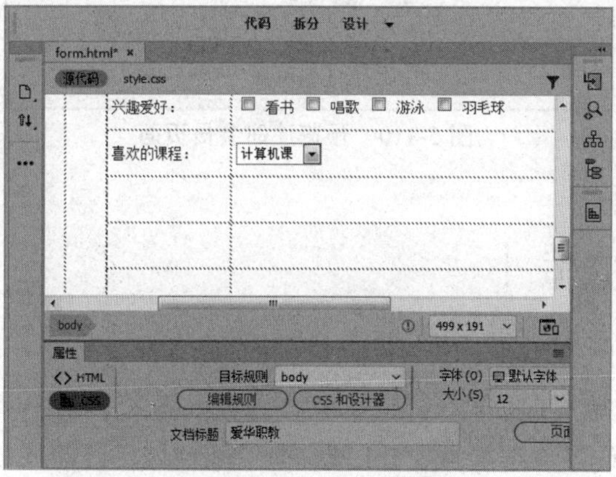

图 5-105 插入选择域

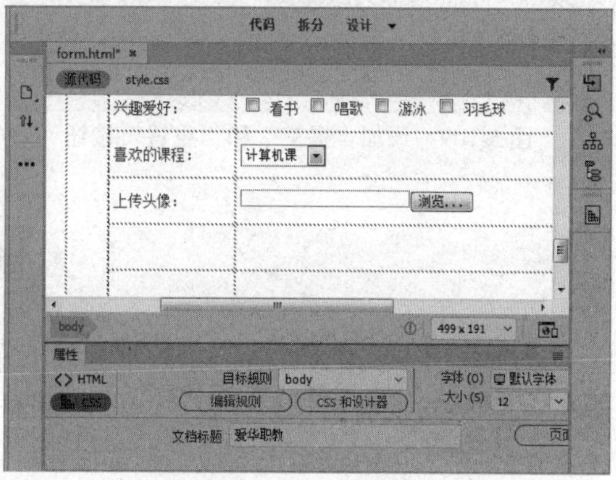

图 5-106 插入文件域

Step 27 将光标下移一行，在第 1 个单元格中添加文本“备注：”，在第 2 个单元格中插入文本域，在“属性”面板中设置各项参数，如图 5-107 所示。

Step 28 采用同样的方法，在下一行添加“评价”相关元素。选择下一行单元格，单击“合并所有单元格，使用跨度”按钮▭，如图 5-108 所示。

图 5-107　插入备注元素

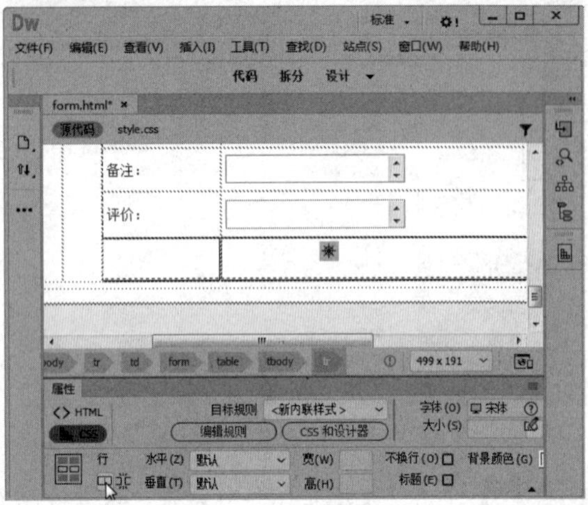

图 5-108　合并单元格

Step 29 此时，即可将单元格合并。在合并的单元格中添加“提交”和“重置”按钮，如图 5-109 所示。

Step 30 按【Ctrl+S】组合键保存文档，按【F12】键在浏览器中预览网页，查看注册会员页面，如图 5-110 所示。

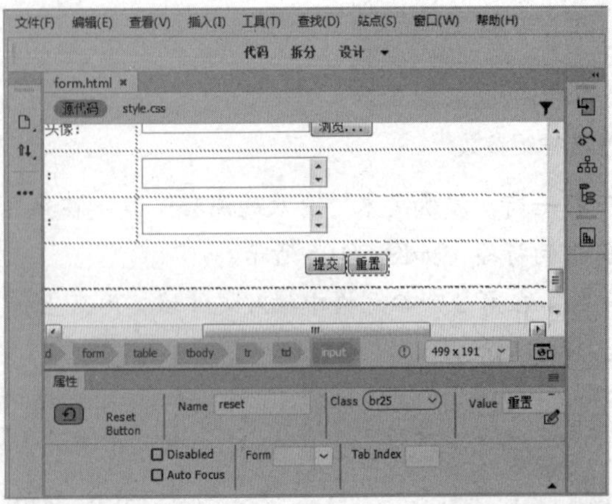

图 5-109　添加“提交”和“重置”按钮

图 5-110　预览注册会员页面

本章小结

通过本章的学习，读者应重点掌握以下知识。

（1）表单的作用，创建表单，以及设置表单属性。

（2）在表单中添加文本域、单选按钮、密码域、选择域、Tel 域、电子邮件域、日期域、图像按钮、复选框、文本区域、文件域、标签，以及“重置”和“提交”按钮等元素。

课后习题

一、选择题

1．在表单的文本域元素中，哪项参数用于文本框中默认显示的值？（ ）

A．Value B．Name C．Title D．Place Holder

2．下面说法错误的是（ ）。

A．要使单选按钮合并为一个组，需要为其设置相同的名称

B．<label>标签使用 for 属性命名表单元素的 id

C．在单选按钮和复选框表单元素的属性中，使用 Value 属性设置其初始状态

D．文件域只有在特定的表单数据编码方式和传输方法下才能正常工作

二、填空题

1．在表单元素中，文本域、复选框、按钮、电子邮件域等元素都可以使用______标记定义。对于每个元素来说，只有______和______属性是必需的。

2．在文本区域表单元素中，____属性控制其行数，____属性控制其列数。

3．在选择域表单属性中，______属性可以设置选择多个选项，______属性可以设置能够容纳选项的数量。

4．将<input>标签的 type 属性值分别设置为_______、_______和_______，即可创建标准按钮、“提交”按钮和“重置”按钮。

三、实操题

运用本章所学知识，使用表单制作一个“联系我们”页面，如图 5-111 所示。

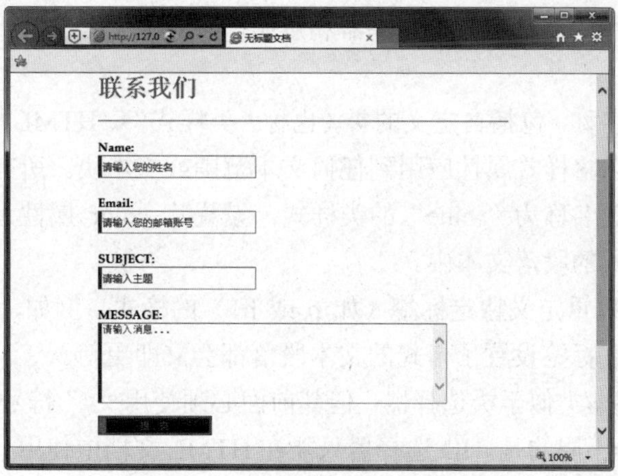

图 5-111 “联系我们”页面

操作提示：

（1）插入表单和所需的表单元素，设置相关属性。

（2）切换到“代码”视图，在表单元素所在的标签中添加“Class”属性，在页面中添加样式表，并定义类。

第 6 章 使用 CSS 样式美化网页

【学习目标】

- 掌握 CSS 样式规则的基本语法。
- 掌握在网页中引用 CSS 的方式。
- 掌握添加 CSS 选择器的方法。
- 掌握设置 CSS 样式表属性的方法。
- 了解 CSS 的继承性、特殊性、层叠性和重要性。
- 掌握使用 CSS 格式化排版的方法。

CSS（Cascading Style Sheet）即层叠样式表，是一种用于控制网页元素样式显示的标签性语言，也是目前流行的一种网页设计技术，将网页结构和样式分离，HTML 负责网页的结构设计，CSS 负责网页的美化设计，这样有利于网页的加载和搜索。本章将学习如何使用 CSS 样式美化网页。

6.1 认识 CSS 样式表

通过 CSS 样式表可以实现网页外观的快速变化，它是网页设计者的利器，不仅可以对不同类型的网页应用不同的样式表，还可以使用样式表对网站基本样式进行统一，极大地方便了网页设计工作。下面就来认识 CSS 样式表。

6.1.1 CSS 样式规则的基本语法

CSS 的样式规则由两部分组成：选择器和声明。

选择器 {属性: 值}

选择器是样式的名称，包括自定义的类（也称“类样式”）、HTML 标签、ID 和复合内容。

自定义的类：可以将样式属性应用到任何文本范围或文本块。所有类样式均以句点“.”开头。例如，可以创建名称为“.blue”的类样式，设置其 color 属性为蓝色，然后将该样式应用到部分已定义样式的段落文本中。

HTML 标签：可以重定义特定标签（如 p 或 h1）的格式。例如，创建或更改 p 标签的 CSS 样式时，所有用 p 标签设置了格式的文本段落都会立即更新。

ID：所有 ID 选择器类似于类选择器，但其前面必须使用“#”符号，如“#bt1 { font-size: 120%;}”，与类选择器不同的是，ID 选择器只能在 HTML 文档中使用一次，且比类选择器拥有更高的优先权。

复合内容：可以重定义特定元素组合的格式，或其他 CSS 允许的选择器形式的格式。例如，a:link 就是定义未单击过的超链接的高级样式。

而声明则用于定义样式元素，它由两部分组成：属性和值。如图 6-1 所示，h1 是选择器，介于花括号（{}）之间的所有内容都是声明。

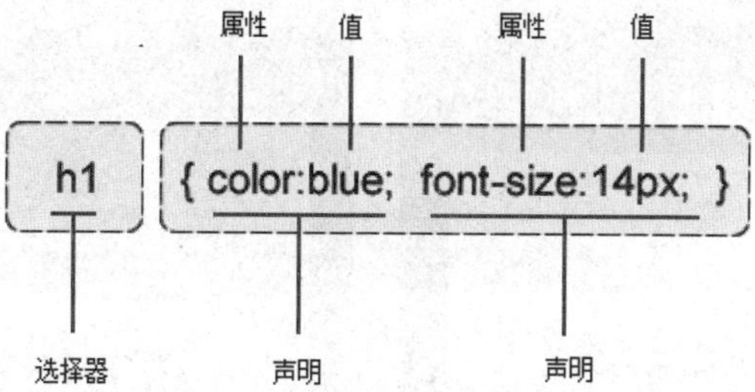

图 6-1 CSS 样式规则的基本语法

6.1.2 在网页中引用 CSS 的方式

当 CSS 与网页中的内容建立关系时，即可称为 CSS 样式的引用。CSS 样式的引用主要有以下几种方式。

1．直接添加到 HTML 标签中

这是应用 CSS 最简单的方法，由于没有和 HTML 标签分离，所以不推荐使用这种方法，其语法如下。

<标签 style="CSS 属性:属性值">内容</标签>

采用这种方式的 CSS 样式称为内联样式，其优先级最高。

2．将样式表内嵌到 HTML 文件中

将 CSS 样式代码添加到<head>标签区域中的<style></style>标签之间，如图 6-2 所示。此类的 CSS 样式称为内部样式表，其优先级低于内联样式。

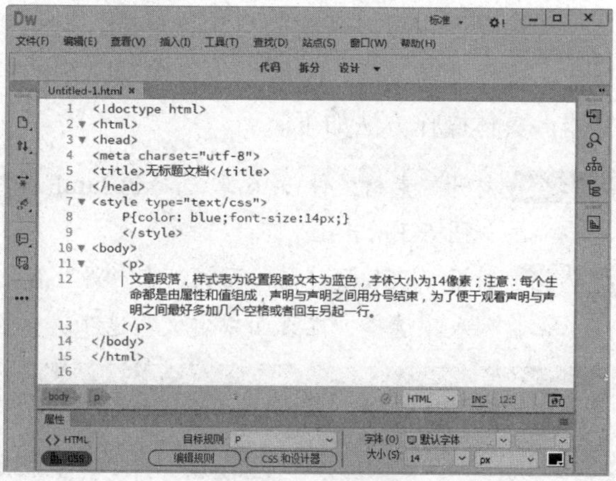

图 6-2 内嵌样式表

3．将外部样式表链接到 HTML 文件上

此方式通过<link>标签来实现，将<link>标签加入到<head>标签之间，外部样式表可以应用到多个网页中，通过一个或者几个样式表就可以控制整个网站的样式。因此，外部样式表是建立样式表的最佳方式，如图 6-3 所示。外部样式表的优先级低于内部样式表。

4．联合使用样式表

将样式表导入到 HTML 文件中，与将样式表链接到 HTML 文件中相似，也是将外部定义好的 CSS 文件引入到网页中，从而在网页中进行应用。但是，导入的 CSS 使用“@import”在内嵌样式表中导入，导入方式可以与其他方式进行结合，如图 6-4 所示。

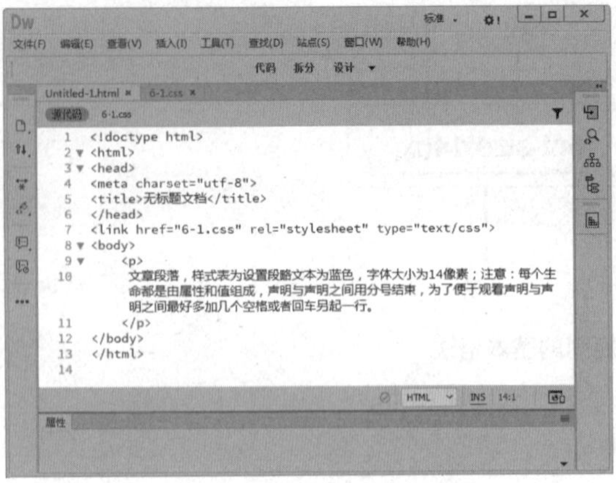

图 6-3　外链样式表

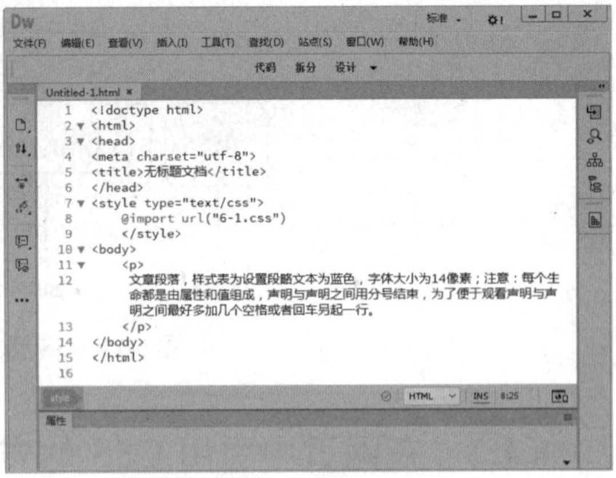

图 6-4　联合使用样式表

6.2 添加 CSS 选择器

CSS 选择器用于选择需要添加样式的元素。通过使用 CSS 选择器，可以帮助用户灵活地选择页面元素。下面将介绍几种常用的 CSS 选择器，如类选择器、ID 选择器、标签选择器、后代选择器、通配符选择器和分组选择器等。

6.2.1 添加类选择器

类选择器也可以理解为自定义样式，它可以单独对网页的某个部分设置样式，操作非常灵活，是网页设计中最常用的一种方法。下面将通过实例介绍如何添加类选择器，具体操作方法如下。

Step 01 打开“素材文件\第 6 章\选择器.html”，在菜单栏中单击“窗口”|“CSS 设计器”命令，如图 6-5 所示。

Step 02 打开“CSS 设计器”面板，在“源”窗格中单击“添加 CSS 源”按钮 +，在弹出的下拉列表中选择“在页面中定义”选项，如图 6-6 所示。

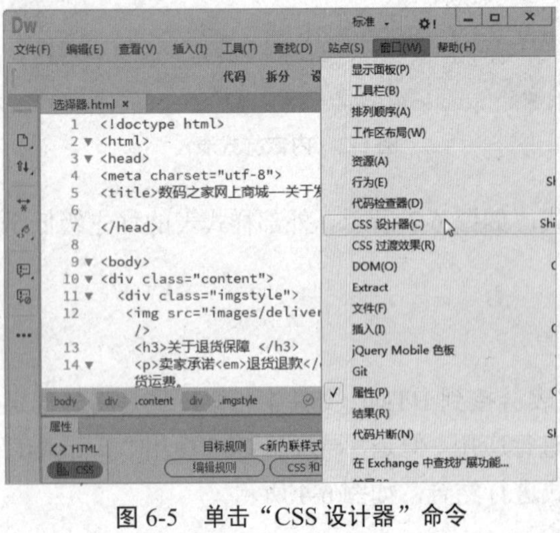

图 6-5　单击“CSS 设计器”命令

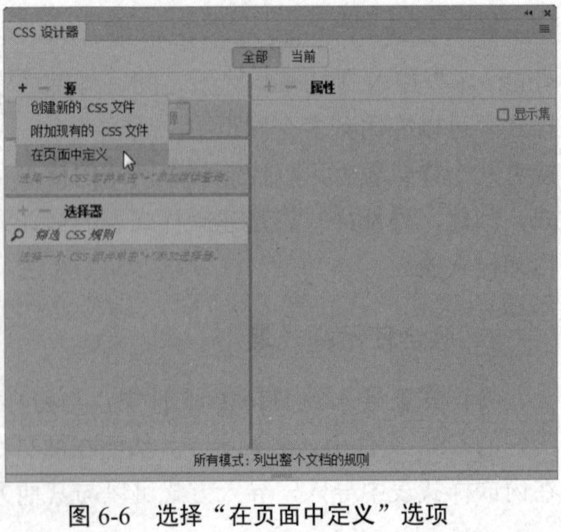

图 6-6　选择“在页面中定义”选项

Step 03 在“选择器”窗格中单击“添加选择器”按钮，将选择器命名为“.color”，取消选择“显示集”复选框，然后单击“文本”按钮，如图 6-7 所示。

Step 04 单击“设置颜色”按钮，如图 6-8 所示。

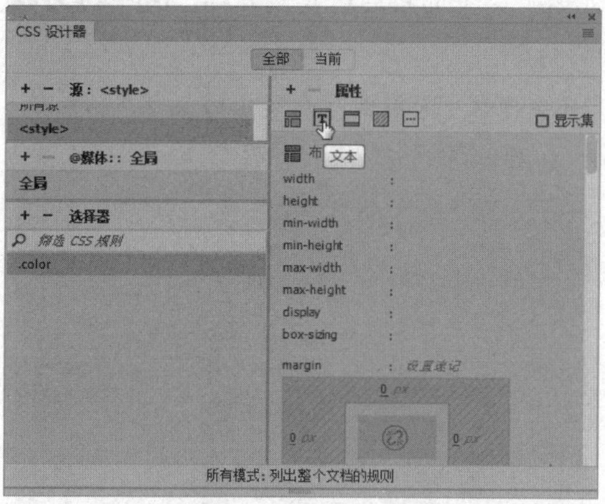

图 6-7　添加选择器

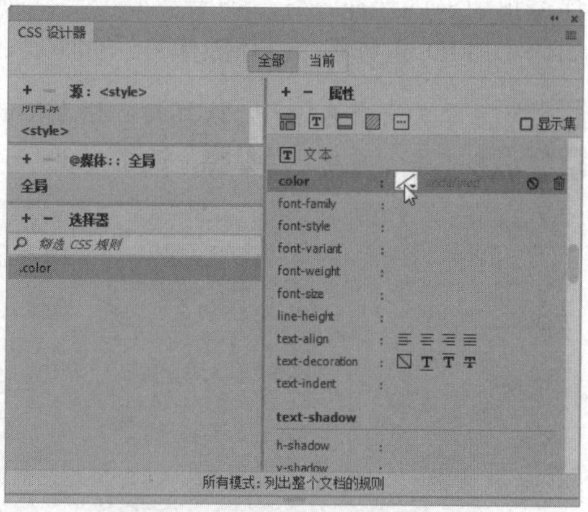

图 6-8　单击“设置颜色”按钮

Step 05 打开拾色器面板，选择需要的颜色，如图 6-9 所示。

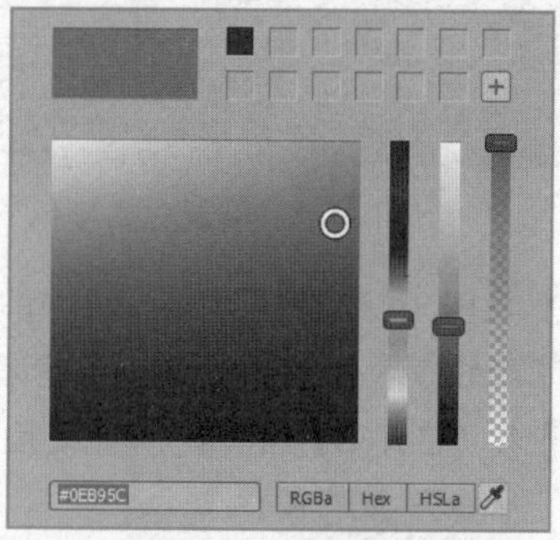

图 6-9　选择颜色

Step 06 返回文档编辑窗口，选择页面文本，然后在“属性”面板中单击“目标规则”下拉按钮，在弹出的下拉列表中选择“color”选项，如图 6-10 所示。

Step 07 按【Ctrl+S】组合键保存文档，按【F12】键在浏览器中预览网页，文本应用设置的 CSS 样式，如图 6-11 所示。

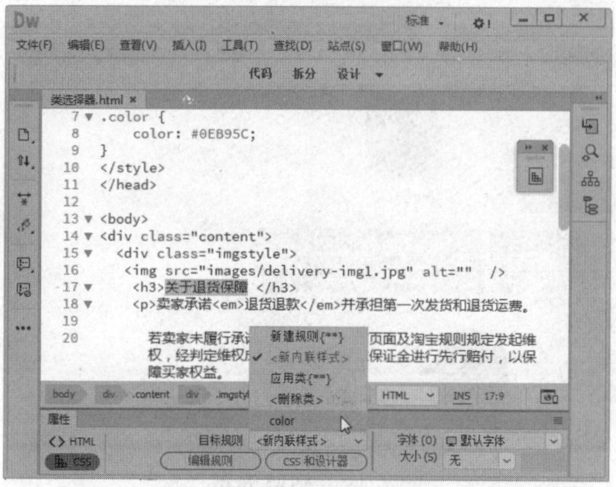

图 6-10　选择“color”选项

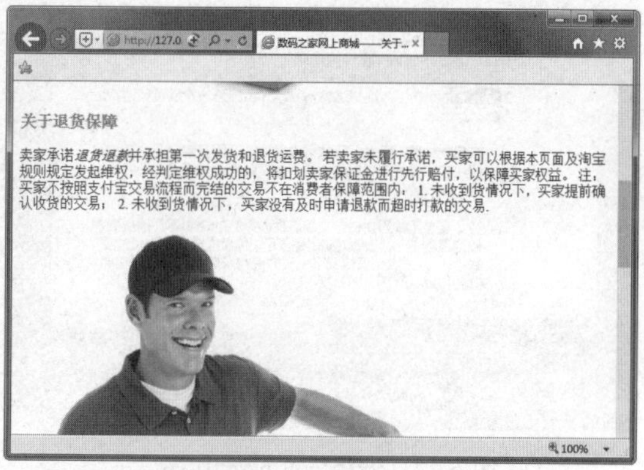

图 6-11　预览网页

切换到“代码”视图，添加的 CSS 样式代码如下。

```
.color {
    color: #0EB95C;
}
```

6.2.2 添加 ID 选择器

ID 选择器和类选择器类似，不同的是使用“#”符号来声明样式。ID 选择器也和类选择器一样，需要单独应用在标签元素上。下面将通过实例介绍如何添加 ID 选择器，具体操作方法如下。

Step 01 添加一个选择器，设置其名称为#con-p，然后设置文本颜色，如图 6-12 所示。

Step 02 单击“布局”按钮，设置 width 为 510，如图 6-13 所示。

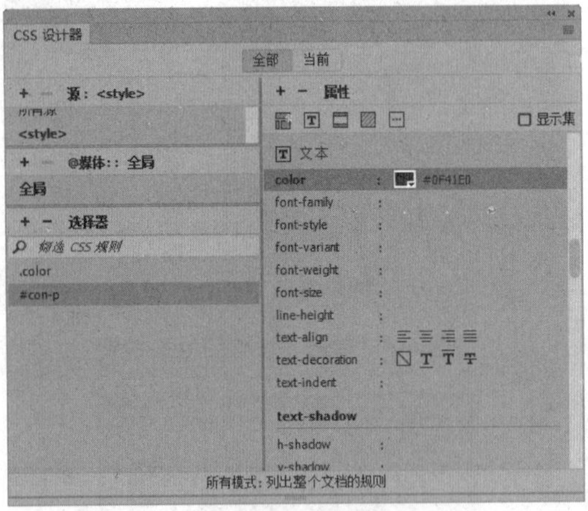

图 6-12 设置文本颜色

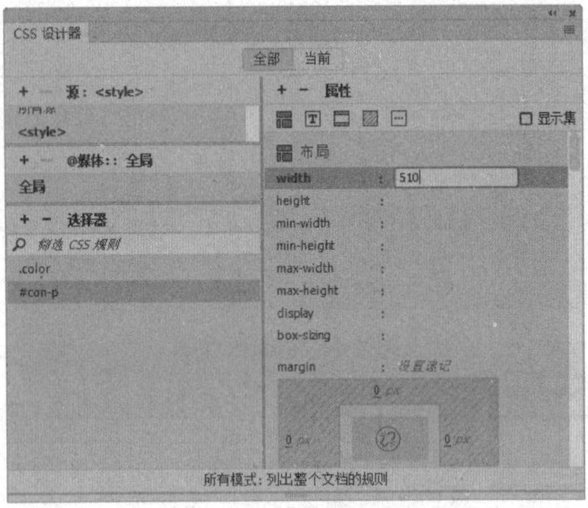

图 6-13 设置宽度

Step 03 返回文档编辑窗口，选择<p>标签，然后在“属性”面板中单击“ID”下拉按钮，在弹出的下拉列表中选择 con-p 选项，如图 6-14 所示。

Step 04 按【Ctrl+S】组合键保存文档，按【F12】键在浏览器中预览网页，文本应用设置的 CSS 样式，如图 6-15 所示。

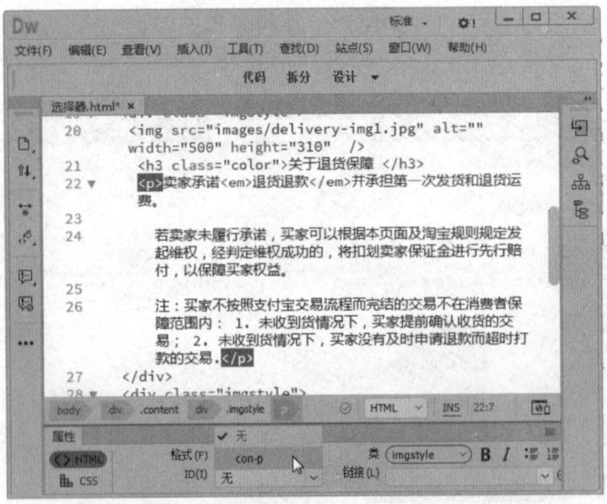

图 6-14 选择 con-p 选项

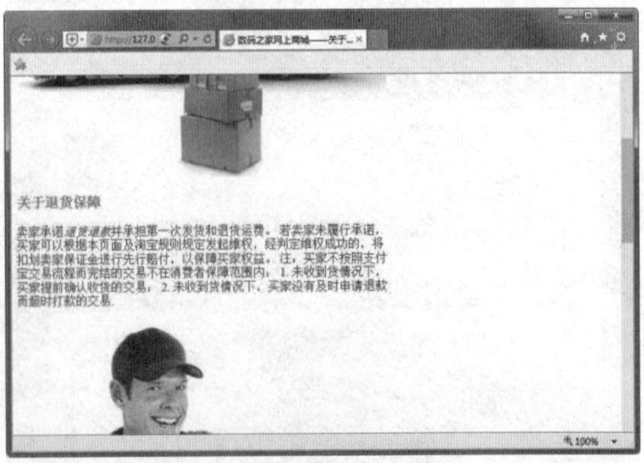

图 6-15 预览网页

切换到“代码”视图，添加的 CSS 样式代码如下。

```
#con-p {
    color: #0F41E0;
    width: 510px;
}
```

需要注意的是，ID 选择器和类选择器还是有区别的，具体如下。

（1）ID 选择器只能使用一次，类选择器却可以多次使用。

（2）类选择器可以结合使用，如“.redtext, .pred{ color:red;}”，ID 选择器则不支持。

（3）ID 选择器可以包含更多的含义，标签元素的 ID 属性可以被不同的程序调用，例如，<p id="title">中的 id 属性就可以是 JavaScript 语言程序调用的参数，所以 id 属性不是专为 CSS 样式准备的，在使用 ID 选择器时应当慎重。

6.2.3　添加标签选择器

标签选择器又称元素选择器，是最常用的一种 CSS 选择器，它是直接对 HTML 语言中的所有标签进行样式设置，如<p>、<h1>、<a>等标签。下面将通过实例介绍如何添加元素选择器，具体操作方法如下。

Step 01 打开“素材文件\第 6 章\选择器 2.html”，在“代码”视图下可以看到包含 3 个<h3>标签的文本，如图 6-16 所示。

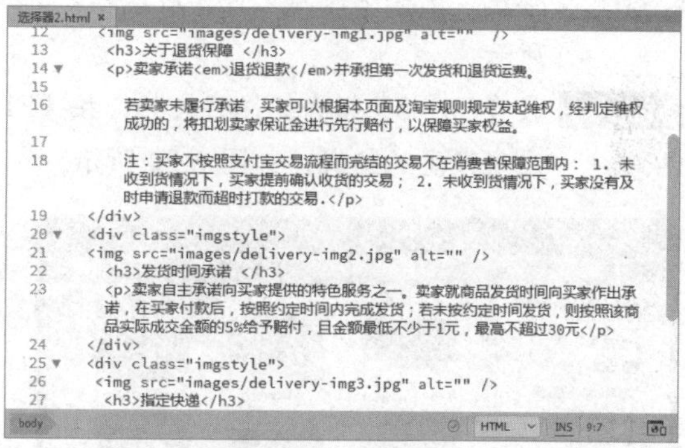

图 6-16　打开网页

Step 02 打开“CSS 设计器”面板，在“源”选项卡下设置在页面中定义 CSS 源，然后添加选择器并命名为“h3”，如图 6-17 所示。

Step 03 在“属性”窗格中单击“文本”按钮，选择“color”选项，然后单击“设置颜色”按钮，在打开的拾色器面板中选择需要的颜色，如图 6-18 所示。

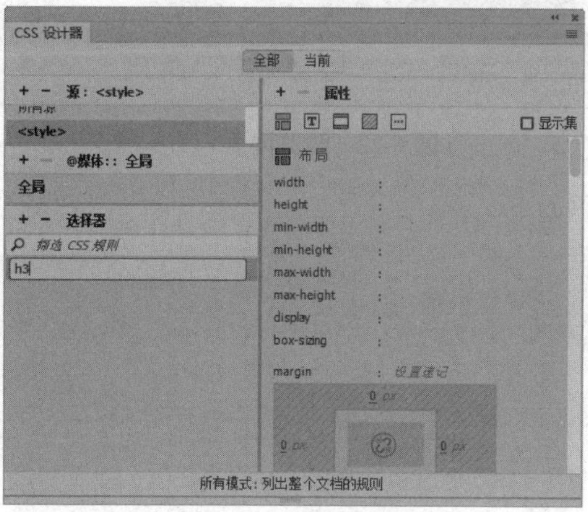

图 6-17　添加选择器

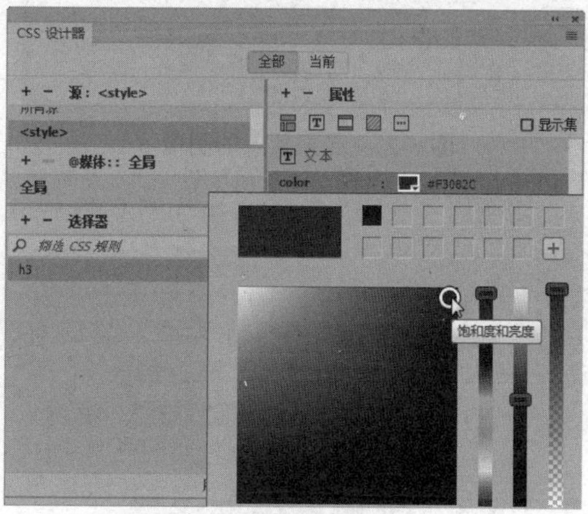

图 6-18　设置颜色

Step 04 选择“font-size”选项，设置字体大小为 large，如图 6-19 所示。

Step 05 单击“背景”按钮，在“background-image”选项区中单击 url 选项后的“浏览”按钮，如图 6-20 所示。

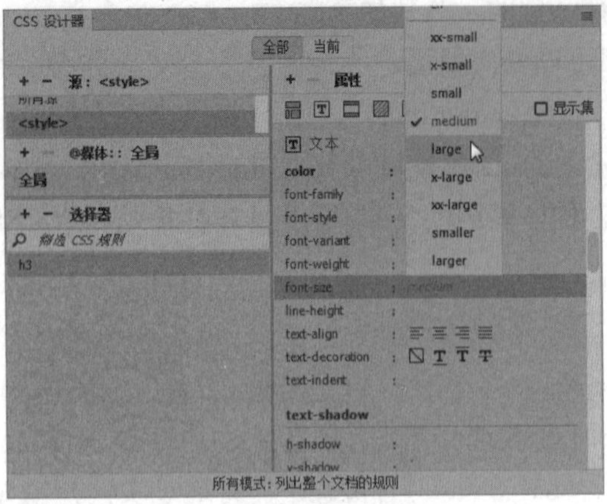

图 6-19 设置字体大小

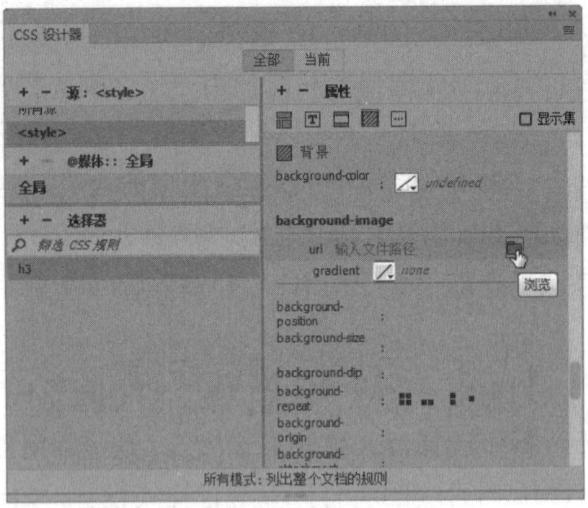

图 6-20 单击“浏览”按钮

Step 06 弹出“选择图像源文件”对话框，选择插入的图像，然后单击“确定”按钮，如图 6-21 所示。

Step 07 按【Ctrl+S】组合键保存文档，按【F12】键在浏览器中预览网页，此时<h3>标签元素将应用设置的样式，如图 6-22 所示。

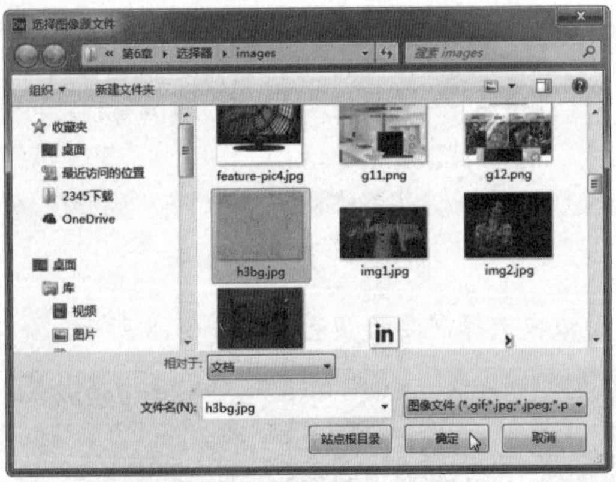

图 6-21 选择插入的图像

图 6-22 预览网页

切换到“代码”视图，添加的 CSS 样式代码如下。

```
h3 {
    color: #F3082C;
    font-size: large;
    background-image: url(images/h3bg.jpg);
}
```

6.2.4 添加后代选择器

后代选择器可以理解为一种嵌套关系，是一种多条件的样式规则。例如，下面这段 HTML 代码：

```
<p>卖家承诺<em>退货退款</em>并承担第一次发货和退货运费。
```

在上面的段落标签中，用<em>标签将“退货退款”文字进行了重点标签，<em>标签元素是嵌套在<p>标签元素中的，所以说<em>标签元素是<p>标签元素的子标签，<p>标签元素是<em>标签元素的父标签。

下面将通过实例介绍如何添加后代选择器，具体操作方法如下。

Step 01 打开“CSS 设计器”面板，添加选择器并命名为“p em”，如图 6-23 所示。

Step 02 单击“文本”按钮，选择“color”选项，单击“设置颜色”按钮，在打开的拾色器面板中选择需要的颜色，如图 6-24 所示。

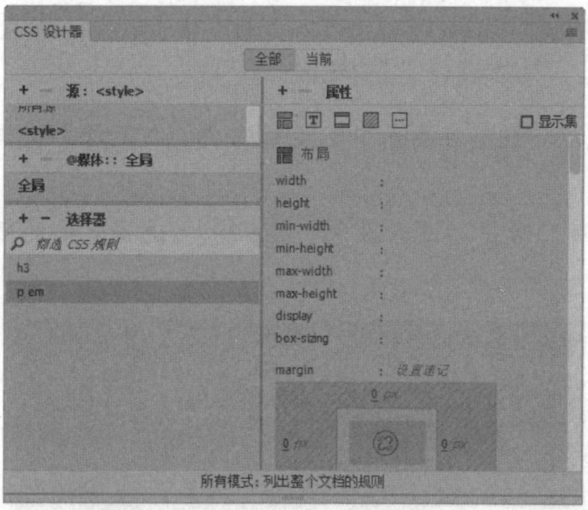

图 6-23 添加选择器

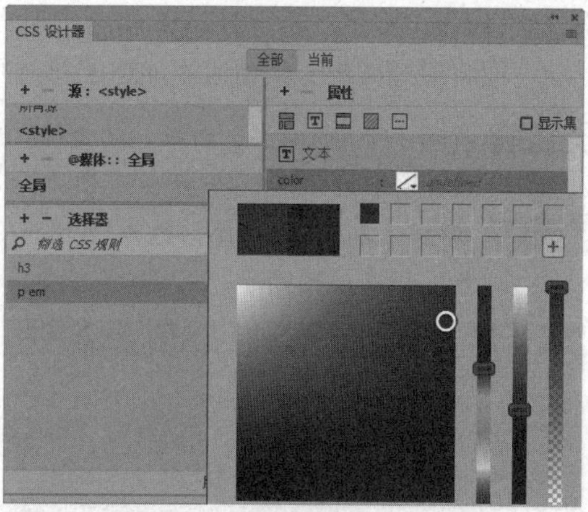

图 6-24 设置文本颜色

Step 03 选择“font-weight”选项，设置字体粗细为 bold，如图 6-25 所示。

Step 04 按【Ctrl+S】组合键保存文档，按【F12】键在浏览器中预览网页，此时 em 元素将应用设置的样式，如图 6-26 所示。

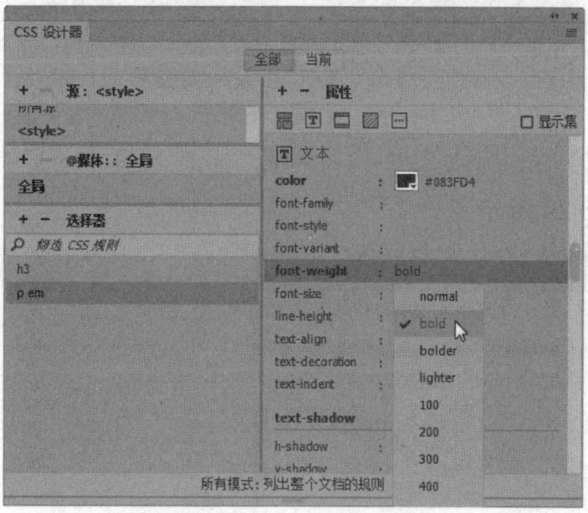

图 6-25 设置字体粗细

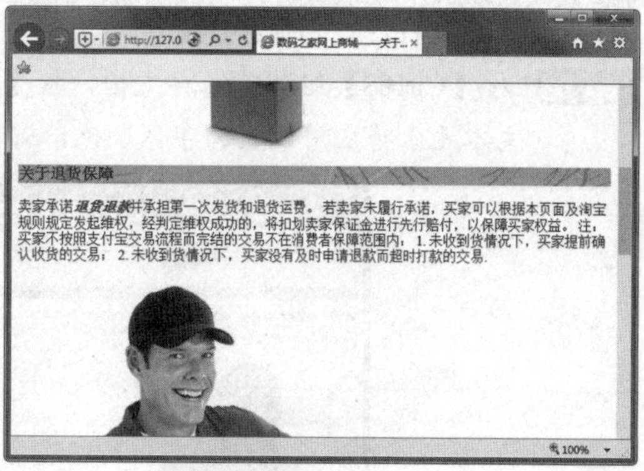

图 6-26 预览网页

切换到“代码”视图，添加的 CSS 样式代码如下。

```
p em {
    font-weight: bold;
    color: #083FD4;
}
```

<p>标签和<em>标签之间用空格隔开，这段规则的含义是：在<p>标签元素中嵌套有<em>标签的元素字体样式加粗，其中有两个条件：一是必须在<p>标签元素中，二是必须有<em>标签，这样就指定到特定范围中。

6.2.5 添加通配符选择器

通配符选择器是一种特殊的 CSS 样式。通配符指的是使用字符代替不确定的字符，通配符选择器是指对对象可以使用模糊指定的方式进行选择的选择器。例如，使用“*”作为关键字，表示 HTML 语言中所有的标签元素。

下面将通过实例介绍如何添加通配符选择器，具体操作方法如下。

Step 01 打开“CSS 设计器”面板，在“源”选项卡下设置在页面中定义 CSS 源，然后添加选择器并命名为“*”，如图 6-27 所示。

Step 02 单击“文本”按钮，选择“color”选项，单击“设置颜色”按钮，选择需要的颜色，如图 6-28 所示。

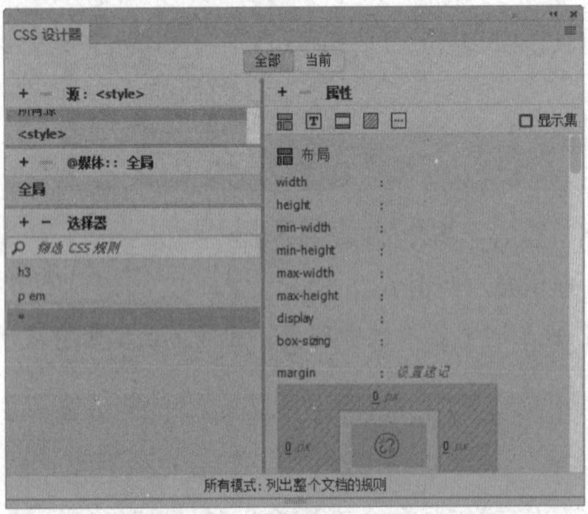

图 6-27 添加选择器

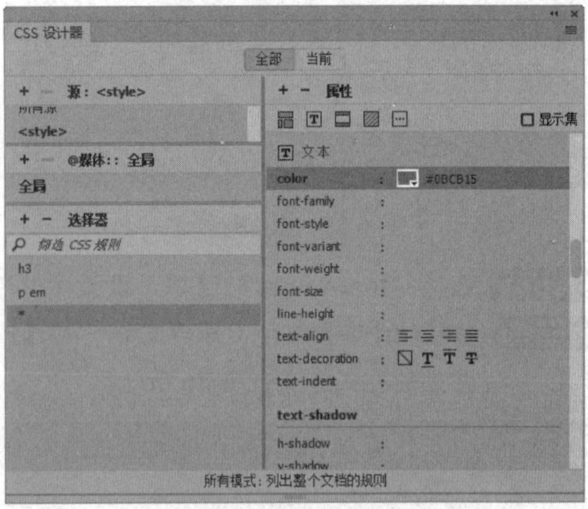

图 6-28 设置文本颜色

Step 03 按【Ctrl+S】组合键保存文档，按【F12】键在浏览器中预览网页，此时网页中的所有文本元素将应用设置的字体颜色，如图 6-29 所示。

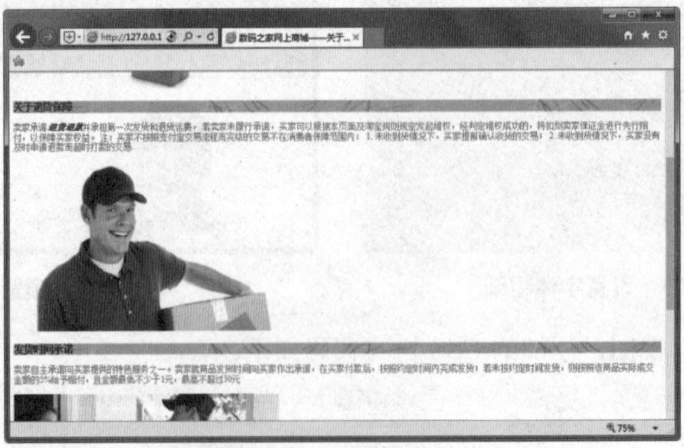

图 6-29 预览网页

切换到“代码”视图，添加的 CSS 样式代码如下。

```
*{
    color: #0BCB15;
}
```

6.2.6 添加分组选择器

在编辑 CSS 样式表中，若希望对多个标签应用相同的样式，可以通过分组选择器来统一设置样式。下面将通过实例介绍如何添加分组选择器，具体操作方法如下。

Step 01 打开“素材文件\第 6 章\选择器 3.html”，在“代码”视图下可以看到包含 h1~h6 标签的文本，如图 6-30 所示。

Step 02 打开“CSS 设计器”面板，在“源”选项卡下设置在页面中定义 CSS 源，添加选择器并命名为“h1,h2,h3,h4,h5,h6”，如图 6-31 所示。

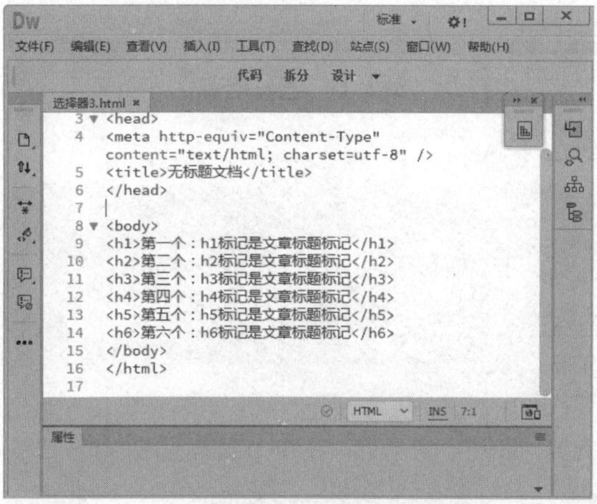

图 6-30 “代码”视图

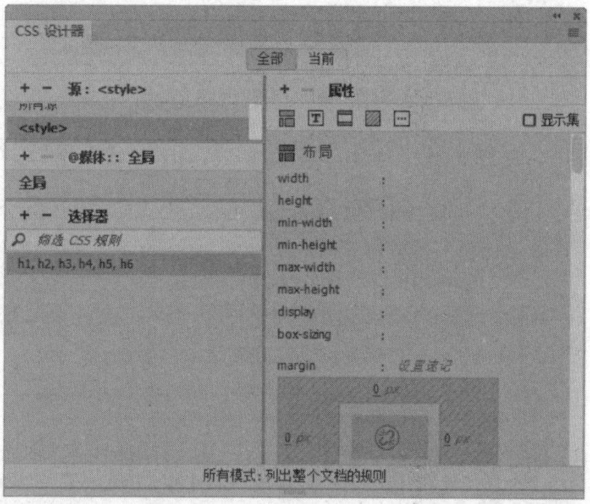

图 6-31 添加选择器

Step 03 单击“文本”按钮，选择“color”选项，单击“设置颜色”按钮，在打开的拾色器面板中选择需要的颜色，如图 6-32 所示。

Step 04 选择“font-family”选项，设置字体为宋体，如图 6-33 所示。

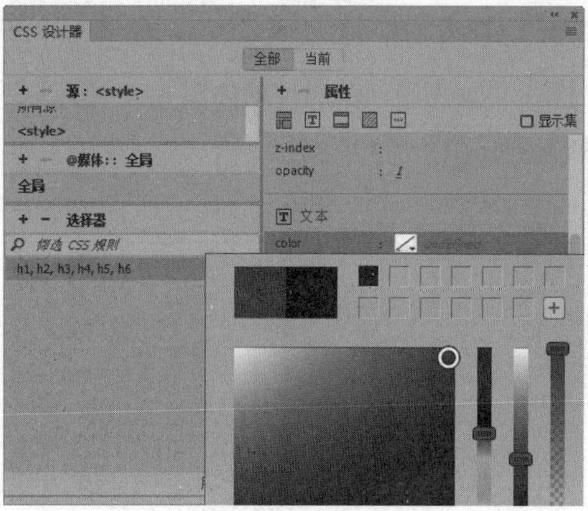

图 6-32 设置文本颜色

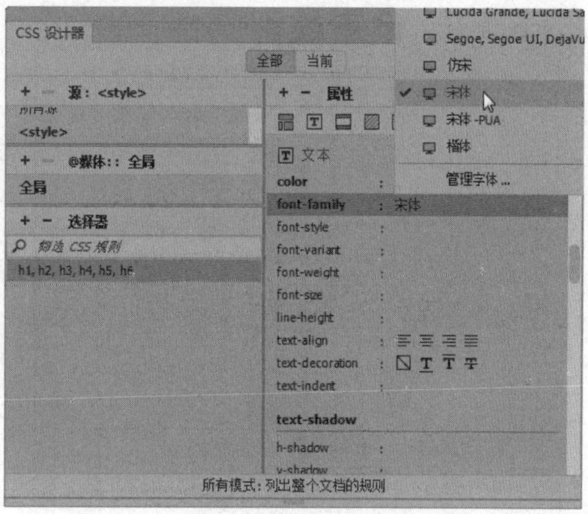

图 6-33 设置字体

Step 05 选择“background-color”选项，设置背景颜色，如图 6-34 所示。

Step 06 按【Ctrl+S】组合键保存文档，按【F12】键在浏览器中预览网页，此时网页中所有的标题文本将应用设置的样式，如图 6-35 所示。

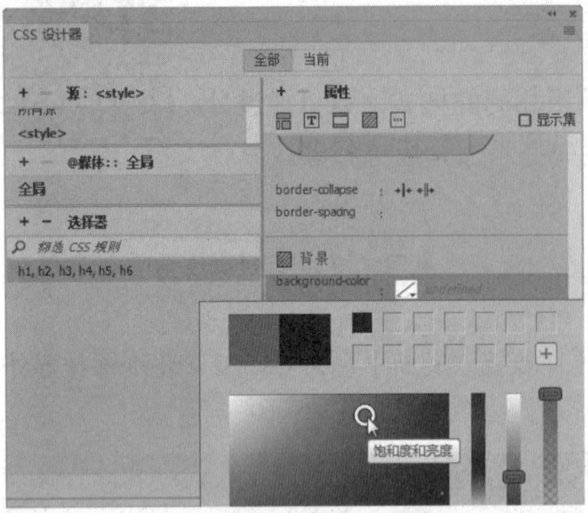

图 6-34　设置背景颜色

图 6-35　预览网页

切换到“代码”视图，添加的 CSS 样式代码如下。

```
h1, h2, h3, h4, h5, h6 {
    color: #065CF3;
    font-family: "宋体";
    background-color: #E55759;
}
```

6.3 设置 CSS 样式表属性

CSS 样式表属性主要集中在“CSS 样式定义”对话框的“分类”列表框中，包括“类型”“背景”“区块”“方框”“边框”“列表”“定位” “扩展”与“过渡”等。下面将学习如何设置 CSS 样式表属性。

6.3.1 设置类型属性

类型属性主要用于定义文字的字体、大小、样式和颜色等，其属性项如图 6-36 所示。

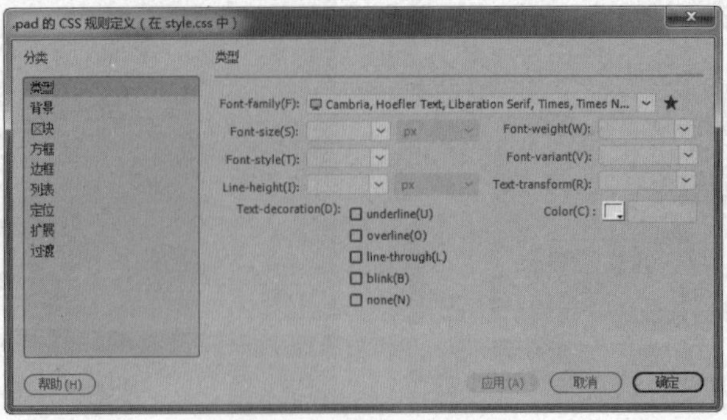

图 6-36　类型属性设置

其中，部分选项的含义如下。

Font-family（**字体**）：用于设置字体类型。

Font-size（**大小**）：用于设置字号大小，可以通过输入数字和选择度量单位来设置特定的大小，也可以选择相对大小。

Font-weight（**粗细**）：用于设置字体粗细。若使用 bolder 或 lighter 值，可以得到比父级元素字体更粗或更细的字体。

Font-style（**样式**）：用于设置字体样式，包括“normal（正常）”“italic（斜体）”和“oblique（偏斜体）”3 种样式，可以选择其中的一种。

Font-variant（**变体**）：用于设置字体的变体效果，包括“normal”和“small-caps”两个选项。选择“small-caps”选项，小写字母将被替换为大写字母。

Line-height（**行高**）：用于设置文本所在行的高度，包括“normal”和“值”两个选项。若选择“normal”选项，采用正常的行高；若选择“值”选项，可以设置行高的具体数值。

Text-transform（**大小写**）：用于设置所选内容首字母大写（capitalize）、全部大写（uppercase）、全部小写（lowercase）或不进行任何设置（none）。

Text-decoration（**修饰**）：用于设置下画线（underline）、上画线（overline）、删除线（line-through）、闪烁字体（blink）或无修饰（none）5 种效果。

Color（**颜色**）：用于设置颜色参数。

6.3.2　设置背景属性

背景属性的属性项主要用于设置背景颜色、背景图像等属性，其属性项如图 6-37 所示。

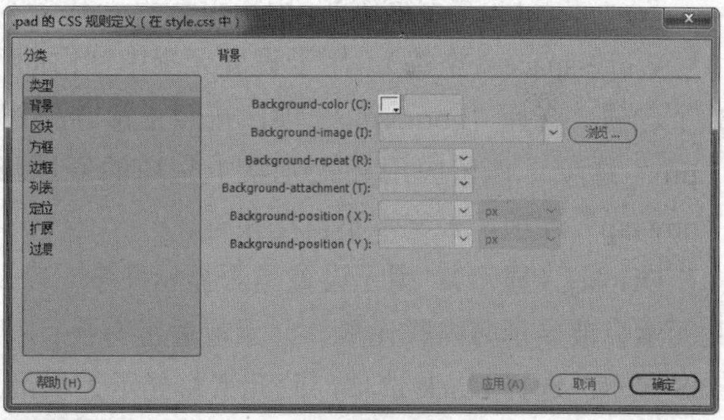

图 6-37　背景属性设置

其中，部分选项的含义如下。

Background-color（**背景颜色**）：用于设置元素的背景颜色。

Background-image（**背景图像**）：用于设置文本的背景图像。若单击“浏览”按钮，可以在弹出的对话框中选择图像。

Background-repeat（**背景重复**）：用于设置是否或如何重复背景图像。其中，包括 4 个选项：选择 no-repeat（不重复）选项，只在元素开始处显示一次图像；选择 repeat（重复）选项，在元素的后面水平和垂直平铺图像；选择 repeat-x（横向重复）和 repeat-y（纵向重复）选项，分别显示图像的水平区域和垂直区域。

Background-attachment（**背景附加设置**）：用于设置背景图像是固定在一处，还是连同网页一起滚动，包括 fixed（固定）和 scroll（滚动）两个选项。

Background-position（X）（**水平位置**）：用于设置背景图像相对于页面元素在水平方向上的初始位置，可以使用“left（左对齐）”“center（居中对齐）”和“right（右对齐）”3 种对齐方式，也可以设置具体的数值。

Background-position（Y）（**垂直位置**）：用于设置背景图像相对于页面元素在垂直方向上的初始位置，可以使用“top（顶部对齐）”“bottom”和“center”3 种对齐方式，也可以设置具体的数值。

6.3.3 设置区块属性

区块属性主要用于设置字体间的间距、文本对齐、文字缩进等属性，其属性项如图 6-38 所示。

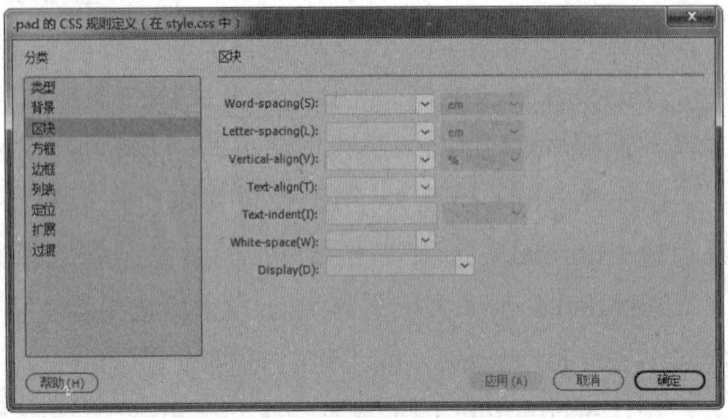

图 6-38　区块属性设置

其中，各个选项的含义如下。

Word-spacing（**单词间距**）：用于设置单词之间的距离。若选择“值”选项，可以在其后的下拉列表框中选择间距单位。

Letter-spacing（**字母间距**）：用于设置字母或字符之间的距离。若要缩小字母间距，可以输入一个负值。另外，字母间距的优先级要高于单词间距。

Vertical-align（**垂直对齐**）：用于设置应用此属性元素的垂直对齐方式。

Text-align（**文本对齐**）：用于设置文本在元素内的水平对齐方式，包括“left”“right”“center”与“justify（两端对齐）”等选项。

Text-indent（**文字缩进**）：用于设置第一行文本缩进的程度。

White-space（**空格**）：用于设置元素中空白的方式，包括“normal”“pre”和“nowrap”3 个选项。选择“normal”选项，按照正常方法处理空格，使多重的空白合并成一个；选择“pre”选项，保留应用样式元素中空白的原始形象，不允许多重空白合并成一个；选择“nowrap”选项，长文本不自动换行。

Display（**显示**）：用于设置是否显示元素，以及如何显示元素。默认选择“inline”选项，此元素会被显示为内联元素，元素前后没有换行符；选择“none”选项，将禁用指定元素的 CSS 显示；选择 block 选项，此元素将显示为块级元素，元素前后会带有换行符。

6.3.4 设置方框属性

方框属性项主要用于设置元素在页面上的放置方式，其属性项如图 6-39 所示。

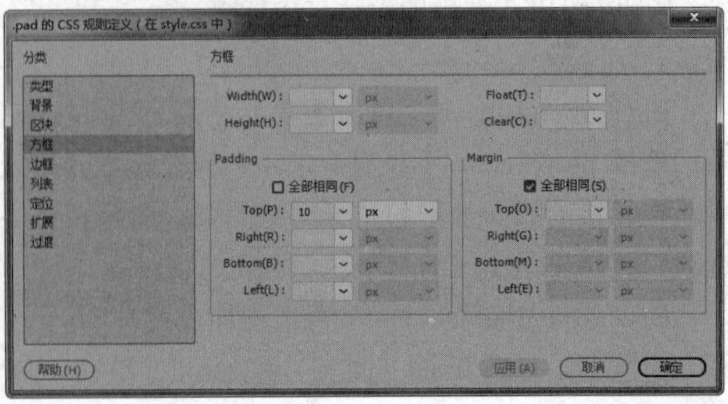

图 6-39　方框属性设置

其中，各个选项的含义如下。

Width（**宽**）：用于设置元素的宽度。若选择“auto”选项，将由浏览器自行控制。

Height（**高**）：用于设置元素的高度。

Float（浮动）：用于设置文本、表格、层等元素在哪条边围绕所选的元素浮动，包括“left”“right”和“none”3 个选项。

Clear（清除）：用于清除元素的浮动属性。选择“left”选项，则不允许层出现在应用该样式的元素左侧；选择“right”选项，则不允许层出现在应用该样式的元素右侧。

Padding（填充）：用于设置元素内容与元素边框（或边界）之间的间距。选中“全部相同”复选框，可以使元素内容到各边的填充量相同；取消选择“全部相同”复选框，可以分别设置元素内容到各边的填充量。

Margin（边距）：用于指定一个元素的边框（或填充）与另一个元素之间的间距。选中“全部相同”复选框，可以使各个边框的间距相同；取消选择“全部相同”复选框，可以分别设置元素各边框的间距。

6.3.5　设置边框属性

边框属性用于设置元素周围的边框，以及边框的粗细、颜色和线条样式，其属性项如图 6-40 所示。

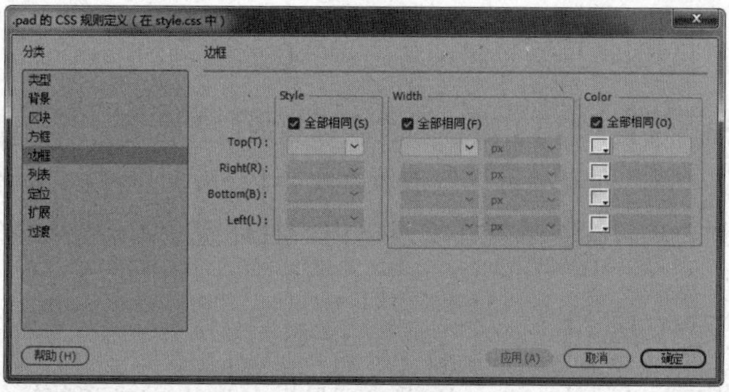

图 6-40　边框属性设置

其中，各个选项区的含义如下。

Style（样式）：用于设置边框的样式外观，可供选择的样式包括点画线（dotted）、虚线（dashed）、实线（solid）、双线（double）、槽状（groove）、脊状（ridge）、凹陷（inset）、凸出（outset）及无样式（none）。选中“全部相同”复选框，可以为“Top（上）”“Bottom（下）”“Left（左）”“Right（右）”四条边的边框设置相同的样式；取消选择“全部相同”复选框，可以将四条边的边框设置为不同的样式。

Width（宽度）：用于设置边框的粗细，包括“thin（细）”“medium（中）”和“thick（粗）”3 个选项，也可以设置具体数值。四条边既可以设置为相同的粗细，也可以设置为不同的粗细。

Color（颜色）：用于设置边框的颜色，其中“上”“下”“左”“右”四条边既可以设置为相同的颜色，也可以设置为不同的颜色。

6.3.6　设置列表属性

列表属性主要用于设置列表的各种属性，如列表项目符号、位置等，其属性项如图 6-41 所示。

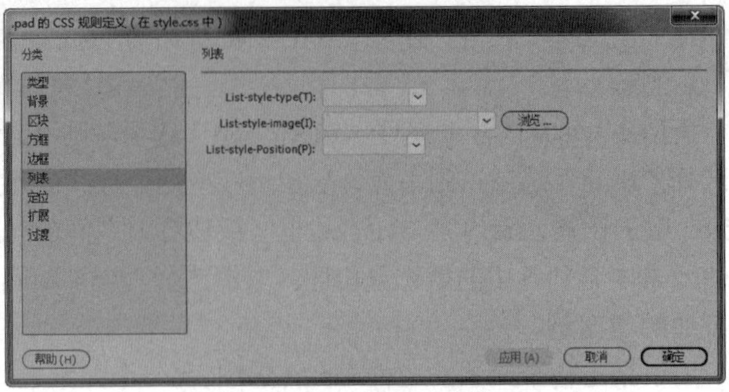

图 6-41　列表属性设置

其中，各个选项的含义如下。

List-style-type（**类型**）：用于设置项目列表和编号列表的符号，包括“disc（实心圆点）”“circle（空心圆点）”“square（实心方块）”“decimal（数字）”“lower-roman（小写罗马数字）”“upper-roman（大写罗马数字）”“lower-alpha（小写英文字母）”“upper-alpha（大写英文字母）”和“none（无）”等选项。

List-style-image（**项目符号图像**）：用于为项目列表自定义符号，可以选择使用图像作为项目符号。

List-style-Position（**位置**）：用于设置列表项标签的放置位置。默认选择“outside”选项，保持标签位于文本的左侧，列表项目标签放置在文本以外，且环绕文本不根据标签对齐；选择“inside”选项，列表项目标签放置在文本以内，且环绕文本根据标签对齐。

6.3.7　设置定位属性

定位属性主要用于定义层的大小、位置、可见性、溢出方式和剪辑等属性，其属性项如图 6-42 所示。

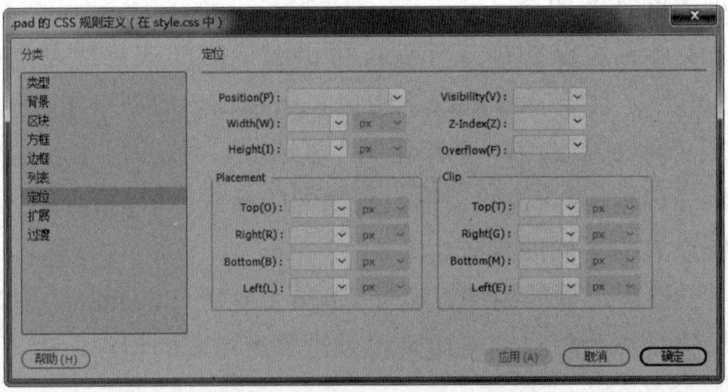

图 6-42　定位属性设置

其中，各个选项的含义如下。

Position（**类型**）：用于设置浏览器定位层的方式。默认选择“static”选项，没有定位，元素出现在正常的流中（忽略“top”“bottom”“left”“right”或“z-index”声明）；选择“relative”选项，生成相对定位的元素，相对于其正常位置进行定位；选择“absolute”选项，生成绝对定位的元素，相对于 static 定位以外的第一个父元素进行定位，元素的位置通过“left”“top” “right”以及“bottom”属性进行设置；选择“fixed”选项，生成固定定位的元素，相对于浏览器窗口进行定位。

Visibility（显示）：用于设置内容的可见性，其中包括“inherit（继承）”“visible（可见）”和“hidden（隐藏）”3 种方式。

Width（宽）：用于设置元素的宽度。

Height（高）：用于设置元素的高度。

Z-Index（Z 轴）：用于设置内容的叠放顺序，数值可以设置为正，也可以设置为负。

Overflow（溢位）：用于设置当容器（如<div>或<p>标签）的内容超出容器的显示范围时的处理方式，可以选择“visible（可见）”“hidden（隐藏）”“scroll（滚动）”和“auto（自动）”选项进行处理。

Placement（置入）：用于设置内容块的位置和大小，可以在“Top”“Right”“Bottom”和“Left”4 个选项中输入相应的数值进行设置。

Clip（裁切）：用于设置内容的可见部分，可以在“Top”“Right”“Bottom”和“Left”4 个选项中输入相应的数值进行设置。

6.3.8 设置扩展属性

扩展属性用于设置打印页面时分页、指针样式和滤镜特殊效果，其选项如图 6-43 所示。

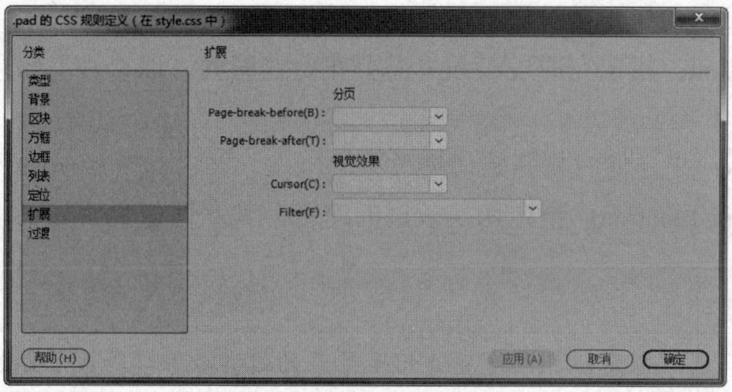

图 6-43 扩展属性设置

其中，各个选项的含义如下。

Page-break-before（之前）：用于设置打印时在样式所控制的元素对象之前强制分页，包括“auto”“always”“left”和“right”4 个选项。

Page-break-after（之后）：用于设置打印时在样式所控制的元素对象之后强制分页。

Cursor（光标）：用于设置鼠标指针悬停在样式所控制的元素对象之上时的形状。

Filter（过滤器）：用于设置样式所控制元素对象的滤镜效果，在其下拉列表中有多种滤镜可以选择。

6.3.9 设置过渡属性

在“CSS 样式定义”对话框左侧“分类”列表中选择“过渡”选项，在右侧可以设置过渡属性，如图 6-44 所示。

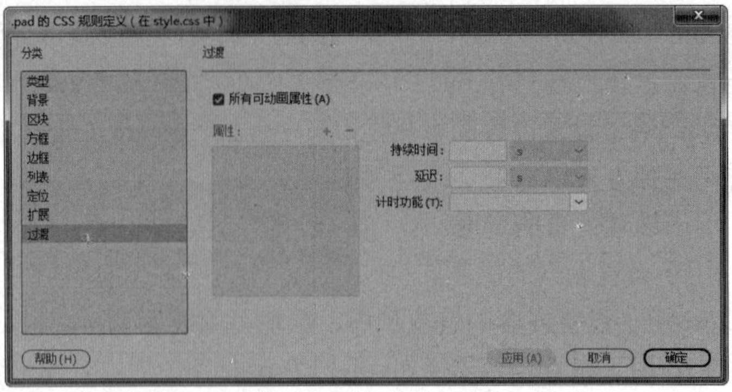

图 6-44　过渡属性设置

其中，各个选项的含义如下。

所有可动画属性：选中此复选框，可以为过渡的所有 CSS 属性指定相同的持续时间、延迟和计时功能。

属性：用于向过渡效果添加 CSS 属性。

持续时间：用于设置过渡效果的持续时间，以“秒”（s）或“毫秒”（ms）为单位。

延迟：用于设置过渡效果开始之前的时间，以“秒”（s）或“毫秒”（ms）为单位。

计时功能：从可用选项中选择过渡效果样式。

在 CSS 代码中过渡属性各选项的含义如下。

transition-property：指定某种属性的变化。

transition-duration：指定完成过渡效果需要花费的时间（以“秒”（s）或“毫秒”（ms）为单位）。

transition-delay：指定何时将开始切换效果。

transition-timing-function：指定切换效果的速度，其属性值说明如下。

值	描述
linear	规定以相同速度开始至结束的过渡效果（等同于 cubic-bezier(0,0,1,1)）
ease	规定慢速开始，然后变快，然后慢速结束的过渡效果（cubic-bezier(0.25,0.1,0.25,1)）
ease-in	规定以慢速开始的过渡效果（等同于 cubic-bezier(0.42,0,1,1)）
ease-out	规定以慢速结束的过渡效果（等同于 cubic-bezier(0,0,0.58,1)）
ease-in-out	规定以慢速开始和结束的过渡效果（等同于 cubic-bezier(0.42,0,0.58,1)）
cubic-bezier(n,n,n,n)	在 cubic-bezier 函数中定义自己的值。可能的值是 0 至 1 之间的数值

此外，通过“CSS 过渡效果”面板可以很方便地为指定样式设置过渡效果，例如，当鼠标指针悬停在一个菜单项上时，会逐渐从一种颜色变成另一种颜色。在菜单栏中，单击“窗口”|“CSS 过渡效果”命令，打开“CSS 过渡效果”面板，如图 6-45 所示。单击⊞按钮，在弹出的“新建过渡效果”对话框中可以为目标样式设置需要的过渡效果，如图 6-46 所示。

图 6-45　“CSS 过渡效果”面板

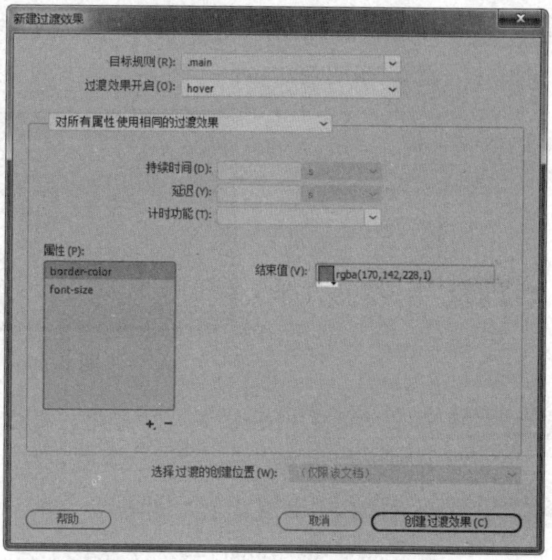

图 6-46　“新建过渡效果”对话框

6.3.10　在“CSS 设计器”面板设置样式

使用“CSS 设计器”面板可以可视化地创建或编辑 CSS 样式，下面使用“CSS 选择器”面板制作一个图文混排的网页，具体操作方法如下。

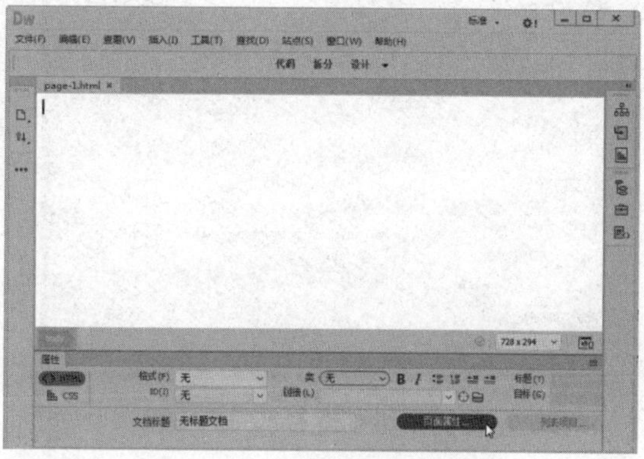

图 6-47　单击“页面属性”按钮

Step 01　新建“page-1.html”网页文档，在“属性”面板中单击“页面属性”按钮，如图 6-47 所示。

Step 02　弹出“页面属性”对话框，选择“外观（CSS）”选项，设置页面背景颜色，然后单击“确定”按钮，如图 6-48 所示。

Step 03　在菜单栏中单击“插入”|“Div”命令，如图 6-49 所示。

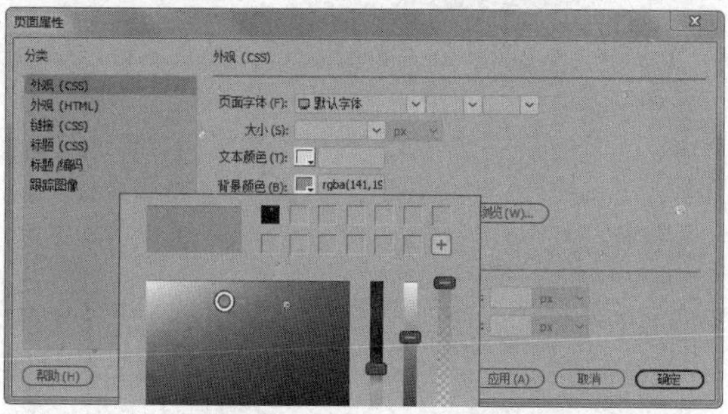

图 6-48　设置页面背景颜色

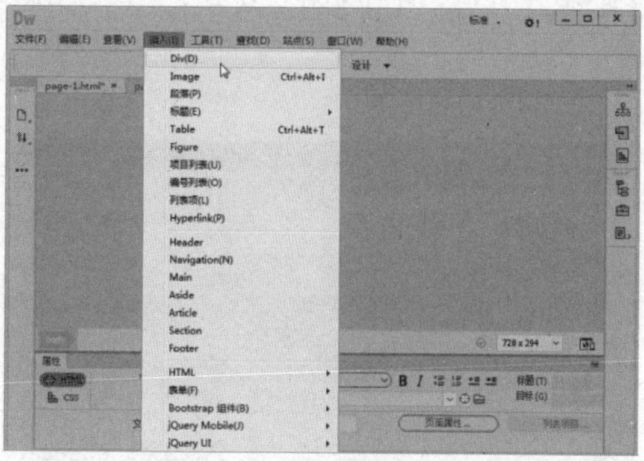

图 6-49　单击“Div”命令

Step 04 弹出“插入 Div”对话框，输入 ID 名称“pg1”，然后单击“新建 CSS 样式”按钮，如图 6-50 所示。

图 6-50　输入 ID 名称

Step 05 弹出“新建 CSS 样式”对话框，可以看到新建的选择器类型为 ID，单击“确定”按钮，如图 6-51 所示。

Step 06 弹出“CSS 样式定义”对话框，在左侧“分类”列表中选择“背景”选项，在右侧设置背景颜色为“rgba(199,237,204,1)”，如图 6-52 所示。

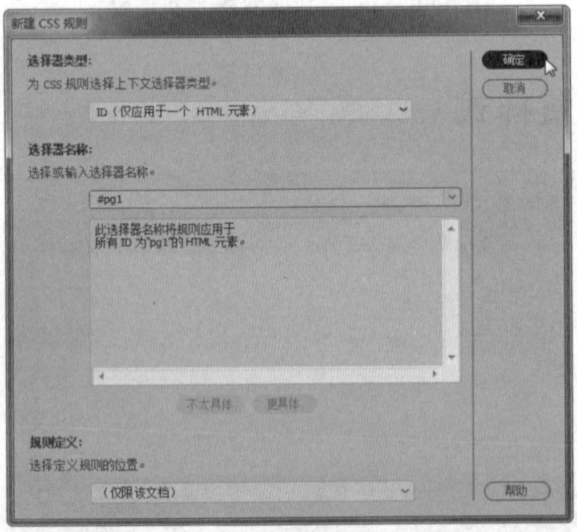

图 6-51　“新建 CSS 样式”对话框

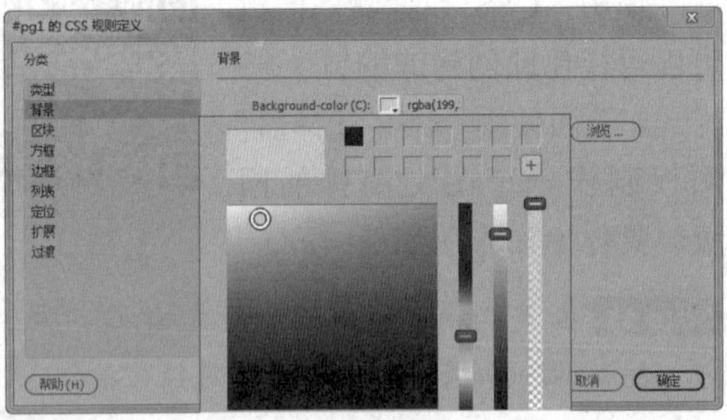

图 6-52　设置背景颜色

Step 07 在左侧“分类”列表中选择“方框”选项，在右侧设置“Width”为 90%，“Height”为 800px，在“Margin”选项区中设置“Top”和“Bottom”均为 20px，设置“Top”和“Left”均为 5%，然后依次单击“确定”按钮，如图 6-53 所示。

Step 08 此时，即可查看在页面中插入的 Div 标签效果，如图 6-54 所示。

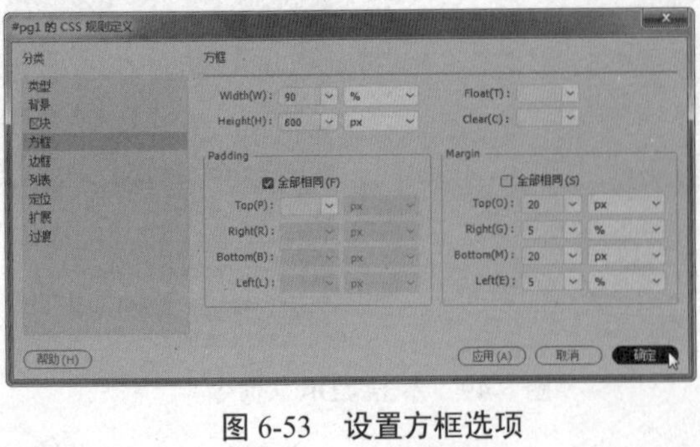

图 6-53　设置方框选项

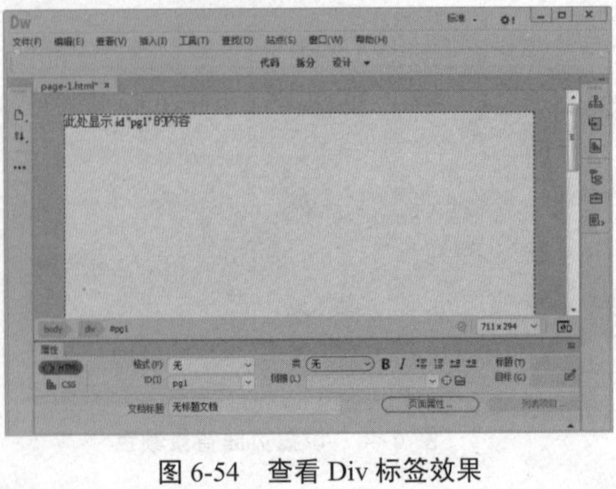

图 6-54　查看 Div 标签效果

Step 09 在文档中插入图片并输入文字，如图 6-55 所示。

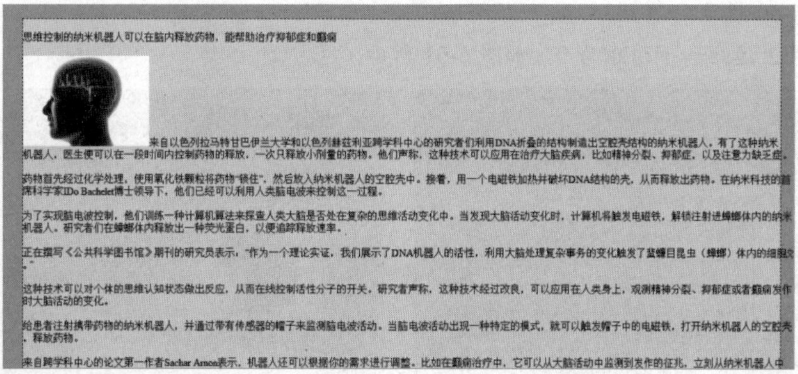

图 6-55　添加网页内容

Step 10 在面板组中单击按钮，打开“CSS 设计器”面板，在“选择器”选项卡中单击“添加选择器”按钮，输入选择器的名称“.img1”，如图 6-56 所示。

Step 11 在网页中选择图片，在“属性”面板中选择添加的“img1”选择器，如图 6-57 所示。

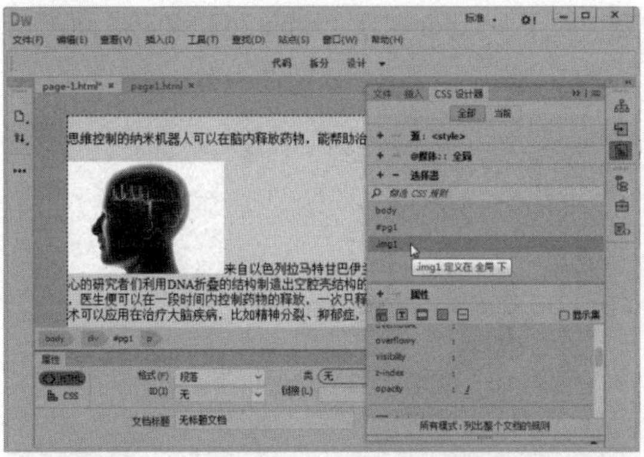

图 6-56　创建类选择器

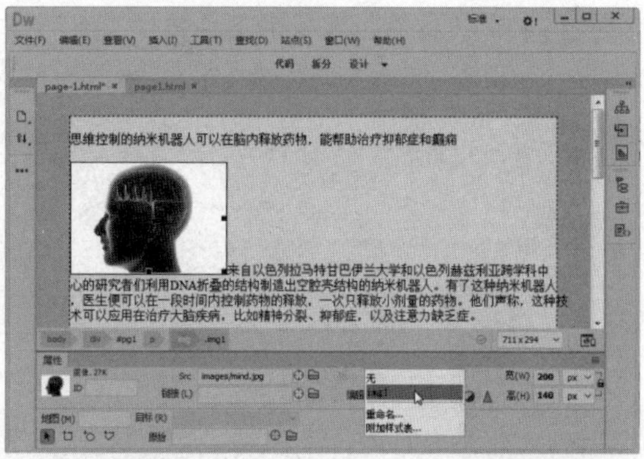

图 6-57　应用选择器

Step 12 在“选择器”选项卡中选择“.img”选择器，在“属性”选项卡下单击“布局”按钮，在“float”选项中单击“left”按钮，在页面中查看图片效果，如图 6-58 所示。

Step 13 在“属性”选项卡下单击“边框”按钮，设置“width”为 1px，“style”为“solid”，在“color”选项中设置边框颜色，如图 6-59 所示。

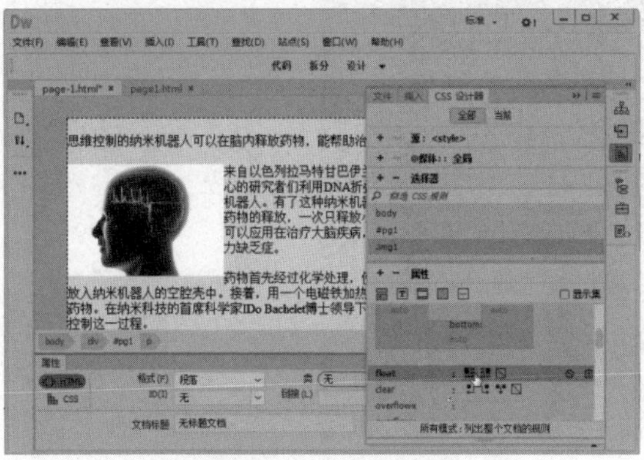

图 6-58　设置“float”属性

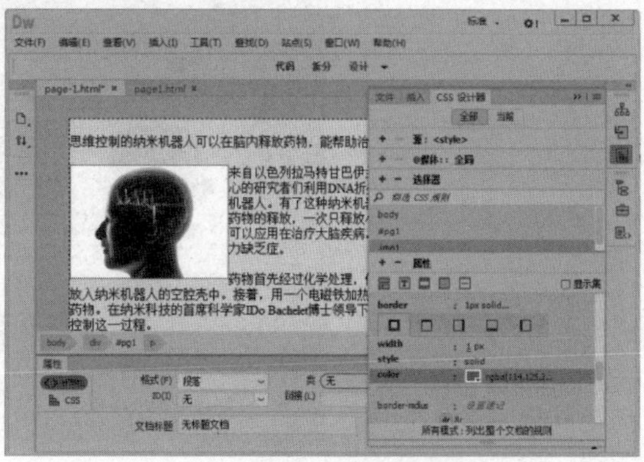

图 6-59　设置边框颜色

Step 14 单击“布局”按钮，在“margin”选项中设置边距为10px，单击按钮取消链接，如图6-60所示。

Step 15 设置上边距和下边距为0，如图6-61所示。

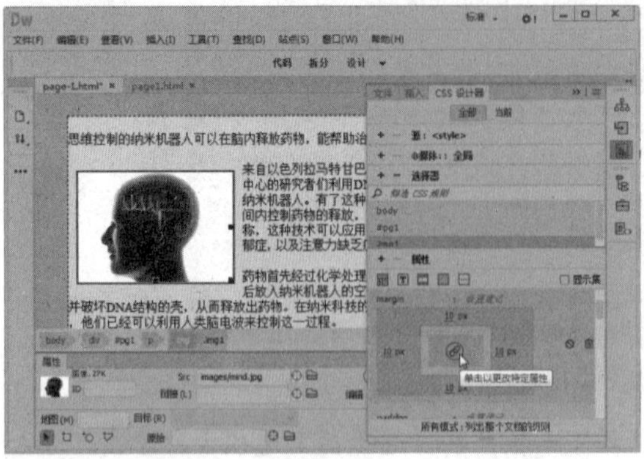

图 6-60 设置“margin”属性

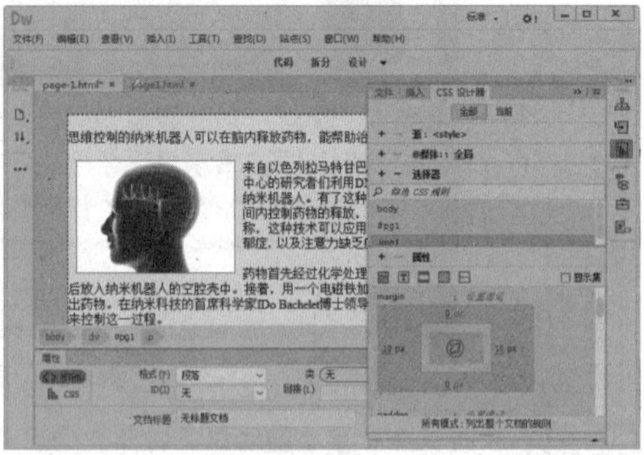

图 6-61 设置边距

Step 16 在“选择器”选项卡下单击按钮，添加元素选择器“p”，如图6-62所示。

Step 17 在“属性”选项卡下单击“文本”按钮，设置“color”为“rgba(243,89,89,1.00)”，设置“font-size”为15px，如图6-63所示。

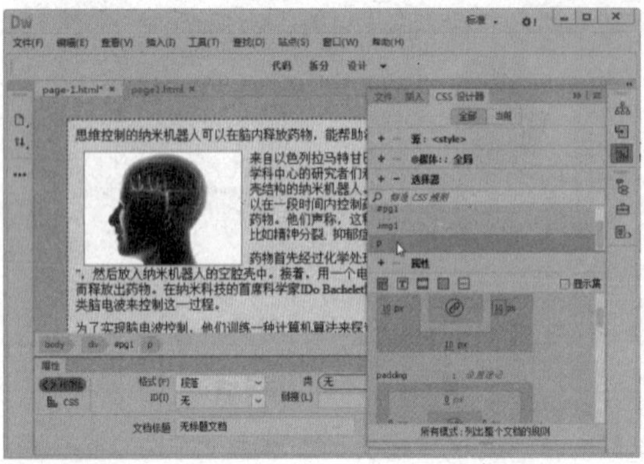

图 6-62 创建“p”选择器

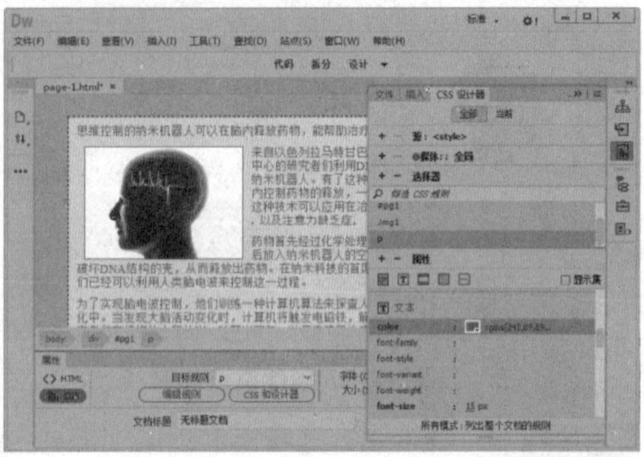

图 6-63 设置文本属性

Step 18 切换到“拆分”视图，在第1段文本中添加<em>标签，如图6-64所示。

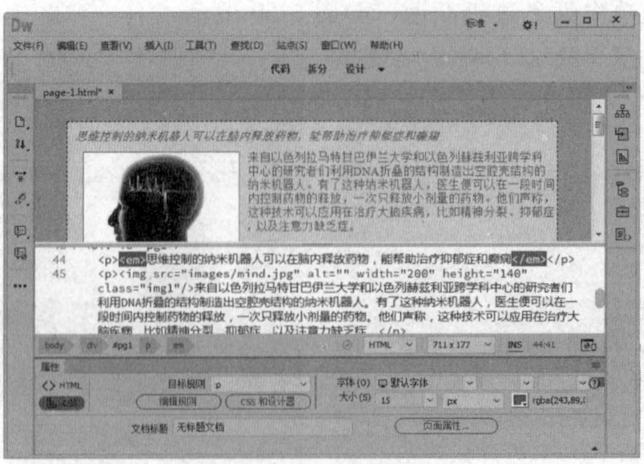

图 6-64 添加<em>标签

Step 19 在“CSS 设计器”面板中添加后代选择器“p em”，如图 6-65 所示。

Step 20 在“属性”选项卡下设置所需的“文本”属性，设置“color”为“green”，“font-style”为“normal”，设置“font-size”为 24px，如图 6-66 所示。

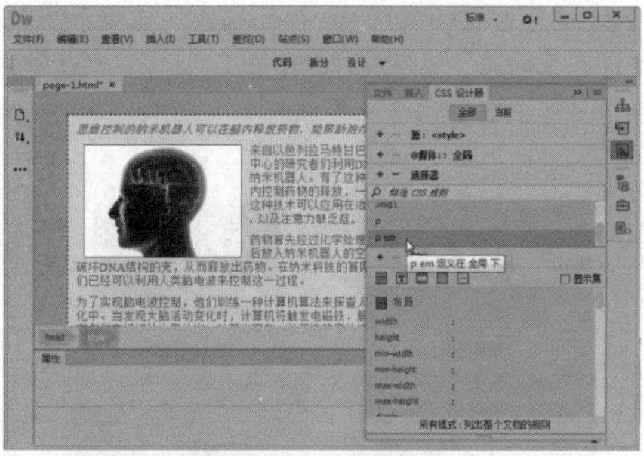

图 6-65　添加后代选择器

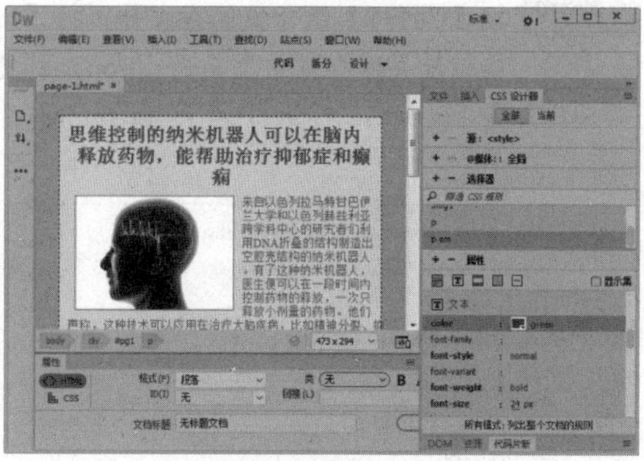

图 6-66　设置文本属性

6.4 CSS 的继承性、特殊性、层叠性和重要性

CSS 样式在有些情况下有一些特殊的规定，主要包括继承性、特殊性、层叠性和重要性，下面将分别对其进行介绍。

6.4.1　继承性

CSS 的某些样式是具有继承性的。继承是一种规则，它允许样式不仅应用于某个特定 HTML 标签元素，而且应用于其后代元素。下面将举例说明，具体操作方法如下。

Step 01 打开“素材文件\第 6 章\CSS 特性.html”，在<style>中输入 CSS 样式规则“p{background: #00ffff;}”，如图 6-67 所示。

Step 02 按【Ctrl+S】组合键保存文档，按【F12】键预览网页，可用看到<p>标签元素中的文本都添加了背景颜色，包括其子标签<strong>中的文本，如图 6-68 所示，这就是 CSS 样式的继承性。

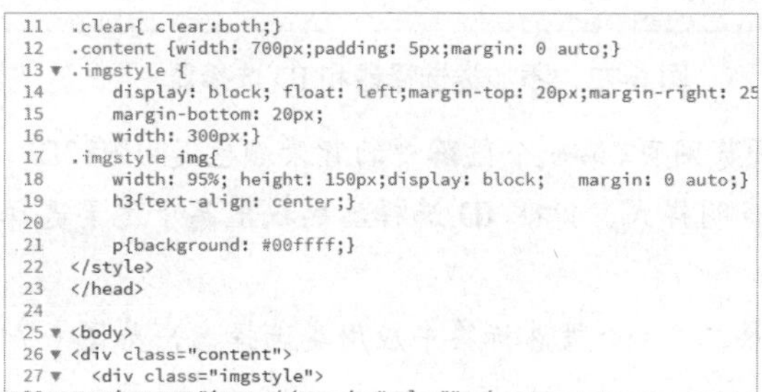

```
.clear{ clear:both;}
.content {width: 700px;padding: 5px;margin: 0 auto;}
.imgstyle {
    display: block; float: left;margin-top: 20px;margin-right: 25
    margin-bottom: 20px;
    width: 300px;}
.imgstyle img{
    width: 95%; height: 150px;display: block;   margin: 0 auto;}
    h3{text-align: center;}

    p{background: #00ffff;}
</style>
</head>

<body>
<div class="content">
  <div class="imgstyle">
```

图 6-67　设置 p 段落属性

图 6-68　预览网页

Step 03 并不是所有的 HTML 标签元素的 CSS 样式都具有继承性，如 border 边框样式、padding 内边距样式等。在“代码”视图中为<p>标签元素添加 border 和 padding 属性，如图 6-69 所示。

Step 04 按【Ctrl+S】组合键保存文档，按【F12】键预览网页，发现<p>标签元素的边框和内边距属性并没有被它里面的<strong>标签中的文本继承，如图 6-70 所示。

```
.clear{ clear:both;}
.content {width: 700px;padding: 5px;margin: 0 auto;}
.imgstyle {
    display: block; float: left;margin-top: 20px;margin-right: 2
    margin-bottom: 20px;
    width: 300px;}
.imgstyle img{
    width: 95%; height: 150px;display: block;   margin: 0 auto;}
    h3{text-align: center;}

    p{
    background: #00ffff;
    border: 1px solid blue;
    padding: 5px;
}
</style>
</head>
```

图 6-69　添加 border 和 padding 属性

图 6-70　预览网页

6.4.2　特殊性

当为同一个元素设置不同的 CSS 样式代码时，浏览器会根据权值来判断使用哪种 CSS 样式，权值高的具有优先权。下面将举例说明，具体操作方法如下。

Step 01 打开“素材文件\第 6 章\CSS 特性.html”，在<style>标签中输入 3 个 CSS 样式代码，如图 6-71 所示。

Step 02 将“标签选择器”“类选择器”和“ID 选择器”3 条不同的 CSS 样式同时应用在第一个 p 标签中，如图 6-72 所示。

```
.imgstyle img{
    width: 95%;
    height: 150px;
    display: block;
    margin: 0 auto;
}
    h3{
    text-align: center;
}

    p{background: #00ffff;}
    .p1{background: #90EE90;}
    #about{background: #EE82EE;}

</style>
</head>
```

图 6-71　输入 CSS 样式代码

```
</style>
</head>

<body>
<div class="content">
  <div class="imgstyle">
   <img src="images/about.jpg" alt=""  />
    <h3>视维科技</h3>
    <p class="p1" id="about">深圳市<strong>视维科技有限公司</strong>成
    能数字终端产品、应用服务软件以及视频服务系统的主要提供商之一，是集研发、生
    企业和高新技术企业。</p>
  </div>
  <div class="imgstyle">
  <img src="images/laptop.jpg" alt="" />
    <h3>网络部署服务 </h3>
    <p>视维网络部署服务提供视维电信设备和配套设备的勘测与设计、硬件安装、单站
    实施督导、拆除等服务，以及整个交付过程的项目管理服务，可为您快速构筑可靠、
  </div>
<div class="clear"></div>
```

图 6-72　添加类选择器和 ID 选择器

Step 03 按【Ctrl+S】组合键保存文档，按【F12】键预览网页，第一个段落中的背景颜色是#EE82EE，如图 6-73 所示。它使用了 ID 选择器的声明样式，说明 ID 选择器的权值高于元素选择器和类选择器

Step 04 比较元素选择器和类选择器的权值，在第二个<p>段落标签中应用类选择器，如图 6-74 所示。

图 6-73　预览网页

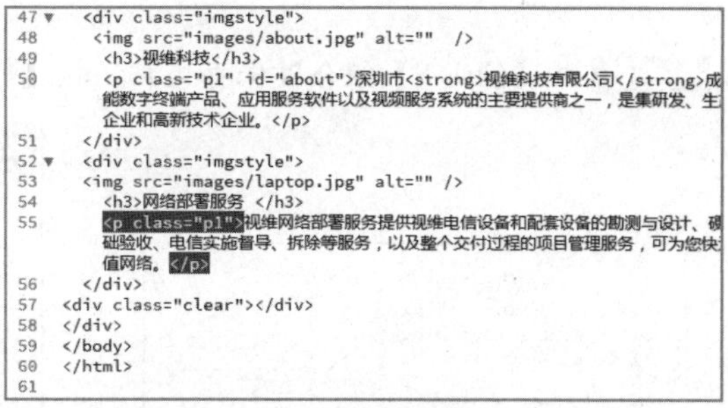

图 6-74　应用类选择器

Step 05　按【Ctrl+S】组合键保存文档，按【F12】键预览网页，发现第二段文字的背景颜色变成了#90EE90，如图 6-75 所示，说明应用了类选择器的 CSS 样式优先于元素选择器。

图 6-75　预览网页

通过以上比较，就会发现 ID 选择器的权值最高，类选择器次之，元素选择器最低，所以按优先权来说，ID 选择器＞类选择器＞元素选择器。

权值规则：元素选择器的权值为 1，类选择器的权值为 10，ID 选择器的权值为 100。图 6-76 所示为权值比较。

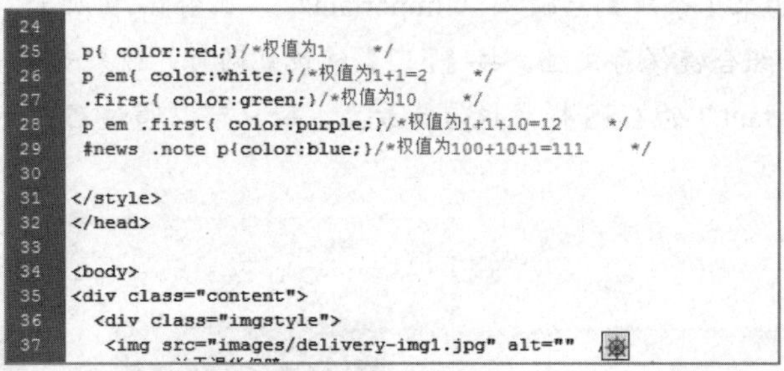

图 6-76　权值比较

6.4.3　层叠性

在 HTML 网页中，同一个元素若有多个 CSS 样式存在，且这些 CSS 样式具有相同的权重值，其应用效果由根据样式的先后顺序来决定。下面将举例说明，具体操作方法如下。

Step 01 打开“素材文件\第 6 章\CSS 特性.html”，在<style>标签中输入 CSS 样式代码，如图 6-77 所示。

Step 02 按【Ctrl+S】组合键保存文档，按【F12】键预览网页，效果如图 6-78 所示。

```
.imgstyle img{
    width: 95%;
    height: 150px;
    display: block;
    margin: 0 auto;
}
    h3{
    text-align: center;
}

    p{background: #00FF7F;}
    p{background: #DDA0DD;}

</style>
</head>
```

图 6-77　输入 CSS 代码

图 6-78　预览网页

从预览网页中可以看出，所有的段落文字背景颜色都是蓝色的，说明对于同一个元素可以有多个 CSS 样式存在。当有相同权重的样式存在时，会根据这些 CSS 样式的先后顺序来决定，处于最后的 CSS 样式会被应用，这就是 CSS 的层叠特性。

另外，在三种 CSS 样式表中也有其优先级：内联样式表（标签内部）＞嵌入样式表（当前文件中）＞外部样式表（外部文件中）。在网页设计中，主要使用外部样式表形式来组织网页样式，内嵌式样式表只适合单个网页效果的设置。

6.4.4　重要性

在某些特殊情况下，当有相同权重的样式存在时，需要为某些样式设置最高权值，此时可以使用“!important”代码来提高其权值为最高。下面将举例说明，具体操作方法如下。

Step 01 打开“素材文件\第 6 章\CSS 特性.html”，在<style>标签中输入 CSS 样式代码，在<p>标签选择器的第 1 条规则后输入“!important”，如图 6-79 所示。

Step 02 按【Ctrl+S】组合键保存文档，按【F12】键预览网页，效果如图 6-60 所示。可以看出，带有“!important”的 CSS 样式权值为最高，用户可以通过 CSS 的这种特性来应对一些特殊情况。

```
.imgstyle img{
    width: 95%;
    height: 150px;
    display: block;
    margin: 0 auto;
}
    h3{
    text-align: center;
}

    p{background: #00FF7F!important;}
    p{background: #DDA0DD;}

</style>
</head>
```

图 6-79　输入 CSS 样式代码

图 6-80　预览网页

6.5 使用 CSS 格式化排版

在网页设计中，文字和段落排版是非常重要的内容，使用 CSS 样式可以快速地完成格式化排版，并且能够将 CSS 样式应用到多个网页中，实现 CSS 代码和 HTML 代码分离。下面将学习在文字排版和段落排版中的 CSS 样式应用。

6.5.1 文字排版

在文字排版中，主要设置字体类型（font-family）、字体大小（font-size）和字体颜色（color）等属性。表 6-1 为文字排版常用的 CSS 样式。

表 6-1　文字排版常用 CSS 样式

字　体	属　性	值
字体类型	font-family	宋体、微软雅黑
字号大小	font-size	像素，如 12 像素
字体颜色	color	16 进制颜色表示法
字体加粗	font-weight	bold
字体倾斜	font-style	italic
下划线	text-decoration	underline
删除线	text-decoration	line-through

下面将通过实例介绍如何使用 CSS 样式进行文字排版，具体操作方法如下。

Step 01 打开“素材文件\第 6 章\文字排版.html”，在 style.css 样式表中输入文字相关的 CSS 样式，如图 6-81 所示。

Step 02 按【Ctrl+S】组合键保存文档，按【F12】组合键预览网页，可以看到网页中相应的标签元素中的文字都应用了按照 CSS 样式设置的文本格式，如图 6-82 所示。

```
/* reset */

html, body,div, span, applet, object, iframe, h1, h2, h3, h4, h5, h6, p,
acronym, address, big, cite, code, del, dfn, em, img, ins, kbd, q, s, sa
sup, tt, var, b, u, i, dl, dt, dd, ol, nav ul, nav li, fieldset, form, l
tbody, tfoot, thead, tr, th, td, article, aside, canvas, details, embed,
header, hgroup, menu, nav, output, ruby, section, summary, time, mark, a
    margin: 0;
    padding: 0;
    border: 0;
    font-size: 12px;
    font-family: "宋体";
    vertical-align: baseline;
}
/*  设置字体样式   */
```

图 6-81　编辑 CSS 代码

图 6-82　预览网页

Step 03 对类选择器中文本设置 CSS 样式，使文本应用加粗、倾斜和删除线格式，如图 6-83 所示。

Step 04 按【Ctrl+S】组合键保存文档，按【F12】组合键预览网页，商品文字描述中文本效果是按照设置的 CSS 样式显示的，效果如图 6-84 所示。

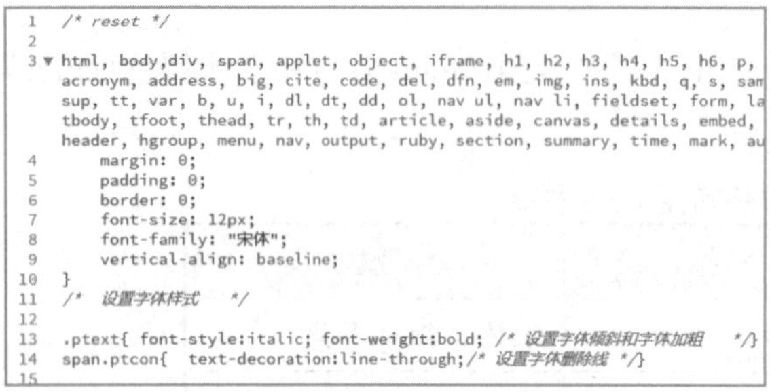

```
/* reset */

html, body,div, span, applet, object, iframe, h1, h2, h3, h4, h5, h6, p,
acronym, address, big, cite, code, del, dfn, em, img, ins, kbd, q, s, sam
sup, tt, var, b, u, i, dl, dt, dd, ol, nav ul, nav li, fieldset, form, la
tbody, tfoot, thead, tr, th, td, article, aside, canvas, details, embed,
header, hgroup, menu, nav, output, ruby, section, summary, time, mark, au
    margin: 0;
    padding: 0;
    border: 0;
    font-size: 12px;
    font-family: "宋体";
    vertical-align: baseline;
}
/*  设置字体样式    */

.ptext{ font-style:italic; font-weight:bold; /* 设置字体倾斜和字体加粗    */}
span.ptcon{  text-decoration:line-through;/* 设置字体删除线 */}
```

图 6-83 添加 CSS 样式代码

图 6-84 预览网页

6.5.2 段落排版

除了对网页进行字体设置外，还可以单独对文章的段落进行 CSS 样式设置，在 CSS 代码中<p>标签为段落标签。表 6-2 为段落排版常用的 CSS 样式。

表 6-2 段落排版常用 CSS 样式

字 体	属 性	值
段落缩进	text-indent	2em
行间距	line-height	2em 或像素值
中文字间距或英文中字母与字母的间距	letter-spacing	像素值
英文单词之间的间距	word-spacing	像素值
对齐方式	text-align	left（左对齐）、right（右对齐）、content（居中对齐）

在 CSS 属性值中，常用的单位为 px 和 em。px（像素）是相对长度单位，它是相对于显示器屏幕分辨率而言的；em 是相对长度单位，相对于当前对象内文本的字体尺寸，若当前对行内文本的字体尺寸未被设置，则使用使用浏览器的默认字体尺寸。一般浏览器的默认字体高为 16px，所有未经调整的浏览器都符合：1em=16px，那么 12px=0.75em，10px=0.625em。

下面将通过实例介绍如何使用 CSS 样式进行段落排版，具体操作方法如下。

Step 01 打开“素材文件\第 6 章\段落排版.html”，切换到“代码”视图，为第 209 行的<div>标签应用“product-tags”类选择器，如图 6-85 所示。

Step 02 在 style.css 文档中输入“product-tags”类选择器的 CSS 样式代码，如图 6-86 所示。

```
<div class="product-tags">
                <h3>厂家服务</h3>
                <p>本产品全国联保，享受三包服务，质保期
自收到商品之日起，如您所购买家电商品出现质量问题，请先联系厂家进行检测
退换货"页面提交退换申请，将有专业售后人员提供服务。数码之家承诺您：30
换货，超过180天按国家三包规定享受服务。</p>
                <h3>数码之家承诺</h3>
                <p>数码之家平台卖家销售并发货的商品，由
注：因厂家会在没有任何提前通知的情况下更改产品包装、产地或者一些附件，
全一致。只能确保为原厂正货！并且保证与当时市场上同样主流新品一致。若本
               <h3>全国联保</h3>
               <p>凭质保证书及京东商城发票，可享受全国联
               享受法定三包售后服务），与您亲临商场选购的
               商品价格和运费政策，请您放心购买！ </p>
               <p>注：因厂家会在没有任何提前通知的情况下
               货物与商城图片、产地、附件说明完全一致。只
               致。若本商城没有及时更新，请大家谅解！</p
            </div>
```

图 6-85 应用类选择器

```
.product-tags h3 {
    padding:5px;
    color:#F00;

}
.product-tags p {
    font-size: 12px;/* 设置字体大小 */
    padding: 5px 0;/* 设置内边距 */
    color: #969696;/* 设置字体颜色 */
    line-height: 1.8em;/* 设置段落的行高 */
    text-indent:2em;/* 设置段落首行缩进 */
    text-align:left;/* 设置文本对齐方式为左对齐 */

}
/* 结束 */
```

图 6-86 输入段落格式代码

Step 03 按【Ctrl+S】组合键保存文档，按【F12】组合键预览网页，选择“售后保障”选项卡，查看段落排版效果，如图 6-87 所示。

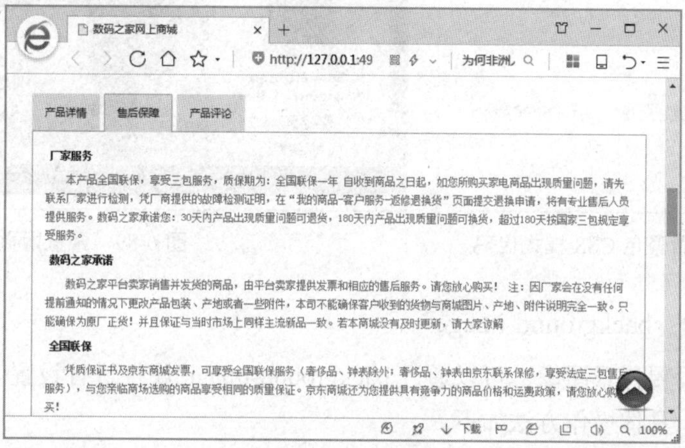

图 6-87 预览网页

6.5.3 CSS 背景

使用“background”属性可以设置 CSS 背景规则，表 6-3 为 CSS 背景样式相关属性列表。

表 6-3 CSS 背景样式常用属性

属 性	描 述
background	简写属性，作用是将背景属性添加在一个声明中
background-color	设置元素的背景颜色
background-image	把图像设置为背景
background-position	设置背景图像的起始位置
background-repeat	设置背景图像是否及如何重复
background-attachment	背景图像是否固定或者随着页面的滚动而滚动

1．背景色：background-color

若要为网页设置背景色，可以通过 background-color 属性进行设置。下面将举例说明，具体操作方法如下。

Step 01 打开“素材文件\第 6 章\背景色.html”，在<style>标签中输入 body 标签属性的背景色 CSS 样式代码，如图 6-88 所示。

Step 02 按【Ctrl+S】组合键保存文档，按【F12】键预览网页，查看网页背景颜色效果，如图 6-89 所示。

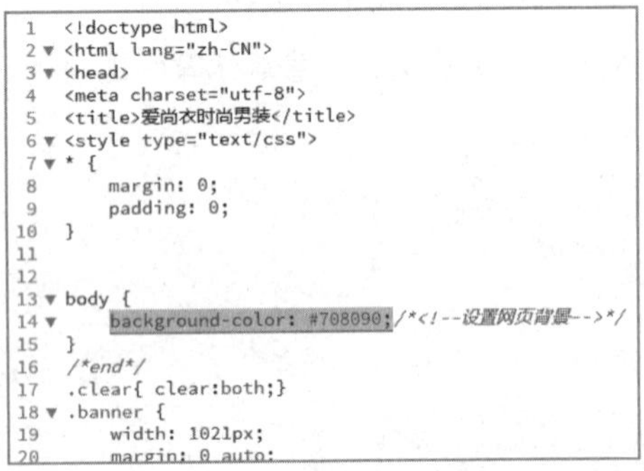

图 6-88　输入背景色 CSS 样式代码

图 6-89　预览网页

2．背景图像：background-image

若要为网页设置背景图像，可以通过 background-image 属性进行设置。下面将举例说明，具体操作方法如下。

Step 01 打开“素材文件\第 6 章\背景图像.html”，在<style>标签中输入 body 标签属性的背景图像 CSS 样式代码。输入“background-image:”，在弹出的列表中选择“浏览”选项，如图 6-90 所示。

Step 02 弹出“选择文件”对话框，选择背景图像，然后单击“确定”按钮，如图 6-91 所示。

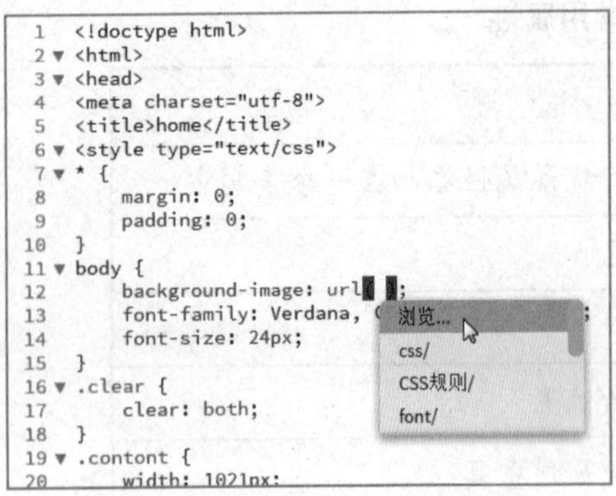

图 6-90　选择“浏览”选项

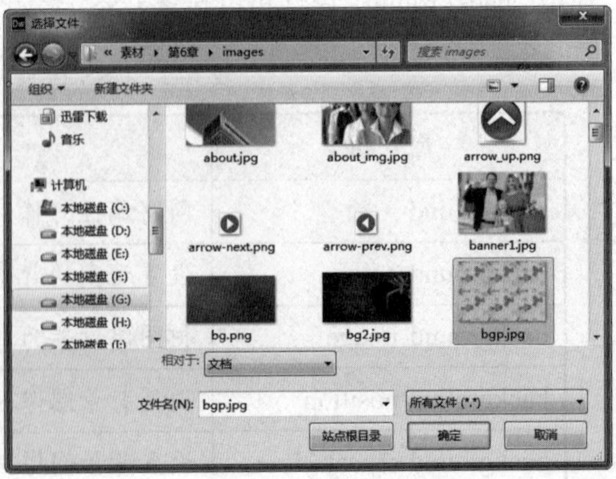

图 6-91　选择背景图像

Step 03 此时，所选择的背景图像就会添加到 CSS 代码中，如图 6-92 所示。

Step 04 按【Ctrl+S】组合键保存文档，按【F12】键预览网页，查看网页背景图像效果，如图 6-93 所示。

```
<!doctype html>
<html>
<head>
<meta charset="utf-8">
<title>home</title>
<style type="text/css">
* {
    margin: 0;
    padding: 0;
}
body {
    background-image: url( images/bgp.jpg);
    font-family: Verdana, Geneva, sans-serif;
    font-size: 24px;
}
.clear {
    clear: both;
}
.content {
    width: 1021px;
```

图 6-92　添加背景图像代码

图 6-93　预览网页

3．背景重复：background-repeat

通过 background-image 代码设置的网页图像会铺满网页，还可以通过背景重复属性来设置背景图像的位置，如水平、垂直方向平铺或不平铺。下面将举例说明，具体操作方法如下。

Step 01 打开“素材文件\第 6 章\背景重复 x.html”，在“contitle”类选择器上输入背景重复 CSS 样式代码“background-repeat:repeat-x;”，使背景图像沿水平方向平铺，如图 6-94 所示。

Step 02 按【Ctrl+S】组合键保存文档，按【F12】键预览网页，可以看到网页背景图像沿水平方向平铺，效果如图 6-95 所示。

```
.content {
    width: 1000px;
    margin: 0 auto;
    margin-top: 30px;
}
/*设置背景平铺*/
.contitle {
    background-image: url(images/bpg2.png);/*设置背景图像*/
    background-repeat: repeat-x;/*背景图像沿X轴方向平铺*/
    height: 100px;/*设置高度*/
    line-height: 100px;/*设置行高*/
    text-align: center;/*文本居中对齐*/
    color: #FFF;/*字体颜色为白色*/
}
/*end*/
.condown {
    background-color: #FFF;
    border: 1px solid #666;
    border-top-color: #FFF;
}
```

图 6-94　输入背景图像重复代码

图 6-95　网页背景图像沿水平方向平铺

Step 03 打开“素材文件\第 6 章\背景重复 y.html”，设置 body 属性选择器背景平铺方向为“repeat-y”，如图 6-96 所示。

Step 04 按【Ctrl+S】组合键保存文档，按【F12】键预览网页，可以看到网页背景图像沿垂直方向平铺，效果如图 6-97 所示。

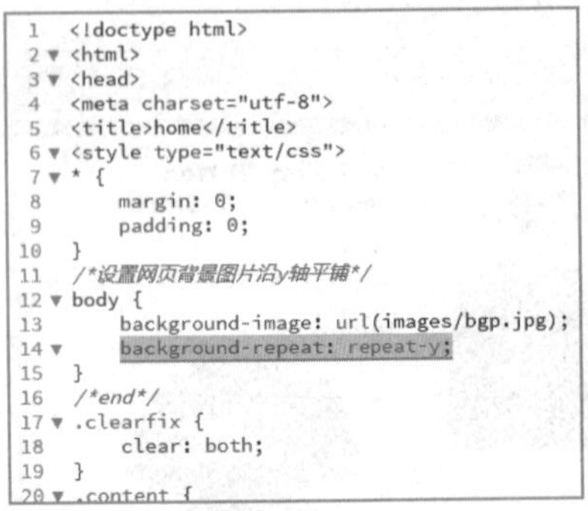

图 6-96　输入背景图像重复代码

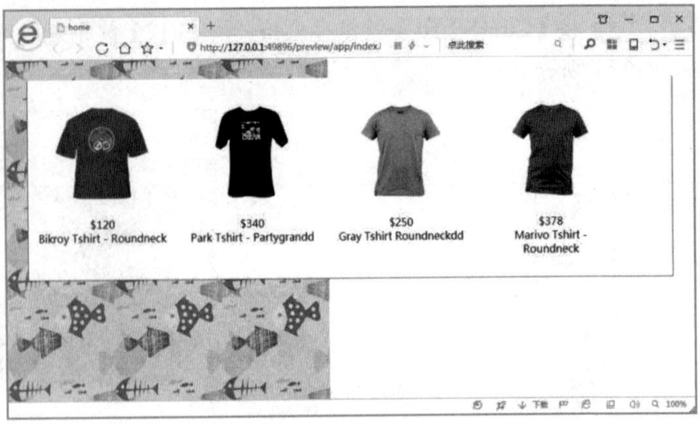

图 6-97　网页背景图像沿垂直方向平铺

Step 05 设置“body”属性选择器 background-repeat 属性值为“no-repeat”，如图 6-98 所示。

Step 06 按【Ctrl+S】组合键保存文档，按【F12】键预览网页，此时网页背景图像不平铺，而显示图像原始大小，效果如图 6-99 所示。

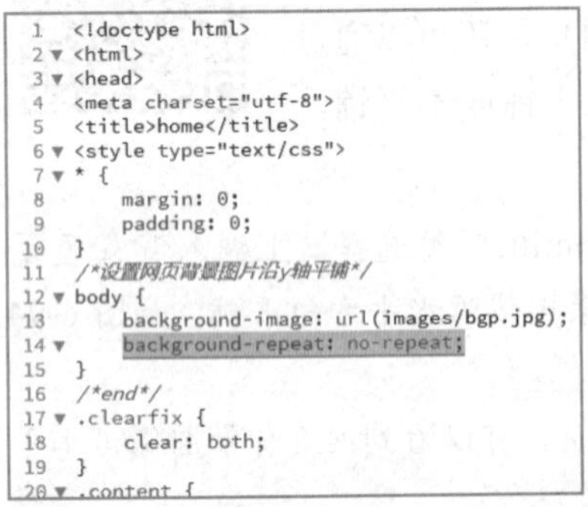

图 6-98　设置背景图像不重复

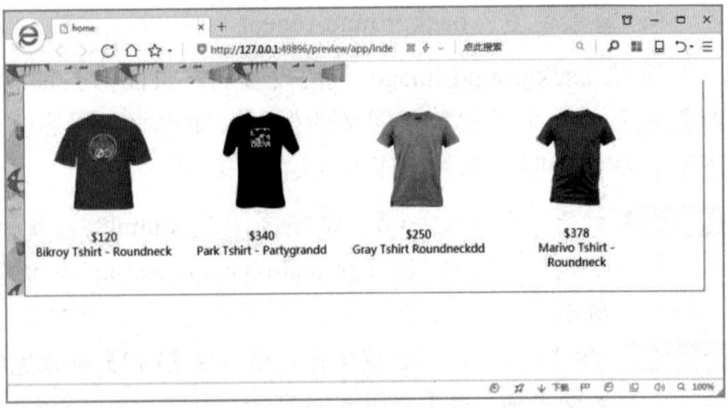

图 6-99　预览网页

4．背景定位：background-position

除了可以设置背景图像的平铺方向外，还可以使用 background-position 属性将背景图像设置到指定位置。表 6-4 为 background-position 属性值列表。

表 6-4　background-position 属性值

单一关键字	描　述
center	设置背景图像在中间
top	设置背景图像在顶部
bottom	设置背景图像在底部
right	设置背景图像在右侧
left	设置背景图像到左侧

下面在素材网页中商品图像的右侧添加背景图像，具体操作方法如下。

Step 01 打开“素材文件\第 6 章\背景定位.html”，在“right-banner”类选择器中输入背景图像 CSS 代码，如图 6-100 所示。

Step 02 按【Ctrl+S】组合键保存文档，按【F12】键预览网页，可以看到“25%折扣”的图标显示在商品图片右侧，效果如图 6-101 所示。

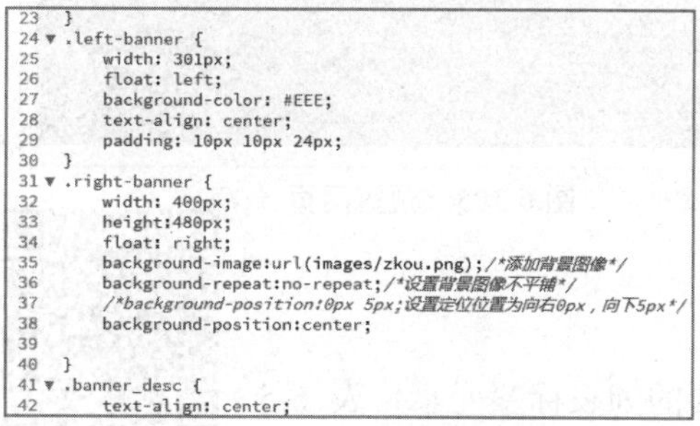

图 6-100　输入背景图像 CSS 样式

图 6-101　预览网页

Step 03 将背景图像定位代码“background-position:0px 5px;”更改为“background-position:center;”，即可将网页背景图像显示在右侧 div 标签的中间位置，如图 6-102 所示。

Step 04 按【Ctrl+S】组合键保存文档，按【F12】键预览网页，可以看到网页背景图像显示在右侧 div 标签的中间位置，效果如图 6-103 所示。

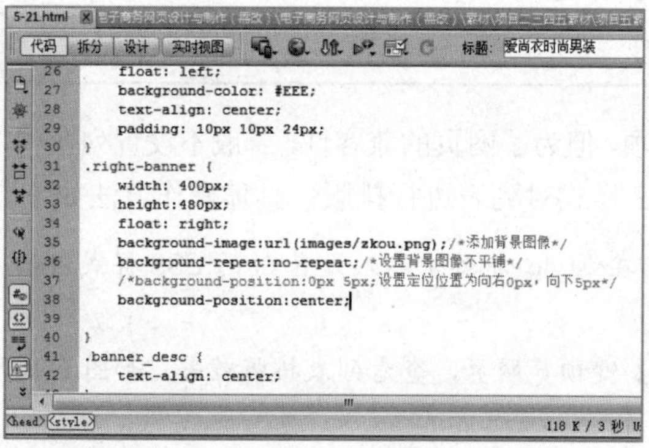

图 6-102　更改背景图像定位代码

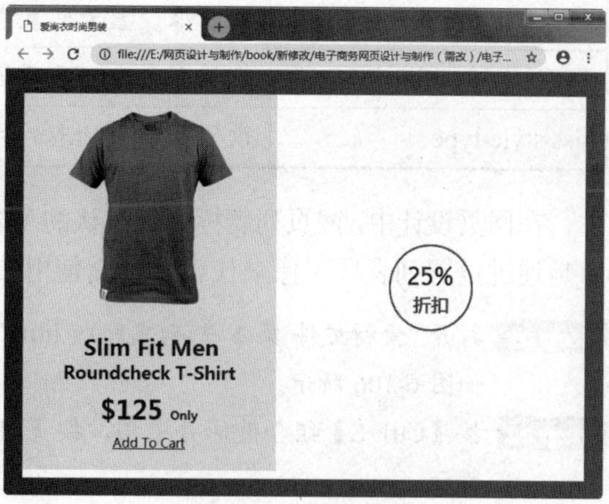

图 6-103　预览网页

5．背景关联：background-attachment

在进行网页滚动时要滚动或固定背景图像，可以使用 background-attachment 属性设置背景属性。下面将举例说明，具体操作方法如下。

Step 01 打开“素材文件\第 6 章\背景关联.html”，在“content”类选择器中输入背景图像 CSS 样式代码，“background-attachment: fixed”代表固定背景图像，如图 6-104 所示。若将属性值更改为“scroll”，则代表背景图像随文档滚动。

Step 02 按【Ctrl+S】组合键保存文档，按【F12】键预览网页，可以看到网页背景图像的位置固定不变，文字会向下滚动，效果如图 6-105 所示。

```
    font-family: "宋体";
    font-size: 12px;
}
/*设置背景图像*/
.content {
    background-image: url(images/bg2.jpg);/*设置背景图像*/
    background-repeat: no-repeat;/*背景图像不平铺*/
    background-position: center;/*背景图像位置居中*/
    background-attachment: fixed;/*背景图像固定*/
}
.con {
    width: 500px;
    margin: 10px 0px 10px 60px;
    padding: 10px;
    color: #FFF;
    line-height: 20px;
}
</style>
</head>
```

图 6-104　设置背景图像规则

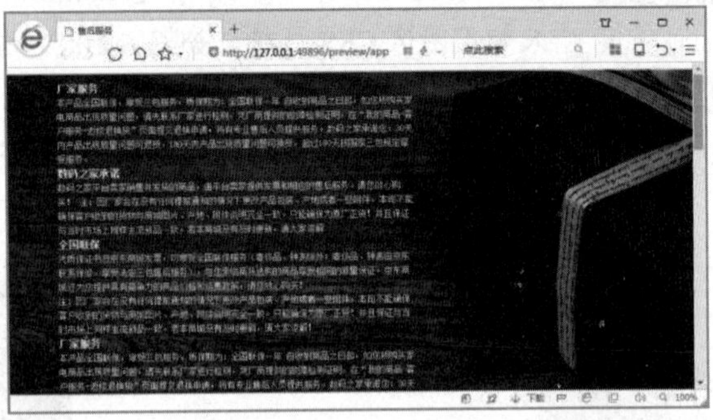

图 6-105　预览网页

6.5.4　列表排版

在 HTML 代码中，<ul>或<ol>标签是非常重要的列表标签元素，表 6-5 为列表排版属性。

表 6-5　列表排版属性

属性	描述
list-style	简写属性，用于把所有用于列表的属性添加在一个声明中
list-style-image	将图像设置为列表项标志
list-style-position	设置列表中列表项标志的位置
list-style-type	设置列表项标志的类型

在网页设计中，网页列表标签有默认的列表项，但为了网页的兼容性，一般不设置列表项，而是通过设置列表项图像来代替。下面使用 CSS 样式对列表进行排版，具体操作方法如下。

Step 01 打开“素材文件\第 6 章\列表排版.html”，在<style>标签中输入设置 ul 的 CSS 样式代码，如图 6-106 所示。

Step 02 按【Ctrl+S】组合键保存文档，按【F12】键预览网页，查看列表排版效果，如图 6-107 所示。

```
.product {
    width: 400px;
    margin: 0 auto;
    background-color: #FFFFE6;
    padding: 14px;
}
.product h2 {
    padding: 10px;
}
/*设置无序列表的列表项*/
.onlist li {
    /*使用背景图像的方式设置li的列表项，可以防止浏览器兼容性问题*/
    background: url(images/drop_arrow.png) no-repeat 0px 5px;
    padding-left: 13px;
    line-height: 1.8em;
}
.poll, .poll p, .poll li {
    padding: 3px;
}
```

图 6-106　设置列表 CSS 样式

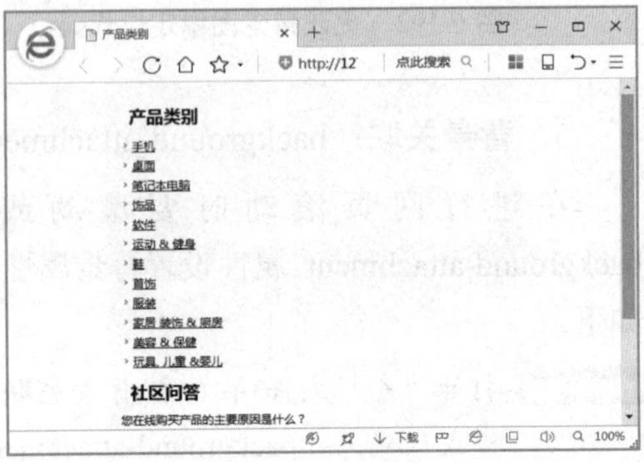

图 6-107　预览网页

6.5.5　表格排版

在 CSS 样式中，可以设置表格边框、单元格背景、边框距离等格式，表 6-5 为表格排版的 CSS 样式。

表 6-5　表格排版 CSS 样式

属性	描述
border-collapse	规定是否合并表格边框
border-spacing	规定相邻单元格边框之间的距离
caption-side	规定表格标题的位置
empty-cells	规定是否显示表格中的空单元格上的边框和背景
table-layout	设置用于表格的布局算法

下面使用 CSS 样式对列表进行排版，具体操作方法如下。

Step 01 打开“素材文件\第 6 章\表格排版.html”，在<style>标签中输入设置表格样式的 CSS 样式代码，如图 6-108 所示。

Step 02 按【Ctrl+S】组合键保存文档，按【F12】键预览网页，查看表格排版效果，如图 6-109 所示。

```
    <style type="text/css">
table {
    margin: auto;
    border-collapse: collapse;
    width: 80%;
}
th, td {
    text-align: left;
    padding: 8px;
}
tr:nth-child(even){background-color: #f2f2f2}
tr:hover{background-color:rgba(206,235,130,1.00);}
</style>
```

图 6-108　设置表格 CSS 样式代码

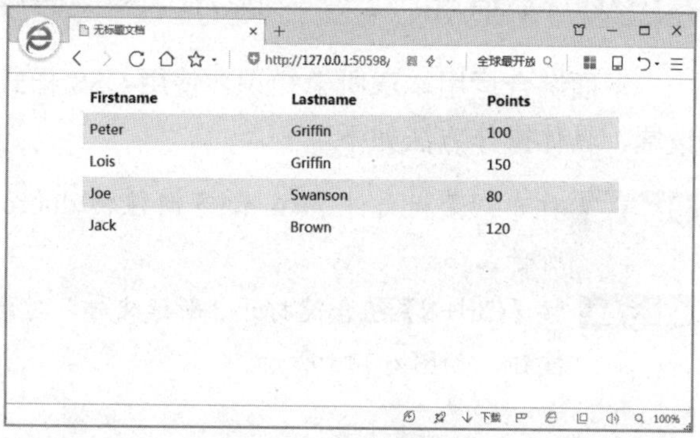

图 6-109　预览网页表格

6.5.6　超链接样式

超链接是网页中最常用的 CSS 样式之一，表 6-6 为超链接的 4 种状态。

表 6-6　超链接的 4 种状态

链接状态	描述
a:link	普通的、未被访问的超链接
a:visited	用户已访问的超链接
a:hover	鼠标指针位于超链接的上方
a:active	超链接被点击的时刻

下面将举例说明超链接样式排版的设置方法，具体操作方法如下。

Step 01 打开“素材文件\第 6 章\超链接样式排版.html”，在<style>标签中输入超链接 CSS 样式代码，如图 6-110 所示。

Step 02 按【Ctrl+S】组合键保存文档，按【F12】键预览网页，查看文字链接效果，如图 6-111 所示。

```
body {
    font-family: "微软雅黑", "宋体";
    font-size: 12px;
}
/*设置超链接属性*/
a:link, a:visited, a:active {
    color: #666;/*设置字体颜色*/
    text-decoration: none;/*设置下划线无*/
}
/*设置鼠标经过的状态样式*/
a:hover {
    color: #999;
    text-decoration: none;
}
.product {
    width: 400px;
    margin: 0 auto;
    background-color: #FFFFE6;
```

图 6-110 输入超链接样式 CSS 代码

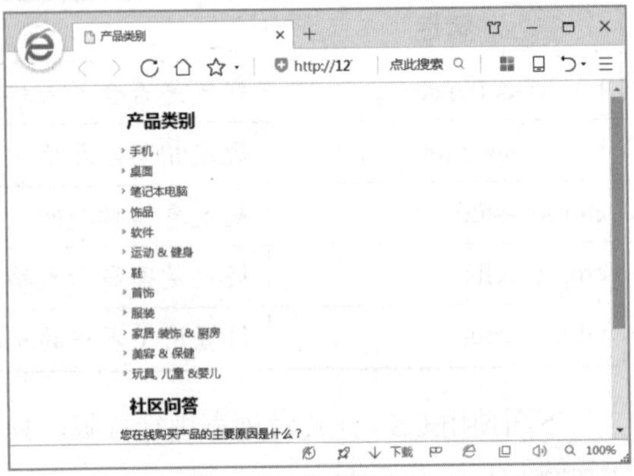

图 6-111 预览网页

6.6 综合实例——使用 CSS 样式美化与排版网页

下面综合运用本章所学知识，使用 CSS 样式对一个网页进行排版和美化设置，具体操作方法如下。

Step 01 打开“素材文件\第 6 章\多肉植物\duorou.html”，按【F12】键预览网页，如图 6-112 所示。

Step 02 按【Ctrl+N】组合键打开“新建文档”对话框，选择“CSS”文档类型，然后单击“创建”按钮，如图 6-113 所示。

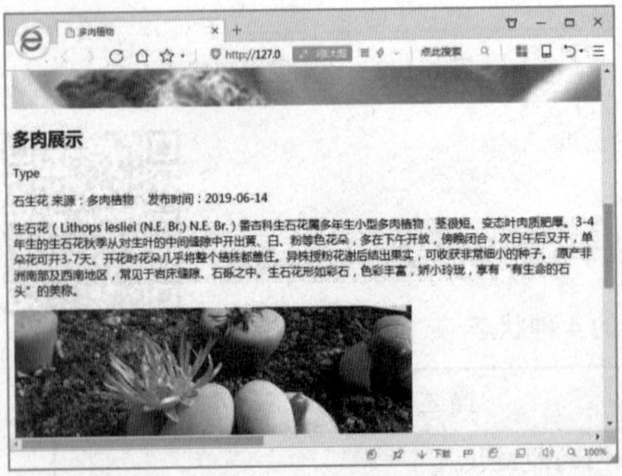

图 6-112 预览网页

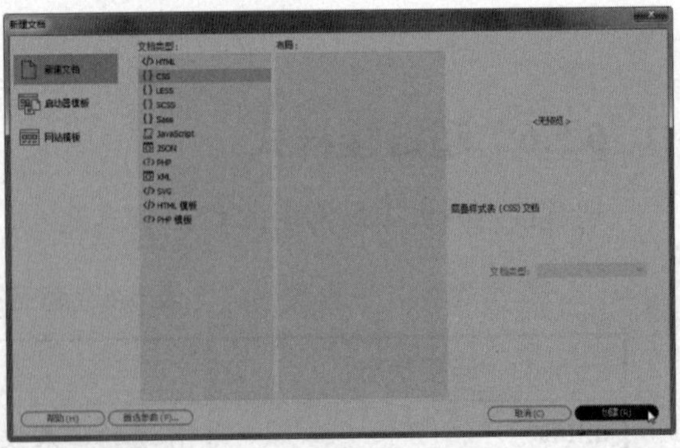

图 6-113 新建 CSS 文档

Step 03 弹出“另存为”对话框，选择保存位置并输入文件名，然后单击“保存”按钮，如图 6-114 所示。

Step 04 在“代码”视图下<head>标签内输入代码，链接外部样式表，如图 6-115 所示。

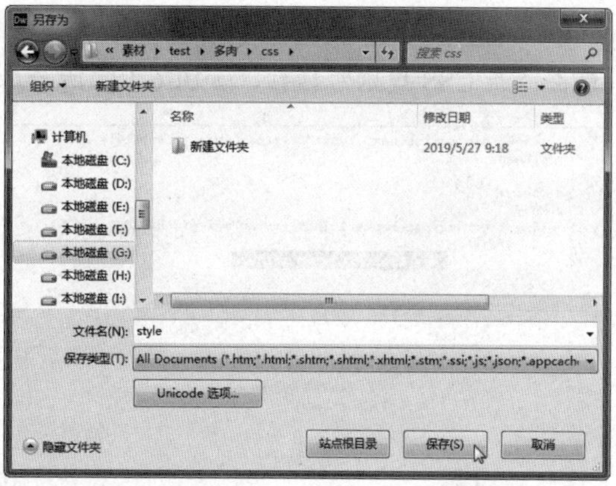

图 6-114 “另存为”对话框

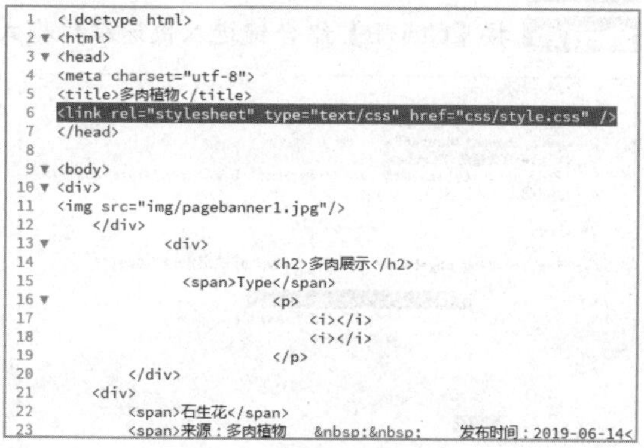

图 6-115 链接外部样式表

Step 05 此时，在代码编辑区上方即可看到链接的样式表文档。单击样式表文档，然后从中输入代码“*{margin: 0;padding: 0;}”，添加通配符选择器并设置样式，清除外边距和内边距，如图 6-116 所示。

Step 06 输入“body{}”，即可添加<body>标签选择器。按【Shift+F11】组合键打开“CSS 设计器”面板，单击“font-family”属性右侧的设置区域，在弹出的列表中选择所需的字体样式，如图 6-117 所示。

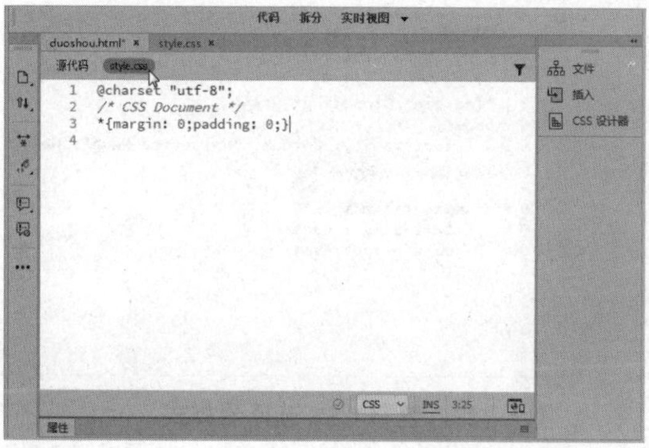

图 6-116 清除边距

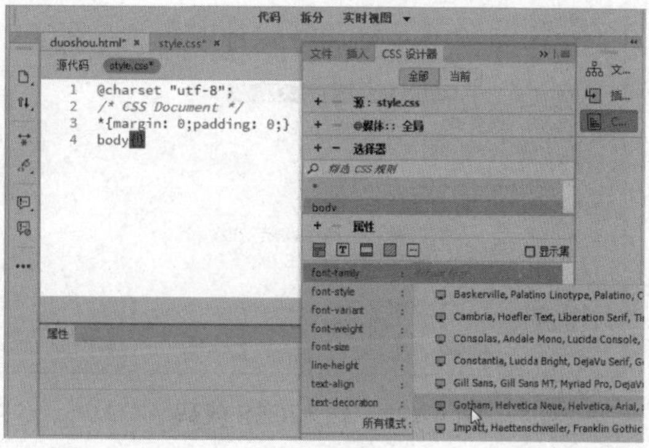

图 6-117 设置字体样式

Step 07 此时，在“代码”视图中即可看到设置的字体样式，在上方单击“源代码”按钮，如图 6-118 所示。

Step 08 切换到“源代码”视图，在<img>标签内输入“style="max-width: 100%;"”，设置图像宽度，如图 6-119 所示。

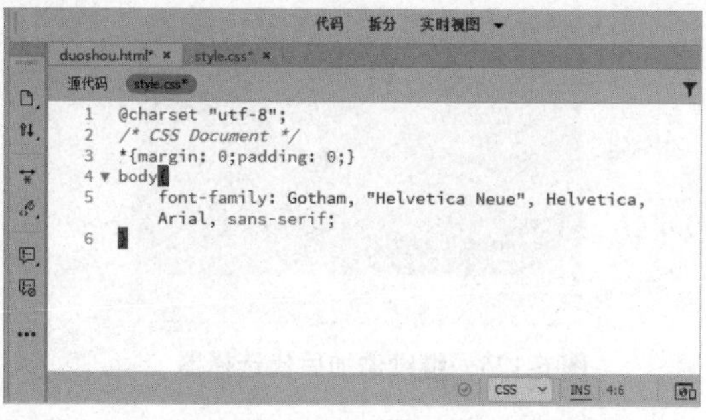

图 6-118 单击“源代码”按钮

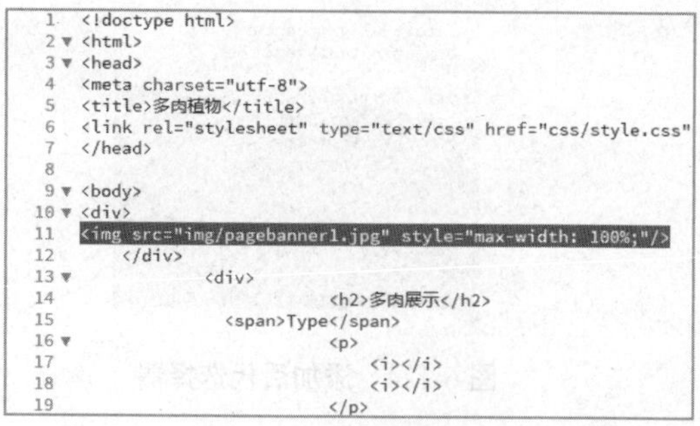

图 6-119 设置图像宽度

Step 09 在<div>标签中输入应用类代码“class="common-title"”，如图 6-120 所示。

Step 10 按【Ctrl+E】组合键进入快速编辑模式，单击“新 CSS 规则”按钮，如图 6-121 所示。

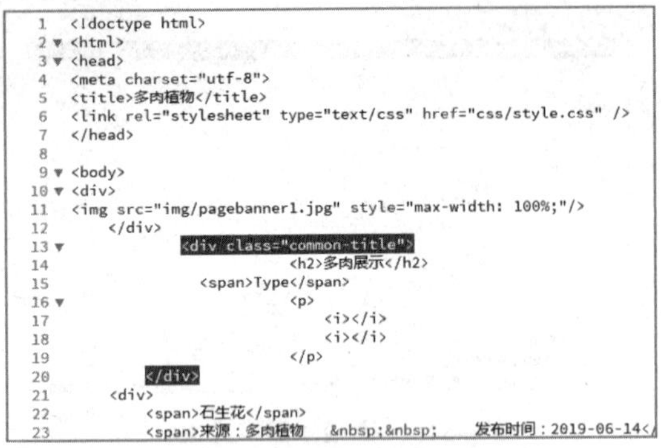

图 6-120 输入应用类代码

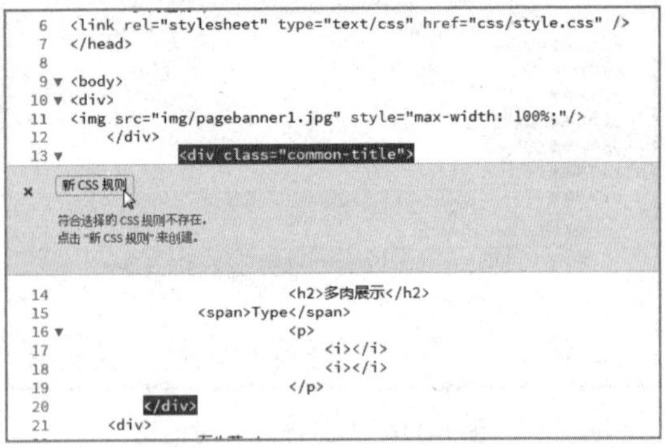

图 6-121 新建 CSS 规则

Step 11 此时，即可创建相应的类选择器。输入代码，设置文本对齐方式和上边距，如图 6-122 所示。单击“关闭”按钮✖，退出快速编辑模式。

Step 12 在编辑区上方单击 CSS 文件按钮，即可看到在快速编辑模式下添加的类选择器样式，如图 6-123 所示。

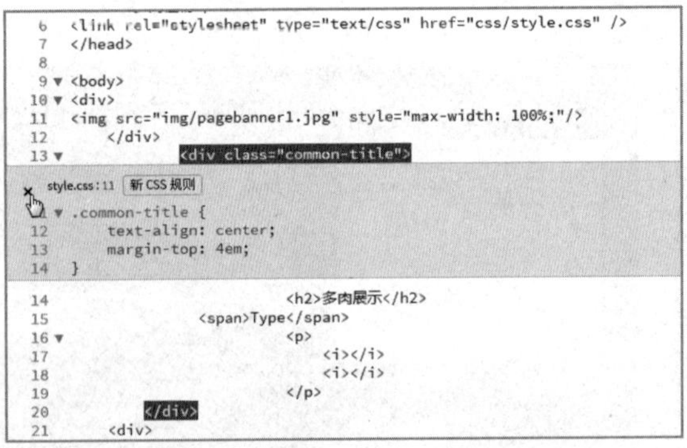

图 6-122 输入 CSS 代码

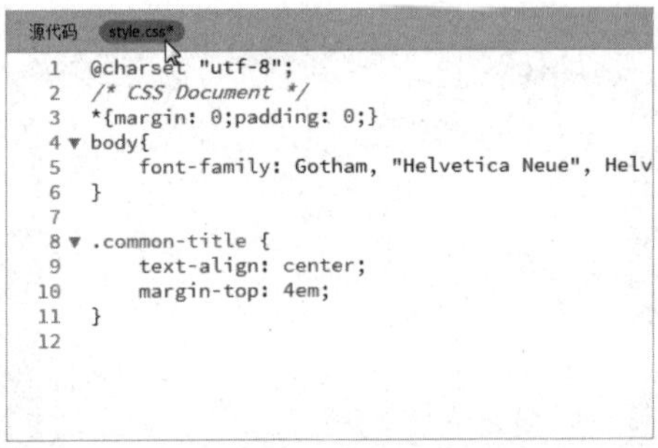

图 6-123 查看 CSS 选择器样式

Step 13 输入代码，添加“. common-title”选择器的后代选择器，并分别设置所需的样式，如图 6-124 所示。

Step 14 继续添加“. common-title”选择器的后代选择器，并设置所需的样式，如图 6-125 所示。

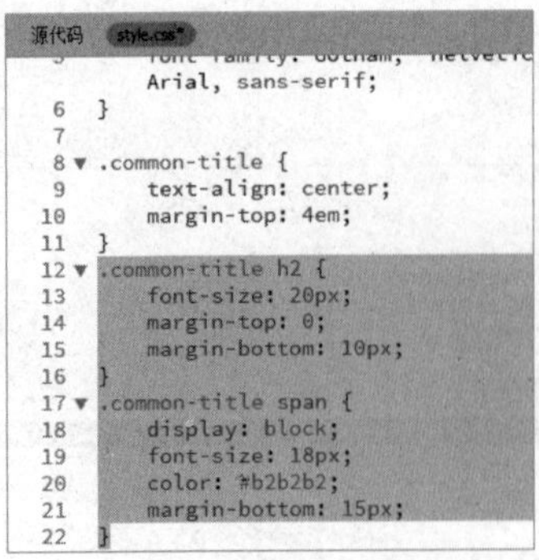

图 6-124 添加后代选择器

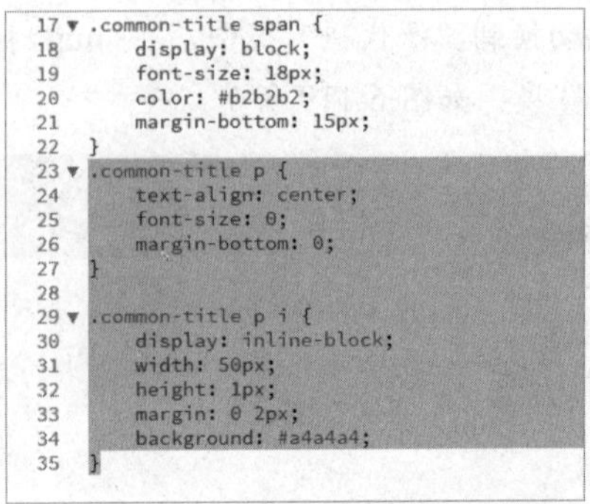

图 6-125 继续添加后代选择器

Step 15 按【Ctrl+S】组合键保存文档，按【F12】键预览网页，如图 6-126 所示。

Step 16 切换到“源代码”视图，在<div>标签中输入应用类代码“class="common-title"”，如图 6-127 所示。

图 6-126　预览网页

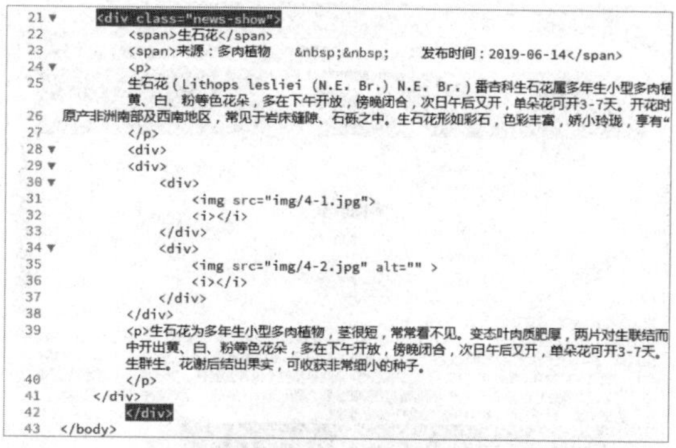

图 6-127　输入应用类代码

Step 17 按【Ctrl+E】组合键进入快速编辑模式，新建 CSS 规则，并输入 CSS 样式代码，如图 6-128 所示。

Step 18 在<span>标签中输入应用类代码“class="show-t"”，如图 6-129 所示。

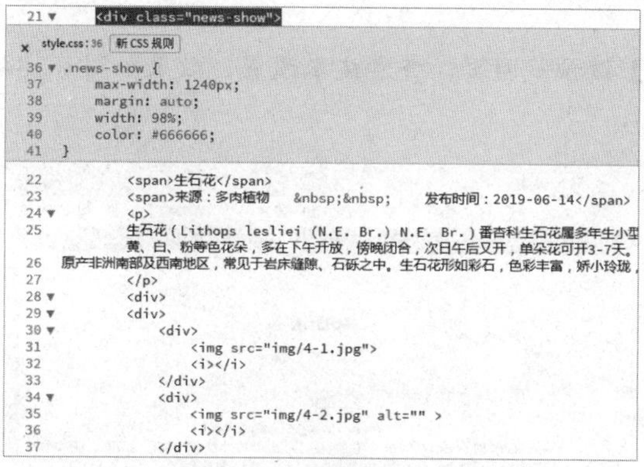

图 6-128　新建 CSS 规则

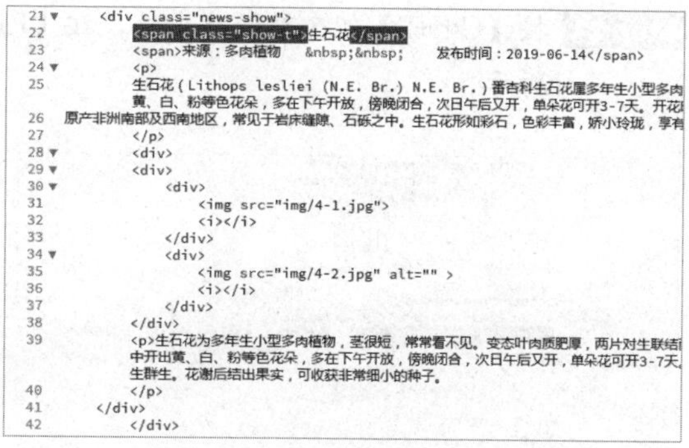

图 6-129　输入应用类代码

Step 19 按【Ctrl+E】组合键进入快速编辑模式，新建 CSS 规则，并输入 CSS 样式代码，如图 6-130 所示。

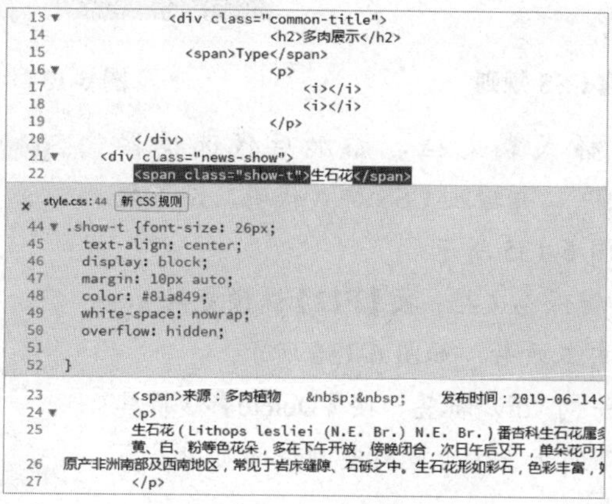

图 6-130　新建 CSS 规则

Step 20 按【Ctrl+S】组合键保存文档，按【F12】键预览网页，查看为“生石花”文本应用的效果，如图 6-131 所示。

Step 21 在<span>标签中输入应用类代码“class="fa-time"”，如图 6-132 所示。

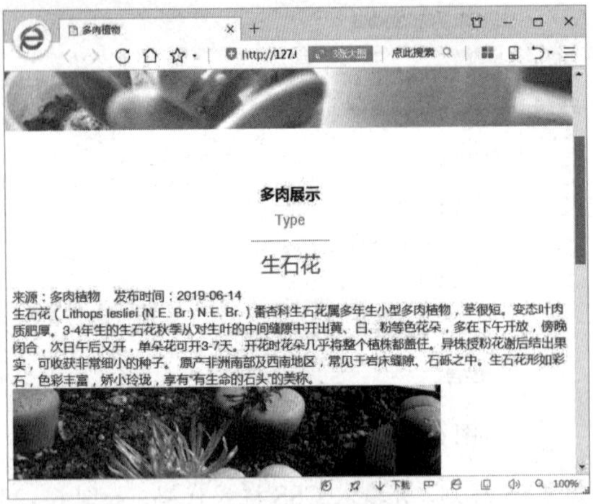

图 6-131 预览网页

图 6-132 输入应用类代码

Step 22 按【Ctrl+E】组合键进入快速编辑模式，新建 CSS 规则，并输入 CSS 样式代码，如图 6-133 所示。

Step 23 按【Ctrl+S】组合键保存文档，按【F12】键预览网页，查看文本设置，效果如图 6-134 所示。

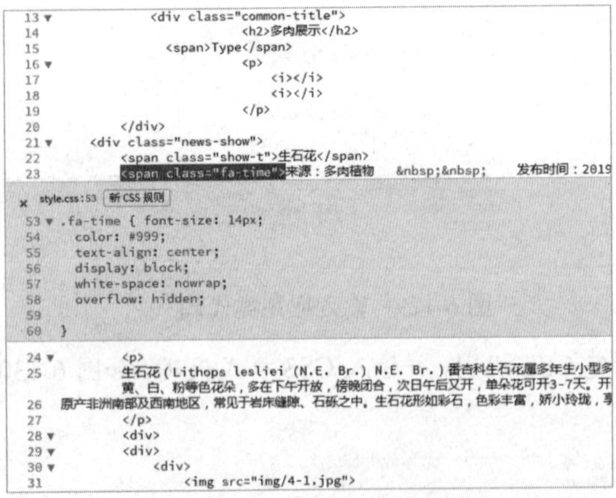

图 6-133 新建 CSS 规则

图 6-134 预览网页效果

Step 24 切换到 CSS 样式表文档，添加后代选择器“.news-show p{}”，并输入 CSS 样式代码，设置段落文本格式，如图 6-135 所示。

Step 25 按【Ctrl+S】组合键保存文档，按【F12】键预览网页，查看设置的段落文本效果，如图 6-136 所示。

Step 26 在源代码中选择一对<div>标签，按【Delete】键将其删除，如图 6-137 所示。由于此标签在该网页中是多余的，因此将其删除。

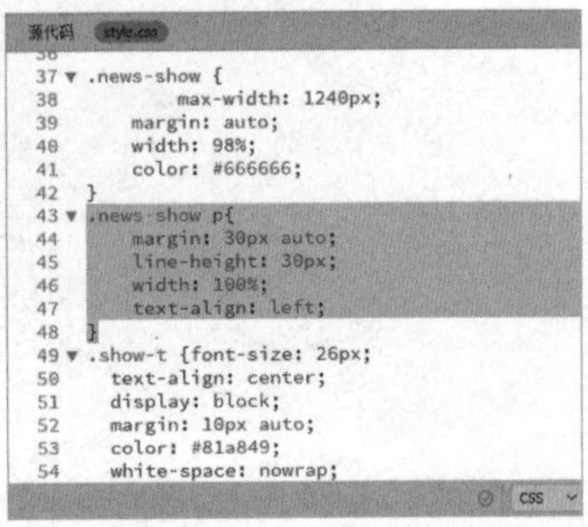

图 6-135 添加后代选择器

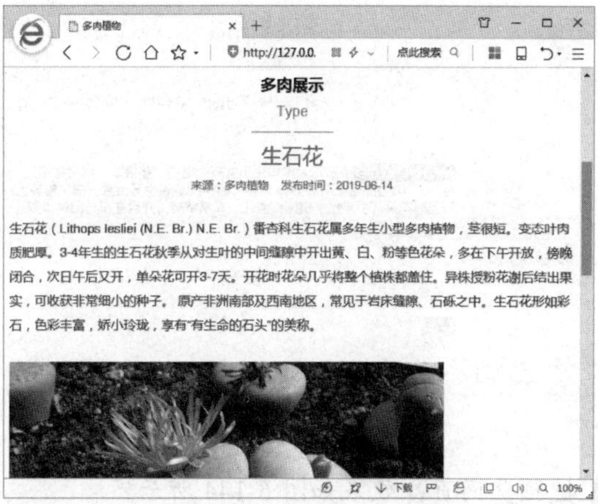

图 6-136　查看段落文本效果

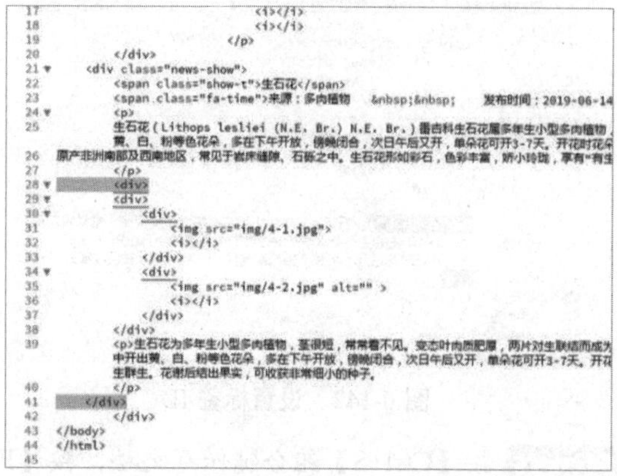

图 6-137　删除<div>的标签

Step 27 在两张图像所在的父级<div>标签中输入应用类代码 “class="s-img"”，如图 6-138 所示。

Step 28 分别在两张图像所在的<div>标签中输入应用类代码 “class="pic"”，如图 6-139 所示。

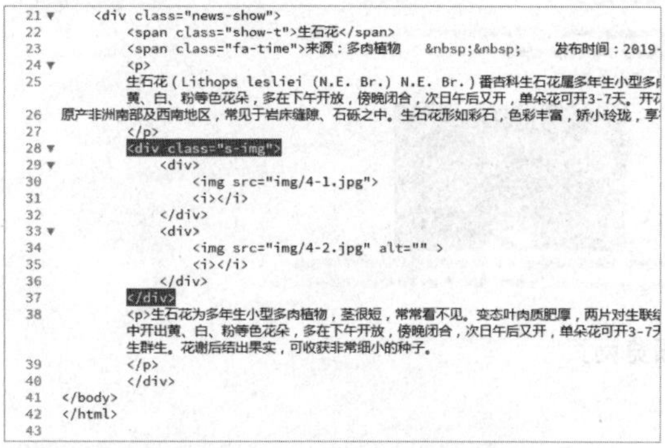

图 6-138　输入应用类代码

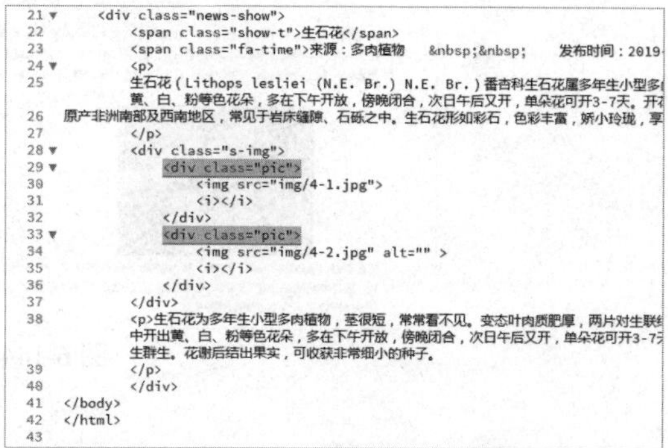

图 6-139　输入应用类代码

Step 29 切换到 CSS 文件中，添加相应的后代选择器，并输入 CSS 样式代码，如图 6-140 所示。

Step 30 继续添加 “.pic img” 选择器，并输入 CSS 样式代码，设置图像大小和左边距，如图 6-141 所示。

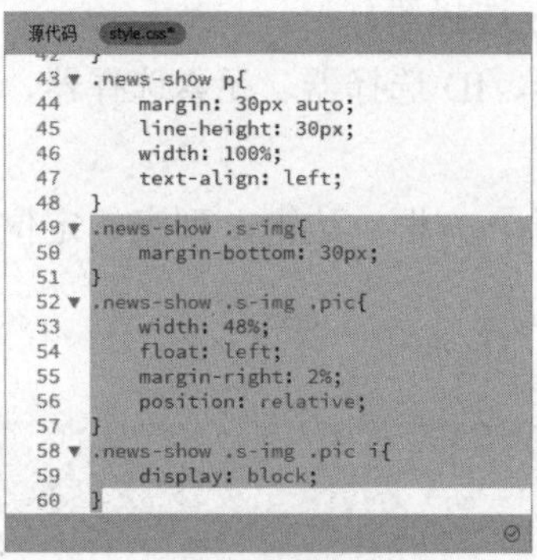

图 6-140　添加后代选择器

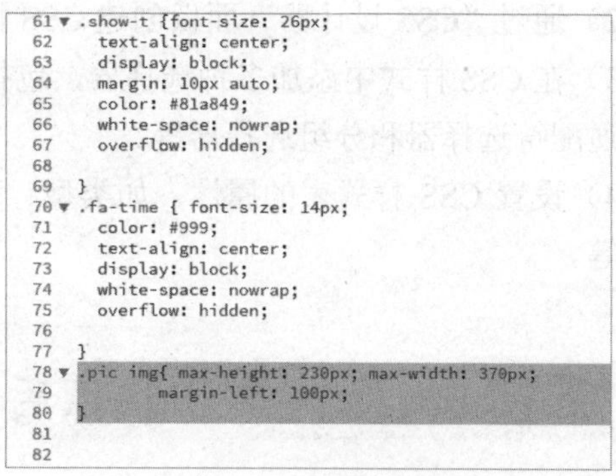

图 6-141　添加选择器

Step 31 切换到 “源代码” 视图，在第 2 个<p>标签中输入 id 属性 “id="p-b"”，如图 6-142 所示。

Step 32 按【Ctrl+E】组合键进入快速编辑模式，新建 CSS 规则，并输入 CSS 样式代码，清除浮动，如图 6-143 所示。

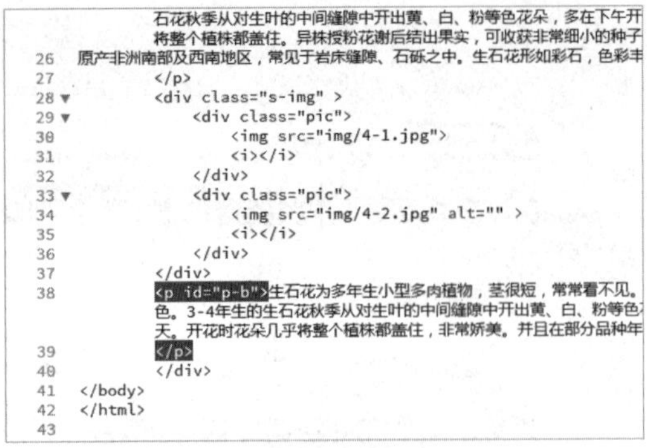

图 6-142　设置标签 ID

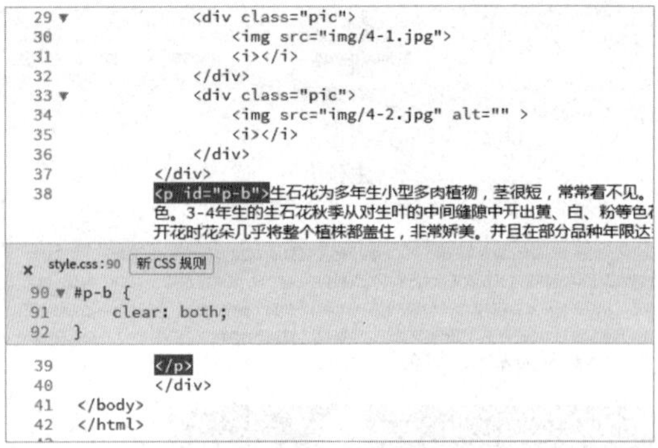

图 6-143　编辑 ID 选择器样式

Step 33 按【Ctrl+S】组合键保存文档，按【F12】键预览网页，效果如图 6-144 所示。

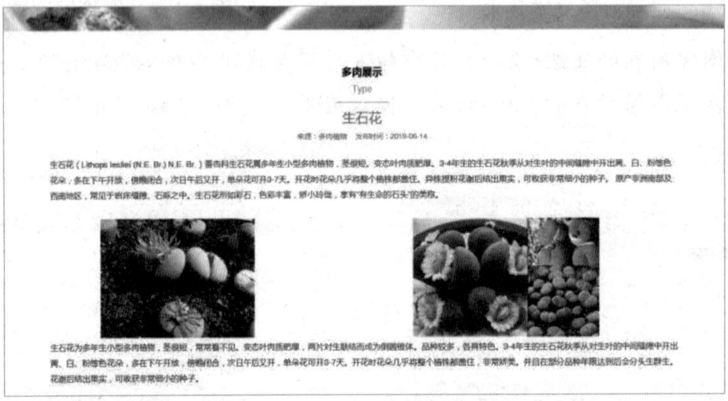

图 6-144　预览网页

本章小结

通过本章的学习，读者应重点掌握以下知识。

（1）CSS 样式的语法规则，在网页中引用 CSS 样式的方式。

（2）通过“CSS 设计器”面板创建 CSS 样式及 CSS 选择器。

（3）在 CSS 样式中添加多种选择器，包括类选择器、ID 选择器、元素选择器、后代选择器、通配符选择器和分组选择器等。

（4）设置 CSS 样式表的属性，如类型、背景、区块、方框、边框、列表、定位、扩展和过渡等。

课后习题

一、选择题

1. 以下代码添加的是什么选择器？（　）

#con-p {color: #0F41E0;}

A. 类选择器　　B. ID 选择器　　C. 元素选择器　　D. 后代选择器

2．关于 CSS 的特性，下面说法错误的是（　）。

A．同一个元素设置不同的 CSS 样式代码时，浏览器会根据权值来判断使用哪种 CSS 样式

B．同一个元素若有多个 CSS 样式存在，且样式拥有相同的权重，则会应用最前面的 CSS 样式

C．CSS 样式的继承性允许样式不仅应用于某个特定 HTML 标签元素，而且应用于其后代

D．使用“!important”代码可以将样式的权值为设置为最高

3．关于 CSS 样式，下面说法错误的是（　）。

A．声明用于定义样式元素，它由属性和值两部分组成。

B．ID 选择器只能使用一次，类选择器可以使用多次。

C．使用通配符选择器可以对多个指定的标签设置相同的样式。

D．Margin 属性用于指定一个元素的边框与另一个元素之间的间距。

二、填空题

1．CSS 的样式规则由________和________两部分组成，其中________是样式的名称，包括__________、__________、__________和__________。

2．__________可以理解为一种嵌套关系，是一种多条件的样式规则，元素之间使用________分开。

3．在样式的定位设置中，________属性用于设置浏览器定位层的方式，________属性用于设置内容的可见性。

三、实操题

打开“素材文件\第 6 章\公司简介\about.html”，运用本章所学知识，使用 CSS 样式制作“公司简介”页面的图文混排效果，如图 6-145 所示。

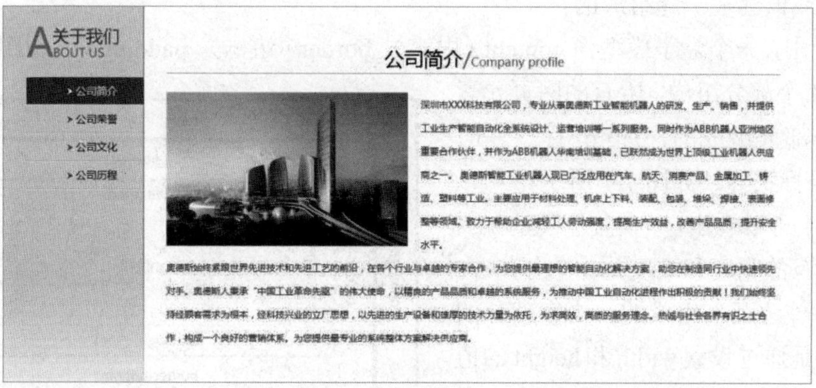

图 6-145 “公司简介”页面

操作提示：

（1）为图像和文本所在的 div 容器应用“clearfix”类，并定义类。

（2）为图像所在的标签添加内联样式，设置浮动、边距等属性。

第 7 章
使用 CSS+DIV 布局网页

【学习目标】

- 掌握 CSS 盒子模型的特征。
- 掌握盒子在标准流中的定位方式。
- 掌握盒子的浮动与定位的方式。
- 掌握使用盒子模型布局网页结构的方法。
- 了解 CSS3 弹性盒子模型的特征。
- 掌握 CSS 样式的书写规范、顺序及其命名规则。

CSS 布局的基本构造块是<div>标签，它是一个 HTML 标签，在大多数情况下用作文本、图像或其他页面元素的容器。DIV 布局是网页设计中主流布局方式。本章将学习如何通过 HTML 语言中的 DIV 标签，结合 CSS 样式来进行网页布局。

7.1 使用 CSS 盒子模型

学习 CSS 布局，一定要理解 CSS 盒子模型的概念，只有很好地理解了盒子模型的概念及其使用方式，才能精确地对页面进行布局。

7.1.1 认识 CSS 盒子模型

前面学习了通过 CSS 格式化排版可以对文字、图像、列表等对象进行美化，在网页设计中，除了设置排版样式外，还需要对页面进行布局，以及对网页元素进行定位。

所有页面中的元素都可以看成是一个盒子，占据着一定的页面空间，如<p>标签、h1 标签、<body>标签、img 标签等，都是一个个盒子模型。从浏览器的角度来看，一个网页就是由盒子排列或嵌套在一起组成的。

在 CSS 中，一个盒子模型由 content（内容）、border（边框）、padding（内边距）和 margin（外边距）4 个部分组成，所有的网页元素都是由这些部分组成的，如<p>标签、h1 标签、<div>标签等，如图 7-1 所示。

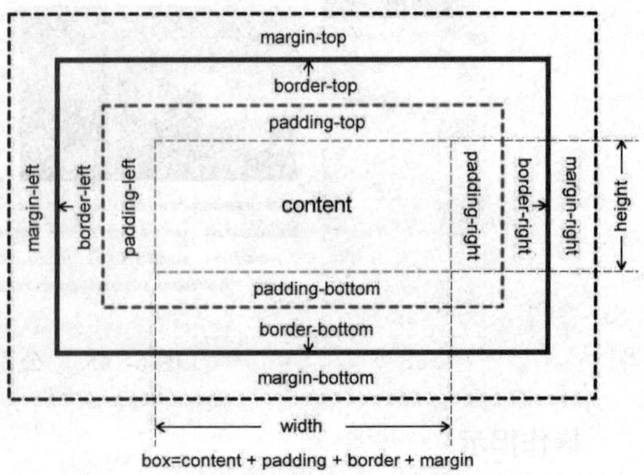

图 7-1　盒子模型示意图

从图 7-1 可以看出，一个盒子模型在页面中实际占有的宽度和高度是由“内容+内边距+边框+外边距”组成的，内容部分的宽度和高度是通过设置 width 和 height 的值来控制的。一个盒子模型的上、下、左、右方向上各自的 border、padding 和 margin 都可以单独设置，通过这些属性的互相配合可以实现各种各样的排版效果。

7.1.2　CSS 盒子模型的边框、内边距和外边距

下面将介绍如何设置 CSS 盒子模型的边框、内边距和外边距的属性。

1．边框（border）

边框（border）的属性主要包括 color（颜色）、width（粗细）和 style（样式）。下面将举例说明如何设置边框（border）属性，具体操作方法如下。

Step 01 打开“素材文件\第 7 章\CSS 盒子模型.html”，在<body>标签内输入<h1>标签和内容，在<head>标签内输入<style>内嵌式样式表，如图 7-2 所示。

Step 02 在<style>标签内输入<h1>标签 CSS 规则代码，设置<h1>标签边框样式，代码如图 7-3 所示。

```
<!DOCTYPE html>
<html>
<head>
<meta content="text/html; charset=utf-8" />
<style type="text/css">

</style>
<title>CSS盒子模型</title>
</head>

<body>
<h1>盒子模型是由内容+内边距+边框+外边距4个部分组成。</h1>
</body>
</html>
|
```

图 7-2　设置<h1>标签和内嵌样式表

```
<meta content="text/html; charset=utf-8" />
<title>盒子模型</title>
<style type="text/css">
h1 {
    font-size:16px;
    border-top-width: 5px; /*上边框粗细为5像素  */
    border-right-width: 10px;/*右边框粗细为10像素  */
    border-bottom-width: 15px;/* 下边框粗细为15像素 */
    border-left-width: 20px;/* 左边框粗细为20像素 */
    border-top-style:solid;/* 上边框样式为实线 */
    border-right-style:dotted;/* 右边框样式为点画线 */
    border-bottom-style:dashed;/* 下边框样式为虚线 */
    border-left-style:double;/* 右边框样式为双线 */
    border-top-color:#f00;/* 上边框颜色为红色 */
    border-right-color:#000;/* 右边框颜色为黑色 */
    border-bottom-color:#00F;/*下边框颜色为蓝色  */
    border-left-color:#ff0;/* 左边框颜色为黄色 */

}
</style>
</head>
```

图 7-3　设置<h1>标签边框样式

2．内边距（padding）

在盒子模型中，内容与边框之间的距离称为内边距（padding），可以通过 padding-top、padding-right、padding-bottom、padding-left 属性来设置上、右、下、左的内边距。在 CSS 代码中使用简写形式定义 padding 属性时，其顺序按照顺时针方向依次为上、右、下、左。需要注意的是，设置 padding 属性会撑大盒子的尺寸。下面将举例说明如何定义内边距（padding）属性，具体操作方法如下。

Step 01 在<style>样式表中为 h1 选择器添加内边距（padding）属性，如图 7-4 所示。

```
<style type="text/css">
h1 {
    font-size:16px;
    border-top-width: 5px; /*上边框粗细为5像素  */
    border-right-width: 10px;/*右边框粗细为10像素  */
    border-bottom-width: 15px;/* 下边框粗细为15像素 */
    border-left-width: 20px;/* 左边框粗细为20像素 */
    border-top-style:solid;/* 上边框样式为实线 */
    border-right-style:dotted;/* 右边框样式为点画线 */
    border-bottom-style:dashed;/* 下边框样式为虚线 */
    border-left-style:double;/* 右边框样式为双线 */
    border-top-color:#f00;/* 上边框颜色为红色 */
    border-right-color:#000;/* 右边框颜色为黑色 */
    border-bottom-color:#00F;/*下边框颜色为蓝色  */
    border-left-color:#ff0;/* 左边框颜色为黄色 */

    padding-top:5px;/* 上内边距为5个像素 */
    padding-right:10px;/* 右内边距为10个像素 */
    padding-bottom:15px;/* 下内边距为15个像素 */
    padding-left:20px;/* 左内边距为20个像素 */
    /* 也可以简写padding:5px 10px 15px 20px;  */
    |
}
</style>
</head>

<body>
```

图 7-4　设置内边距属性

Step 02 按【Ctrl+S】组合键保存文档，按【F12】键预览网页，效果如图 7-5 所示。

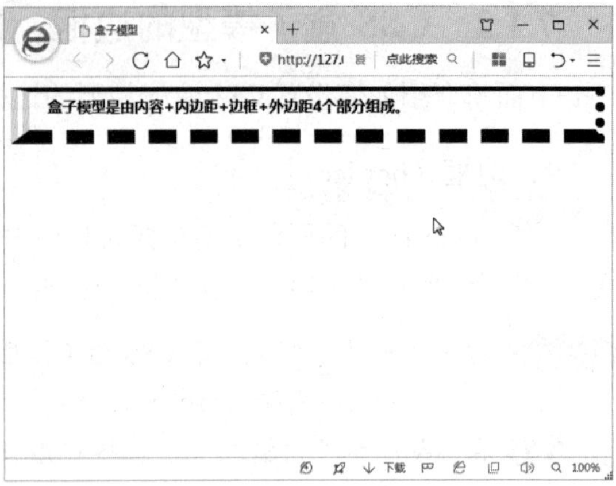

图 7-5　预览网页效果

3．外边距（margin）

外边距（margin）用于控制盒子与盒子之间的距离，在盒子模型中位于边框外侧，其使用方法和内边距（padding）相同。下面将举例说明如何设置外边距（margin）属性，具体操作方法如下。

Step 01 在<style>样式表中设置<h1>标签的外边距，具体代码如图 7-6 所示。

Step 02 按【Ctrl+S】组合键保存文档，按【F12】键预览网页。在网页上右击，在弹出的快捷菜单中选择“查看元素”命令，在右下方可以看到当前网页的盒子模型的属性值，以及在网页中的位置，如图 7-7 所示。

```
    border-bottom-style:dashed;/* 下边框样式为虚线 */
    border-left-style:double;/* 右边框样式为双线 */
    border-top-color:#f00;/* 上边框颜色为红色 */
    border-right-color:#000;/* 右边框颜色为黑色 */
    border-bottom-color:#00F;/*下边框颜色为蓝色  */
    border-left-color:#ff0;/* 左边框颜色为黄色 */

    padding-top:5px;/* 上内边距为5个像素 */
    padding-right:10px;/* 右内边距为10个像素 */
    padding-bottom:15px;/* 下内边距为15个像素 */
    padding-left:20px;/* 左内边距为20个像素 */
    /* 也可以简写padding:5px 10px 15px 20px;  */

    margin-top:10px;/* 上外边距为10个像素 */
    margin-right:20px;/* 右外边距为20个像素 */
    margin-bottom:30px;/* 下外边距为30个像素 */
    margin-left:40px;/* 左外边距为40个像素 */
    /* 也可以简写margin:10px 20px 30px 40px;  */
}
</style>
</head>
```

图 7-6　设置外边距属性

图 7-7　查看当前网页盒子模型

7.2 标准流和<div>标签

<div>标签是页面布局中常用的标签，它相当于一个容器，可以容纳网页中的所有元素。若没有专门设置其定位（或浮动），那么盒子就会表现为“标准流”的方式。下面将学习标准流及 div 元素的定位。

7.2.1　标准流

所谓标准流，指在没有任何外部干涉时网页中各个元素盒子的排列规则，即网页默认的排列布局方式。

一个网页中的元素主要可以分为两类：块级元素和行内元素，也可以理解为两种不同类型的盒子。标准流就是 CSS 规定的默认的块级元素和行内元素的排列方式。

1．块级元素

大部分 HTML 标签都属于块级元素，每个块级元素都占据着一个矩形的区域，并且与同级的兄弟块依次垂直排列，左右撑满，例如，<h1>标签、<p>标签、<div>标签、<li>标签都是块级元素。块级元素的特征是能够设置宽高，独占一行，多个块级元素标签写在一起，从上到下垂直排列。下面将举例说明，具体操作方法如下。

Step 01 打开“素材文件\第 7 章\块级元素.html”，在<body>标签内输入 3 个同级标签，具体代码如图 7-8 所示。

Step 02 按【Ctrl+S】组合键保存文档，按【F12】键预览网页，可以看到 3 个同级块级元素依次垂直排列左右撑满，效果如图 7-9 所示。

```
<!DOCTYPE html>
<html>
<head>
<meta content="text/html; charset=utf-8" />
<style type="text/css">

</style>
<title>盒子模型</title>
</head>

<body>
<h1>盒子模型是由内容+内边距+边框+外边距4个部分组成</h1>
<p>标准流是指没有任何控制的情况下，HTML标记的默认排列方式。</p>
<div>同级的块级元素依次垂直排列，左右撑满。</div>
</body>
</html>
```

图 7-8　输入多个块级元素

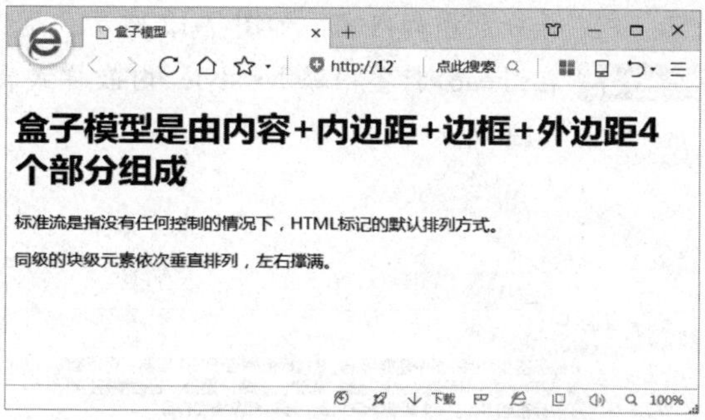

图 7-9　块级元素依次垂直排列且左右撑满

2．行内元素

在网页中，有一部分元素属于行内元素，基本都是用于文字修饰的标签，如<span>标签、<em>标签、<a>标签等。行内元素的特征是不占有独立的区域，无法设置宽高，margin 属性仅左右方向有效，不自动换行。下面将举例说明，具体操作方法如下。

Step 01 打开“素材文件\第 7 章\行内元素.html”，在<body>标签内输入多个<span>行内元素标签，具体代码如图 7-10 所示。

Step 02 按【Ctrl+S】组合键保存文档，按【F12】键预览网页，可以看到多个同级行级元素不占有独立的区域，行内元素不会左右撑满，而是水平依次排列，效果如图 7-11 所示。

```
<html>
<head>
<metacontent="text/html; charset=utf-8" />
<style type="text/css">

</style>
<title>盒子模型</title>
</head>

<body>
    <span>span是行内元素</span>
    <span>|</span>
    <span>行内元素与行内元素之间水平排列</span>
    <span>|</span>
    <span>行内元素不占有独立的区域，不会左右撑满</span>
</body>
</html>
```

图 7-10　输入多个行内元素

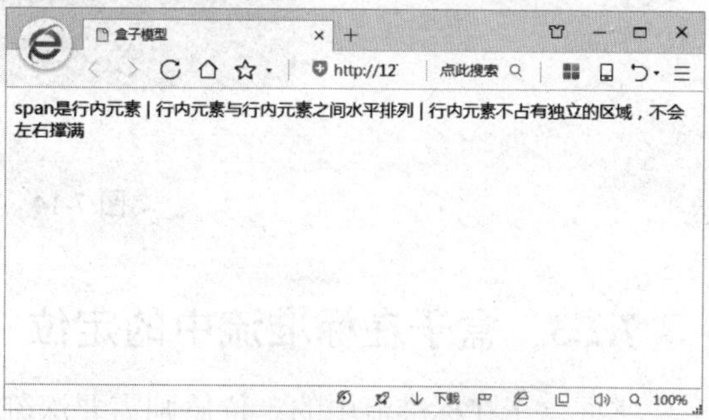

图 7-11　行内元素之间水平依次排列

需要注意的是，在行内元素中，有一类特别的元素称为行内块元素，如<img>标签，它综合了行内元素和块级元素的特征，不自动换行，但能识别宽高。

7.2.2 <div>标签

<div>标签和<p>标签都是块级元素，都符合盒子模型特征。两种标签的区别在于，<p>标签是有特定含义的 HTML 标签，代表段落标签；而<div>标签是一个通用块级元素，没有具体 HTML 含义，适合作为布局标签，可以出现在网页上的任何位置。下面将举例说明，具体操作方法如下。

Step 01 打开“素材文件\第 7 章\<div>标签.html”，在<body>标签内输入<div>标签和<p>标签，并分别添加内容，如图 7-12 所示。

Step 02 在<head>标签内添加<style>内嵌样式表，并分别设置<div>标签和<p>标签的样式，如图 7-13 所示。

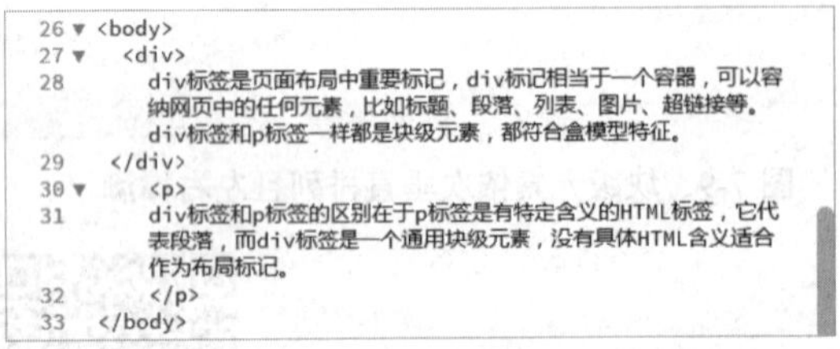

图 7-12 输入<div>标签和<p>标签

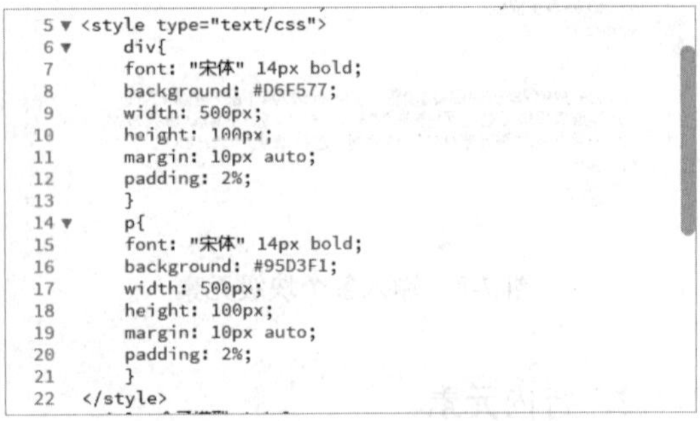

图 7-13 添加<style>内嵌样式表

Step 03 按【Ctrl+S】组合键保存文档，按【F12】键预览网页，查看<div>标签元素和<p>标签元素的设置效果，如图 7-14 所示。

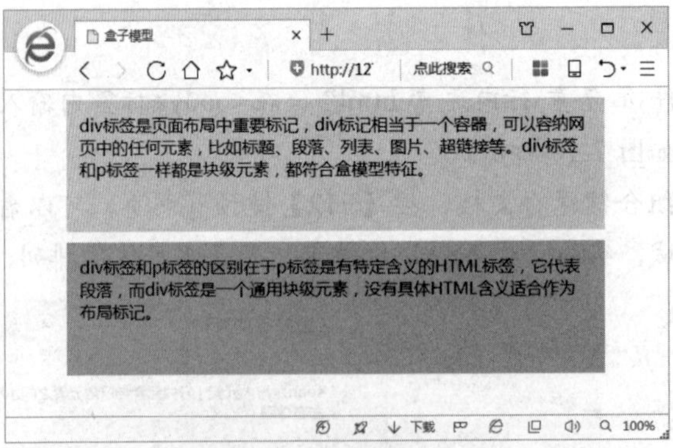

图 7-14 预览网页

7.2.3 盒子在标准流中的定位

掌握盒子在标准流中的定位原则需要深刻地理解 margin 属性，因为 padding 属性只作用于盒子内部，不会影响盒子的外部。margin 属性是一个盒子的外边距，它直接影响与其他盒子之间的关系。下面将介绍盒子在标准流中的定位方式。

1．块级元素之间的垂直定位 margin 属性

两个块级元素默认是垂直排列的，可以通过上、下外边距来控制两个同级块级元素之间的距离。两个垂直排列的块级元素之间的距离不是 margin-bottom 和 margin-top 的总和，而是两者中的较大者，这种现象叫做“塌陷”，如图 7-15 所示。

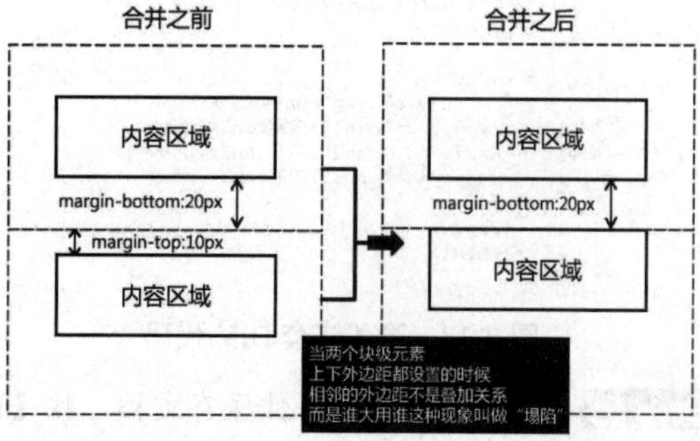

图 7-15　块级元素之间的垂直定位

2．嵌套盒子之间的 margin 属性

当一个盒子包含在另一个盒子中时，就形成了典型的嵌套关系，其中子盒子的 margin 属性将以父盒子的内容为参考。在标准流中，一个块级元素的盒子模型在水平方向上的宽度会自动延伸至上一级盒子的限制位置。下面将举例说明，具体操作方法如下。

Step 01 打开“素材文件\第 7 章\margin 属性.html”，输入嵌套<div>代码和对应的 CSS 代码，如图 7-16 所示。

Step 02 按【Ctrl+S】组合键保存文档，按【F12】键预览网页，效果如图 7-17 所示。

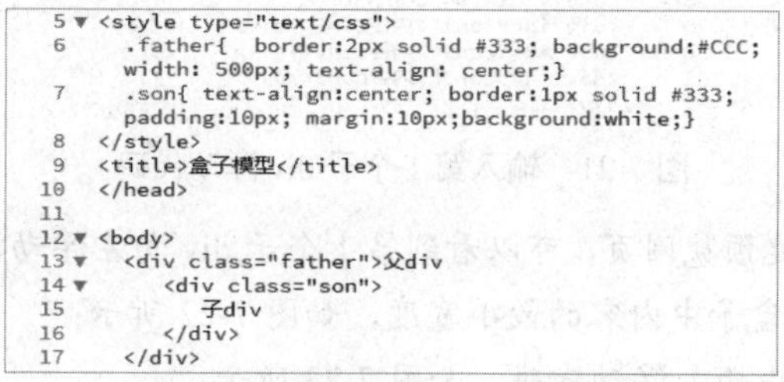

```
<style type="text/css">
  .father{  border:2px solid #333; background:#CCC;
  width: 500px; text-align: center;}
  .son{ text-align:center; border:1px solid #333;
  padding:10px; margin:10px;background:white;}
</style>
<title>盒子模型</title>
</head>

<body>
  <div class="father">父div
     <div class="son">
       子div
     </div>
  </div>
```

图 7-16　设置嵌套 div 及其属性

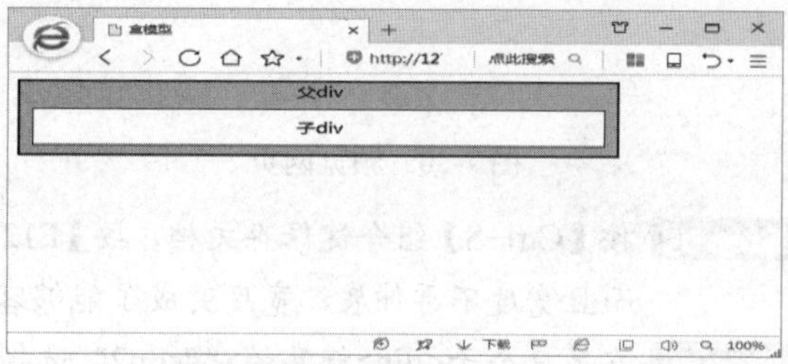

图 7-17　预览网页

7.3　盒子的浮动和定位

在标准流中，一个块级元素的盒子模型在水平方向上会自动伸展，而在垂直方向上与兄弟盒子依次排列，不能并排。CSS 通过浮动可以改变默认排列方式，使其布局更加自由。

7.3.1　盒子浮动

通过给块级元素设置浮动，它将按照浮动位置和外观进行改变，还会脱离默认的排列方式，也就是不按照标准流的方式进行排列。下面将举例说明，具体操作方法如下。

Step 01 打开“素材文件\第 7 章\盒子的浮动和定位.html”，在<body>标签内输入嵌套<div>代码，如图 7-18 所示。

Step 02 在<head>标签内添加内嵌样式表，输入<div>标签应用的类选择器和 ID 选择器的 CSS 代码，如图 7-19 所示。

```
<html>
<head>
<meta charset="utf-8">
<title>盒子的浮动和定位</title>
</head>

<body>
    <div class="content">
  <div id="con1">内容con1</div>
  <div id="con2">内容con2</div>
  <div id="con3">内容con3</div>
</div>
</body>
</html>
```

图 7-18　输入嵌套 DIV 代码

```
<style type="text/css">
    * { margin: 0px; padding: 0px;}
.content {
    margin: 0 auto;
    border: 2px solid #990000;
    margin-top: 30px;
    width: 500px;
}
#con1, #con2, #con3 {
    border: 1px solid #990000;
    padding: 10px;
    margin: 10px;
    font-size: 16px ;
    font-weight: bold;
}
    #con1{background: #EF6466;}
    #con2{background: #8495F9;}
    #con3{background: #60F1A7;}
</style>
```

图 7-19　定义类选择器和 ID 选择器

Step 03 按【Ctrl+S】组合键保存文档，按【F12】键预览网页。可以看到 1 个父 div 中嵌套了 3 个子 div，子 div 之间依次垂直排列，左右撑满，如图 7-20 所示。

Step 04 在第 1 个子<div>标签的“#con1”选择器中输入浮动代码，如图 7-21 所示。

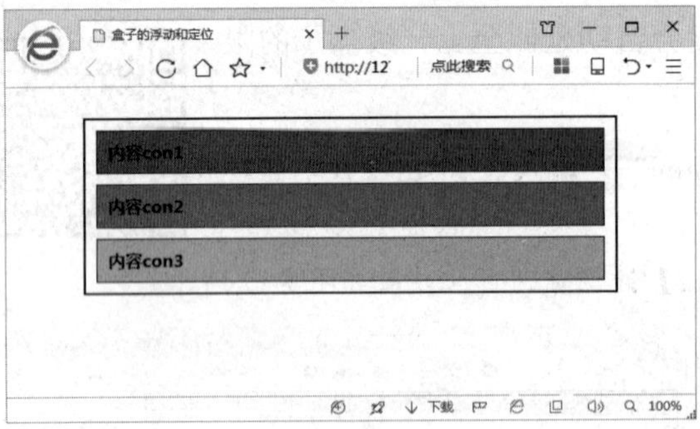

图 7-20　预览网页

```
#con1, #con2, #con3 {
    border: 1px solid #990000;
    padding: 10px;
    margin: 10px;
    font-size: 16px ;
    font-weight: bold;
}
    #con1{background: #EF6466; float: left;}
    #con2{background: #8495F9;}
    #con3{background: #60F1A7;}
</style>
</head>

<body>
    <div class="content">
  <div id="con1">内容con1</div>
  <div id="con2">内容con2</div>
  <div id="con3">内容con3</div>
</div>
```

图 7-21　输入第 1 个子 div 浮动代码

Step 05 按【Ctrl+S】组合键保存文档，按【F12】键预览网页，可以看到第 1 个子 div 向左浮动，而且宽度不再伸展，宽度变成了能够容纳盒子中内容的最小宽度，如图 7-22 所示。

Step 06 在第 2 个子<div>标签的“#con2”选择器中输入浮动代码，如图 7-23 所示。

图 7-22　预览网页

```
#con1, #con2, #con3 {
    border: 1px solid #990000;
    padding: 10px;
    margin: 10px;
    font-size: 16px ;
    font-weight: bold;
}
    #con1{background: #EF6466; float: left;}
    #con2{background: #8495F9; float: left;}
    #con3{background: #60F1A7;}
</style>
</head>

<body>
    <div class="content">
  <div id="con1">内容con1</div>
  <div id="con2">内容con2</div>
  <div id="con3">内容con3</div>
</div>
```

图 7-23　输入第 2 个子 div 浮动代码

Step 07 按【Ctrl+S】组合键保存文档，按【F12】键预览网页，可以看到第 2 个子 div 的宽度由内容来确定，而第 3 个子 div 的文字围绕第 2 个子 div 排列，效果如图 7-24 所示。

Step 08 采用相同的方法，将第 3 个子 div 的“float”属性设置为“left”，如图 7-25 所示。

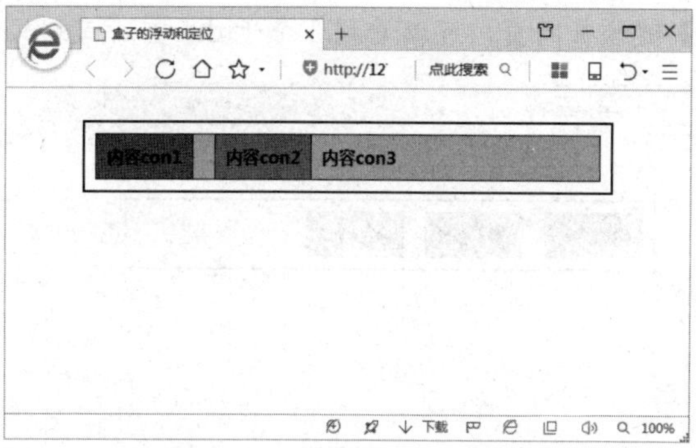

图 7-24　预览网页

```
#con1, #con2, #con3 {
    border: 1px solid #990000;
    padding: 10px;
    margin: 10px;
    font-size: 16px ;
    font-weight: bold;
}
    #con1{background: #EF6466; float: left;}
    #con2{background: #8495F9; float: left;}
    #con3{background: #60F1A7; float: left;}
</style>
</head>

<body>
    <div class="content">
  <div id="con1">内容con1</div>
  <div id="con2">内容con2</div>
  <div id="con3">内容con3</div>
</div>
```

图 7-25　设置第 3 个子 div 浮动属性

Step 09 按【Ctrl+S】组合键保存文档，按【F12】键预览网页，可以看到 3 个子 div 依次靠左排列，效果如图 7-26 所示。

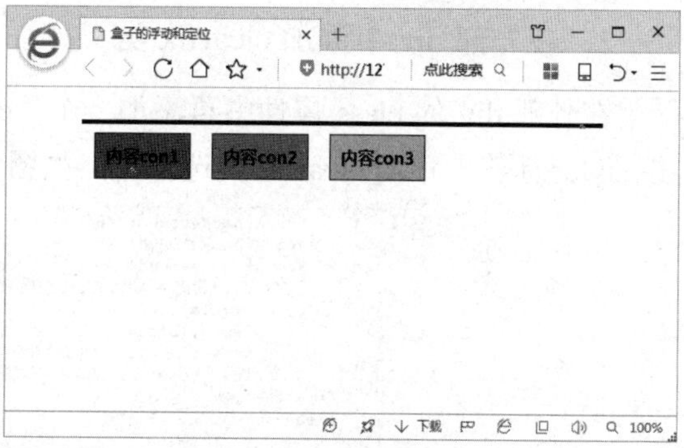

图 7-26　预览网页

7.3.2　清除浮动

在上一个实例中，当 3 个子 div 都向左浮动后，它们脱离里默认的排列方式，依次向左排列。由于父 div 没有清除浮动，导致内容不能被撑开，发现 3 个子 div 都脱离了父 div 的嵌套，跑到父 div 的外部去了。怎样才能让 3 个子 div 都包含在父 div 中呢？下面将介绍两种清除浮动的方法。

1. 添加新的 div 清除浮动

在 CSS 样式中可以使用 clear 属性清除浮动的影响，需要先添加一个新的<div>标签放到最后一个子 div 的后面，并给这个<div>标签添加 clear 属性清除浮动，具体操作方法如下。

Step 01 在第 3 个子 div 后面添加一个空<div>标签，并应用“clearfix”类，如图 7-27 所示。

Step 02 在<style>标签内声明 clearfix 类选择器，设置清除浮动属性，代码如图 7-28 所示。

```
    #con1{background: #EF6466; }
    #con2{background: #8495F9; }
    #con3{background: #60F1A7;}
</style>
</head>

<body>
    <div class="content">
  <div id="con1">内容con1</div>
  <div id="con2">内容con2</div>
  <div id="con3">内容con3</div>
  <div class="clearfix"></div>
</div>
</body>
</html>
```

图 7-27　输入空<div>标签

```
    #con1{background: #EF6466; float: left;}
    #con2{background: #8495F9; float: left;}
    #con3{background: #60F1A7; float: left;}
    .clearfix{
        clear: both;
    }

</style>
</head>

<body>
    <div class="content">
  <div id="con1">内容con1</div>
  <div id="con2">内容con2</div>
  <div id="con3">内容con3</div>
  <div class="clearfix"></div>
</div>
</body>
</html>
```

图 7-28　声明 clearfix 类

Step 03 按【Ctrl+S】组合键保存文档，按【F12】键预览网页，可以看到 3 个子 div 重新回到父 div 中，被父 div 嵌套，效果如图 7-29 所示。

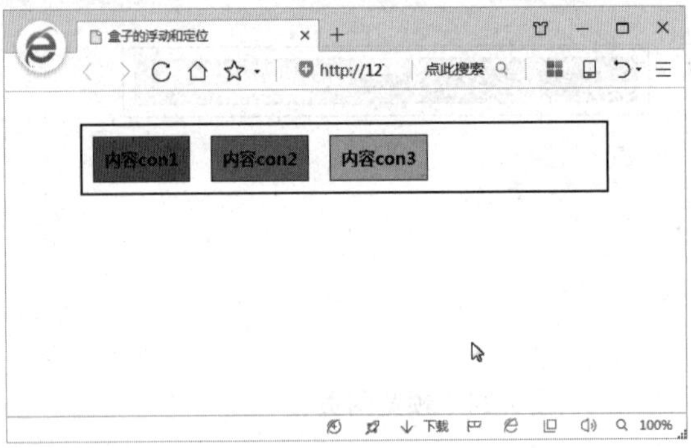

图 7-29　预览网页

使用添加一个 div 并清除浮动的方法有些缺陷，一是多了一个没有意义的 div，二是在用 dojo 做拖放时，由于这个 div 是容器 div 的一个字节点，若这个节点被移动，将会造成排版上的问题，所以推荐使用下面介绍的方法清除浮动的影响。

2．在外部 div 中添加 clearfix 类

在外部 div 的 class 属性中再添加一个“clearfix”类（方法为：输入空格后输入类名），在<style>标签内声明 clearfix 类选择器，如图 7-30 所示。

```
    #con1{background: #EF6466; float: left;}
    #con2{background: #8495F9; float: left;}
    #con3{background: #60F1A7; float: left;}
     /*:after是伪类，表示在选定的元素之后插入内容。伪类常常与标签或类选择器配合使用*/
    .clearfix:after{
        display:block; /*将元素显示为块级元素*/
        content: " ";  /*内容为空*/
        clear:both;  /*清除左右两侧的浮动*/
</style>
</head>

<body>
    <div class="content clearfix">
  <div id="con1">内容con1</div>
  <div id="con2">内容con2</div>
  <div id="con3">内容con3</div>
</div>
</body>
```

图 7-30　声明 clearfix 类

clearfix 类选择器中的 CSS 代码就相当于在浮动元素后面插入了一个空 div，并将其显示为块级元素，然后使用 clear 属性清除浮动的影响。

7.3.3　盒子定位

在进行页面布局时，需要对浮动的块级元素进行位置上的定位，以达到设计上的精确控制。在 CSS 中，盒子的定位是通过 position 属性来设置的。position 属性有 4 个常用的属性值，分别为 static、relative、absolute 和 fixed。

1．静态定位（static）

static 是默认值，是块级元素在标准流中的显示位置，即块级元素默认的布局方式。

2．相对定位（relative）

当将 position 的属性值设置为 relative 时，使用的就是盒子的相对定位方式。在相对定位的情况下，可以按照定位需求设置偏移量，分别使用 left、right、top 和 bottom 属性值来指定左、右、上、下的偏移量。相对定位是以其父 div 的位置为参考对象，若没有父 div，则以浏览器的位置为参考对象。

下面将举例说明，具体操作方法如下。

Step 01 在第 1 个子<div>标签内添加文字内容，如图 7-31 所示。

Step 02 在<style>标签内为#con1 选择器定义相对定位属性及其他属性，如图 7-32 所示。

```
    .clearfix:after{
        display:block; /*将元素显示为块级元素*/
        content: " ";  /*内容为空*/
        clear:both;  /*清除左右两侧的浮动*/
</style>
</head>

<body>
    <div class="content clearfix">
  <div id="con1">当将position的属性值设置为relative时，使用的就是盒子的相对定位方式。在相对定位的情况下，可以按照定位需求设置偏移量，分别使用left、right、top和bottom来指定左、右、上、下的偏移量。</div>
  <div id="con2">内容con2</div>
  <div id="con3">内容con3</div>
</div>
```

图 7-31　添加第 1 个子 div 内容

```
    #con1{background: #EF6466;
        float: right;
        position: relative;
        width: 180px;
        right: 30px;
    }
    #con2{background: #8495F9; float: left;}
    #con3{background: #60F1A7; float: left;}
     /*:after是伪类，表示在选定的元素之后插入内容。伪类常常与标签或类选择器配合使用*/
    .clearfix:after{
        display:block; /*将元素显示为块级元素*/
        content: " ";  /*内容为空*/
        clear:both;  /*清除左右两侧的浮动*/
</style>
```

图 7-32　定义#con1 选择器

Step 03 按【Ctrl+S】组合键保存文档，按【F12】键预览网页，可以看到第 1 个子 div 被定位到父 div 元素的右侧，如图 7-33 所示。

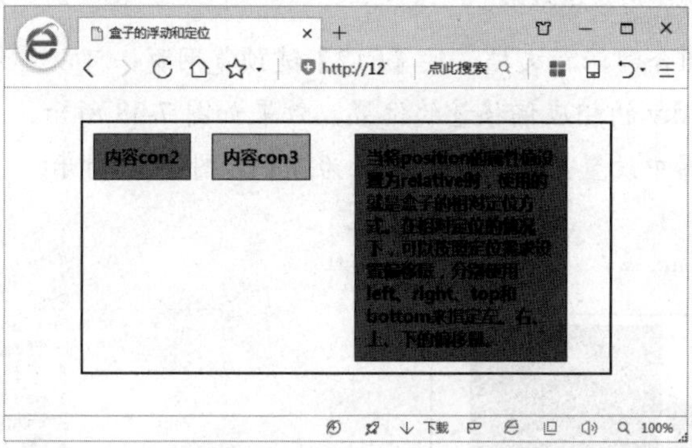

图 7-33　预览相对定位网页效果

3．绝对定位（absolute）

绝对定位脱离标准流，是相对于定位的对象而言的，通过 top、bottom、left、right 等属性值进行定位。绝对定位对象选取最近一个具有定位设置的父级对象进行绝对定位，若对象的父级没有设置定位属性，absolute 元素将以 body 坐标原点进行定位，可以通过 z-index 属性设置元素的堆叠顺序。

下面将举例说明，具体操作方法如下。

Step 01 在第 2 个子 div 中添加新的文字内容，如图 7-34 所示。

Step 02 在<style>标签内为#con2 选择器设置固定定位属性及 top、left 偏移属性，如图 7-35 所示。

```
</head>

<body>
    <div class="content clearfix">
  <div id="con1">当将position的属性值设置为relative时，使用的就是盒子的相对定位方式。在相对定位的情况下，可以按照定位需求设置偏移量，分别使用left、right、top和bottom来指定左、右、上、下的偏移量。</div>
  <div id="con2">绝对定位脱离文档流，它是相对于定位的对象而言的。它选取最近一个具有定位设置的父级对象进行绝对定位，如果对象的父级没有设置定位属性，absolute元素将以body坐标原点进行定位。</div>
  <div id="con3">内容con3</div>
</div>
</body>
</html>
```

图 7-34　添加第 2 个子 div 内容

```
    #con1{background: #EF6466;
        float: right;
        position: relative;
        width: 180px;
        right: 30px;
    }
    #con2{background: #8495F9;
        float: left;
        position: absolute;
        width: 180px;
        top: 80px;
        left: 40px;
    }

    #con3{background: #60F1A7; float: left;}
```

图 7-35　定义#con2 选择器绝对定位

Step 03 按【Ctrl+S】组合键保存文档，按【F12】键预览网页，可以看到第 2 个子 div 被定位到了浏览器相应偏移量的位置，如图 7-36 所示。

Step 04 在第 2 个子 div 的父 div 所应用的类中设置其相对定位属性，如图 7-37 所示。

图 7-36　预览绝对定位效果

```
<title>盒子的浮动和定位</title>
<style type="text/css">
    * { margin: 0px; padding: 0px;}
.content {
    margin: 0 auto;
    border: 2px solid #990000;
    margin-top: 30px;
    width: 500px;
    position: relative;
}
#con1, #con2, #con3 {
    border: 1px solid #990000;
    padding: 10px;
    margin: 10px;
    font-size: 16px ;
```

图 7-37　设置父 div 定位属性

Step 05 按【Ctrl+S】组合键保存文档，按【F12】键预览网页，可以看到第 2 个子 div 被定位到了相对于其父 div 的相应偏移量的位置，效果如图 7-38 所示。

Step 06 在#con2 选择器中设置“z-index”属性为-1，如图 7-39 所示。

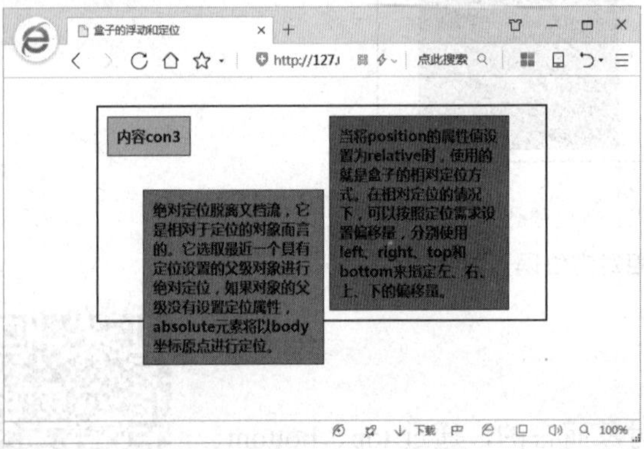

图 7-38　预览绝对定位效果

```
    #con1{background: #EF6466;
        float: right;
        position: relative;
        width: 180px;
        right: 30px;
    }
    #con2{background: #8495F9;
        float: left;
        position: absolute;
        width: 180px;
        top: 80px;
        left: 40px;
        z-index: -1;
    }
```

图 7-39　设置“z-index”属性

Step 07 按【F12】键预览网页，可以看到第 2 个子 div 被置于堆叠对象的下一层，效果如图 7-40 所示。

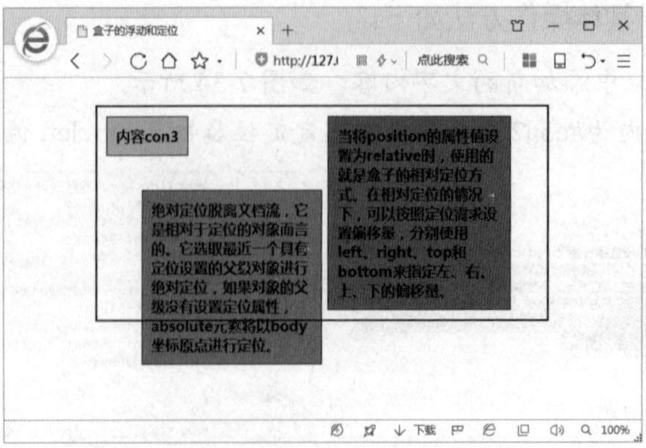

图 7-40　预览网页

4. 固定定位（fixed）

通过固定定位可以将元素定位到相对于浏览器窗口的固定位置，通过设置 top、bottom、left、right 等属性值指定位置。下面将举例说明，具体操作方法如下。

Step 01 打开“素材文件\第 7 章\固定定位.html”，在<body>标签内添加<h2>标签，如图 7-41 所示。

Step 02 在<head>标签内内嵌样式表，并声明“h2”的样式，如图 7-42 所示。

```
<body>
    <h1>position: fixed</h1>
    <h1>position: fixed</h1>
    <h2>固定定位</h2>
    <h1>position: fixed</h1>
    <h1>position: fixed</h1>
    <h1>position: fixed</h1>
    <h1>position: fixed</h1>
    <h1>position: fixed</h1>
    <h1>position: fixed</h1>
    <h1>position: fixed</h1>
    <h1>position: fixed</h1>
    <h1>position: fixed</h1>
    <h1>position: fixed</h1>
    <h1>position: fixed</h1>
    <h1>position: fixed</h1>
```

图 7-41　添加<h2>标签

```
<head>
<meta charset="utf-8">
<title>固定定位</title>
<style type="text/css">
    h2{
    float: right;
    position: fixed;
    top: 10px;right: 10px;
    color:#8B65F9;
    border: 2px dotted;
    padding: 5px;
        }
</style>
</head>
```

图 7-42　声明“h2”的样式

Step 03 按【Ctrl+S】组合键保存文档，按【F12】键预览网页，拖动滚动条，可以看到设置固定定位的文本位置保持不变，效果如图 7-43 所示。

图 7-43　预览固定定位效果

7.4 使用盒子模型布局网页结构

下面将通过实例介绍如何使用盒子模型对常见的一种网页结构进行布局。在进行布局时，将 CSS 样式从 HTML 代码中分离出来，并对网页中的各类元素设置 CSS 样式。

7.4.1 布局头部和底部结构

下面对网页结构的头部和底部结构进行布局，网页头部包括一个导航菜单，在 HTML 代码中菜单一般使用<ul>和<li>标签进行布局，具体操作方法如下。

Step 01 新建“盒子模型网页布局”文档，按【Shift+F11】组合键，打开“CSS 设计器”面板，单击“添加 CSS 源”按钮+，在弹出的列表中选择“创建新的 CSS 文件”选项，如图 7-44 所示。

Step 02 在弹出的“创建新的 CSS 文件”对话框中单击“浏览”按钮，如图 7-45 所示。

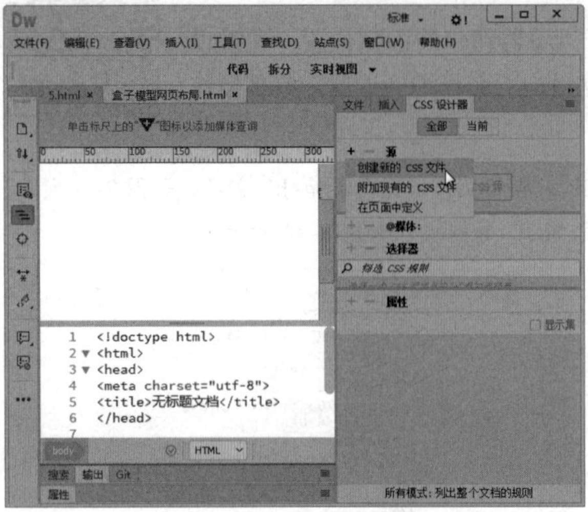

图 7-44　创建新的 CSS 文件

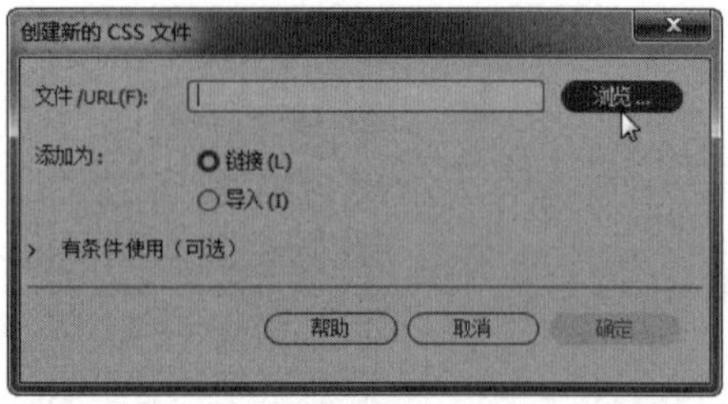

图 7-45　“创建新的 CSS 文件”对话框

Step 03 在弹出的“将样式表文件另存为”对话框中选择样式表文件的保存位置，并输入文件名，然后单击“保存”按钮，如图 7-46 所示。

Step 04 返回“创建新的 CSS 文件”对话框，选中“链接”单选按钮，然后单击“确定”按钮，如图 7-47 所示。

图 7-46　保存样式表文件

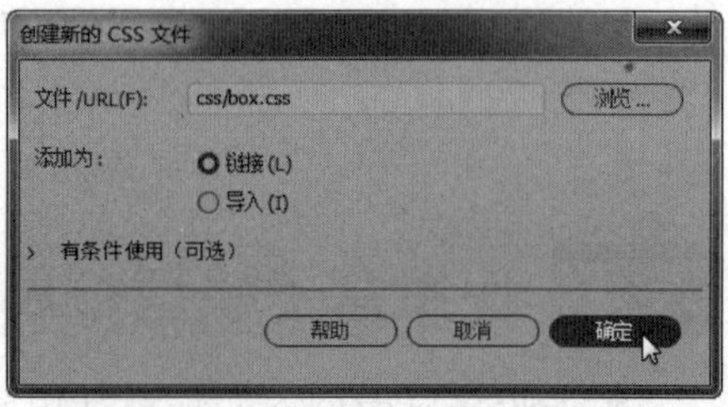

图 7-47　选中“链接”单选按钮

Step 05 此时，即可将样式表文件链接到网页文档中。在编辑区上方单击样式表文件按钮，添加<body>标签选择器，设置清除浏览器默认边距，添加通配符选择器，设置默认盒子类型，如图 7-48 所示。box-sizing 属性值主要有两个：content-box（默认值）和 border-box: content-box 表示设置元素的 width 和 height 时，这两个尺寸实际指的是内容区的尺寸。而 border-box 表示设置元素的 width 和 height 时，这两个尺寸实际指的是“border + padding + 内容区”这三项的总尺寸。

Step 06 切换到网页源代码中，在<body>标签内输入无序列表代码，在列表项<li>标签内输入<a>标签创建超链接，如图 7-49 所示。

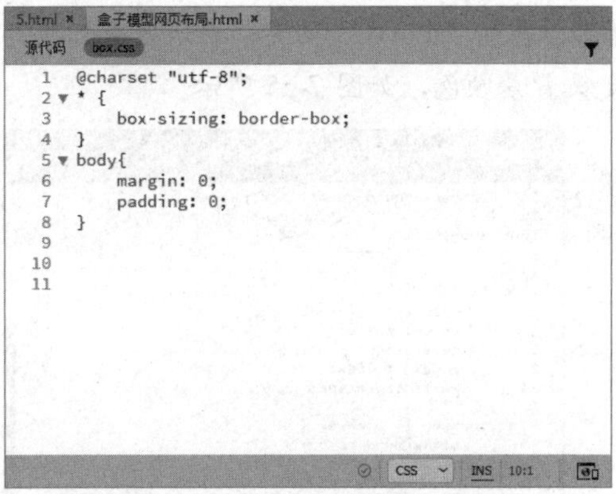

图 7-48 输入通配符和<body>样式

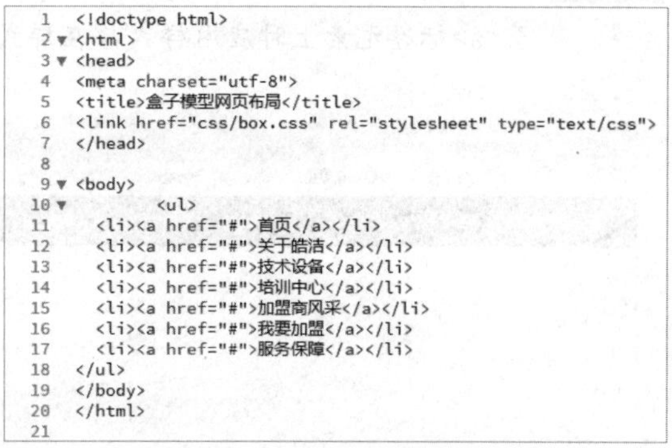

图 7-49 输入无序列表代码

Step 07 按【Ctrl+S】组合键保存文档，按【F12】键预览网页，生成的列表项如图 7-50 所示。

Step 08 在<ul>标签内添加类，并将其命名为“topmenu”，如图 7-51 所示。

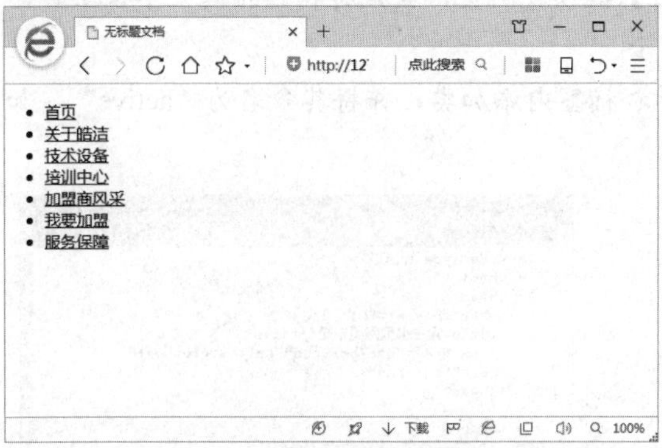

图 7-50 预览列表效果

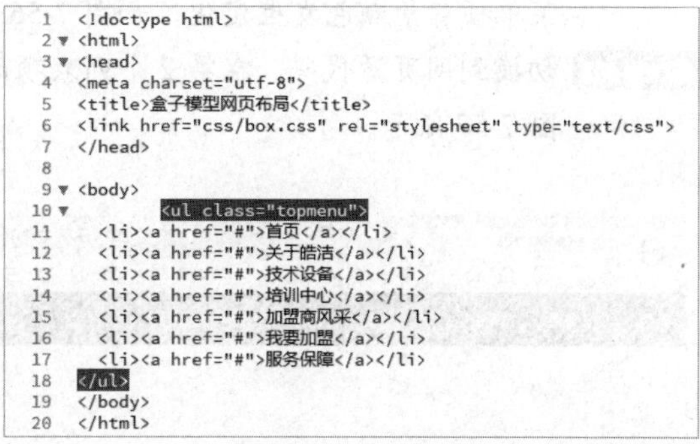

图 7-51 在<ul>标签内添加类

Step 09 将光标定位到“topmenu”类中，按【Ctrl+E】组合键新建 CSS 规则，为 topmenu 选择器定义样式，如图 7-52 所示。

Step 10 切换到 CSS 样式表文件，添加 topmenu 选择器的后代选择器 li 和 a，并分别定义 CSS 样式，如图 7-53 所示。

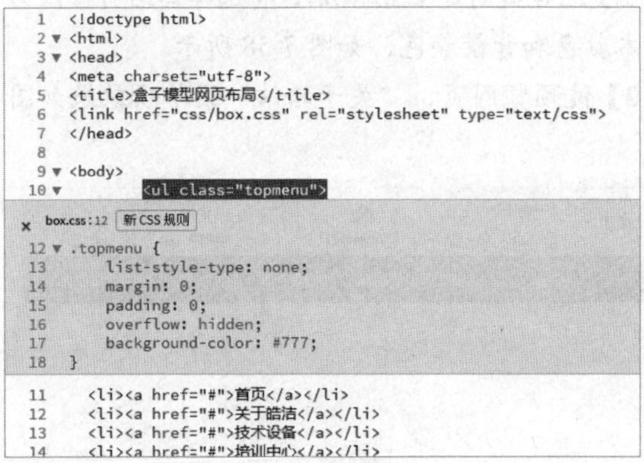

图 7-52 定义“topmenu”类

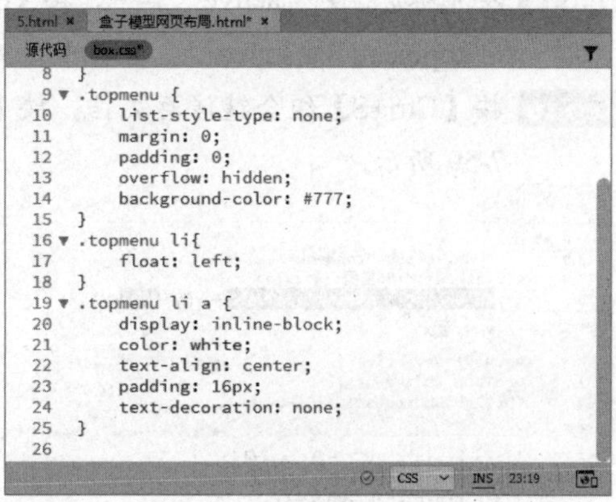

图 7-53 定义“topmenu”类的后代选择器

Step 11 按【Ctrl+S】组合键保存文档，按【F12】键预览网页，网页头部的菜单项效果如图 7-54 所示。

Step 12 在样式表文件中，在“.topmenu li a”选择器后添加“:hover”伪类，表示当鼠标指针移至<a>标签元素上时应用样式，在样式中定义背景颜色，如图 7-55 所示。

图 7-54 预览网页

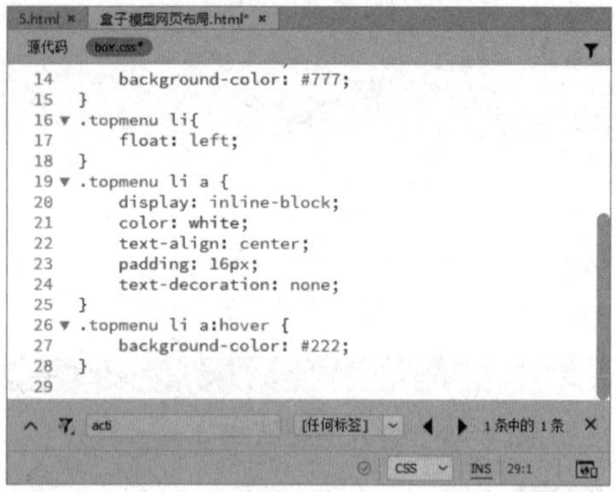

图 7-55 为<a>标签元素添加“:hover”伪类

Step 13 按【Ctrl+S】组合键保存文档，按【F12】键预览网页，当鼠标指针指向菜单项上时，菜单项背景颜色发生变化，如图 7-56 所示。

Step 14 切换到网页源代码，在第 2 个列表项的<a>标签内添加类，并将其命名为“active”，如图 7-57 所示。

图 7-56 预览网页

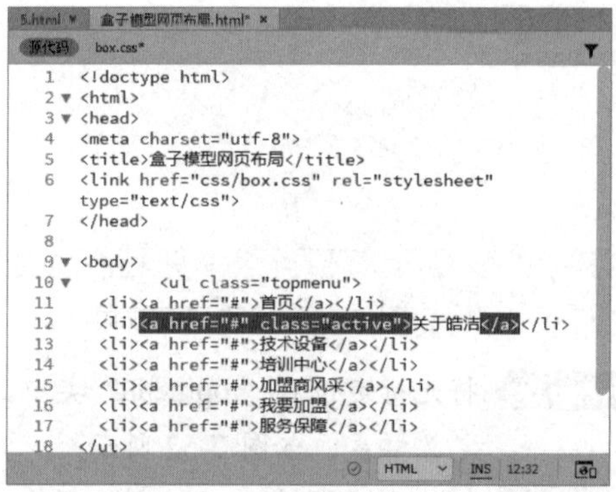

图 7-57 在<a>标签内添加类

Step 15 将光标定位到“active”类中，按【Ctrl+E】组合键新建 CSS 规则，将选择器名称修改为“.topmenu li a.active”，在类中定义文本颜色和背景颜色，如图 7-58 所示。

Step 16 按【Ctrl+S】组合键保存文档，按【F12】键预览网页，“关于皓洁”菜单项效果如图 7-59 所示。

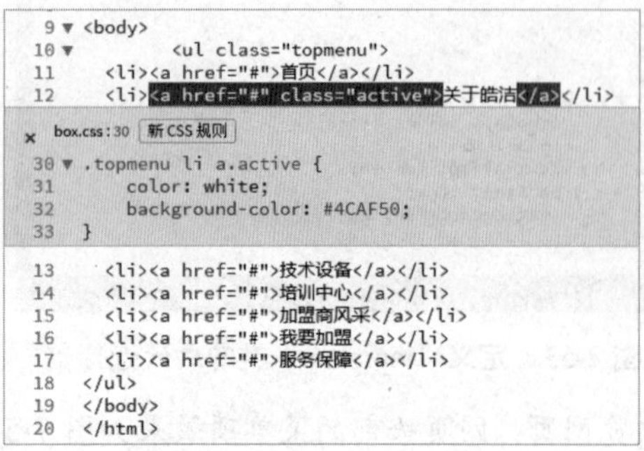

图 7-58 定义类

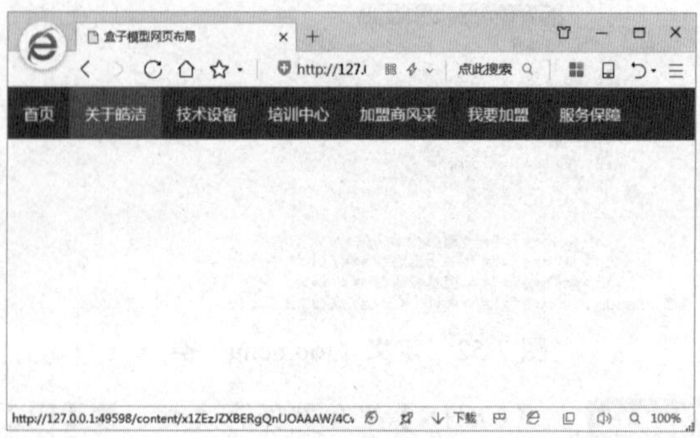

图 7-59 预览网页

Step 17 切换到网页源代码中，在无序列表标签下方添加两个<div>标签，并分别为其添加“clearfix”和“footer”类，第 1 个标签用于放置网页内容，在第 2 个<div>标签内添加<p>标签并输入文本，如图 7-60 所示。

Step 18 将光标定位到“clearfix”类中，按【Ctrl+E】组合键新建 CSS 规则，输入 CSS 代码，为此标签后添加的元素清除浮动，如图 7-61 所示。

```
<body>
        <ul class="topmenu">
    <li><a href="#">首页</a></li>
    <li><a href="#" class="active">关于皓洁</a></li>
    <li><a href="#">技术设备</a></li>
    <li><a href="#">培训中心</a></li>
    <li><a href="#">加盟商风采</a></li>
    <li><a href="#">我要加盟</a></li>
    <li><a href="#">服务保障</a></li>
</ul>
    <div class="clearfix">

    </div>
    <div class="footer">
    <p>底部文本</p>
    </div>
</body>
</html>
```

图 7-60　添加两个<div>标签并应用类

```
        <ul class="topmenu">
    <li><a href="#">首页</a></li>
    <li><a href="#" class="active">关于皓洁</a></li>
    <li><a href="#">技术设备</a></li>
    <li><a href="#">培训中心</a></li>
    <li><a href="#">加盟商风采</a></li>
    <li><a href="#">我要加盟</a></li>
    <li><a href="#">服务保障</a></li>
</ul>
    <div class="clearfix">
× box.css : 35  新 CSS 规则
.clearfix:after {
    content: "";
    clear: both;
    display:block;
}

    </div>
    <div class="footer">
    <p>底部文本</p>
    </div>
```

图 7-61　定义“clearfix”类

Step 19 将光标定位到“footer”类中，按【Ctrl+E】组合键新建 CSS 规则，输入 CSS 代码，如图 7-62 所示。

Step 20 按【Ctrl+S】组合键保存文档，按【F12】键预览网页，网页头部和底部结构布局完成的效果如图 7-63 所示。

```
        <ul class="topmenu">
    <li><a href="#">首页</a></li>
    <li><a href="#" class="active">关于皓洁</a></li>
    <li><a href="#">技术设备</a></li>
    <li><a href="#">培训中心</a></li>
    <li><a href="#">加盟商风采</a></li>
    <li><a href="#">我要加盟</a></li>
    <li><a href="#">服务保障</a></li>
</ul>
    <div class="clearfix">

    </div>
    <div class="footer">
× box.css : 41  新 CSS 规则
.footer {
    background-color: #444;
    color: white;
    padding: 15px;
}
    <p>底部文本</p>
    </div>
```

图 7-62　定义“footer”类

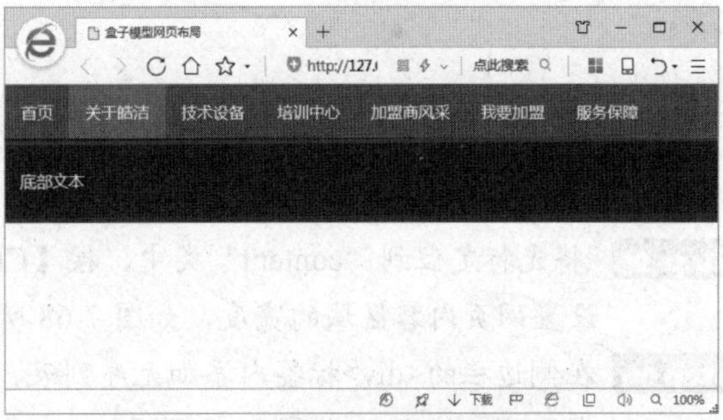

图 7-63　预览网页头部和底部效果

7.4.2　布局侧边栏结构

通常在网页内容左侧包括一个侧边栏，一般用于网页内容的导航。下面使用盒子模型对侧边栏进行布局，具体操作方法如下。

Step 01 在网页内容所在的<div>标签内添加两个子<div>标签，在第 1 个子<div>标签内添加“column”和“sidemenu”类，在第 2 个子<div>标签内添加“column”和“content”类，如图 7-64 所示。

Step 02 将光标定位到“colum”类中，按【Ctrl+E】组合键新建 CSS 规则，输入 CSS 代码，设置左浮动和内边距，如图 7-65 所示。

```
        <ul class="topmenu">
    <li><a href="#">首页</a></li>
    <li><a href="#" class="active">关于皓洁</a></li>
    <li><a href="#">技术设备</a></li>
    <li><a href="#">培训中心</a></li>
    <li><a href="#">加盟商风采</a></li>
    <li><a href="#">我要加盟</a></li>
    <li><a href="#">服务保障</a></li>
</ul>
      <div class="clearfix">
      <div class="column sidemenu">

          </div>
      <div class="column content">

          </div>
      </div>
      <div class="footer">
      <p>底部文本</p>
      </div>
</body>
</html>
```

图 7-64　添加子<div>标签并应用类

```
<body>
        <ul class="topmenu">
    <li><a href="#">首页</a></li>
    <li><a href="#" class="active">关于皓洁</a></li>
    <li><a href="#">技术设备</a></li>
    <li><a href="#">培训中心</a></li>
    <li><a href="#">加盟商风采</a></li>
    <li><a href="#">我要加盟</a></li>
    <li><a href="#">服务保障</a></li>
</ul>
      <div class="clearfix">
      <div class="column sidemenu">
box.css:47  新CSS规则
.column {
      float: left;
      padding: 10px;
  }

          </div>
      <div class="column content">

          </div>
```

图 7-65　定义“colum”类

Step 03 按【Ctrl+S】组合键保存文档，按【F12】键预览网页，可以看到在网页头部和底部之间显示空白边距，如图 7-66 所示。

Step 04 将光标定位到“sidemenu”类中，按【Ctrl+E】组合键新建 CSS 规则，输入 CSS 代码，设置宽度，如图 7-67 所示。

图 7-66　预览网页

```
        <ul class="topmenu">
    <li><a href="#">首页</a></li>
    <li><a href="#" class="active">关于皓洁</a></li>
    <li><a href="#">技术设备</a></li>
    <li><a href="#">培训中心</a></li>
    <li><a href="#">加盟商风采</a></li>
    <li><a href="#">我要加盟</a></li>
    <li><a href="#">服务保障</a></li>
</ul>
      <div class="clearfix">
      <div class="column sidemenu">
box.css:53  新CSS规则
.sidemenu {
      width: 25%;
  }

          </div>
      <div class="column content">

          </div>
      </div>
```

图 7-67　设置侧边栏宽度

Step 05 将光标定位到“content”类中，按【Ctrl+E】组合键新建 CSS 规则，输入 CSS 代码，设置网页内容区域的宽度，如图 7-68 所示。

Step 06 在侧边栏的<div>标签内添加无序列表，并在第 1 个列表项的<a>标签内添加类，将其命名为“active”，如图 7-69 所示。

```
        <ul class="topmenu">
    <li><a href="#">首页</a></li>
    <li><a href="#" class="active">关于皓洁</a></li>
    <li><a href="#">技术设备</a></li>
    <li><a href="#">培训中心</a></li>
    <li><a href="#">加盟商风采</a></li>
    <li><a href="#">我要加盟</a></li>
    <li><a href="#">服务保障</a></li>
</ul>
      <div class="clearfix">
      <div class="column sidemenu">

          </div>
      <div class="column content">
box.css:57  新CSS规则
.content {
      width: 75%;
  }

          </div>
      </div>
```

图 7-68　设置内容区域宽度

```
      <div class="clearfix">
      <div class="column sidemenu">
          <ul>
        <li><a href="#" class="active">品牌介绍</a></li>
        <li><a href="#">品牌文化</a></li>
        <li><a href="#">发展历程</a></li>
        <li><a href="#">荣誉资质</a></li>
        <li><a href="#">新闻中心</a></li>
        <li><a href="#">媒体报道</a></li>
        <li><a href="#">联系我们</a></li>
          </ul>
          </div>
      <div class="column content">

          </div>
      </div>
```

图 7-69　添加无序列表

Step 07 切换到CSS样式表文件，添加“sidemenu”类选择器的后代选择器 ul、a、a:hover 和 a.active，并分别定义 CSS 样式，如图 7-70 所示。

Step 08 按【Ctrl+S】组合键保存文档，按【F12】键预览网页，侧边栏效果如图 7-71 所示。

```
.sidemenu {
    width: 25%;
}
.sidemenu ul {
    list-style-type: none;
    margin: 0;
    padding: 0;
}
.sidemenu li a {
    margin-bottom: 10px;
    display: block;
    padding: 15px;
    background: #eee;
    text-decoration: none;
    color: #666;
}
.sidemenu li a:hover {
    background-color: #555;
    color: white;
}
.sidemenu li a.active {
    background-color: #008CBA;
    color: white;
}
```

图 7-70　定义“sidemenu”类的后代选择器

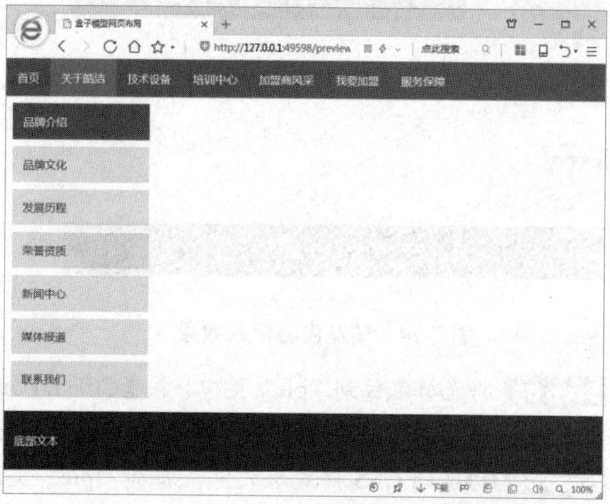

图 7-71　预览网页侧边栏效果

7.4.3　布局内容结构

本例中的网页内容结构中仅包含图片和文字，下面使用盒子模型对其进行布局，具体操作方法如下。

Step 01 在网页内容所在的<div>标签内添加一个子 div，用于放置内容标题。在子<div>标签内添加“header”类，然后在子<div>标签内添加<h1>标签，如图 7-72 所示。

Step 02 将光标定位到“header”类中，按【Ctrl+E】组合键新建 CSS 规则，输入 CSS 代码，设置网页内容的标题样式，如图 7-73 所示。

```
<div class="clearfix">
<div class="column sidemenu">
    <ul>
  <li><a href="#" class="active">品牌介绍</a></li>
  <li><a href="#">品牌文化</a></li>
  <li><a href="#">发展历程</a></li>
  <li><a href="#">荣誉资质</a></li>
  <li><a href="#">新闻中心</a></li>
  <li><a href="#">媒体报道</a></li>
  <li><a href="#">联系我们</a></li>
    </ul>
    </div>
<div class="column content">
    <div class="header">
  <h1>品牌介绍</h1>
    </div>
    </div>
</div>
```

图 7-72　添加子<div>标签并应用类型

```
    <div class="column content">
        <div class="header">
box.css : 79  新 CSS 规则
.header {
    background-color: #2196F3;
    color: white;
    text-align: center;
    padding: 15px;
}
        <h1>品牌介绍</h1>
        </div>
        </div>
    </div>
```

图 7-73　定义“header”类

Step 03 按【Ctrl+S】组合键保存文档，按【F12】键预览网页，查看内容标题样式，如图 7-74 所示。

Step 04 在内容标题所在的 div 下方添加一个<div>标签，在标签内添加图片，并为标签添加“pic”类，如图 7-75 所示。

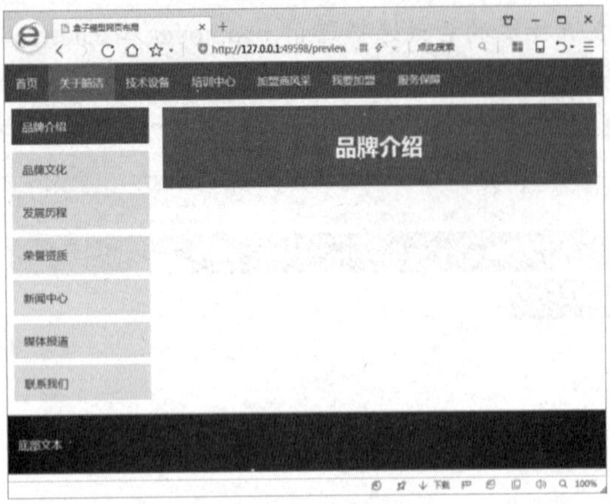

图 7-74　预览内容标题效果

```
<div class="clearfix">
<div class="column sidemenu">
    <ul>
  <li><a href="#" class="active">品牌介绍</a></li>
  <li><a href="#">品牌文化</a></li>
  <li><a href="#">发展历程</a></li>
  <li><a href="#">荣誉资质</a></li>
  <li><a href="#">新闻中心</a></li>
  <li><a href="#">媒体报道</a></li>
  <li><a href="#">联系我们</a></li>
    </ul>
  </div>
<div class="column content">
    <div class="header">
  <h1>品牌介绍</h1>
    </div>
  <div class="pic"><img src="images/02.png" /></div>
    </div>
</div>
```

图 7-75　添加<div>标签并插入图片

Step 05 将光标定位到“pic”类中，按【Ctrl+E】组合键新建 CSS 规则，输入 CSS 代码，定义 div 的大小、边距和水平对齐方式，如图 7-76 所示。

Step 06 切换到 CSS 样式表文件，添加“pic”类选择器的后代选择器 img，并定义 CSS 样式，设置图片尺寸，并为图片添加圆角边框，如图 7-77 所示。

```
<div class="clearfix">
<div class="column sidemenu">
    <ul>
  <li><a href="#" class="active">品牌介绍</a></li>
  <li><a href="#">品牌文化</a></li>
  <li><a href="#">发展历程</a></li>
  <li><a href="#">荣誉资质</a></li>
  <li><a href="#">新闻中心</a></li>
  <li><a href="#">媒体报道</a></li>
  <li><a href="#">联系我们</a></li>
    </ul>
  </div>
<div class="column content">
    <div class="header">
  <h1>品牌介绍</h1>
    </div>
  <div class="pic"><img src="images/02.png" /></div>
box.css : 86  新 CSS 规则
.pic {
    width: 85%;
    height: 300px;
    margin: 10px auto;
    text-align: center;
}
    </div>
</div>
```

图 7-76　定义“pic”类

```
.content {
      width: 75%;
}
.header {
      background-color: #2196F3;
      color: white;
      text-align: center;
      padding: 15px;
}
.pic {
      width: 85%;
      height: 300px;
      margin: 10px auto;
      text-align: center;
}
.pic img{
      max-width: 100%;
      max-height: 100%;
      border-radius: 10%;
}
```

图 7-77　定义“pic”类的后代选择器

Step 07 按【Ctrl+S】组合键保存文档，按【F12】键预览网页，查看图片效果，如图 7-78 所示。

Step 08 切换到网页源代码中，添加<h2>标签和<p>标签并输入内容，如图 7-79 所示。

图 7-78　预览网页图片效果

```
5.html ×  盒子模型网页布局.html ×
源代码  box.css
  <li><a href="#">联系我们</a></li>
    </ul>
  </div>
<div class="column content">
    <div class="header">
  <h1>品牌介绍</h1>
    </div>
  <div class="pic"><img src="images/02.png" /></div>
    <h2>专业积淀 领军品牌</h2>
<p>皓洁是专业从事于洗染连锁店加盟的中国驰名品牌。皓洁已拓展国内30多个省份的洗染连锁加盟业务。全国加盟客户已达8000多家。 皓洁专注于干洗店加盟、干洗技术培训、洗衣经营规划、干洗机器销售等洗染行业加盟体系一站式服务。江苏省洗染行业协会会员、 南京市劳动保障局1118工程重点推广项目，坚持“科学洗衣、技术为先”，以“为客户选择最适合、性价比最高的配置”为核心理念，为洗染行业创新型企业。</p>
    </div>
</div>
<div class="footer">
<p>底部文本</p>
</div>
</body>
</html>
body  div .clearfix  div .column.content    HTML  INS 37:205
```

图 7-79　添加<h2>标签和<p>标签

Step 09 切换到 CSS 样式表文件，添加 “content” 类选择器的后代选择器 h2 和 p，并分别定义 CSS 样式，如图 7-80 所示。

Step 10 切换到网页源代码中，复制<h2>标签和<p>标签并输入更多内容，如图 7-81 所示。

```
.content h2{
    font-size: 16px;
    color: #5c5c5c;
    font-weight: normal;
    text-indent: 2em;
    line-height: 16px;
    padding-top: 15px;
}
.content p{
    font-size: 16px;
    color: #b0b0b0;
    line-height: 28px;
    text-indent: 2em;
    padding-bottom: 9px;
}
```

图 7-80　定义 “content” 类的后代选择器

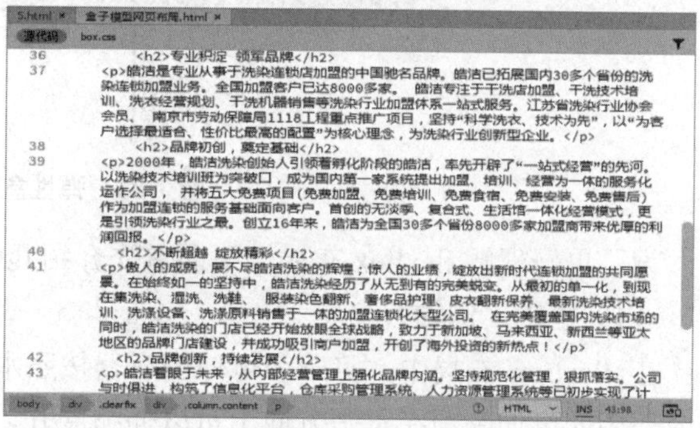

图 7-81　复制标签并修改内容

Step 11 按【Ctrl+S】组合键保存文档，按【F12】键预览网页，查看网页内容的布局效果，如图 7-82 所示。

图 7-82　预览网页内容布局效果

7.5　使用弹性盒子模型

弹性盒子是 CSS3 的一种新的布局模式。CSS3 弹性盒（flexbox）是一种当页面需要适应不同的屏幕大小及设备类型时确保元素拥有恰当的行为的布局方式。引入弹性盒布局模型的目的是提供一种更加有效的方式来对一个容器中的子元素进行排列、对齐和分配空白空间。

7.5.1　认识 CSS3 弹性盒子模型

CSS3 为用户提供了一种可伸缩的灵活的 Web 页面布局方式——flexbox 布局，它具有强大的功能，可以轻松实现很多复杂的布局。在它出现之前，经常使用的布局方式是浮动或者 “固定宽度+百分比” 来进行布局，代码量较大且难以理解。CSS3 弹性盒子模型如图 7-83 所示。

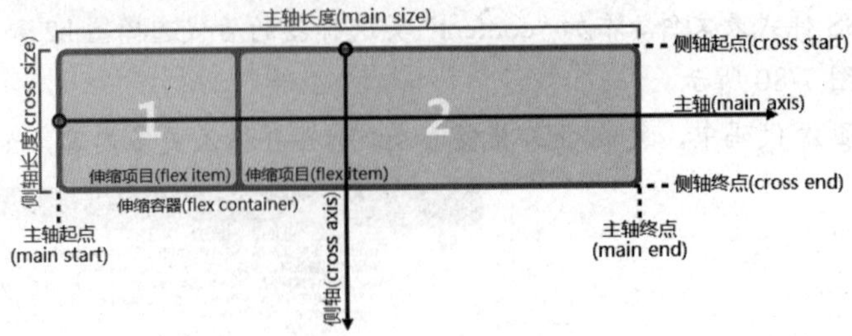

图 7-83 弹性盒子模型

为了更好理解 flexbox 布局，下面首先介绍几个概念。

（1）主轴（侧轴）

在 flexbox 布局中，将一个可伸缩容器按照水平和垂直方向分为主轴或侧轴，若想让这个容器中的可伸缩项在水平方向上可以伸缩展开，那么水平方向上就是主轴，垂直方向上则是侧轴，反之亦然。

（2）主轴（侧轴）长度

当确定了哪个是主轴，哪个是侧轴之后，在主轴方向上可伸缩容器的尺寸（宽或高）就被称作主轴长度，侧轴方向上的容器尺寸（宽或高）就被称作侧轴长度。

（3）主轴（侧轴）起点、主轴（侧轴）终点

若主轴方向是水平方向，通常在水平方向上网页布局是从左向右的，那么可伸缩容器的左 border 就是主轴起点，右 border 就是主轴终点；侧轴是在垂直方向，通常是从上到下的，所以上 border 就是侧轴起点，下 border 就是侧轴终点。

（4）伸缩容器

若要构建一个可伸缩的盒子，那么这些可伸缩的项目必须要由一个具有“display：flex”的属性的盒子包裹起来，这个盒子就称作伸缩容器。

（5）伸缩项目

包含在伸缩容器中，需要进行伸缩布局的元素称为伸缩项目。

明确了以上概念后，下面构建一个 flexbox 布局，具体操作方法如下。

Step 01 新建“弹性盒子模型”文档，在<body>标签内输入构建<div>标签，一个父 div 中嵌套 4 个子 div，并为父 div 添加“flex-container”类，为子 div 添加“flex-item”类，如图 7-84 所示。

```

</head>

<body>
    <div class="flex-container">
        <div class="flex-item ">1</div>
        <div class="flex-item ">2</div>
        <div class="flex-item ">3</div>
        <div class="flex-item ">4</div>
    </div>
</body>
</html>

```

图 7-84 添加 HTML 代码

Step 02 在<head>标签内添加内嵌样式表，并分别定义“flex-container”类和“flex-item”类，在“flex-container”类中使用“display:flex;”定义弹性盒模型，如图 7-85 所示。其中，代码“display：flex”代表这个容器是一个可伸缩容器，并将这个容器渲染为块级元素。此外，display 属性还可以取值为 inline-flex，表示将容器渲染为行内元素。当定义可伸缩容器后，在伸缩容器中的所有子元素都将自动变成可伸缩项目。

Step 03 按【Ctrl+S】组合键保存文档，按【F12】键预览网页，可以看到 4 个可伸缩的项目在水平方向上排列成一行，同时可伸缩项靠左对齐，如图 7-86 所示。

```
<head>
<meta charset="utf-8">
<title>弹性盒模型</title>
<style type="text/css">
.flex-container{
        display:flex;
        width:600px; height:300px;
        background: #ccc;
        }
.flex-item{
        background:#8A2BE2;
        width: 100px; margin: 5px;
        text-align: center; color: white;
        font-size: 30px;
        }
    </style>
    </head>
```

图 7-85　添加 CSS 代码

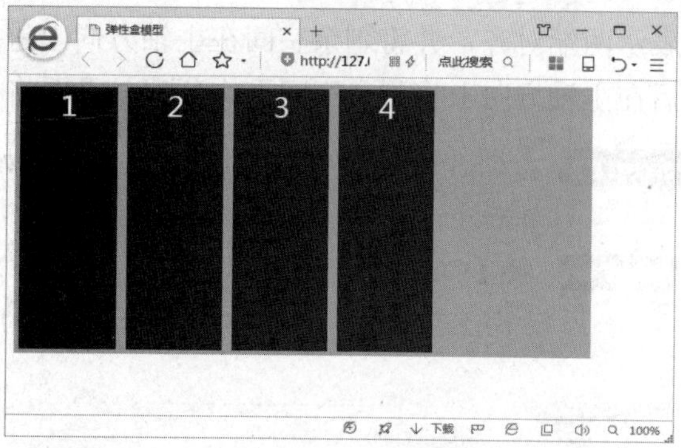

图 7-86　弹性盒子模型

7.5.2　flexbox 弹性盒子属性

在可伸缩容器中，通过设置伸缩容器和可伸缩项的属性，可以响应式地实现各种页面布局。下面将对 flexbox 中的各项属性进行详细介绍。

1．flex-direction 属性

flex-direction 属性用来定义可伸缩项在主轴方向还是侧轴方向展开，它的取值包括 row、column、column-reverse 和 row-reverse，默认值为 row。若取值为 column，表示在垂直方向上展开可伸缩项，column-reverse 和 row-reverse 表示相反方向。若元素不是弹性盒对象的元素，则 flex-direction 属性不起作用。下面将举例说明，具体操作方法如下。

Step 01 在 CSS 代码的“flex-container”类中添加声明“flex-direction: column;”，如图 7-87 所示。

Step 02 按【Ctrl+S】组合键保存文档，按【F12】键预览网页，可以看到可伸缩项在垂直方向上展开，如图 7-88 所示。

```
<head>
<meta charset="utf-8">
<title>弹性盒模型</title>
<style type="text/css">
.flex-container{
        display:flex;
        width:600px; height:300px;
        background: #ccc;
        flex-direction: column;
        }
.flex-item{
        background:#8A2BE2;
        width: 100px; margin: 5px;
        text-align: center; color: white;
        font-size: 30px;
        }
    </style>
    </head>
```

图 7-87　设置“flex-direction”属性

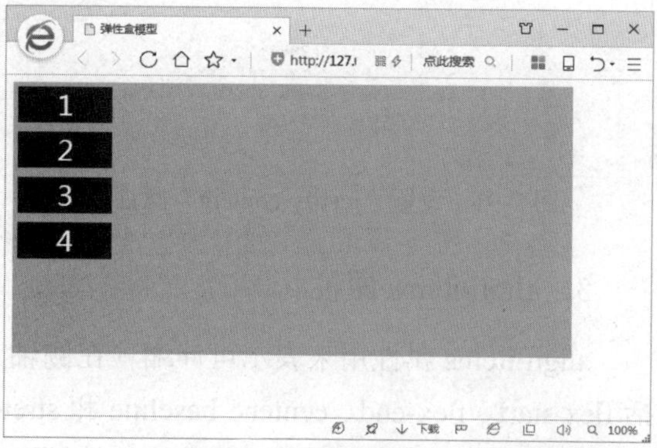

图 7-88　预览网页

2．justify-content 属性

justify-content 属性用来表示可伸缩项在主轴方向上的对齐方式，它的取值包括 flex-start、flex-end、center、space-between 和 space-around。其中，flex-start 和 flex-end 表示相对于主轴起点和终点对齐；center 表示居中对齐；space-between

表示两端对齐，并将剩余空间在主轴方向上进行平均分配；space-around 表示居中对齐，然后在主轴方向上将剩余空间平均分配。下面将举例说明，具体操作方法如下。

Step 01 在 CSS 代码的“flex-container”类中添加声明“justify-content:space-between;”，如图 7-89 所示。

Step 02 按【Ctrl+S】组合键保存文档，按【F12】键预览网页，可以看到 4 个可伸缩项在主轴方向上两端对齐，并平均分配了剩余的空间，效果如图 7-90 所示。

```
<head>
<meta charset="utf-8">
<title>弹性盒模型</title>
<style type="text/css">
.flex-container{
        display:flex;
        width:600px; height:300px;
        background: #ccc;
        flex-direction: column;
        justify-content:space-between;
        }
.flex-item{
        background:#8A2BE2;
        width: 100px; margin: 5px;
        text-align: center; color: white;
        font-size: 30px;
        }
    </style>
```

图 7-89　设置“justify-content”属性

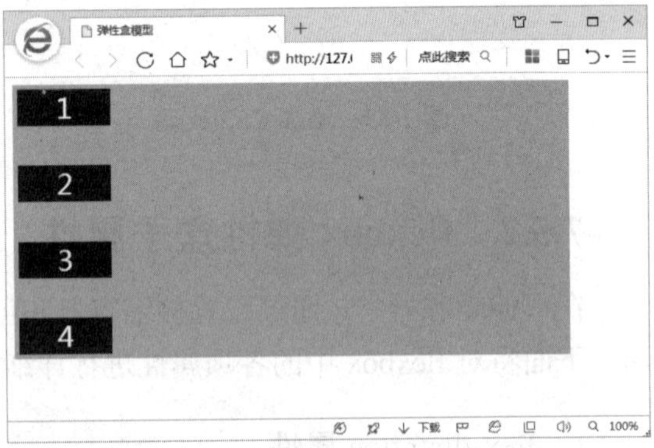

图 7-90　预览网页

Step 03 将“justify-content”的属性值修改为“space-around”，如图 7-91 所示。

Step 04 按【Ctrl+S】组合键保存文档，按【F12】键预览网页，可以看到 4 个可伸缩项在主轴方向上居中对齐，并将剩余空间进行平均分配，效果如图 7-92 所示。

```
<head>
<meta charset="utf-8">
<title>弹性盒模型</title>
<style type="text/css">
.flex-container{
        display:flex;
        width:600px; height:300px;
        background: #ccc;
        flex-direction: column;
        justify-content:space-around;
        }
.flex-item{
        background:#8A2BE2;
        width: 100px; margin: 5px;
        text-align: center; color: white;
        font-size: 30px;
        }
    </style>
```

图 7-91　设置“justify-content”属性

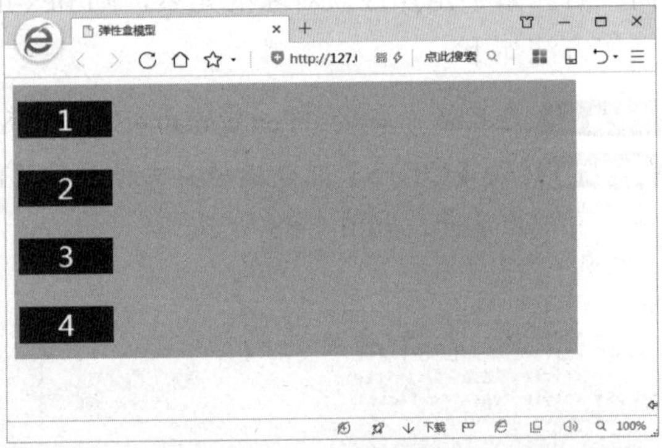

图 7-92　预览网页

3. align-items 属性

align-items 属性用来表示可伸缩项在侧轴方向上的对齐方式，它的取值包括 flex-start、flex-end、center、baseline 和 stretch。其中，baseline 是按照一个计算出来的基准线进行对齐，基准线的计算取决于可伸缩项的尺寸及内容。下面将举例说明，具体操作方法如下。

Step 01 在 HTML 代码中为各可伸缩项分别添加“a”“b”“c”“d”类，如图 7-93 所示。

Step 02 在 CSS 代码中分别定义添加的类，包括上边距和高度属性值，并分别将其设置为不同的大小。在“flex-container”类中设置“flex-direction”属性的值为“row”，设置“align-items”属性的值为“baseline”，如图 7-94 所示。

```
<body>
    <div class="flex-container">
        <div class="flex-item a">1</div>
        <div class="flex-item b">2</div>
        <div class="flex-item c">3</div>
        <div class="flex-item d">4</div>
    </div>
</body>
</html>
```

图 7-93　为可伸缩项添加类

```
.flex-container{
            display:flex;
            width:600px; height:300px;
            background: #ccc;
            flex-direction: row;
            justify-content:space-around;
            align-items: baseline;
            }
.flex-item{
            background:#8A2BE2;
            width: 100px; margin: 5px;
            text-align: center; color: white;
            font-size: 30px;
            }

    .a{ margin-top: 10px; height: 100px;}
    .b{ margin-top: 20px; height: 150px;}
    .c{ margin-top: 30px; height: 120px;}
    .d{ margin-top: 50px; height: 180px;}
```

图 7-94　定义类

Step 03 按【Ctrl+S】组合键保存文档，按【F12】键预览网页，可以看到 4 个可伸缩项在侧轴方向上高度不一，margin 属性不同，但最后都按照计算出来的一个基准线进行对齐，效果如图 7-95 所示。

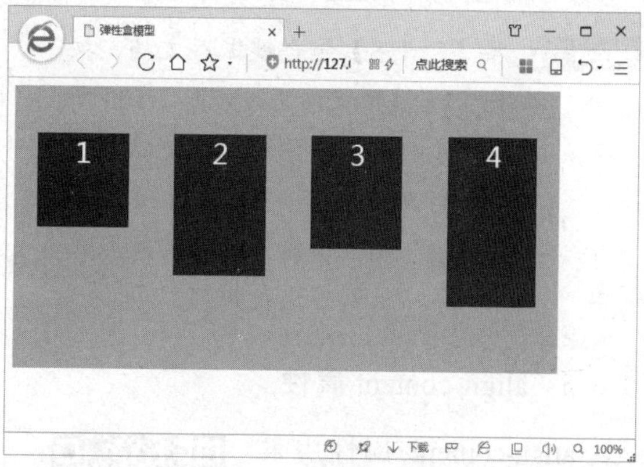

图 7-95　预览网页

Step 04 在 CSS 代码中删除为各可伸缩项设置的高度，在“flex-container”类中设置“align-items”属性的值为“stretch”，如图 7-96 所示。

Step 05 按【Ctrl+S】组合键保存文档，按【F12】键预览网页，可以看到 4 个可伸缩项在侧轴方向上被拉伸了，效果如图 7-97 所示。在使用“stretch”取值时，应保证可伸缩项在侧轴方向上没有设置尺寸，否则该设置将无效。

```
<meta charset="utf-8">
<title>弹性盒模型</title>
<style type="text/css">
.flex-container{
            display:flex;
            width:600px; height:300px;
            background: #ccc;
            flex-direction: row;
            justify-content:space-around;
            align-items:stretch;
            }
.flex-item{
            background:#8A2BE2;
            width: 100px; margin: 5px;
            text-align: center; color: white;
            font-size: 30px;
            }

    </style>
    </head>
```

图 7-96　设置“align-items”属性

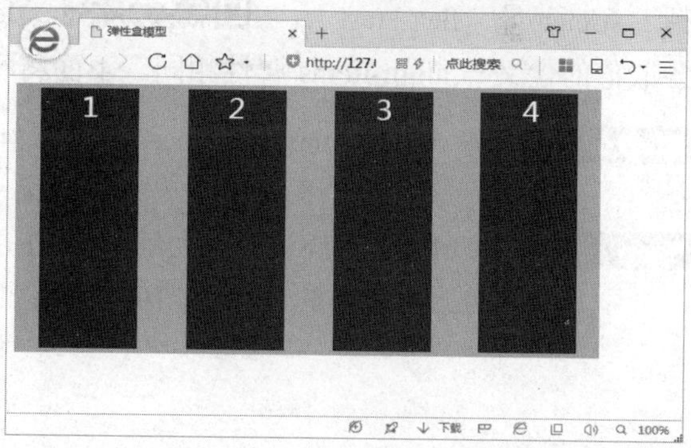

图 7-97　预览网页

4. flex-wrap 属性

flex-wrap 属性用来表示是否支持换行或者换列，它的取值包括 nowrap、wrap 和 wrap-reverse。其中，nowrap 是默认值，表示不换行或者不换列；wrap 表示换行或者换列；wrap-reverse 表示支持换行或者换列，但会沿着相反方向进行排列（如果主轴是垂直方向，换行后就按照先下后上的顺序来排列可伸缩项）。下面将举例说明，具体操作方法如下。

Step 01 在 CSS 代码的“flex-container”类中添加声明“jflex-wrap: wrap;”，在“flex-item”类中添加声明“height:100px;”，如图 7-98 所示。

Step 02 在 HTML 代码中再添加几个可伸缩项，如图 7-99 所示。

```
<style type="text/css">
.flex-container{
            display:flex;
            width:600px; height:300px;
            background: #ccc;
            flex-direction: row;
            justify-content:space-around;
            align-items:stretch;
            flex-wrap: wrap;
            }
.flex-item{
            background:#8A2BE2;
            width: 100px; height: 100px; margin: 5px;
            text-align: center; color: white;
            font-size: 30px;
            }
```

图 7-98 设置“flex-wrap”属性

```
<body>
    <div class="flex-container">
        <div class="flex-item">1</div>
        <div class="flex-item">2</div>
        <div class="flex-item">3</div>
        <div class="flex-item">4</div>
        <div class="flex-item">5</div>
        <div class="flex-item">6</div>
        <div class="flex-item">7</div>
        <div class="flex-item">8</div>
    </div>
</body>
</html>
```

图 7-99 添加可伸缩项

Step 03 按【Ctrl+S】组合键保存文档，按【F12】键预览网页，如图 7-100 所示。可以看到可伸缩项增多以后，当一行难以放下时会进行换行，“wrap”属性值保证换行后按照正常顺序从上到下进行排列。

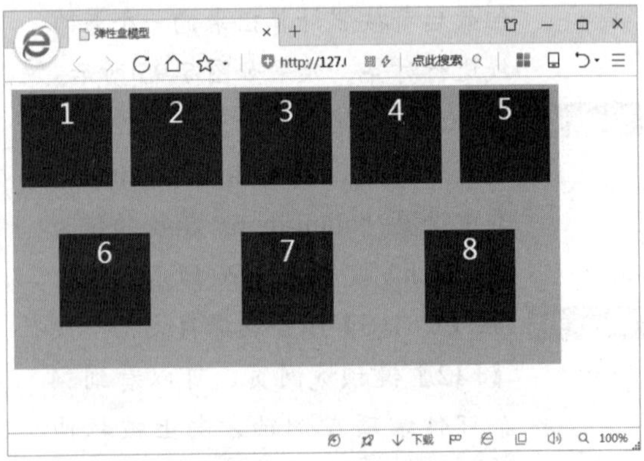

图 7-100 预览网页

5．align-content 属性

align-content 属性用来表示可伸缩项在换行之后各行的对齐方式，它的取值包括 stretch、flex-start、flex-end、center、space-between 和 space-around，各取值的含义与 align-items 属性相同。下面将举例说明，具体操作方法如下。

Step 01 在 CSS 代码的“flex-container”类中添加声明“align-content:space-between;”，如图 7-101 所示。

Step 02 按【Ctrl+S】组合键保存文档，按【F12】键预览网页，可以看到两个可伸缩项行在侧轴方向上两端对齐，如图 7-102 所示。

```
.flex-container{
            display:flex;
            width:600px; height:300px;
            background: #ccc;
            flex-direction: row;
            justify-content:space-around;
            align-items:stretch;
            flex-wrap: wrap;
            align-content: space-between;
            }
.flex-item{
            background:#8A2BE2;
            width: 100px; height: 100px; margin: 5px;
            text-align: center; color: white;
            font-size: 30px;
            }
    </style>
```

图 7-101 设置“align-content”属性

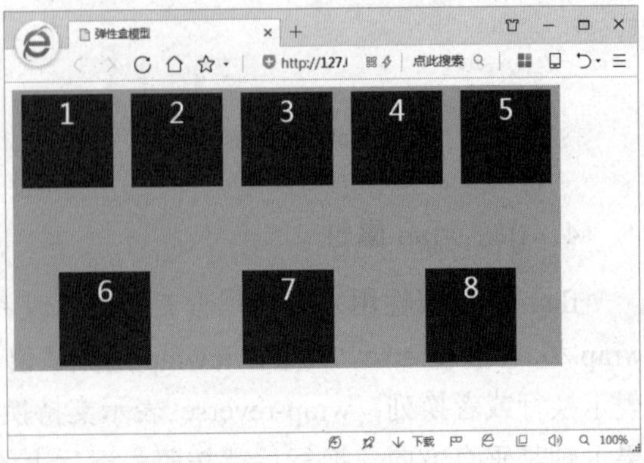

图 7-102 预览网页

6. flex-flow 属性

flex-flow 属性是 flex-direction 和 flex-wrap 的复合属性，例如，声明“flex-direction: row;flex-wrap:wrap;”就等同于“flex-flow:row wrap;”，在此不再赘述。

7. order 属性

order 属性用来表示可伸缩项的排列方式，正常情况下可伸缩项会按照主轴起点到主轴终点排列，遇到换行或换列时会按照从侧轴起点到终点进行排列（除非设置了某些对齐方式，如 reverse）。在特定的情况下，这种默认的显示顺序并不符合要求，此时可以采用给可伸缩项添加 order 属性来指定排列顺序。默认情况下，每个可伸缩项的 order 属性值是 0，其排列顺序会按照 HTML 代码中可伸缩项出现的顺序进行排列。order 属性的值可正可负，值越大的项越会被排列在后面。下面将举例说明，具体操作方法如下。

Step 01 在 HTML 代码中为前三个可伸缩项分别添加“a”“b”和“c”类，如图 7-103 所示。

Step 02 在 CSS 代码中定义添加的类，将 order 属性的值分别设置为“3”“2”和“1”，如图 7-104 所示。

```
<body>
    <div class="flex-container">
        <div class="flex-item a">1</div>
        <div class="flex-item b">2</div>
        <div class="flex-item c">3</div>
        <div class="flex-item">4</div>
        <div class="flex-item">5</div>
        <div class="flex-item">6</div>
        <div class="flex-item">7</div>
        <div class="flex-item">8</div>
    </div>
</body>
</html>
```

图 7-103 为可伸缩项添加类

```
            width:600px; height:300px;
            background: #ccc;
            flex-direction: row;
            justify-content:space-around;
            align-items:stretch;
            flex-wrap: wrap;
            align-content: space-between;
            }
.flex-item{
            background:#8A2BE2;
            width: 100px; height: 100px; margin: 5px;
            text-align: center; color: white;
            font-size: 30px;
            }
        .a{order: 3}
        .b{order: 2}
        .c{order: 1}
        </style>
    </head>
```

图 7-104 定义类

Step 03 按【Ctrl+S】组合键保存文档，按【F12】键预览网页，可以看到 order 值最大的被排列在最后，如图 7-105 所示。

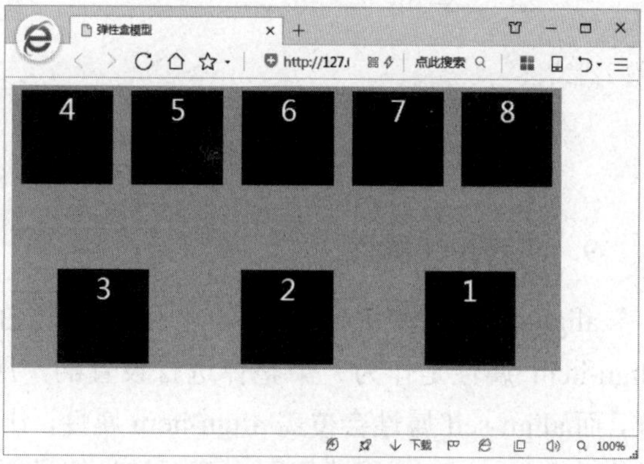

图 7-105 预览网页

8. margin 属性

margin 属性在 flexbox 布局中有很大的作用，若给某个可伸缩项设置某个方向上的 margin 为 auto，那么该可伸缩项就会在这个方向上占用该方向上的剩余空间来作为自己的这个方向上的 margin。下面将举例说明，具体操作方法如下。

Step 01 在 HTML 代码中为第 1 个可伸缩项添加类“a”，在 CSS 代码中声明类“.a{margin-left: auto;}”，如图 7-106 所示。

Step 02 按【Ctrl+S】组合键保存文档，按【F12】键预览网页，可以看到第 1 个可伸缩项独占了本行的剩余空间作为其左边距，如图 7-107 所示。

```
.flex-item{
        background:#8A2BE2;
        width: 100px; height: 100px; margin: 5px;
        text-align: center; color: white;
        font-size: 30px;
        }
    .a{margin-left: auto}

    </style>
</head>

<body>
    <div class="flex-container">
        <div class="flex-item a">1</div>
        <div class="flex-item">2</div>
        <div class="flex-item">3</div>
        <div class="flex-item">4</div>

    </div>
</body>
```

图 7-106 设置 margin 属性

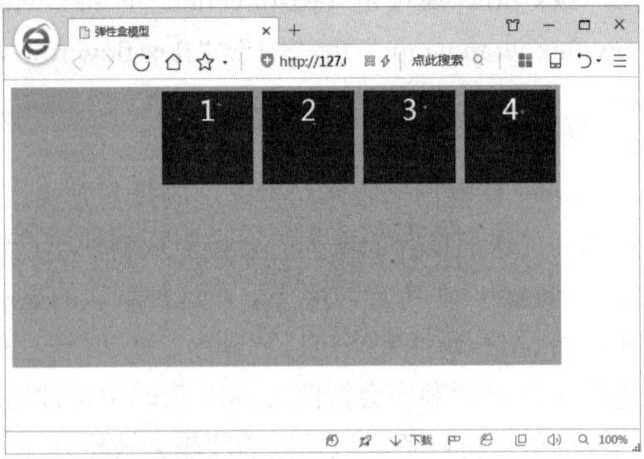

图 7-107 预览网页

Step 03 利用这个特性，在 flexbox 布局中可以实现可伸缩元素的垂直水平居中。在 HTML 代码中只保留第 1 个可伸缩项，删除其他可伸缩项。在 CSS 代码中声明类“.a{margin:auto;}”，如图 7-108 所示。

Step 04 按【Ctrl+S】组合键保存文档，按【F12】键预览网页，可以看到可伸缩项在 flexbox 中垂直水平居中，效果如图 7-109 所示。

```
.flex-item{
        background:#8A2BE2;
        width: 100px; height: 100px; margin: 5px;
        text-align: center; color: white;
        font-size: 30px;
        }
    .a{margin: auto}

    </style>
</head>

<body>
    <div class="flex-container">
        <div class="flex-item a">1</div>

    </div>
</body>
</html>
```

图 7-108 设置 margin 属性

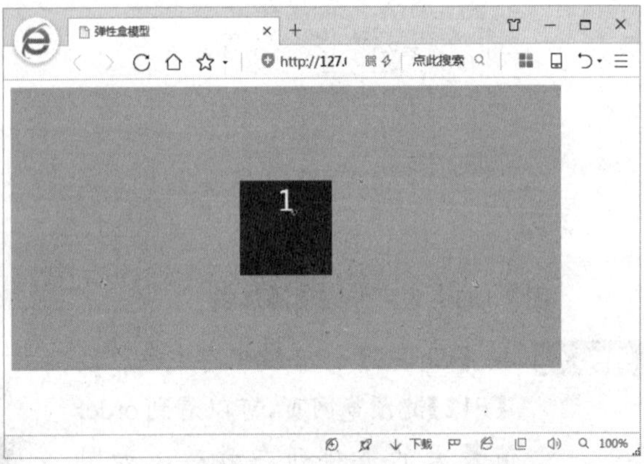

图 7-109 预览网页

9. align-self 属性

align-self 属性用来设置各个可伸缩项在自己侧轴上的对齐方式。align-item 属性是作为一个整体进行设置的，所有的可伸缩项对齐方式都一样，而 align-self 属性会覆盖 align-item 属性，让每个可伸缩项在侧轴上具有不同的对齐方式，其取值与 align-item 属性相同。下面将举例说明，具体操作方法如下。

Step 01 在 HTML 代码中为可伸缩项添加不同的类，在 CSS 代码中声明各类的 align-self 属性对齐方式，如图 7-110 所示。

Step 02 按【Ctrl+S】组合键保存文档，按【F12】键预览网页，可以看到 4 个可伸缩项在侧轴上被赋予了不同的对齐方式，效果如图 7-111 所示。

```
.flex-item{
        background:#8A2BE2;
        width: 100px; height: 100px; margin: 5px;
        text-align: center; color: white;
        font-size: 30px;
        }
    .a{align-self: center;}
    .b{align-self: flex-end;}
    .c{align-self: flex-end;}
    .d{align-self: flex-start;}
    </style>
</head>

<body>
    <div class="flex-container">
        <div class="flex-item a">1</div>
        <div class="flex-item b">2</div>
        <div class="flex-item c">3</div>
        <div class="flex-item d">4</div>
```

图 7-110　设置 align-self 属性

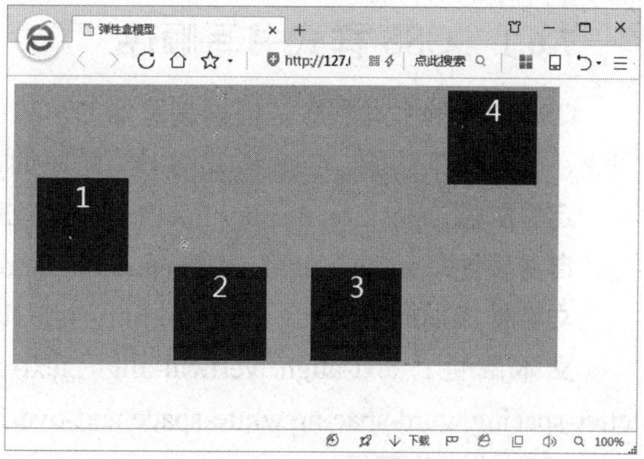

图 7-111　预览网页

10．flex 属性

flex 属性用来为每个可伸缩项定义如何分配主轴尺寸，其取值为 auto 或数字。取值为 auto 时，浏览器将自动平均分配空间；取值为数字时，则会按照可伸缩项所占的数字比例分配空间。需要注意的是，flex 属性会覆盖可伸缩项在主轴上设定的尺寸。下面将举例说明，具体操作方法如下。

Step 01 在 CSS 代码中为每个伸缩项设置不同的 flex 值，如图 7-112 所示。

Step 02 按【Ctrl+S】组合键保存文档，按【F12】键预览网页，可以看到每个可伸缩项按照 flex 值所占的比例分配空间，效果如图 7-113 所示。

```
.flex-item{
        background:#8A2BE2;
        width: 100px; height: 100px; margin: 5px;
        text-align: center; color: white;
        font-size: 30px;
        }
    .a{flex: 1;}
    .b{flex: 2;}
    .c{flex: 1;}
    .d{flex: 2;}
    </style>
</head>

<body>
    <div class="flex-container">
        <div class="flex-item a">1</div>
        <div class="flex-item b">2</div>
        <div class="flex-item c">3</div>
        <div class="flex-item d">4</div>
```

图 7-112　设置 flex 属性

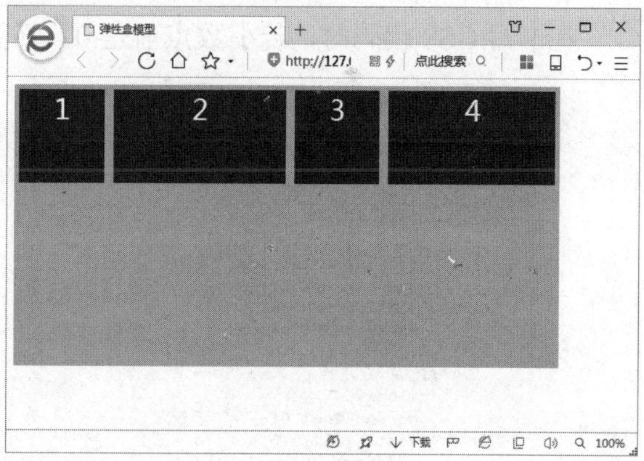

图 7-113　预览网页

课堂解疑

在应用“:hover”选择器时需注意，“:hover”选择器可用于所有元素，不仅是链接。若超链接对象同时添加了“:link”和“:visited”选择器，则“:hover”选择器必须位于它们之后。

7.6　CSS 样式的书写规范、顺序及命名规则

在编写 CSS 代码时遵循一些书写规范、顺序及命名规则，不仅会让自己的思路很清晰，而且在修改代码时也会很明确，不会被冗余的样式所影响。

7.6.1 CSS 样式书写顺序

CSS 样式的书写顺序是根据浏览器的渲染引擎的顺序制定的，合理的书写顺序可以减少回流，提升渲染性能。CSS 样式的书写顺序如下。

定位属性：position display float left top right bottom overflow clear z-index

自身属性：width height margin padding border background

文字样式：font-family font-size font-style font-weight font-varient color

文本属性：text-align vertical-align text-wrap text-transform text-indent text-decoration letter-spacing word-spacing white-space text-overflow

CSS3 中新增属性：content box-shadow border-radius transform…

7.6.2 CSS 样式书写规范

在编写 CSS 代码时，可以遵循以下书写规范，以提高工作效率。虽然 CSS 不区分大小写，但根据 W3C 的规范写法，在书写代码时一律使用小写字母。

1．CSS 属性简写

CSS 有些属性是可以简写的，如 padding、margin、font 等，这样不仅可以精简代码，同时还能提高用户的阅读体验，如图 7-114 所示。

2．去掉小数点前的“0”

在书写 CSS 代码时，若小数点前是 0，可以将其省略，以减少代码量，如图 7-115 所示。

```
/*属性未简写*/
.list-box{
    border-top-style: none;
    font-family: serif;
    font-size: 100%;
    line-height: 1.6;
    padding-bottom: 2em;
    padding-left: 1em;
    padding-right: 1em;
    padding-top: 0;
    background: blue;
}
/*属性简写*/
.list-box{
    border-top: 0;
    font: 100%/1.6 serif;
    padding: 0 1em 2em;
}
```

图 7-114　CSS 简写属性

```
/*未去掉小数点0*/
.tel{
    transition: background 0.5s;
}
/*去掉小数点0*/
    .tel{
    transition: background .5s;
}
```

图 7-115　去掉小数点前的“0”

3．命名简写

在命名类时，很多用户都喜欢简写类名，但前提是要让其他人看懂类名的意思才能简写，如图 7-116 所示。

4．16 进制颜色代码简写

有些 16 进制颜色代码是可以简写的，以提高用户体验，如图 7-117 所示。

```
/*错误的简写命名*/
.navigation{
    margin: 0 0 1em 2em;
}
.atr{
    color:#ccc;
}
/*正确的简写命名*/
.nav{
    margin: 0 0 1em 2em;
}
.author{
    color:#ccc;
}
```

图 7-116 命名简写

```
/*颜色名未简写*/
.hot{
    color: #eebbcc;
}
/*颜色名简写*/
.hot{
    color: #ebc;
}
```

图 7-117 颜色代码简写

5. 连字符 CSS 选择器命名规范

在使用长名称或词组定义选择器名称时，可以使用短横线“-”为选择器命名，而不建议使用下划线“_”为选择器命名，一是使用使用短横线不仅可以提高书写速度，还能与 JavaScript 的变量命名进行区分（JavaScript 脚本为变量命名时用的是下划线）。

6. 不要随意使用 id

id 在 JavaScript 中是唯一的，不能多次使用，而 class 类选择器却可以重复使用。此外，id 选择器的优先级要高于类选择器，因此 id 应按需使用，而不能滥用，如图 7-118 所示。对于网页中主要的、重要的、特殊的或最外层的盒子，用 id 进行命名，其他盒子都使用类选择器命名。同时，在命名类选择器时，应考虑其在代码在重复使用时调用。

7. 为选择器添加状态前缀

通过为选择器添加一个表示状态的前缀，可以让语义更加明了。图 7-119 所示，为选择器添加了“.is-”前缀，以标识状态。

```
/*ID选择器随意使用*/
#info-title{
    font-size: 2em;
}
/*更改为类选择器*/
.info-title{
    font-size: 2em;
}
```

图 7-118 不要随意使用 id

```
/*未加前缀*/
.withdrawal{
    background: #0FF;
}
/*添加前缀表示状态*/
.is-withdrawal{
    background: #0FF;
}
```

图 7-119 为选择器添加状态前缀

7.6.3 CSS 样式命名规范

在网页制作中，规范使用 DIV+CSS 命名规则可以优化代码质量，特别是团队合作时可以提高工作效率。

1. 网页外层重要部分 CSS 样式命名

网页外层重要部分 CSS 样式命名规范如下。

外套 wrap：用于最外层。

头部 header：用于头部。

主要内容 main：用于主体内容（中部）。

左侧 mainleft：用于左侧布局。

右侧 mainright：用于右侧布局。

导航条 nav：用于网页菜单导航条。

内容 content：用于网页中部主体。

底部 footer：用于网页底部。

2．CSS+DIV **命名**

在 CSS 样式中进行命名时，可以参考表 7-1。

表 7-1　CSS 样式命名及其说明

CSS 样式命名	说明
网页公共命名	
#wrapper	页面外围控制整体布局宽度
#container 或#content	容器，用于最外层
#layout	布局
#head, #header	页头部分
#foot, #footer	页脚部分
#nav	主导航
#subnav	二级导航
#menu	菜单
#submenu	子菜单
#sideBar	侧栏
#sidebar_a, #sidebar_b	左边栏或右边栏
#main	页面主体
#tag	标签
#msg #message	提示信息
#tips	小技巧
#vote	投票
#friendlink	友情链接
#title	标题
#summary	摘要
#loginbar	登录条
#searchInput	搜索输入框
#hot	热门热点

续 表

CSS 样式命名	说明
网页公共命名	
#search	搜索
#search_output	搜索输出和搜索结果相似
#searchBar	搜索条
#search_results	搜索结果
#copyright	版权信息
#branding	商标
#logo	网站 Logo 标志
#siteinfo	网站信息
#siteinfoLegal	法律声明
#siteinfoCredits	信誉
#joinus	加入我们
#partner	合作伙伴
#service	服务
#regsiter	注册
arr/arrow	箭头
#guild	指南
#sitemap	网站地图
#list	列表
#homepage	首页
#subpage	二级页面子页面
#tool, #toolbar	工具条
#drop	下拉
#dorpmenu	下拉菜单
#status	状态
#scroll	滚动
.tab	标签页
.left .center .right	居左、居中、居右
.news	新闻
.download	下载
.banner	广告条（顶部广告条）

续 表

CSS 样式命名	说明
电子贸易相关	
.products	产品
.products_prices	产品价格
.products_description	产品描述
.products_review	产品评论
.editor_review	编辑评论
.news_release	最新产品
.publisher	生产商
.screenshot	缩略图
.faqs	常见问题
.keyword	关键词
.blog	博客
.forum	论坛

3．CSS 文件命名

在对 CSS 样式表文件进行命名时，可以参考表 7-2。

表 7-2　CSS 文件命名及其说明

CSS 文件命名	说明
master.css,style.css	主要的
module.css	模块
base.css	基本共用
layout.css	布局，版面
themes.css	主题
columns.css	专栏
font.css	文字、字体
forms.css	表单
mend.css	补丁
print.css	打印

7.7 综合实例——布局电子商务网站首页

网站首页在使用设计软件制作出效果图后，在 Dreamweaver CC 中通过 DIV+CSS 布局方式完成网页的排版。下面以使用 CSS 布局电子商务网站首页为例，使读者进一步巩固 DIV+CSS 布局的方法。

7.7.1 使用 DIV 布局页面结构

在进行网页布局之前，最好先在设计软件中设计出网页的整体布局，然后按照设计的样式进行分拆，再利用 DIV+CSS 进行布局。打开“素材文件\第 7 章\首页设计效果图.jpg”，可以将其分为网页头部、网页主体和网页底部三个主要部分，这是网页主要 DIV 布局结构，如图 7-120 所示。

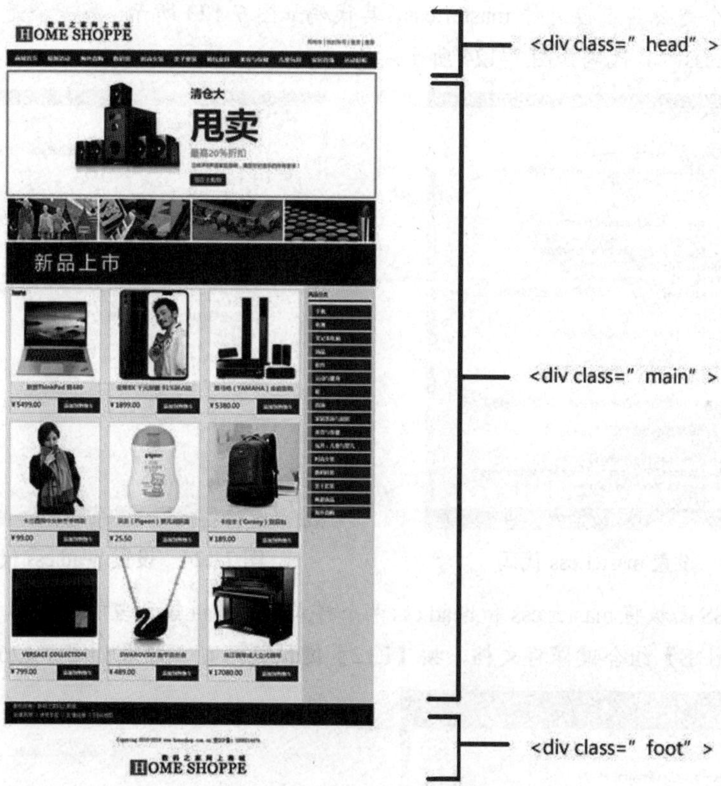

图 7-120　使用 DIV 布局页面结构

7.7.2 对网页头部布局

下面对网页头部的 head 部分进行布局，具体操作方法如下。

Step 01 根据首页效果图来分析，网页头部的布局方式如图 7-121 所示。

Step 02 打开“素材文件\第 7 章\首页\head.html”，根据 DIV 布局分析，在 body 部分输入 HTML 网页结构代码及对应的内容，如图 7-122 所示。

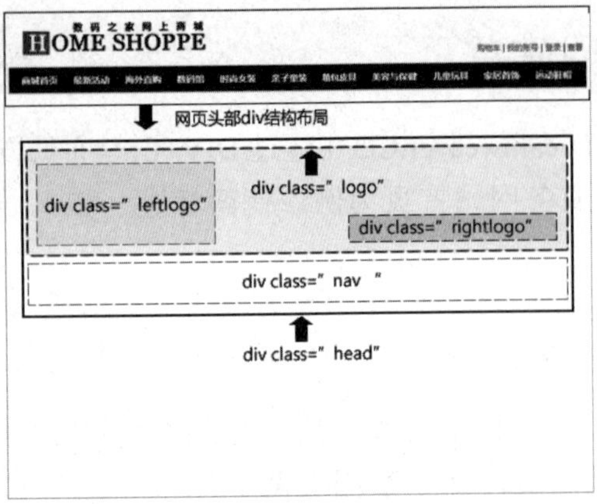

图 7-121 网页头部布局方式

图 7-122 输入 HTML 网页结构代码及内容

Step 03 根据网页头部的设计效果和布局结构设置相关 CSS 代码，在此链接了 2 个 CSS 文件，其中一个是公共属性文件 master.css，其代码如图 7-123 所示；另一个是头部布局样式文件 head.css，其代码如图 7-124 所示。

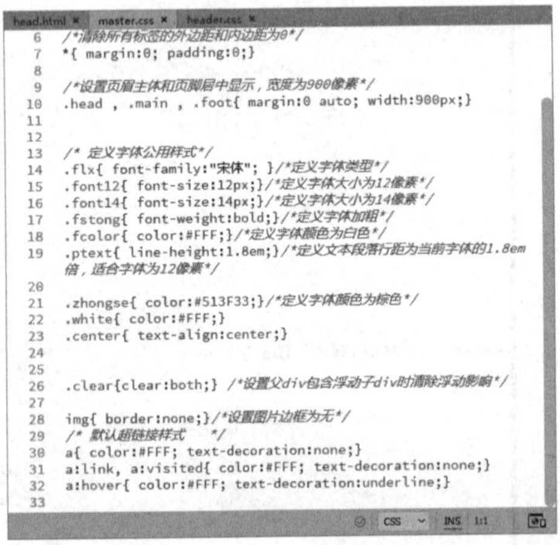

图 7-123 设置 master.css 代码

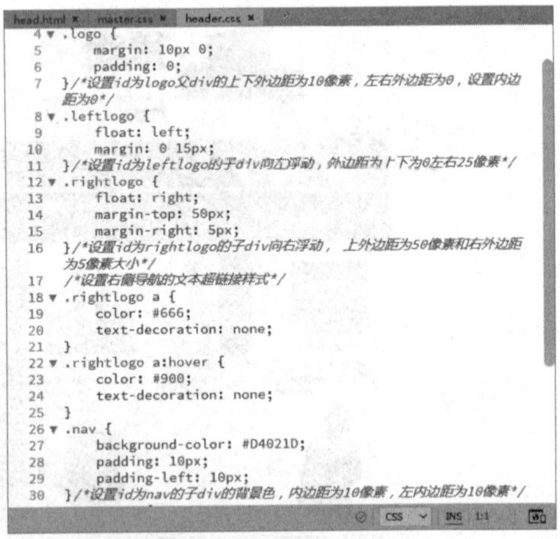

图 7-124 设置 head.css 代码

Step 04 通过 CSS 面板将 master.css 和 head.css 两个样式表文件链接到当前文档上，如图 7-125 所示。

Step 05 按【Ctrl+S】组合键保存文档，按【F12】键预览网页，效果如图 7-126 所示。

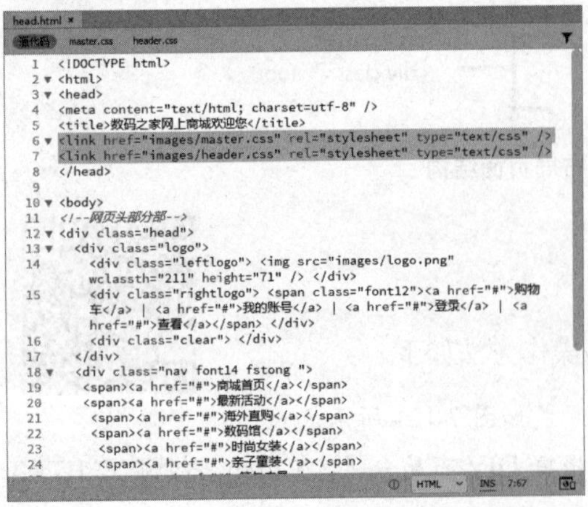

图 7-125 链接样式表文件

图 7-126 预览网页

7.7.3 对网页主体布局

下面对网页主体 main 部分进行布局，具体操作方法如下。

Step 01 根据首页效果图来分析，网页中间主体部分的布局方式如图 7-127 所示。

Step 02 打开“素材文件\第 7 章\main.html”，在 body 部分输入对应的 DIV 布局结构代码，以及相应的图片路径和文字，如图 7-128 所示。

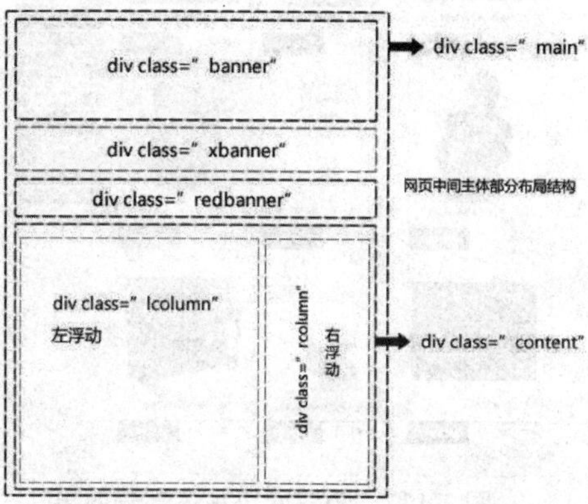

图 7-127 网页中间主体部分布局结构

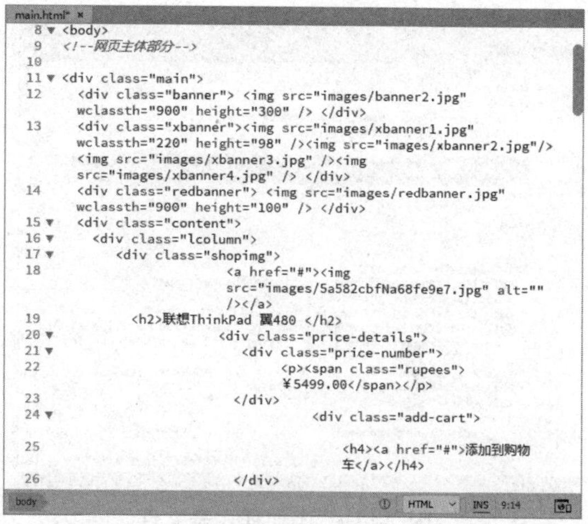

图 7-128 输入 main 部分 DIV 结构代码

Step 03 根据网页主体的设计效果和布局结构设置相关 CSS 代码，在此链接了 2 个 CSS 文件，一个是公共属性文件 master.css，如图 7-129 所示；另一个是头部布局样式文件 main.css，如图 7-130 所示。

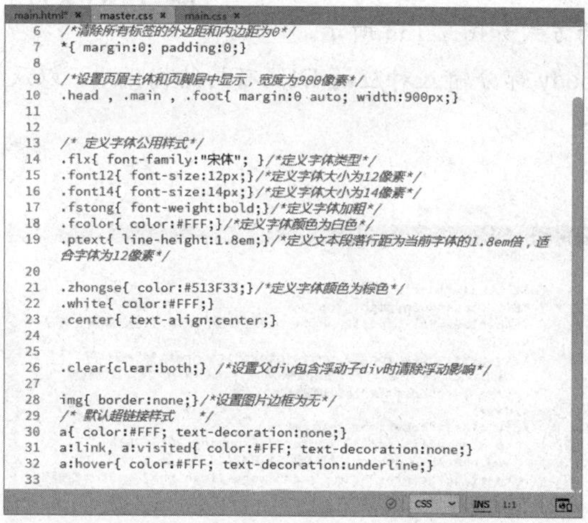

图 7-129 设置 master.css 代码

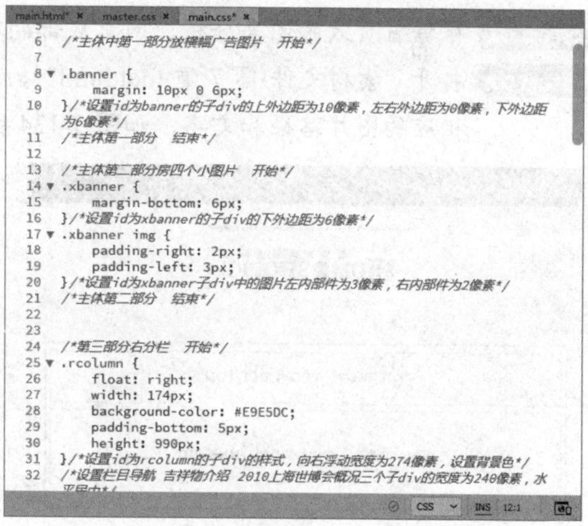

图 7-130 设置 main.css 代码

Step 04 通过 CSS 面板将 master.css 和 main.css 两个样式表文件链接到当前文档上，如图 7-131 所示。

Step 05 按【Ctrl+S】组合键保存文档，按【F12】键预览网页，效果如图 7-132 所示。

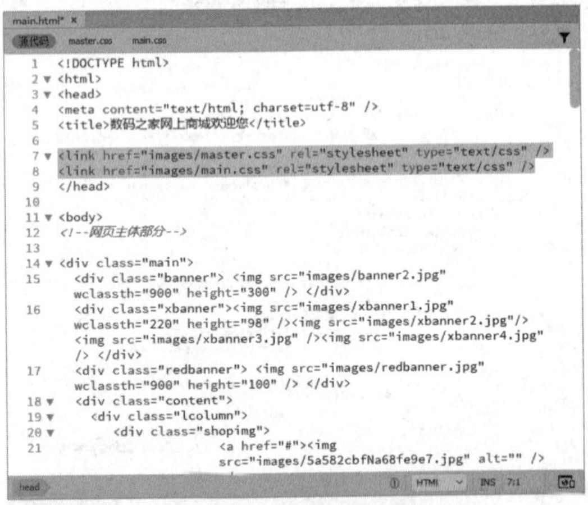

图 7-131　添加样式表文件

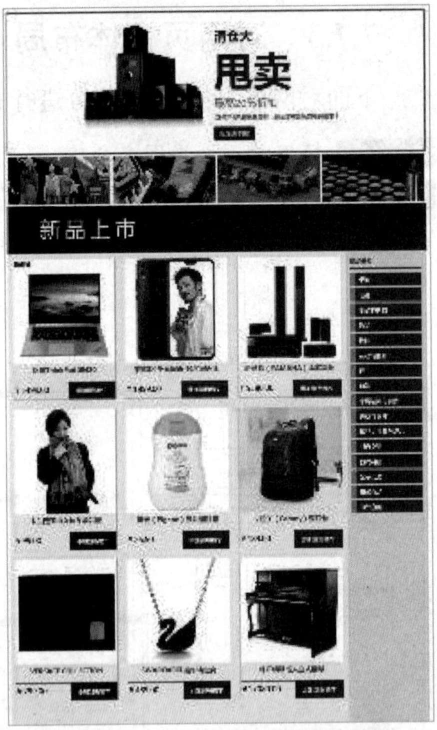

图 7-132　预览网页主体部分效果

7.7.4　对网页底部布局

下面对网页底部 foot 部分进行布局，具体操作方法如下。

Step 01 根据首页效果图来分析，网页底部的布局方式如图 7-133 所示。

Step 02 打开“素材文件\第 7 章\foot.html”，在 body 部分输入对应的 DIV 布局结构代码，以及相应的图片路径和文字，如图 7-134 所示。

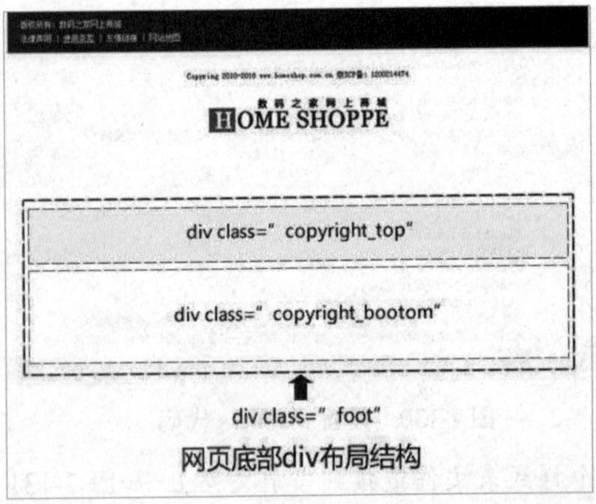

图 7-133　网页底部布局结构

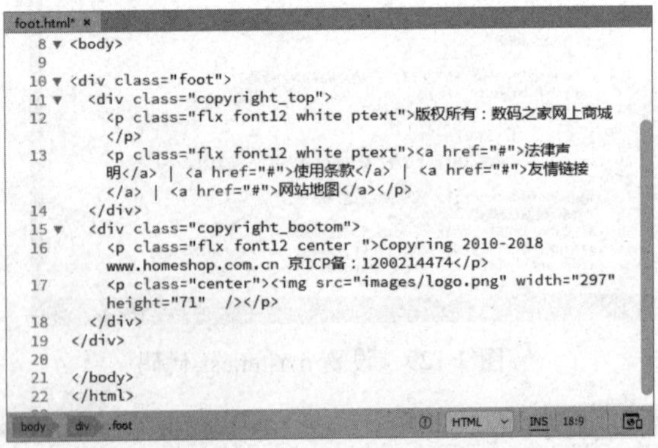

图 7-134　输入 foot 部分 DIV 布局结构代码

Step 03 根据网页底部的设计效果和布局结构设置相关 CSS 代码，在此链接了 2 个 CSS 文件，其中一个是公共属性文件 master.css，其代码如图 7-135 所示；另一个是底部布局样式文件 foot.css，其代码如图 7-136 所示。

图 7-135　设置 master.css 代码

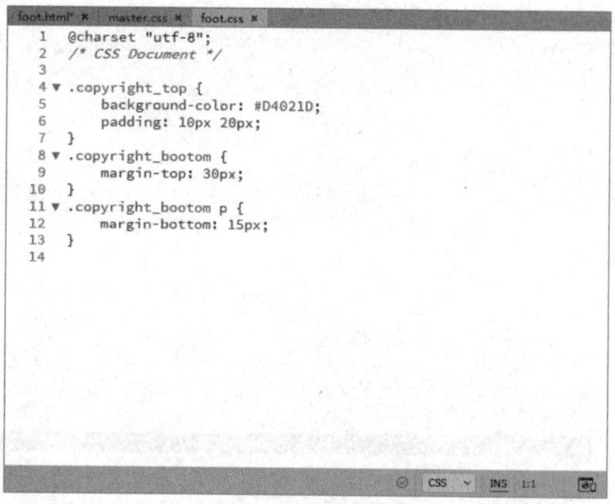

图 7-136　设置 foot.css 代码

Step 04 通过 CSS 面板将 master.css 和 main.css 两个样式表文件链接到当前文档上，如图 7-137 所示。

Step 05 按【Ctrl+S】组合键保存文档，按【F12】键预览网页，效果如图 7-138 所示。

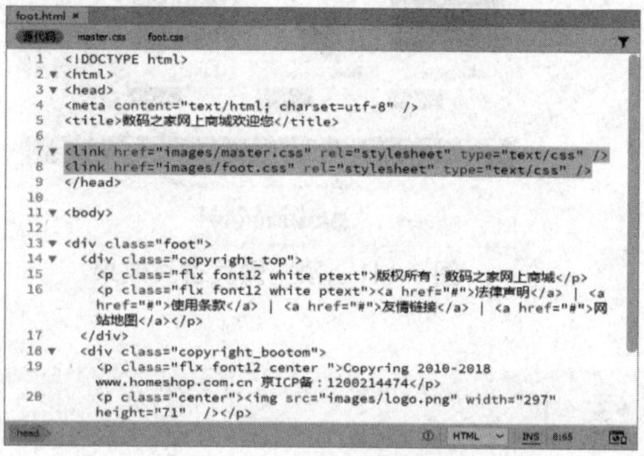

图 7-137　添加样式表文件

图 7-138　预览网页底部部分效果

7.7.5　组合首页布局

当将网站首页的三个组成部分布局完毕后，可以将它们组合到一起，这样即可完成一个整体的网页布局，具体操作方法如下。

Step 01 新建 index.html 网页文档，在<body>标签内输入网页头部、网页主体和网页底部三个部分的 DIV 布局代码，如图 7-139 所示。

Step 02 通过 CSS 面板将 master.css、header.css、main.css 和 foot.css 链接到 index.html 文档中，如图 7-140 所示。

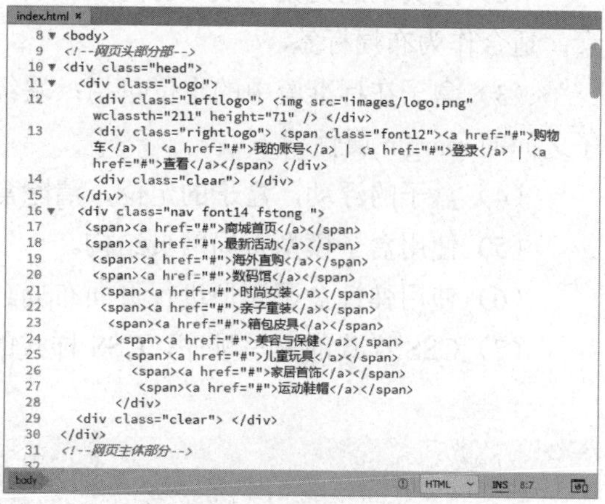

图 7-139　输入首页 DIV 布局结构代码

Step 03 按【Ctrl+S】组合键保存文档，按【F12】键预览网页，最终效果如图 7-141 所示。

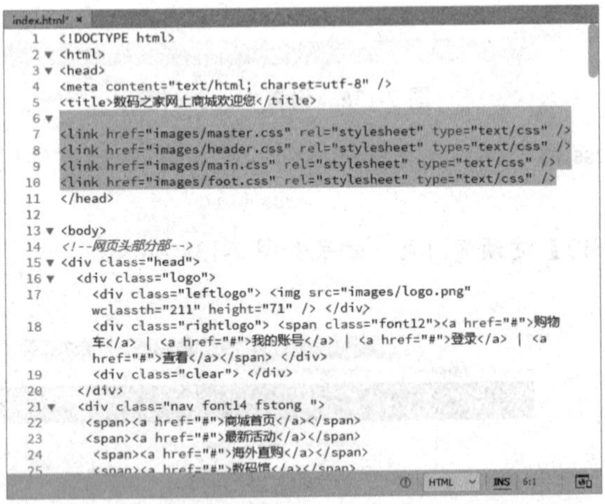

图 7-140　链接 CSS 文件

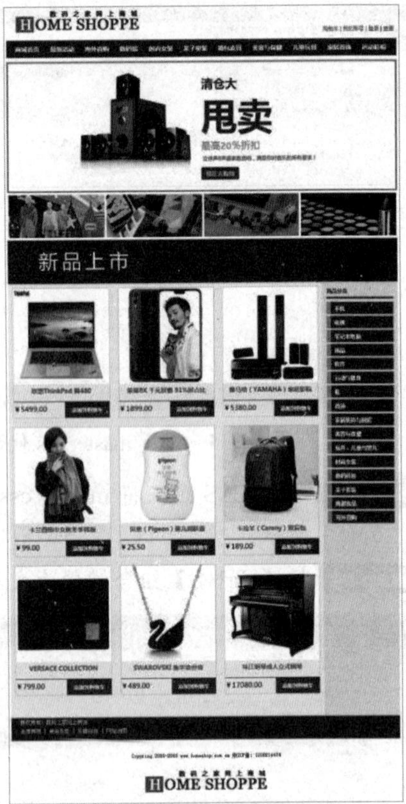

图 7-141　预览网页首页效果

本章小结

通过对本章的学习，读者应该掌握以下知识。

（1）CSS 盒子模型的组成，CSS 盒子模型的边框、内边距和外边距。

（2）网页中的元素可以分为两类：块级元素和行内元素。<div>标签是一个通用块级元素，适合作为布局标签。

（3）盒子在标准流中的定位包括：块级元素之间的垂直定位 margin 属性，以及嵌套盒子之间的 margin 属性。

（4）盒子的浮动，盒子的定位，清除盒子浮动。

（5）使用盒子模型布局网页结构。

（6）使用弹性盒子模型进行页面布局。

（7）CSS 样式的书写顺序，CSS 样式的书写规范，CSS 样式的命名规范。

课后习题

一、选择题

1．下面哪项标签属于行内元素？（　）

A．<span>标签　　B．<p>标签
C．<li>标签　　D．<div>标签

2．下面说法不正确的是（　）。

A．在设置盒子模型的内边距时，padding 值会撑大盒子的尺寸
B．一个网页中的元素主要可以分为两类：块级元素和行内元素
C．<img>标签属于块级元素。
D．<div>标签可以出现在网页上的任何位置

3．关于弹性盒子，下面哪项属性用于定义伸缩项在换行之后各行的对齐方式？（　）

A．align-content　　B．justify-content
C．align-self　　D．flex-flow

二、填空题

1．一个盒子模型由＿＿＿＿＿＿、＿＿＿＿＿＿、＿＿＿＿＿＿和＿＿＿＿＿＿4 个部分组成。

2．使用＿＿＿＿属性可以使块级元素脱离默认的排列方式，使用＿＿＿＿属性可以清除浮动的影响。

3．盒子的定位是通过＿＿＿＿＿属性来设置的。＿＿＿＿＿属性有 4 个常用的属性值，分别为＿＿＿＿＿、＿＿＿＿＿、＿＿＿＿＿和＿＿＿＿＿。

三、实操题

打开“素材文件\第 7 章\习题\about.html”，使用 CSS 盒子模型对页面进行布局和美化，效果如图 7-142 所示。

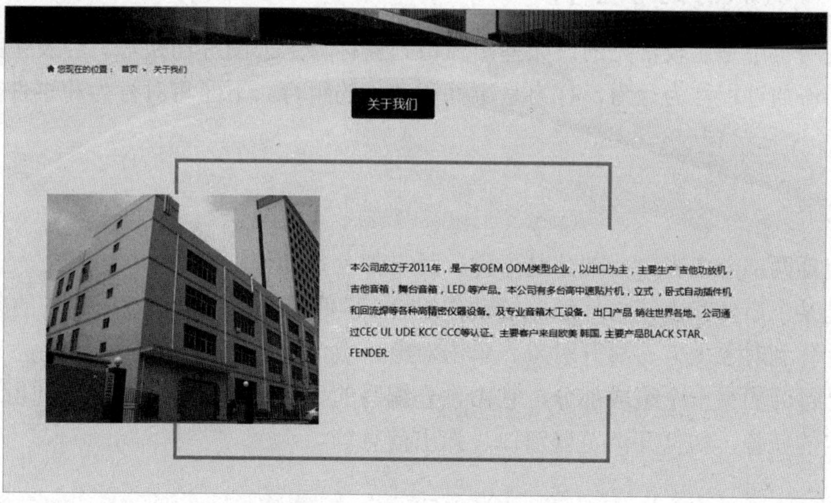

图 7-142 “关于我们”页面

操作提示：

（1）将矩形框、图像和文字放置在一个 div 容器中，并应用“about”类。
（2）为“about”类添加后代选择器，并定位其中各元素的位置。

第 8 章 使用行为和 JavaScript 制作网页特效

【学习目标】

- 了解行为、事件的概念，以及“行为”面板的用法。
- 掌握使用行为更改图片边框颜色的方法。
- 掌握使用行为检查表单的方法。
- 了解 JavaScript 脚本语言。
- 掌握使用 JavaScript 制作常见网页特效的方法。

对网页布局完成后，有时还需要对网页添加交互式特性，例如，制作抖动图片效果，对表单进行验证，在网页中添加日期和时间，制作广告特效等，这些都是通过 JavaScript 脚本来实现的。本章将学习如何使用行为和 JavaScript 制作网页特效。

8.1 使用行为

行为就是响应某一事件而采取的一个操作，它是一系列使用 JavaScript 程序预定义的页面特效工具，是 JavaScript 在 Dreamweaver 中内置的程序库。当把行为赋予页面中某个元素时，也就是定义了一个操作，以及用于触发这个操作的事件。

8.1.1 认识行为和事件

行为在网页中是比较常见的，如弹出窗口、鼠标移上去图片切换等。当发生某个事件时执行某个动作的过程称为行为，行为是事件和动作的组合。下面将对行为和事件分别进行详细介绍。

1. 行为

行为包括两部分内容：一部分是事件，另一部分是动作。

行为是某个事件和由该事件触发的动作组合，事件用于指明执行某个动作的条件，例如，将鼠标指针移到对象上方、离开对象、单击对象、双击对象等都是事件。

动作是行为的另一个组成部分，它由预先编写的 JavaScript 代码组成，利用这些代码可以执行特定的任务，如打开浏览器窗口、弹出信息等。

2. 事件

在 Dreamweaver CC 2018 中，可以将事件分为不同的种类，有的与鼠标有关，有的与键盘有关，如鼠标单击、按下键盘上的某个键。有的事件与网页有关，如网页下载完毕、网页切换等。为了便于理解，可以将事件分为四大类：鼠标事件、键盘事件、页面事件和表单事件。

常用的事件如下。

onBlur：当元素失去焦点时，就会触发该事件。

onFocus：指定元素通过用户的交互动作获得焦点时，就会触发该事件。

onClick：当用户在网页中单击使用行为的元素，如文本、按钮或图像时，就会触发该事件。

onDblClick：当用户在网页中双击使用行为的特定元素，如文本、按钮或图像时，就会触发该事件。

onError：当浏览器下载页面或图像发生错误时，就会触发该事件。

onKeyDown：当用户在浏览网页时，按下一个键后且尚未松开该键时，就会触发该事件。该事件常与 onKeyup 事件组合使用。

onKeyUp：当用户浏览网页时，按下一个键后又松开该键时，就会触发该事件。

onKeyPress：当用户在浏览网页时，当某个按键按下并松开时触发该事件。

onLoad：当网页或图像完全下载到用户浏览器后，就会触发该事件。

onMouseDown：在浏览器中，当用户单击网页中建立行为的元素且尚未松开鼠标之前，就会触发该事件。

onMouseUp：在浏览器中，当用户在使用行为的元素上按下鼠标并松开后，就会触发该事件。

onMouseMove：在浏览器中，当用户将鼠标指针在使用行为的元素上移动时，就会触发该事件。

onMouseOver：在浏览器中，当用户将鼠标指针指向一个使用行为的元素时，就会触发该事件。

onMouseOut：在浏览器中，当用户将鼠标指针从建立行为的元素移出后，就会触发该事件。

onUnload：当用户离开当前网页，如关闭浏览器或跳转到其他网页时，就会触发该事件。

8.1.2 认识“行为”面板

通过“行为”面板可以使用和管理行为。“行为”面板的显示列表分为两部分，左栏用于显示触发动作的事件，右栏用于显示动作，如图 8-1 所示。

在“行为”面板中，各个按钮的作用如下。

“显示设置事件”按钮：仅显示附加到当前文档的那些事件。事件被分别划归到客户端或服务器端类别中，每个类别的事件都包含在可折叠的列表中。

“显示所有事件”按钮：按字母顺序显示属于特定类别的所有事件，如图 8-2 所示。

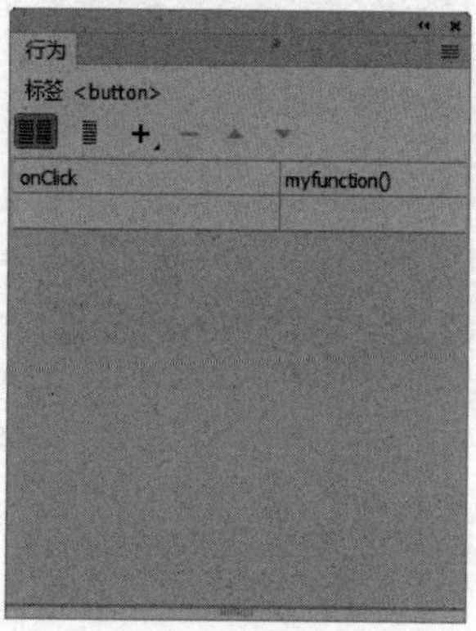

图 8-1 “行为”面板

“添加行为”按钮：单击该按钮，将显示特定下拉列表，其中包含可以附加到当前选定元素的动作，如图 8-3 所示。当从该列表中选择一个动作时，将弹出对话框，可以设置该动作的相关参数。

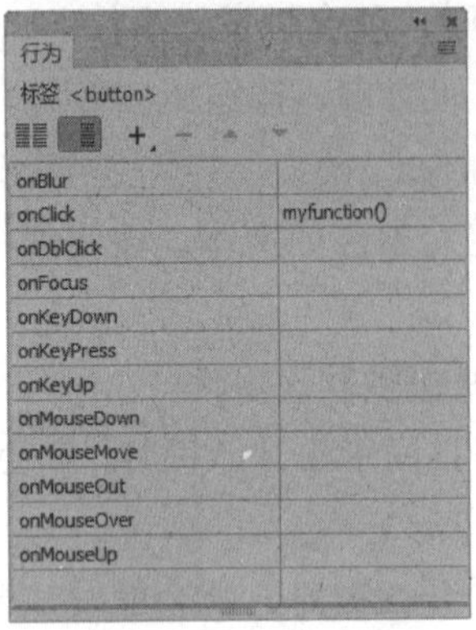

图 8-2　显示设置事件

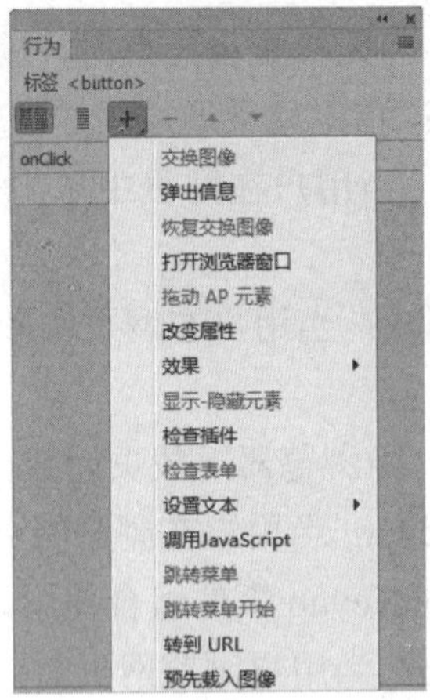

图 8-3　添加行为

“删除事件”按钮：从行为列表中删除所选的事件和动作。

按钮：在行为列表中上下移动特定事件的选定动作，只能更改特定事件的动作顺序。对于不能在列表中上下移动的动作，箭头按钮将处于禁用状态。

下面将介绍如何使用“行为”面板，包括打开面板、显示事件、添加与删除行为等，具体操作方法如下。

Step 01 打开“素材文件\第 8 章\行为.html”，在菜单栏中单击“窗口”|“行为”命令，如图 8-4 所示。

Step 02 打开“行为”面板，将光标定位到标题文本中，在“行为”面板中单击“添加行为”按钮，在弹出的下拉列表中选择“弹出信息”选项，如图 8-5 所示。

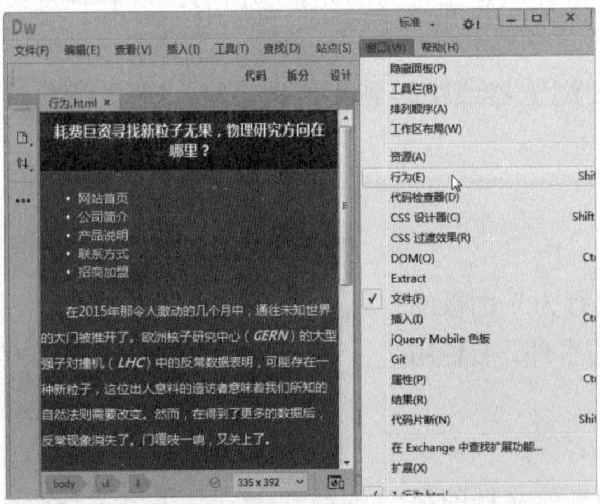

图 8-4　单击“行为”命令

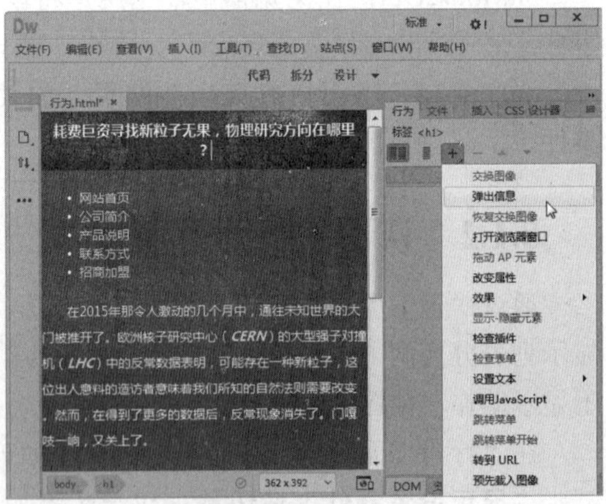

图 8-5　选择“弹出信息”选项

Step 03 弹出“弹出信息”对话框，输入消息“欢迎您的来访。”，然后单击“确定”按钮，如图 8-6 所示。

Step 04 此时，即可在“行为”面板中查看添加的行为，如图 8-7 所示。

Step 05 单击事件右侧的下拉按钮，在弹出的列表中选择“onClick”选项，如图 8-8 所示。

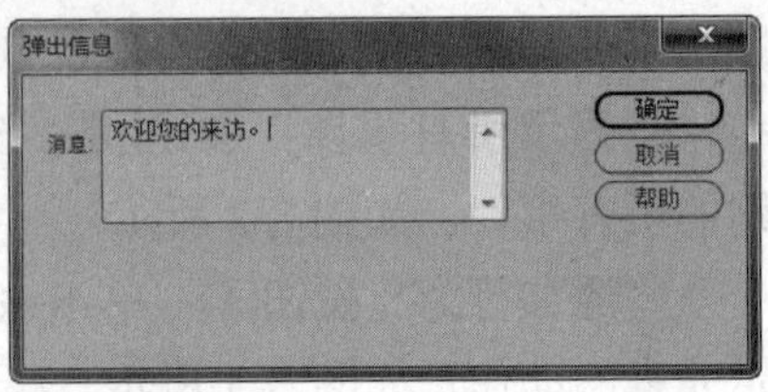

图 8-6　“弹出信息”对话框

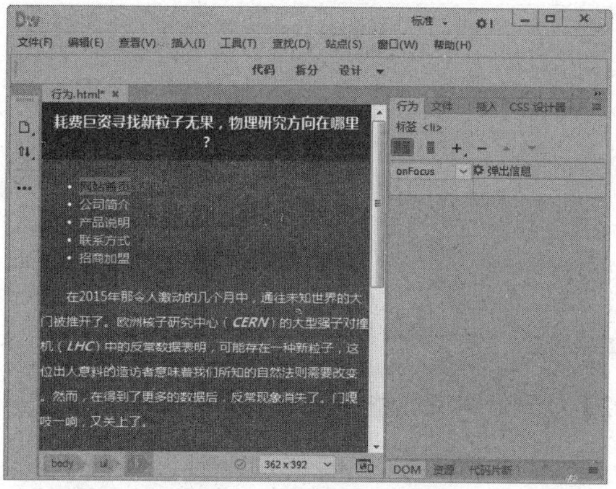

图 8-7　查看添加行为

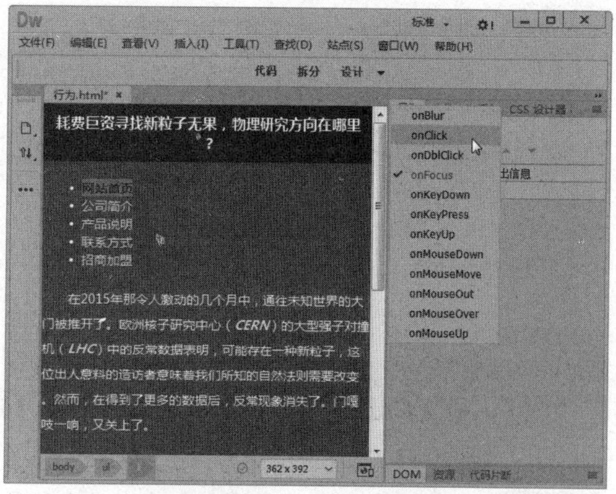

图 8-8　选择 onClick 事件

Step 06 在“行为”面板中双击“弹出信息”动作，在弹出的对话框中重新输入消息文本，然后单击“确定”按钮，如图 8-9 所示。

图 8-9　输入消息文本

Step 07 按【Ctrl+S】组合键保存文档，按【F12】键预览网页。当单击标题文字时，就会弹出网页提示信息框，如图 8-10 所示。

Step 08 切换到“代码”视图，查看相关 JavaScript 代码，如图 8-11 所示。该代码表示当在标题文本中单击时调用 MM_popupMsg(msg)函数。

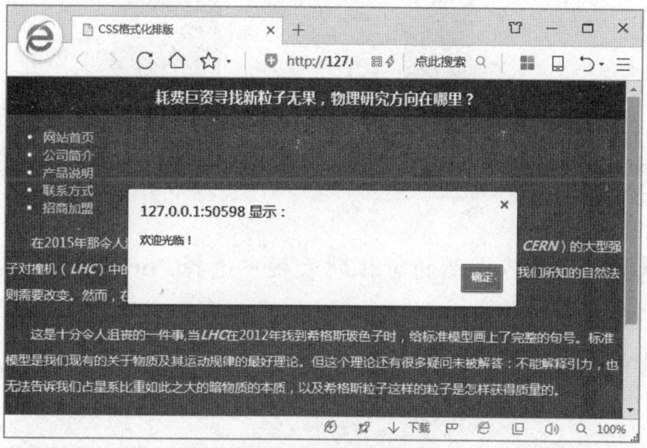

图 8-10　预览网页

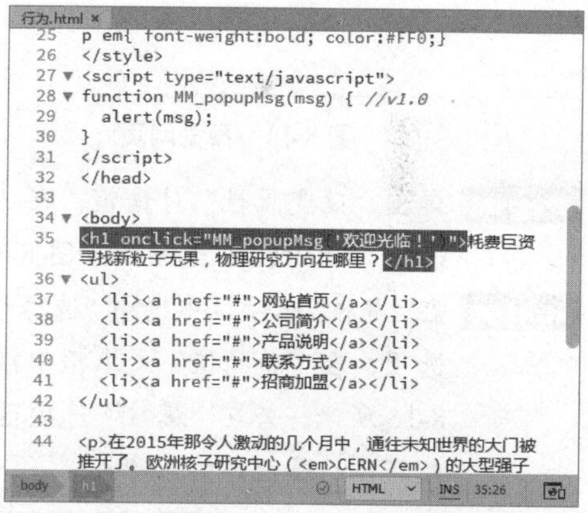

图 8-11　查看 JavaScript 代码

8.1.3　使用行为更改图片边框颜色

使用“改变属性”行为可以改变对象的某个属性（如<div>对象的背景颜色，文字大小等）的值。下面使用“改变属性”行为更改图片的边框颜色，具体操作方法如下。

Step 01 打开“素材文件\第 8 章\图片边框.html”，切换到“代码”视图，在“.flex-item”类选择器中添加 border 属性代码，在<body>标签内为应用“.flex-item”类选择器的两个<div>标签添加 id 属性，如图 8-12 所示。

```
▼ .flex-item{
            background:#8A2BE2;
            width: 300px; height: 200px;
            text-align: center; color: white;
            font-size: 30px;
            margin: auto;
            border: 5px solid;
            }
    .flex-item img{width: 100%;height: 100%;}
        </style>
</head>

▼ <body>
▼ <div class="flex-container">
        <div class="flex-item" id="t1"><img src="images/1.jpg" ></div>
        <div class="flex-item" id="t2"><img src="images/2.jpg" ></div>
</div>
```

图 8-12　编辑代码

Step 02 按【Ctrl+S】组合键保存文档，按【F12】键预览网页，查看此时的图片边框效果，如图 8-13 所示。

Step 03 在“代码”视图中将光标定位到<div>标签中，在“行为”面板中单击“添加行为”按钮 +，在弹出的下拉列表中选择“改变属性”选项，如图 8-14 所示。

图 8-13　预览网页

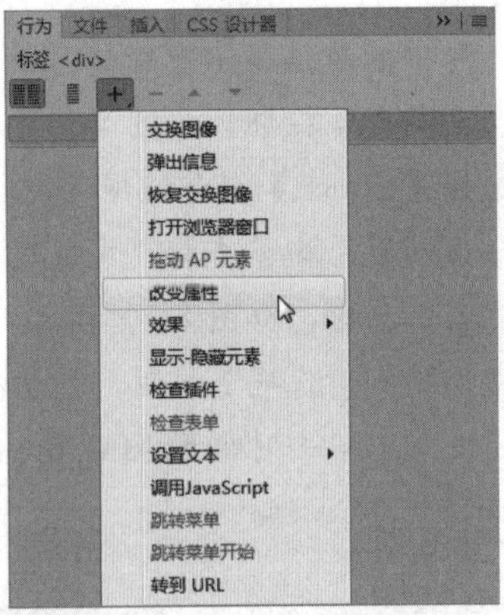

图 8-14　添加行为

Step 04 弹出“改变属性”对话框，在“元素 ID”下拉列表中选择要添加行为的标签 ID，在此选择“DIV"t1"”选项，如图 8-15 所示。

Step 05 在“属性”选项区中选中“选择”单选按钮，在其右侧的下拉列表框中选择“borderColor”选项，在“新的值”文本框中输入颜色值“#9370DB”，然后单击“确定”按钮，如图 8-16 所示。若在“属性”选项区中选中“输入”单选按钮，可以在其右侧的文本框中输入具体的属性类型名称。

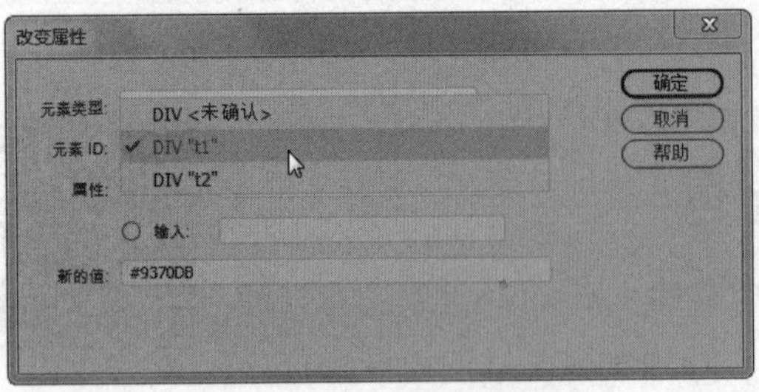

图 8-15　“改变属性”对话框

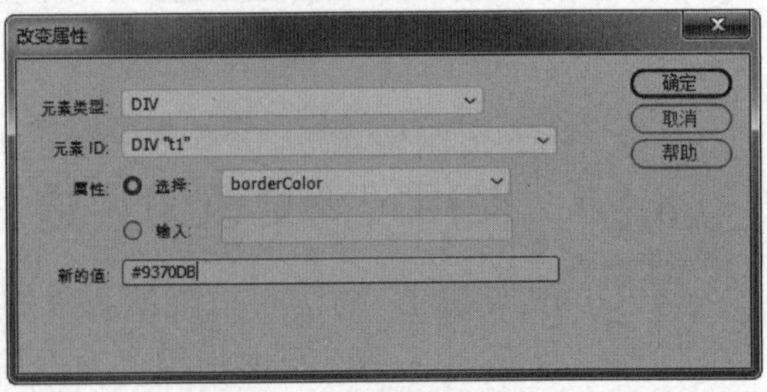

图 8-16　设置行为参数

Step 06 此时，即可添加“改变属性”行为。单击事件右侧的下拉按钮，在弹出的下拉列表中选择“onMouseOver”选项，如图 8-17 所示。

Step 07 单击“添加行为”按钮 +，在弹出的下拉列表中选择“改变属性”选项，如图 8-18 所示。

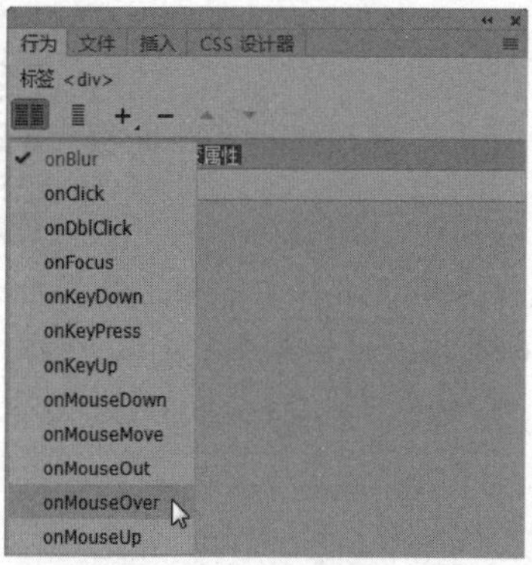

图 8-17 选择事件

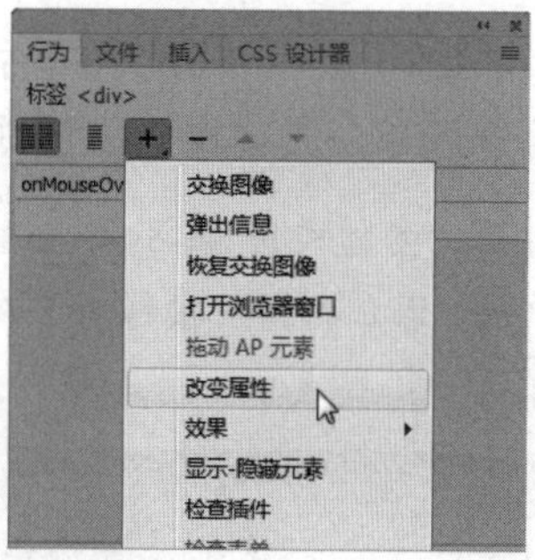

图 8-18 添加行为

Step 08 弹出“改变属性”对话框，在“元素 ID”下拉列表框中选择“DIV"t1"”选项，在“属性”选项区中选中“选择”单选按钮，并在其右侧的下拉列表框中选择“borderColor”选项，在“新的值”文本框中输入“white”，然后单击“确定”按钮，如图 8-19 所示。

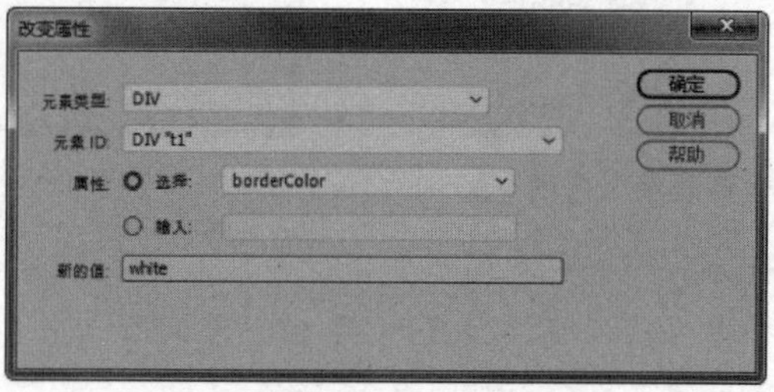

图 8-19 设置行为参数

Step 09 在事件下拉列表框中选择“onMouseOut”选项，如图 8-20 所示。

Step 10 按【Ctrl+S】组合键保存文档，按【F12】键预览网页。当鼠标指针移至图像上时显示紫色边框，当鼠标指针移出图像时恢复为白色边框，如图 8-21 所示。

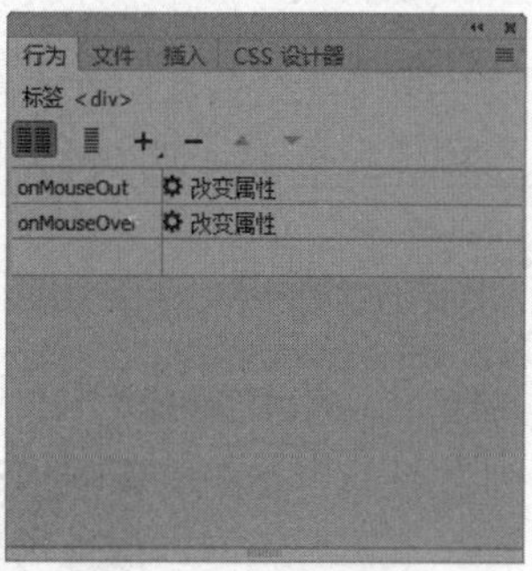

图 8-20 选择事件

图 8-21 查看应用行为效果

8.1.4 使用行为检查表单

表单设计完成后，单击“提交”按钮，即可将用户信息收集到网站后台数据库中。但是，为了收集信息的正确性，应在提交之前先检查表单，检查有没有不符合格式要求的信息，若有将弹出提示，需要进行修改后再提交。下面将介绍如何使用行为验证用户注册信息。

1．检查表单

在会员注册网页中，用户名单行文本框是必须填写的，通过“行为”面板可以设置检查表单，具体操作方法如下。

Step 01 打开“素材文件\第 8 章\检查表单.html”，选择“用户名”文本框，在“行为”面板中单击“添加行为”按钮+，在弹出的下拉列表中选择“检查表单”选项，如图 8-22 所示。

Step 02 弹出“检查表单”对话框，设置相关选项，然后单击“确定”按钮，如图 8-23 所示。

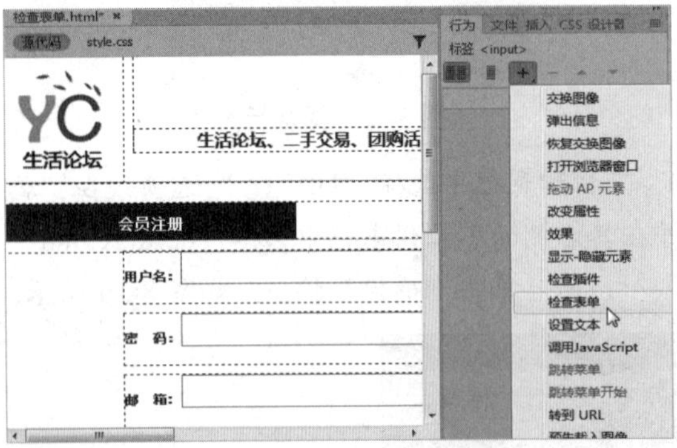

图 8-22　选择“检查表单”选项

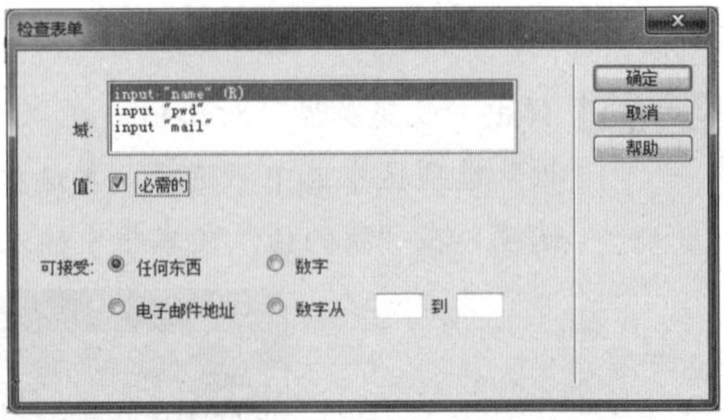

图 8-23　“检查表单”对话框

Step 03 此时，即可在“行为”面板中看到添加的行为，如图 8-24 所示。

Step 04 按【Ctrl+S】组合键保存网页，按【F12】键预览网页。若在“用户名”文本框中没有填写内容，就会弹出错误提示，如图 8-25 所示。

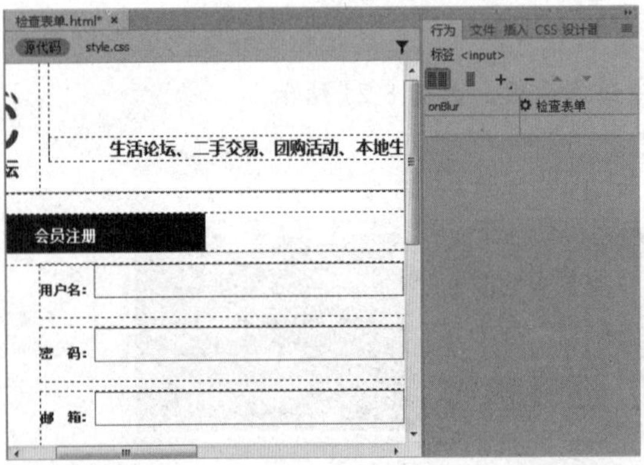

图 8-24　创建行为

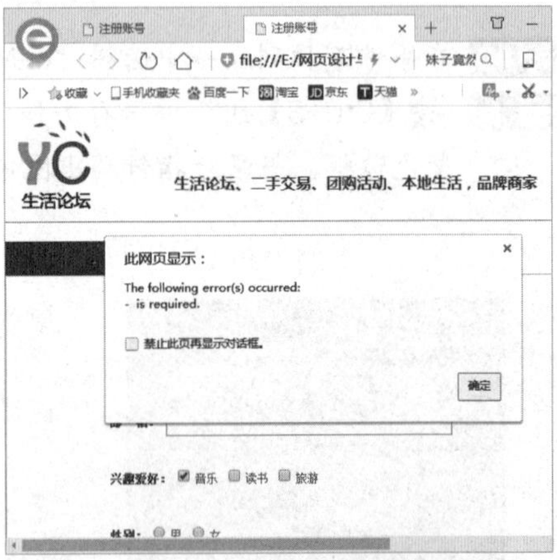

图 8-25　弹出错误提示

2．设置密码仅为数字

下面通过添加行为设置只能在密码框中输入数字作为密码，具体操作方法如下。

Step 01 在表单中选择“密码”文本框，在“行为”面板中单击“添加行为”按钮+，在弹出的下拉列表中选择“检查表单”选项，如图 8-26 所示。

Step 02 弹出“检查表单”对话框，在“域”列表中选择“input "pwd" (NisNum)”选项，在“可接受”选项区中选中“数字”单选按钮，然后单击“确定”按钮，如图 8-27 所示。

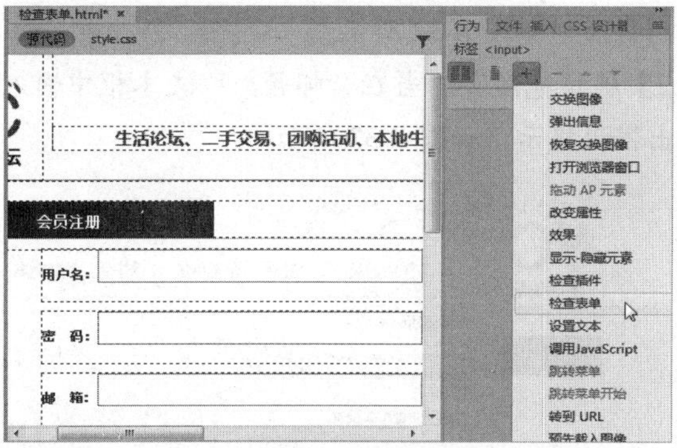

图 8-26　选择"检查表单"选项

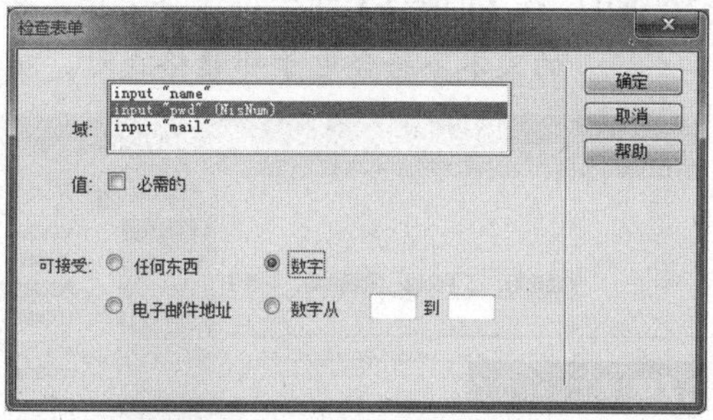

图 8-27　设置检查表单参数

Step 03 此时，即可在"行为"面板中看到创建的行为，如图 8-28 所示。

Step 04 按【Ctrl+S】组合键保存文档，按【F12】键预览网页。若在密码文本框中输入的不是数字，就会弹出错误提示，如图 8-29 所示。

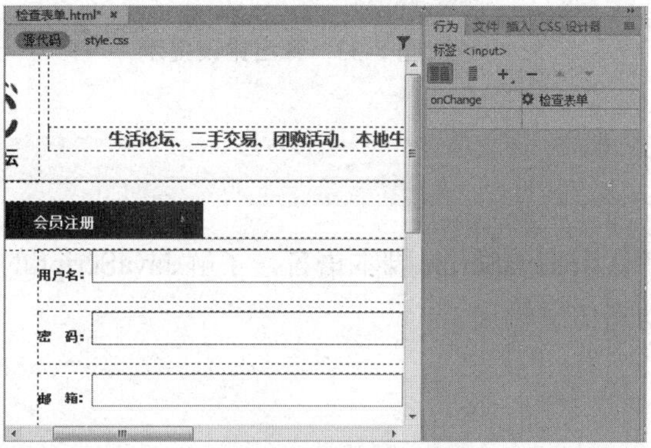

图 8-28　创建行为

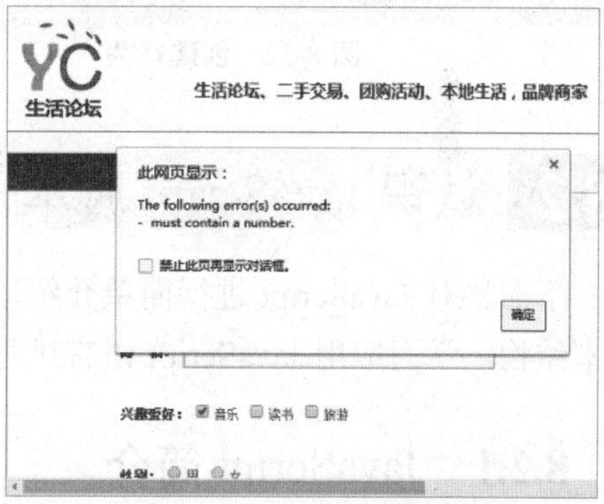

图 8-29　弹出错误提示

3. 检查邮箱格式

邮箱文本框用于收集用户的邮箱地址，在提交表单之前，应先检查用户输入的邮箱信息是否符合电子邮箱的格式。下面通过添加行为检查邮箱格式，具体操作方法如下。

Step 01 在表单中选择"邮箱"文本框，在"行为"面板中单击"添加行为"按钮 +，在弹出的下拉列表中选择"检查表单"选项，如图 8-30 所示。

Step 02 弹出"检查表单"对话框，设置相关选项，然后单击"确定"按钮，如图 8-31 所示。

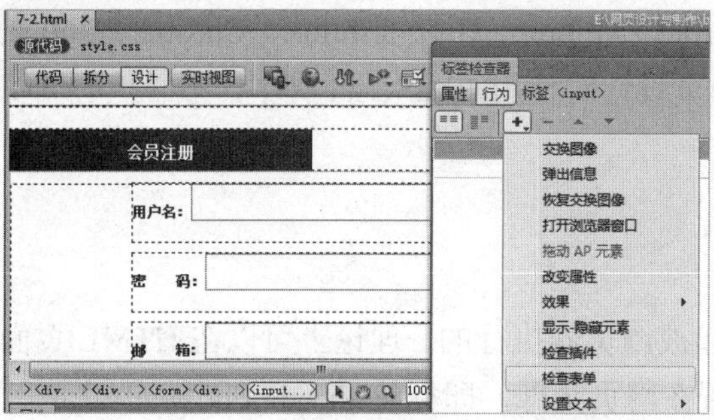

图 8-30　选择"检查表单"选项

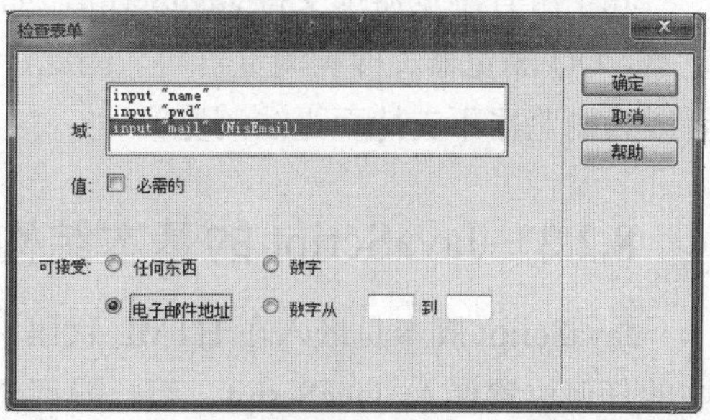

图 8-31　设置检查表单选项

Step 03 此时，在“行为”面板中可以看到创建的行为，如图 8-32 所示。

Step 04 按【Ctrl+S】组合键保存文档，按【F12】键预览网页。当在“邮箱：”文本框中输入的文本不符合电子邮箱格式时，就会弹出错误提示，如图 8-33 所示。

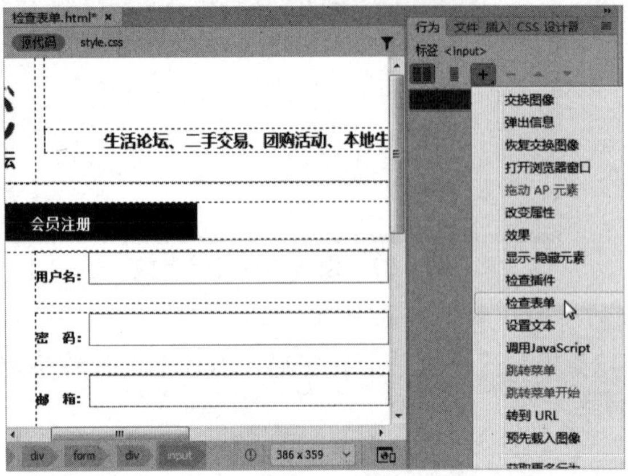

图 8-32 创建行为

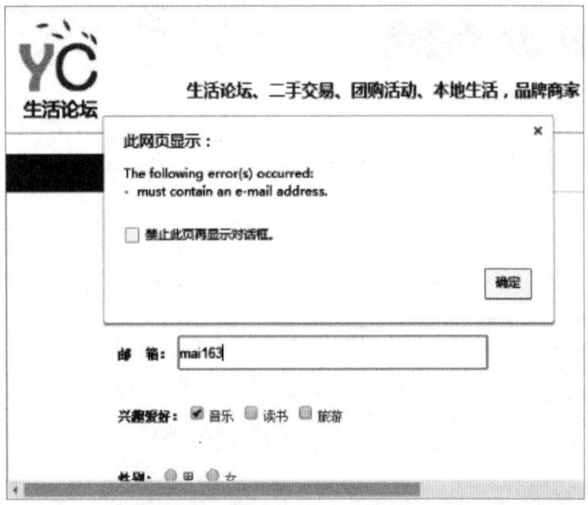

图 8-33 弹出错误提示

8.2 认识 JavaScript 脚本语言

下面将对 JavaScript 进行简单介绍，让读者认识 JavaScript 脚本语言，了解 JavaScript 的基本结构，学习应用 JavaScript 语言进行网页动态信息输出。

8.2.1 JavaScript 简介

JavaScript 是一种解释性的基于对象的脚本语言。HTML 网页在互动性方面能力较弱，如下拉菜单，当单击某一菜单项时会自动出现该菜单项的所有子菜单。网页表单验证，若使用 Dreamweaver 中的“行为”面板，也可以检查表单，但不够人性化和智能化。而使用 JavaScript 的特殊方式 Ajax，可以实现网页异步更新，这意味着可以在不重新加载整个网页的情况下对网页的某些部分进行更新。

JavaScript 主要是基于客户端运行的，浏览者单击包含 JavaScript 代码的网页，网页中的 JavaScript 代码就传到浏览器，由浏览器对此进行处理。前面提到的下拉菜单、验证表单有效性等交互性功能都是在客户端完成的，不需要与 Web 服务器发生任何数据交换，所以不会增加 Web 服务器的负担。

几乎所有浏览器都支持 JavaScript，如 Internet Explorer（IE）、Firefox、Chrome、360 浏览器、QQ 浏览器、搜狗浏览器等。因此，在网页设计时使用 JavaScript 脚本，不必担心浏览者因为浏览器不支持而无法浏览。

8.2.2 JavaScript 的基本结构

JavaScript 脚本是嵌入在 HTML 代码中一起被浏览器执行的。理论上可以在 HTML 页面中的任何位置嵌入 JavaScript，但一般都会放置在网页头部，即标签<head>和</head>之间，以便浏览器加载页面内容时可以预先读取脚本代码。

在页面中嵌入 JavaScript 脚本的语法如图 8-34 所示。

```
<!doctype html>
<html>
<head>
<meta charset="utf-8">
<title>首页</title>
    <script type= text/javascript>
        //需要执行的Javascript脚本代码

    </script>

</head>

<body>
    <!--页面内容-->
</body>
</html>
```

图 8-34　嵌入 JavaScript 脚本

可以看出，JavaScript 脚本需要放在<script></script>标签内，然后嵌入到 HTML 代码中，这样才能被浏览器读取并执行。

8.2.3　使用 JavaScript 向页面输出信息

JavaScript 最重要的功能是实现用户交互以及事件处理，使用 JavaScript 可以动态地向网页输出信息，主要有以下两种方法。

1．使用 alert 语句

使用 alert("要显示的内容")语句，可以让网页在被浏览时弹出提示信息框，显示相应的信息。下面将举例说明，具体操作方法如下。

Step 01 新建“index.html”网页文档，并切换到“代码”视图，在<head>标签内输入 JavaScript 代码，如图 8-35 所示。

Step 02 按【Ctrl+S】组合键保存文档，按【F12】键预览网页，可以看到网页显示完成后就会弹出提示信息框，如图 8-36 所示。

```
<!doctype html>
<html>
<head>
<meta charset="utf-8">
<title>首页</title>
    <script type="text/javascript">
    alert("欢迎访问本公司网站");
        </script>

</head>


<body>
</body>
</html>
```

图 8-35　输入 JavaScript 代码

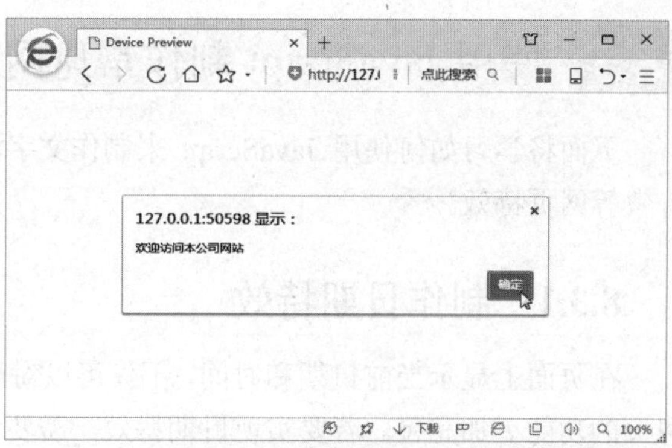

图 8-36　弹出提示信息框

2．使用 document.write()语句

使用 document.write("要显示的内容")语句可以向页面中输出信息。下面将举例说明，具体操作方法如下。

Step 01 打开“素材文件\第 8 章\输出信息.html”，切换到“代码”视图，在<head>标签内输入 JavaScript 代码，如图 8-37 所示。

Step 02 按【Ctrl+S】组合键保存文档，按【F12】键预览网页，可以看到网页中显示一行文字“欢迎来到我公司网站！”，如图 8-38 所示。

```
<!doctype html>
<html>
<head>
<meta charset="utf-8">
<title>无标题文档</title>
    <script type="text/javascript">
    document.write("欢迎来到我公司网站!");
</head>

<body>
</body>
</html>
```

图 8-37 输入 JavaScript 代码

图 8-38 预览网页

document.write()语句可以向页面输出 3 种类型的信息，详见表 8-1。

表 8-1 document.write()语句向页面输出的信息类型

输出类型	代码实例	输出结果
输出值	document.write("hello,world!");	Hello,world!
输出变量	var str="我爱学习 HTML 网页!"; document.write(str);	我爱学习 HTML 网页!
输出 HTML 标签	document.write("<h1>本地生活论坛</h1>");	以标题 1 显示“本地生活论坛”

8.3 使用 JavaScript 制作常见网页特效

下面将学习如何使用 JavaScript 来制作文字滚动特效、日期特效、广告特效和下拉菜单特效等网页特效。

8.3.1 制作日期特效

在页面上显示当前日期和时间，不仅可以对浏览者起到提示作用，还能使网页的功能更加完善。若要实现日期特效，需要使用 JavaScript 提供的日期时间函数。下面将举例说明，具体操作方法如下。

Step 01 打开“素材文件\第 8 章\显示日期.html”，输入显示日期的 JavaScript 代码，如图 8-39 所示。

Step 02 按【Ctrl+S】组合键保存文档，按【F12】键预览网页，可以看到页面中显示出当前日期，如图 8-40 所示。

```
    <script language="JavaScript">
      function realSysTime(clock) {
        var now = new Date();
        var year = now.getFullYear(); //获取年份
        var month = now.getMonth(); //获取月份
        var date = now.getDate(); //获取日期
        var day = now.getDay(); //获取星期
        var hour = now.getHours(); //获取小时
        var minute = now.getMinutes(); //获取分钟
        var seconds = now.getSeconds(); //获取秒
        month = month + 1;
        var arr_week = new Array("星期日", "星期一", "星期二", "星期
        三", "星期四", "星期五", "星期六");
        var week = arr_week[day];
        var time = year + "年" + month + "月" + date + "日 " +
        week + " " + hour + ":" + minute + ":" + seconds;
        clock.innerHTML = time;
      }
      function show() {
        window.setInterval("realSysTime(clock)", 1000);
      }
     window.onload=show()
    </script>
  </head>
    <body>
        <div>当前时间：<span id="clock"></span></div>
```

图 8-39　输入 JavaScript 代码

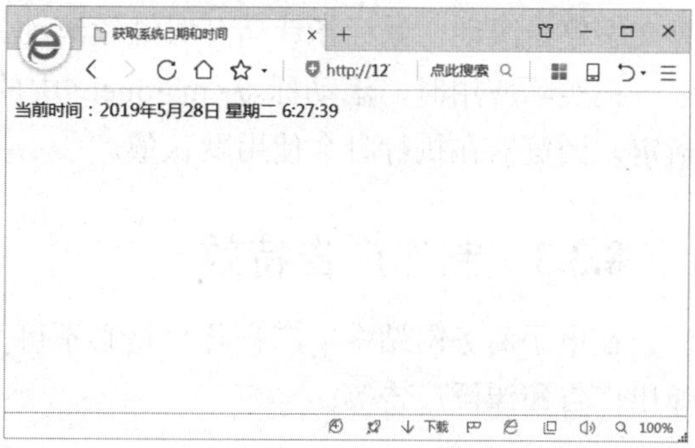

图 8-40　预览网页

8.3.2　制作文字滚动特效

文字滚动特效就是在较小的页面版块中进行滚动，以显示较多的文字内容，这样不仅可以节约有限的网页版面，还能使文字具有动态的效果，以达到吸引浏览者的目的。文字滚动特效的实现很简单，只需要在滚动的文字两端添加<marquee>脚本代码即可，具体操作方法如下。

Step 01 新建文件，在<body>标签内输入代码，如图 8-41 所示。

Step 02 按【Ctrl+S】组合键保存文档，按【F12】键预览网页，可以看到文本开始在制定的区域内从下向上滚动，如图 8-42 所示。

```
<!doctype html>
<html>
<head>
<meta charset="utf-8">
<title>滚动文字</title>
</head>

<body>
<marquee behavior="scroll" direction="up" scrolldelay="200"
scrollamount="2" width="260" height="50"
onmouseover="this.stop()"  onmouseout="this.start()">
欢迎光临本网站，感谢您的访问！
    </marquee>
</body>
</html>
```

图 8-41　输入文字滚动

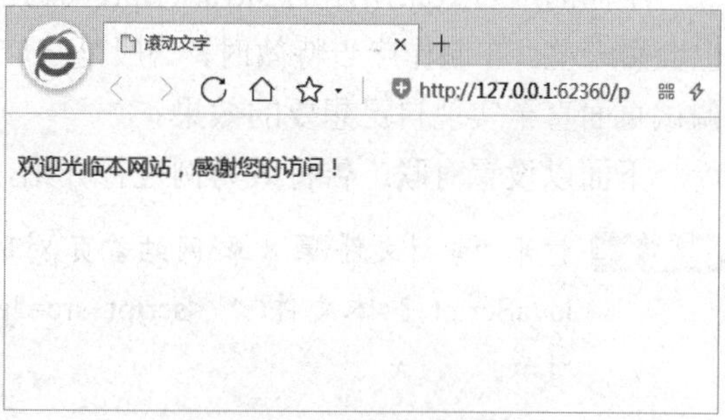

图 8-42　预览网页

<marquee>标签中各属性的含义如下。

behavior：通过此属性来设置滚动方式，有以下 3 个值：scrool，用于设置循环滚动；slide，用于设置只滚动一次就停止；alternate，用于设置来回交替进行滚动。

direction：表示滚动的方向，默认为从右向左，包括以下 4 个值：up，用于设置向上滚动；down，用于设置向下滚动；left，用于设置向左滚动；right，用于设置向右滚动。

scrolldelay：用于设置滚动的时间间隔，单位为“毫秒”。若设置的时间较长，就会出现走走停停的效果，因此建议不要将其设置得过大。

scrollamount：用于设置滚动的速度。建议不要将该属性设置得过大，否则滚动速度太快会让人看不清文字，一般设置为 1 或 2 即可。

width 和 height：用于设置滚动背景的宽度和高度。

onmouseover="this.stop()"和 onmouseout="this.start()"：用于设置当鼠标指针指向滚动文字时文字停止滚动，鼠标指针离开时继续滚动。

在实际应用时，滚动标签<marquee>中的各个属性并不是都需要指定的，若某个属性未指定，浏览器在执行时会使用默认值。

8.3.3 制作广告特效

在电子商务网站中，广告几乎是必不可少的。根据广告的制作原理，可以分为层广告、弹出广告和漂浮广告等。

（1）层广告

层广告是将广告信息放置在层中，再将层定位到页面的相应位置。有的层广告还设置了“关闭”按钮，浏览者单击该按钮即可关闭广告。

（2）弹出广告

弹出广告其实是设置了大小并取消了地址栏、链接栏等信息的网页窗口。若要制作弹出广告，首先要制作好弹出页面，再将弹出页面的脚本代码添加到主页中即可。

（3）漂浮广告

漂浮广告也是将广告信息放置在层中，运用 JavaScript 代码控制层在页面中漂浮，以起到醒目的作用。

广告特效的原理很简单，只需将广告内容添加到指定的 div 层或窗口中，然后使用 JavaScript 代码控制广告的 div 层或窗口的显示或隐藏即可。

不同的广告效果所用的 JavaScript 代码也不一样，一般来说，效果多的广告运用的代码也会多一些。在制作广告特效时，一般是将广告特效代码添加到网页中，然后设置广告内容，调试页面直至实现自己想要的效果。

下面以设置对联广告特效为例进行介绍，具体操作方法如下。

Step 01 打开“素材文件\第 8 章\网站首页\对联广告.html”，在 body 标签中链接 JavaScript 脚本文件“ <script src="js/scroll.js"></script>”，如图 8-43 所示。

```
<body>
  <!--网页头部分部-->
  <script src="js/scroll.js"></script>
  <div class="head">
    <div class="logo">
      <div class="leftlogo"> <img src="images/logo.png" wclassth="211"
      height="71" /> </div>
      <div class="rightlogo"> <span class="font12"><a href="#">购物车</a>
      <a href="#">我的账号</a> | <a href="#">登录</a> | <a href="#">查看</a>
      </span> </div>
      <div class="clear"> </div>
    </div>
    <div class="nav font14 fstong ">
     <span><a href="#">商城首页</a></span>
     <span><a href="#">最新活动</a></span>
      <span><a href="#">海外直购</a></span>
      <span><a href="#">数码馆</a></span>
       <span><a href="#">时尚女装</a></span>
       <span><a href="#">亲子童装</a></span>
        <span><a href="#">箱包皮具</a></span>
         <span><a href="#">美容与保健</a></span>
```

图 8-43 添加 JavaScript 脚本文件

Step 02 按【Ctrl+S】组合键保存文档，按【F12】键预览网页，即可看到网页两侧的对联广告，效果如图 8-44 所示。

图 8-44 预览对联广告

8.3.4 制作下拉菜单特效

下拉菜单是网页中常见的一种显示形式，将鼠标指针移至链接元素上，就会弹出一个下拉菜单。下拉菜单不仅可以节省网页排版空间，还可以使网页布局简洁、有序，一个新颖的下拉菜单还会使网页增色不少。

下拉菜单的制作需要用到两种鼠标事件：onmouseover（鼠标移入）和 onmouseout（鼠标移出）。将下拉菜单内容放置在一个层中，编写显示和隐藏下拉菜单的函数，在主菜单中添加鼠标移入和移出事件，分别调用显示和隐藏下拉菜单的函数，即可实现下拉菜单特效。

下面将举例说明如何制作下拉菜单特效，具体操作方法如下。

Step 01 打开“素材文件\第 8 章\下拉菜单.html”，添加相应的 JavaScript 代码和 CSS 代码，如图 8-45 所示。

Step 02 按【Ctrl+S】组合键保存文档，按【F12】键预览网页，查看下拉菜单的显示效果，如图 8-46 所示。

```
<script type="text/javascript">

startList = function() {
if (document.all&&document.getElementById) {
navRoot = document.getElementById("nav");
for (i=0; i<navRoot.childNodes.length; i++) {
node = navRoot.childNodes[i];
if (node.nodeName=="LI") {
node.onmouseover=function() {
this.className+=" over";
 }
 node.onmouseout=function() {
 this.className=this.className.replace(" over", "");
 }
 }
 }
 }
}
window.onload=startList;
</script>
```

图 8-45 添加 JavaScript 特效

图 8-46 预览下拉菜单效果

8.3.5 制作表单验证特效

当浏览者在填写网页中的表单信息时，常常会出现填写有误的情况，例如，某些重要信息没有填写，电子邮箱地址格式不正确，密码长度不符合要求等。这时需要对浏览者输入的信息进行验证，若填写不正确，则给出相应的提示，这样可以使收集的信息更加完整、有效，这些情况都可以通过 JavaScript 脚本对表单进行验证。

1．非空验证

当浏览者注册网站会员时，需要填写相关信息。在提交注册信息时，必填项的内容不能为空，否则会弹出提示信息框提示相关信息。

在使用 JavaScript 脚本验证表单时，首先要获取表单对象的值，然后对其进行判断，根据判断情况作出相应的操作。在网页中，一个或者多个不同类型的表单对象共同构成一个表单，例如，将表单命名为 form1，并为每个表单对象分别命名作为其标识。

下面为表单命名并设置表单非空验证，具体操作方法如下。

Step 01 打开“素材文件\第 8 章\表单验证.html”，在“设计”视图下选择“用户名”输入框，如图 8-47 所示。

Step 02 在“属性”面板中设置“Name”属性为“username”，如图 8-48 所示。

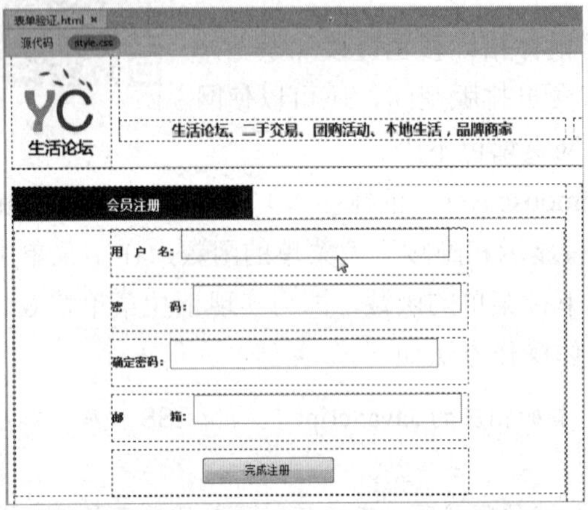

图 8-47 选择“用户名”文本框

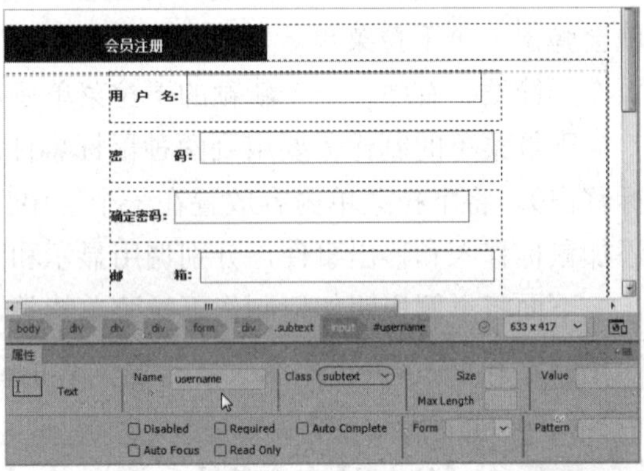

图 8-48 命名“用户名”文本框

Step 03 选择“密码”输入框，在“属性”面板中设置“Name”属性为“password”，如图 8-49 所示。

Step 04 采用同样的方法，将“确定密码”输入框的“Name”属性设置为“cfpassword”，将“邮箱” 输入框的“Name”属性设置为“email”，如图 8-50 所示。

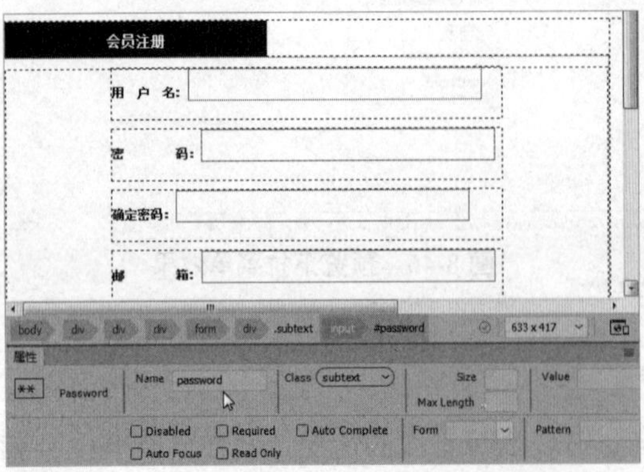

图 8-49 命名“密码”文本框

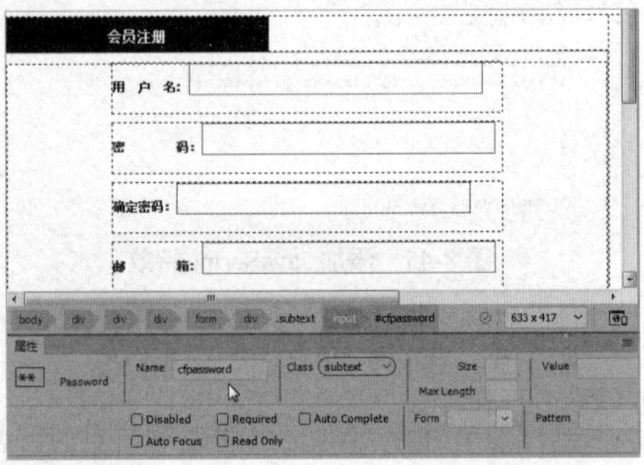

图 8-50 命名其他文本域

Step 05 切换到“代码”视图，找到<form>标签，输入 JavaScript 代码，如图 8-51 所示。其中，“onsubmit="return checkform()"”表示提交表单则调用验证函数。

Step 06 在<body>标签内输入调用函数代码和检测 username 输入框是否为空的 Javascript 检测代码，如图 8-52 所示。

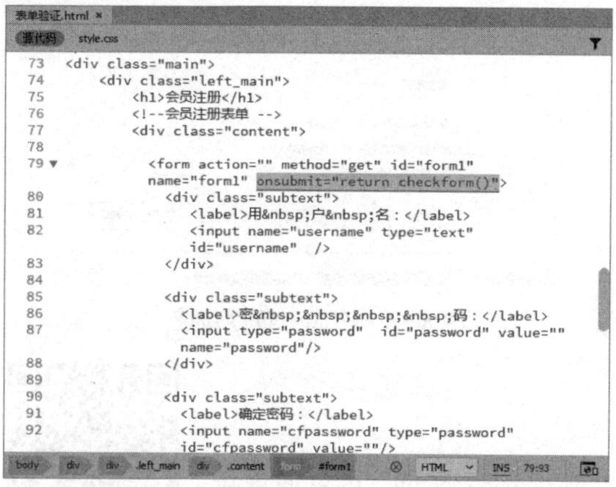

图 8-51 设置 form 表单代码

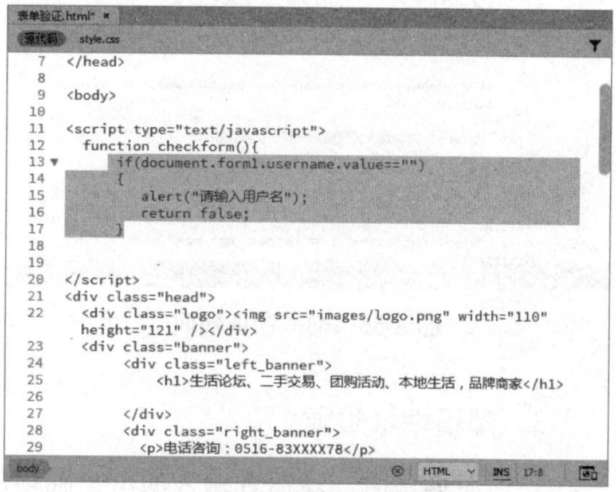

图 8-52 输入检测用户名非空代码

Step 07 采用同样的方法，设置“密码”“确定密码”和“邮箱”输入框的非空代码，如图 8-53 所示。

Step 08 按【Ctrl+S】组合键保存文档，按【F12】键预览网页。单击“注册会员”按钮，若包含空的填写信息，将弹出提示信息框，如图 8-54 所示。

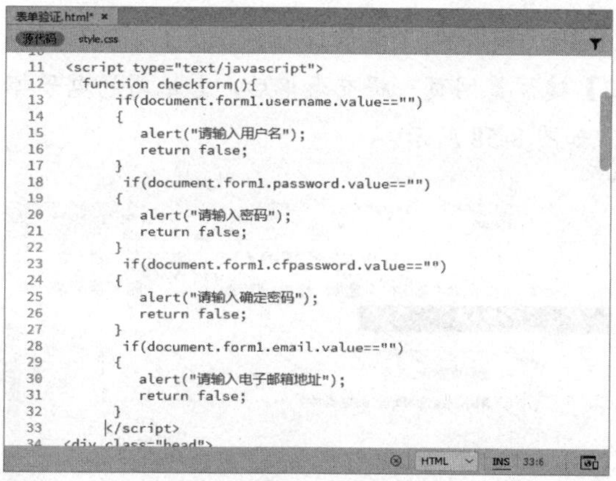

图 8-53 设置其他输入框非空代码

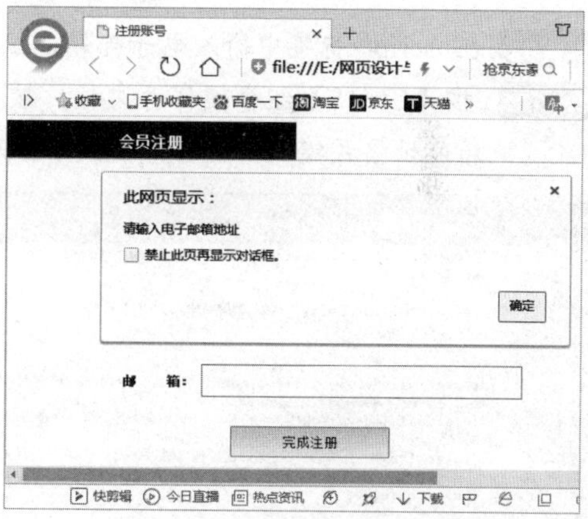

图 8-54 预览非空验证效果

2. 验证密码长度和一致性

为了避免会员密码设置得过于简单而造成密码被破解，可以要求注册者将密码设置为一定的长度。此外，还需要验证注册者输入的密码和确认密码是否一致，具体操作方法如下。

Step 01 在<script>标签内输入密码长度和密码一致性验证代码，如图 8-55 所示。

Step 02 按【Ctrl+S】组合键保存文档，按【F12】键预览网页。提交表单后，若密码输入不符合要求，例如两次输入的密码不一致，就会弹出提示信息框，如图 8-56 所示。

图 8-55　输入验证代码

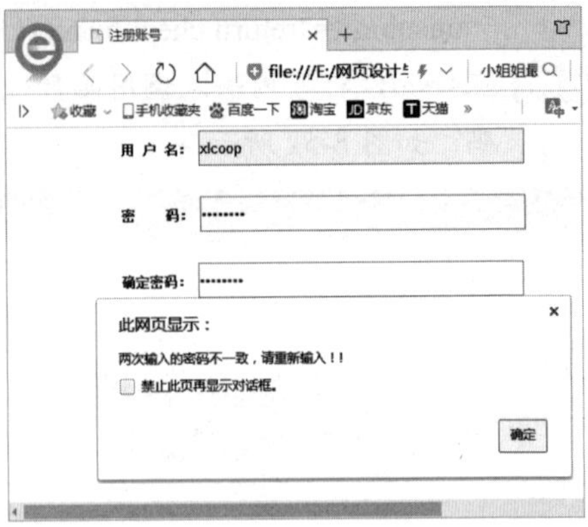

图 8-56　密码一致性验证

3. 邮箱地址验证

在注册会员时，注册者输入的电子邮箱地址必须是有效的，可以通过设置邮箱地址验证来防止注册者输入错误的邮箱地址。

正确的邮箱地址必须包含“@和“.”符号，当注册者输入的邮箱地址未包含这两种符号时，应当提示重新输入。从输入框中获取的值是字符串类型数据，可以使用 indexOf()方法来检查字符串中是否包含必要的字符。

验证电子邮箱地址是否有效的具体操作方法如下。

Step 01 在<script>标签中输入电子邮箱地址验证代码，如图 8-57 所示。

Step 02 按【Ctrl+S】组合键保存文档，按【F12】键预览网页。提交表单后，若填写的电子邮箱地址格式错误，就会弹出提示信息框，如图 8-58 所示。

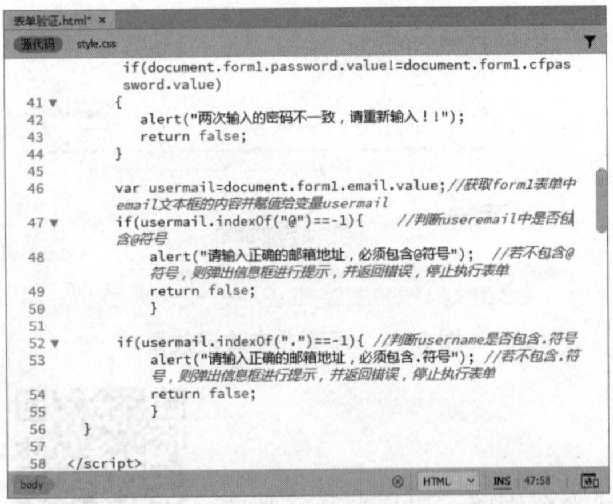

图 8-57　输入电子邮箱地址验证代码

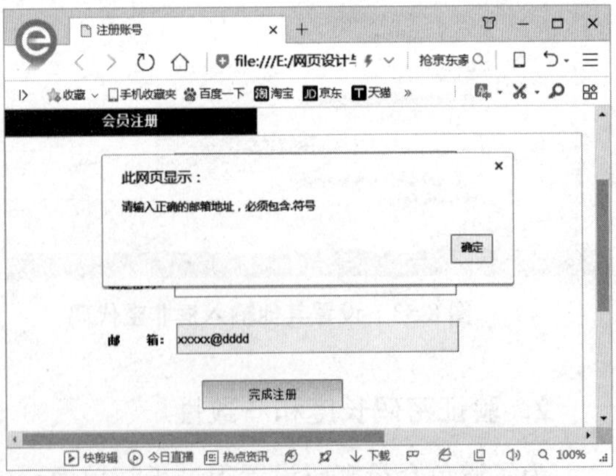

图 8-58　电子邮箱地址验证

课堂解疑

在“行为”面板中，单击“添加行为”按钮+，在弹出的列表中选择“获取更多行为”选项，即可打开 Exchange 站点，从中可以下载并安装所需的扩展包。

8.4 综合实例——制作网页焦点图特效

焦点图是网站广告图轮替的一种效果，现在的电子商务网站一般都会使用焦点图来轮替广告图。下面通过为首页添加“焦点图”代码来学习如何使用 JavaScript 脚本特效。

8.4.1 下载焦点图代码

有很多 JavaScript 代码都可以从网上进行下载，我们只要按照操作提示就可以直接使用，没有必要从头编写代码。下载焦点图代码的具体操作方法如下。

Step 01 打开“懒人图库”网站，将鼠标指针置于导航栏中“JS 代码”菜单上，在弹出的下拉列表中单击“焦点图”超链接，如图 8-59 所示。

Step 02 在打开的代码列表中找到所需的焦点图样式，在此选择“JS 循环滚动频道首页幻灯片代码”，如图 8-60 所示。

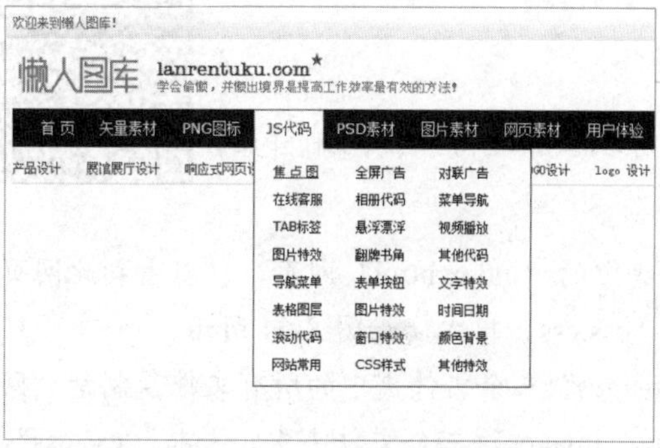

图 8-59　单击“焦点图”超链接

图 8-60　选择焦点图样式

Step 03 在打开的页面中单击“本地下载”按钮，下载此效果代码及应用此脚本的使用说明文件，如图 8-61 所示。

Step 04 下载完成后，将压缩文件解压缩到本章素材文件夹下“网站首页”文件夹中，生成“1155”文件夹，双击“index”网页文件，如图 8-62 所示。

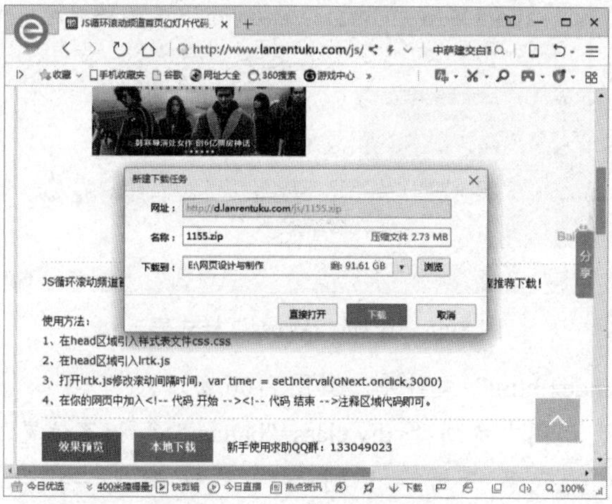

图 8-61　下载脚本代码文件

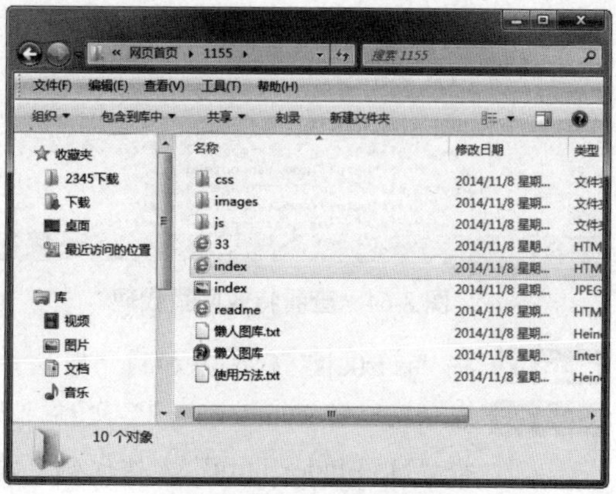

图 8-62　解压缩文件

Step 05 此时，在打开的页面中即可看到焦点图效果，如图 8-63 所示。

图 8-63　查看焦点图效果

8.4.2　添加焦点图代码

将“焦点图”代码下载到本地计算机上后，就可以添加此特效到网站首页中了，具体操作方法如下。

Step 01 使用 Dreamweaver CC 2018 打开特效文件夹中的“index.html”网页，可以看到此网页代码中包含一个“lrtk.js”脚本文件和一个“css.css”样式，如图 8-64 所示。

Step 02 将“1155”文件夹中的“css”“js”和“images”三个文件夹中的所有文件复制到“网站首页”文件夹中所对应的“css”“js”和“images”三个文件夹中，并将“css.css”样式表文件链接到网站首页“index.html”文档中，如图 8-65 所示。

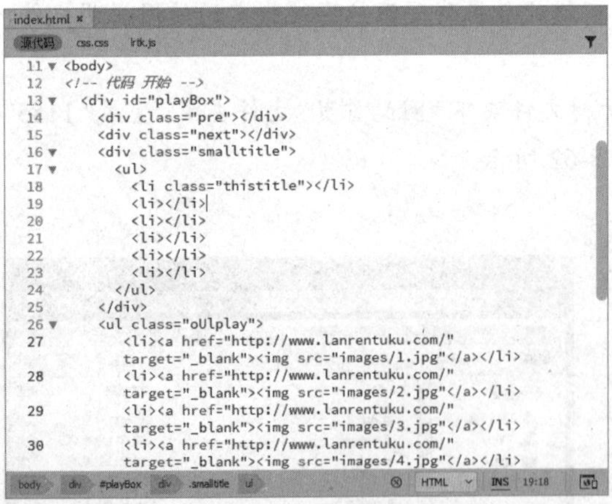

图 8-64　查看特效网页代码

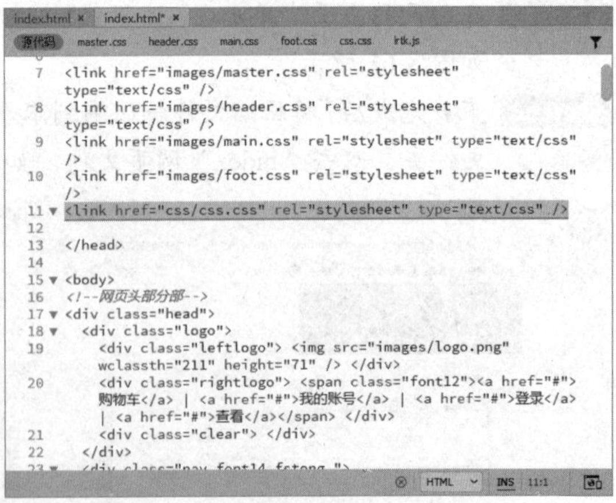

图 8-65　添加“css.css”样式表

Step 03 将“js/lrtk.js”代码添加到“网站首页/index.html”文件中，如图 8-66 所示。

Step 04 在“网站首页/index.html”文档“代码”视图中找到“<div class="banner">”标签位置，将“1155/index.html”文档代码中的“<!-- 代码 开始 -->”到“<!-- 代码 结束 -->”之间的 DIV 代码复制到“<div class="banner"></div>”标签中，如图 8-67 所示。

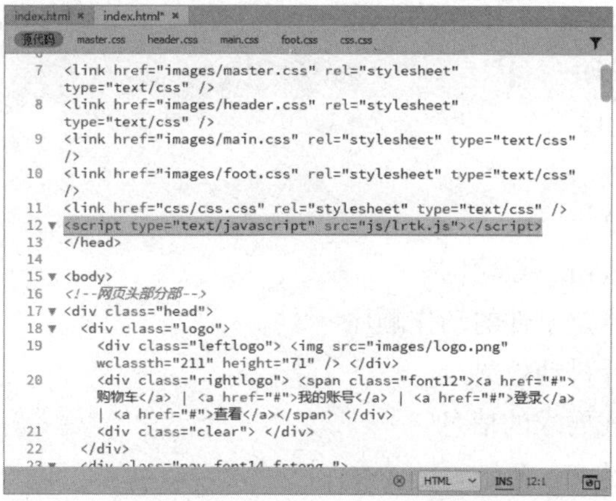

图 8-66　添加 JavaScript 脚本文件

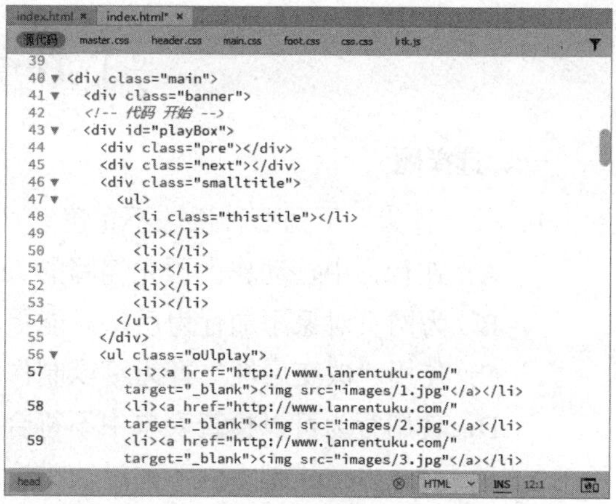

图 8-67　添加广告特效 DIV 代码

Step 05 添加代码后，可能会和当前网页的大小不一致，此时可以通过修改“css/css.css”文件中“#playBox”类选择器中的“width”和“height”属性值进行调整，如图 8-68 所示。

Step 06 按【Ctrl+S】组合键保存文档，按【F12】键预览网页，可以看到网站首页中已经添加了焦点图轮替广告，如图 8-69 所示。可以根据需要在“images”文件夹中更换广告图片，换上符合推广需要的广告图。

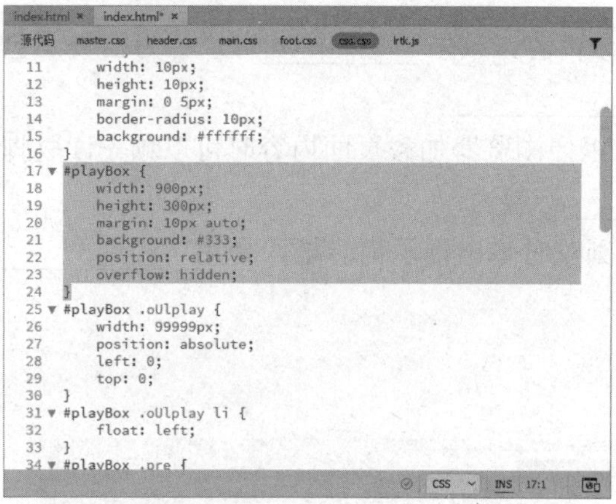

图 8-68　修改“css.css”文件属性值

图 8-69　预览网页焦点图特效

本章小结

通过对本章的学习，读者应该掌握以下知识。

（1）认识行为和事件，认识“行为”面板。

（2）使用行为更改图片边框颜色，使用行为检查表单。

（3）认识 JavaScript 脚本语言，认识 JavaScript 脚本语言的基本结构，使用 JavaScript 向页面输出信，。

（4）使用 JavaScript 制作日期特效、文字滚动特效、广告特效、下拉菜单特效以及表单验证特效。

（5）从网上下载焦点图的 JavaScript 代码，并将其嵌入到网站 HTML 代码中。

课后习题

一、选择题

1．关于行为，下列哪种说法不正确？（　）

A．在行为中，动作由预先编写的 JavaScript 代码组成

B．为网页对象添加行为后，只能更改特定事件的动作顺序

C．使用“改变属性”行为可以制作图片抖动效果

D．使用行为可以检查表单中不符合格式要求的信息

2．关于 JavaScript 脚本，下列说法错误的是（　）。

A．下拉菜单的制作需要用到两种鼠标事件：onmouseup 和 onMousemove

B．使用<marquee>脚本代码可以制作文字滚动特效

C．要实现日期特效，需要使用 JavaScript 提供的日期时间函数

D．在使用 JavaScript 脚本验证表单时，首先要获取表单对象的值，然后对其进行判断，根据判断情况作出相应的操作

二、填空题

1．行为包括__________和__________两部分内容，其中__________可以分为四类，包括___________、___________、___________和__________。

2. JavaScript 脚本一般放置在___________，以便浏览器加载页面内容时可以预先读取脚本代码。JavaScript 脚本需要放在________________标签内。

3．使用____________语句可以让网页在被浏览时弹出提示信息框，使用____________语句可以向页面中输出信息。

三、实操题

打开“素材文件\第 8 章\机电网站\index.html”，使用 JavaScript 脚本在网页中添加“在线客服”侧边栏效果，如图 8-70 所示。

图 8-70　添加“在线客服”侧边栏

操作提示：

（1）打开提供的“在线客服”素材，将其中的 JavaScript 脚本文件和 CSS 文件复制到相应的文件夹中。

（2）在<head>标签内引用 CSS 样式文件“lrtk.css”“jquery-1.8.3.min.js”“lrtk.js”脚本文件。

（3）在<body>标签内添加代码“<div id="top"></div>”。

第 9 章 使用 jQuery Mobile 制作移动设备网页

【学习目标】

- 掌握创建 jQuery Mobile 页面的方法。
- 掌握 jQuery Mobile 主题的使用方法。
- 掌握 jQuery Mobile 组件的使用方法。

jQuery Mobile 是 jQuery 框架的一个组件，它是一款基于 HTML5 的用户界面系统。它不仅能给主流移动平台带来 jQuery 核心库，而且会发布一个完整、统一的 jQuery 移动 UI 框架，支持全球主流的移动平台。本章将学习在 Dreamweaver CC 2018 中使用 jQuery Mobile 制作移动设备网页的方法。

9.1 创建 jQuery Mobile 页面

下面将介绍如何在 Dreamweaver CC 2018 中插入 jQuery Mobile 页面，用户可以插入单个或多个页面，还可以为页面切换添加过渡效果。

9.1.1 插入单页

jQuery Mobile 依赖 HTML5"data-*"属性来支持各种 UI 元素、过渡和页面结构。下面将介绍如何插入单个 jQuery Mobile 页面，具体操作方法如下。

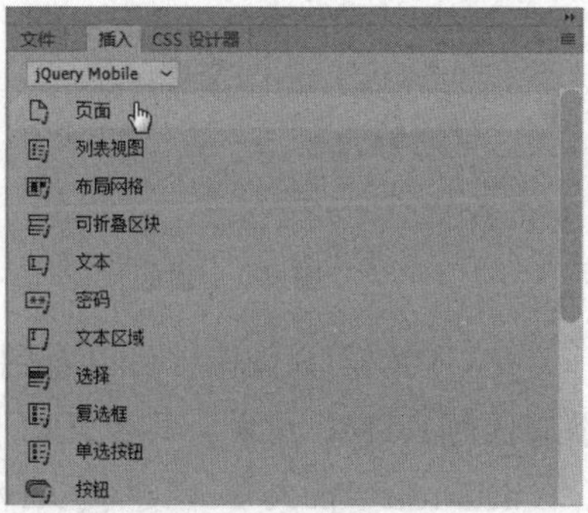

图 9-1 选择"页面"选项

Step 01 新建网页文档，按【Ctrl+F2】组合键打开"插入"面板，选择"jQuery Mobile"分类，然后选择"页面"选项，如图 9-1 所示。

Step 02 弹出"jQuery Mobile 文件"对话框，选中"本地"和"拆分"单选按钮，然后单击"确定"按钮，如图 9-2 所示。

Step 03 弹出"页面"对话框，设置页面组件相关属性，然后单击"确定"按钮，如图 9-3 所示。

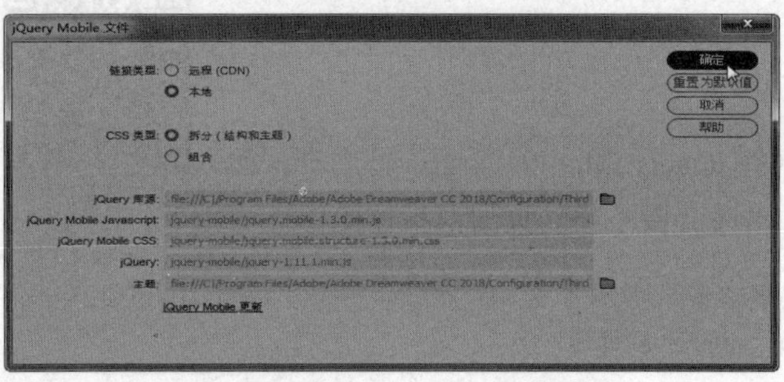

图 9-2 "jQuery Mobile 文件"对话框

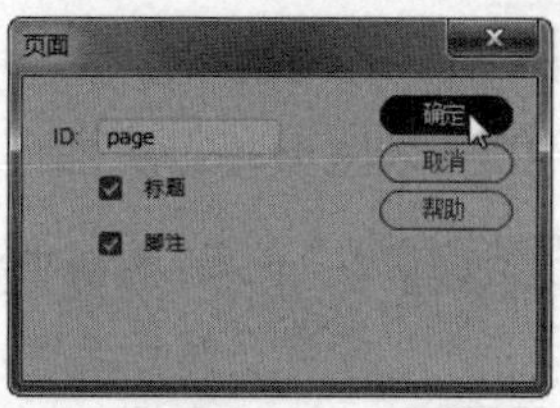

图 9-3 "页面"对话框

Step 04 此时，即可查看插入的 jQuery Mobile 页面，如图 9-4 所示。若要预览页面效果，可以切换到“实时”视图下。

Step 05 按【Ctrl+S】组合键打开“复制相关文件”对话框，单击“确定”按钮，将相关库文件保存到本地站点，如图 9-5 所示。

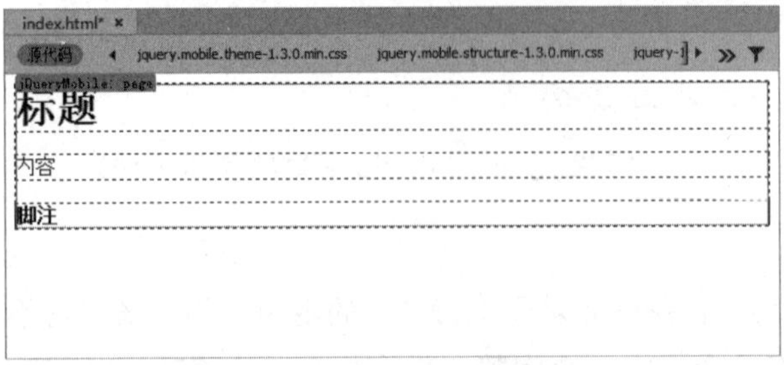

图 9-4 插入 jQuery Mobile 页面

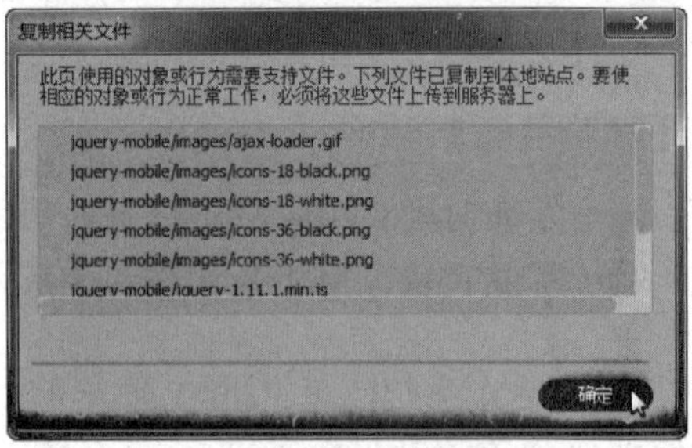

图 9-5 “复制相关文件”对话框

Step 06 切换到“代码”视图，查看 jQuery Mobile 页面组件的代码，根据需要修改容器中的文本，如图 9-6 所示。

Step 07 按【Ctrl+S】组合键保存文档，按【F12】键预览网页，效果如图 9-7 所示。

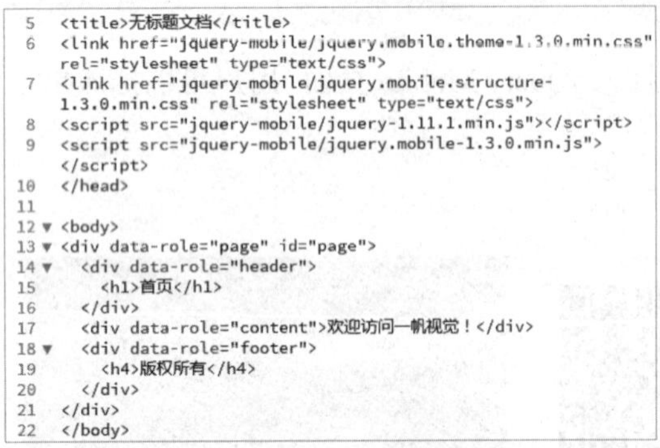

图 9-6 查看代码

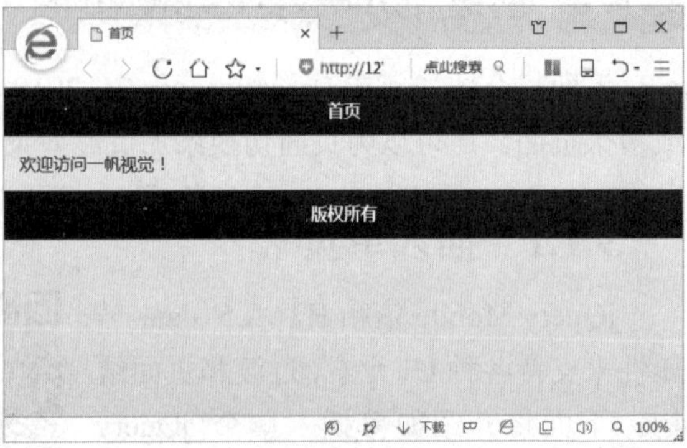

图 9-7 预览网页

在“代码”视图中，可以看到 4 个包含“data-role”属性的 div 容器，在这些容器中可以添加任何 HTML 元素。其含义如下。

data-role="page"：创建 jQuery Mobile 页面。

data-role="header"：创建在页面顶部的工具栏，通常用于放置标题或搜索按钮。

data-role="content"：定义页面的内容，如文本、图片、表单、按钮等。

data-role="footer"：创建页面底部工具栏。

9.1.2 插入多个页面

在一个 HTML 文档中可以创建多个 jQuery Mobile 页面，使用唯一的“ID”来区分每个页面，使用“href”属性链接不同的页面，具体操作方法如下。

Step 01 在“代码”视图中将光标定位到第一个页面的下方，在“插入”面板中选择“jQuery Mobile”分类，然后选择“页面”选项，如图 9-8 所示。

Step 02 弹出“页面”对话框，输入“ID”名称，然后单击“确定”按钮，如图 9-9 所示。

图 9-8　选择“页面”选项

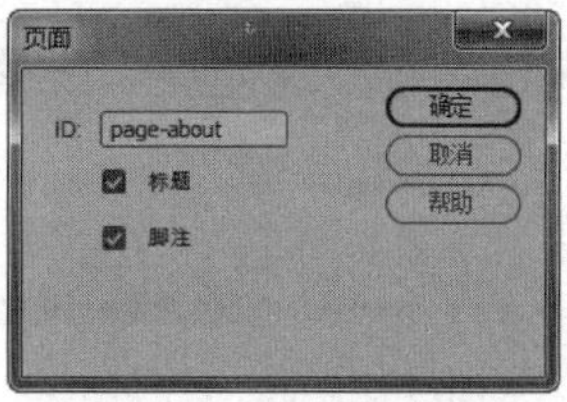

图 9-9　“页面”对话框

Step 03 此时，即可插入一个页面，根据需要修改页面中的文本，如图 9-10 所示。

Step 04 在放置内容的 div 中添加<p>标签，并添加指向页面的链接，如图 9-11 所示。

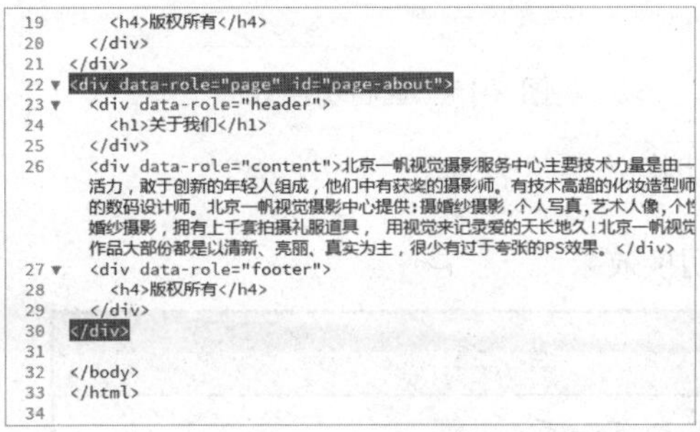

图 9-10　修改文本

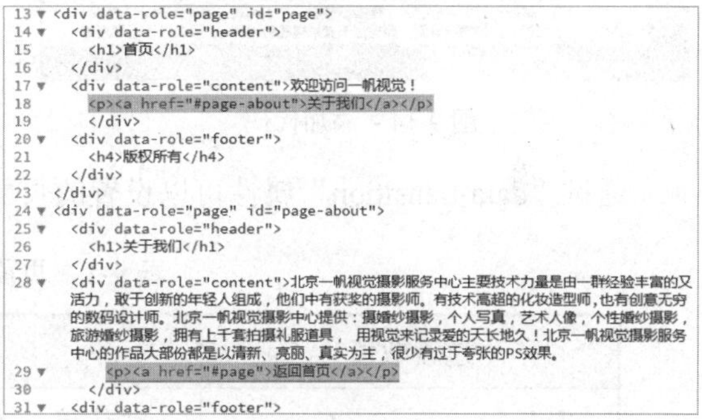

图 9-11　添加超链接

Step 05 按【Ctrl+S】组合键保存文档，按【F12】键预览网页，单击超链接文本，如图 9-12 所示。

Step 06 此时，即可跳转到第二个页面，如图 9-13 所示。当一个 HTML 文档中插入很多 jQuery Mobile 页面时，将影响页面加载时间，此时可以在<a>标签内设置链接外部 jQuery Mobile 页面。

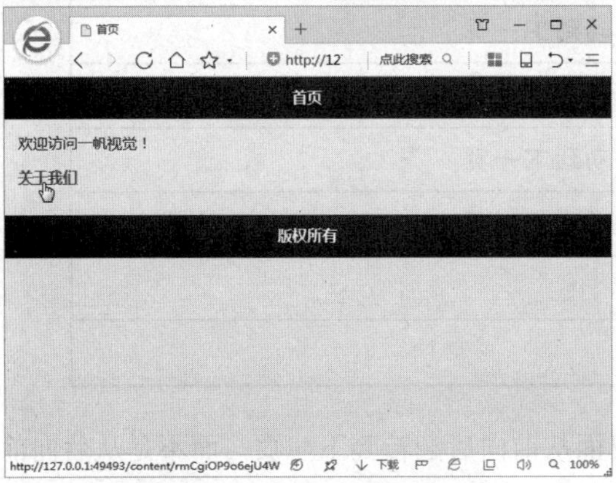

图 9-12　单击超链接文本

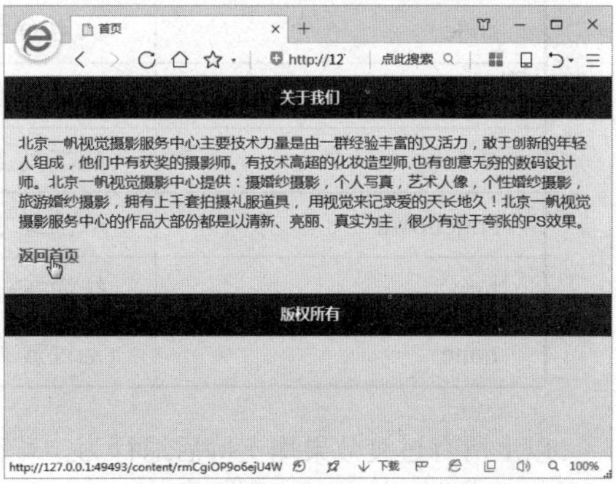

图 9-13　跳转到第二个页面

9.1.3　使用页面切换效果

jQuery Mobile 提供了页面切换时的过渡效果，其应用方法为在链接或表单中添加“data-transition”属性，具体操作方法如下。

Step 01 在第一个页面的<a>标签内添加代码“data-transition="flip"”，如图 9-14 所示。

Step 02 按【Ctrl+S】组合键保存文档，按【F12】键预览网页，单击超链接文本，当切换到下一个页面时应用“flip”过渡效果，如图 9-15 所示。

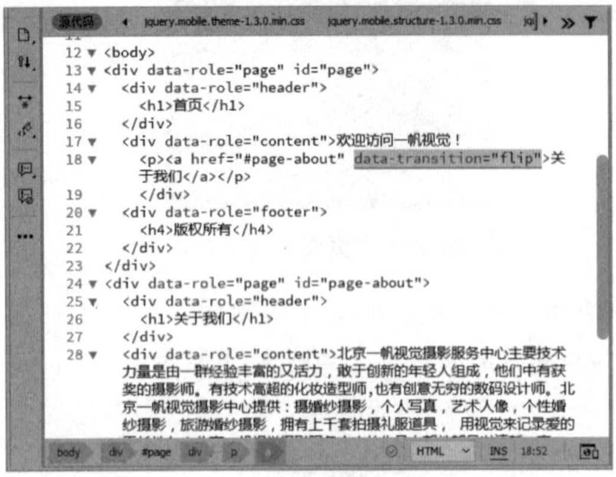

图 9-14 添加代码

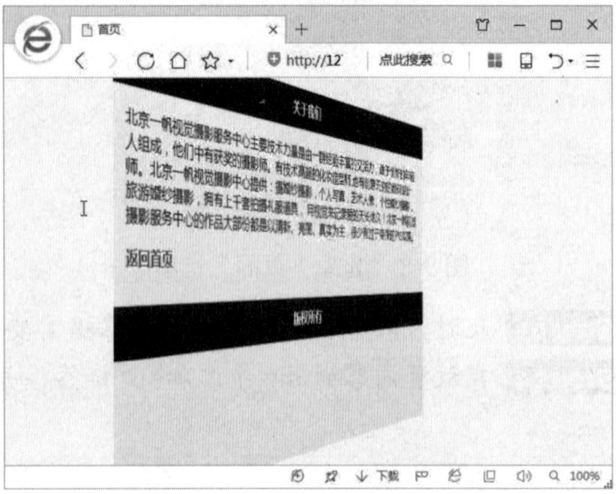

图 9-15 查看切换效果

通过“data-transition”属性可以设置的页面切换效果见表 9-1。

表 9-1 页面切换效果

过渡取值	描 述
fade	默认值，淡入到下一页
flip	从后向前翻转到下一页
flow	抛出当前页，进入下一页
pop	像弹出窗口那样转到下一页
slide	从右向左滑动到下一页
slidefade	从右向左滑动并淡入到下一页
slideup	从下到上滑动到下一页
slidedown	从上到下滑动到下一页
turn	转向下一页
none	无过渡效果

以上所有过渡效果均支持后退行为。若让页面从前向后翻转到下一页，而不是从后向前翻转，可以在<a>标签内添加代码“data-direction="reverse"”。

9.2 使用 jQuery Mobile 组件

下面将介绍如何在 jQuery Mobile 页面中添加组件，如添加“列表视图”“布局网格”“可折叠区块”“按钮”及表单组件等。

9.2.1 使用列表视图

列表视图是 jQuery Mobile 中一个功能强大的组件，要创建列表视图，只需在<ol>或<ul>元素中添加“data-role="listview"”属性，并在每个列表项<li>标签中添加链接，具体操作方法如下。

Step 01 在“代码”视图中将光标定位到“content”所在的 div 容器内，在“插入”面板中选择“列表视图”选择，如图 9-16 所示。

Step 02 弹出“列表视图”对话框，在“列表类型”下拉列表框中选择“无序”选项，设置项目数量为 5，然后单击“确定”按钮，如图 9-17 所示。

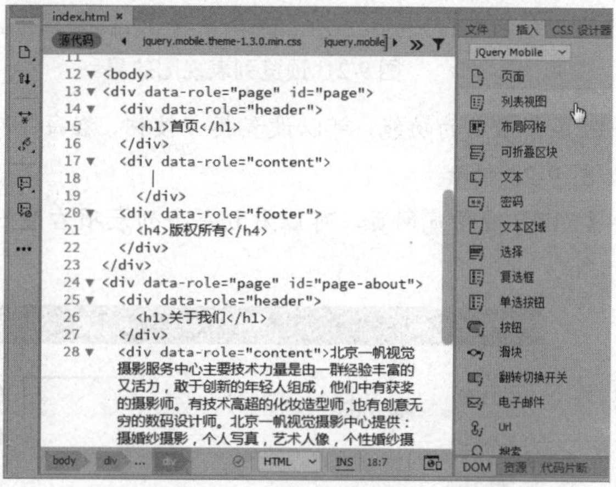

图 9-16 选择“列表视图”选项

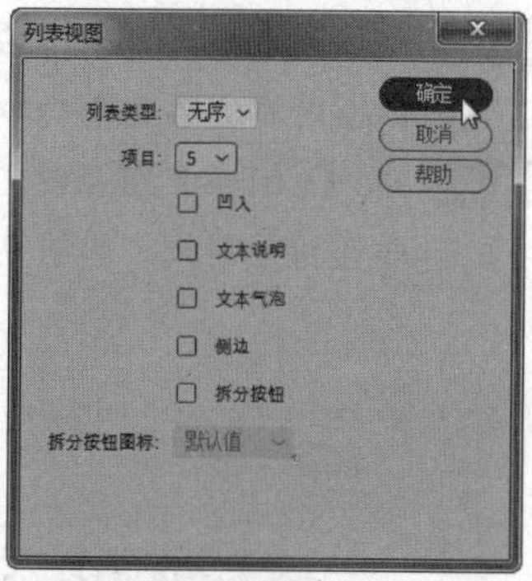

图 9-17 “列表视图”对话框

Step 03 此时，即可在文档中插入列表视图组件。根据需要修改文本，并在第一个列表项<li>标签内添加超链接，如图 9-18 所示。

Step 04 按【Ctrl+S】组合键保存文档，按【F12】键预览网页，查看列表视图效果，如图 9-19 所示。

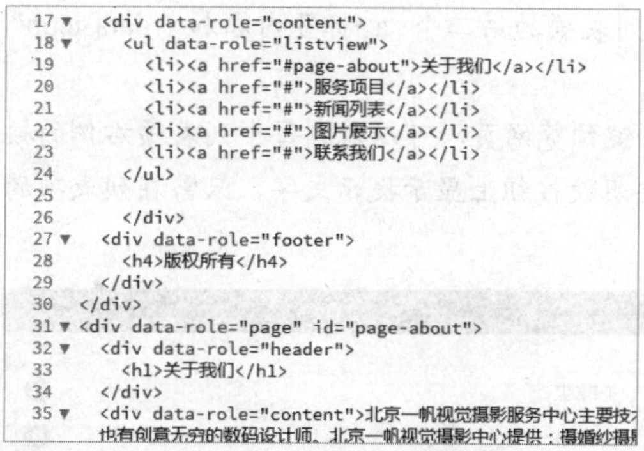

图 9-18 添加超链接

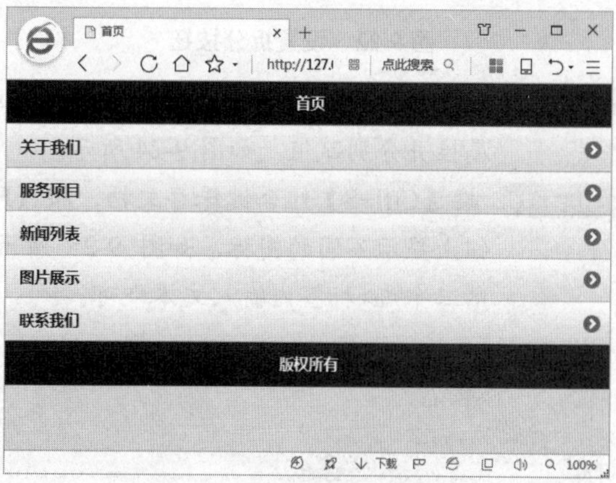

图 9-19 预览列表视图效果

Step 05 在<ul>标签中添加属性“data-inset="true"”，即可为列表添加圆角和外边距，如图 9-20 所示。

Step 06 按【Ctrl+S】组合键保存文档，按【F12】键预览网页，查看列表视图效果，如图 9-21 所示。若要将列表视图更改为有序列表，只需在代码中将标签<ul>更改为<ol>。

```
<body>
<div data-role="page" id="page">
  <div data-role="header">
    <h1>首页</h1>
  </div>
  <div data-role="content">
    <ul data-role="listview" data-inset="true">
      <li><a href="#page-about">关于我们</a></li>
      <li><a href="#">服务项目</a></li>
      <li><a href="#">新闻列表</a></li>
      <li><a href="#">图片展示</a></li>
      <li><a href="#">联系我们</a></li>
    </ul>

    </div>
  <div data-role="footer">
    <h4>版权所有</h4>
  </div>
</div>
<div data-role="page" id="page-about">
  <div data-role="header">
    <h1>关于我们</h1>
```

图 9-20 添加“data-inset”属性

图 9-21 预览列表视图效果

Step 07 要使列表项与列表项右侧的按钮分别具有独立的功能，可以设置拆分按钮，在每个<li>标签内添加第 2 个<a>标签即可，如图 9-22 所示。

Step 08 按【Ctrl+S】组合键保存文档，按【F12】键预览网页，可以看到每个列表项右侧出现垂直的分割线，如图 9-23 所示。

```
<body>
<div data-role="page" id="page">
  <div data-role="header">
    <h1>首页</h1>
  </div>
  <div data-role="content">
    <ul data-role="listview" data-inset="true">
      <li><a href="#">关于我们</a><a></a></li>
      <li><a href="#">服务项目</a><a></a></li>
      <li><a href="#">新闻列表</a><a></a></li>
      <li><a href="#">图片展示</a><a></a></li>
      <li><a href="#">联系我们</a><a></a></li>
    </ul>

    </div>
  <div data-role="footer">
    <h4>版权所有</h4>
  </div>
</div>
```

图 9-22 设置拆分按钮

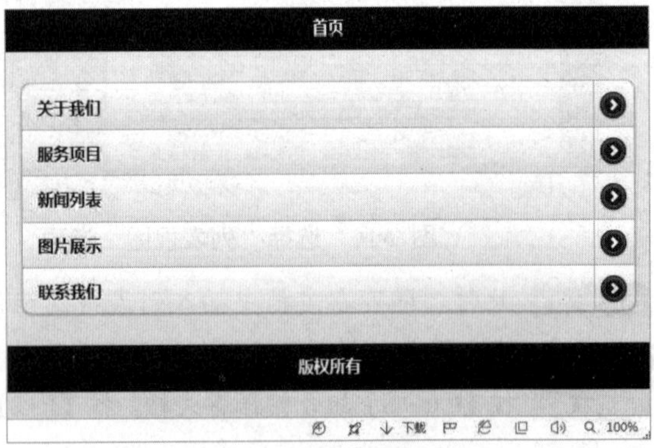

图 9-23 预览拆分按钮效果

Step 09 若要更改每个按钮上的图标样式，可以在列表项的第二个<a>标签内添加“data-icon”属性并分别赋值，如图 9-24 所示。

Step 10 按【Ctrl+S】组合键保存文档，按【F12】键预览网页，可以看到每个列表项右侧的按钮上显示不同的图标，如图 9-25 所示。要想使按钮上显示提示文字，只需在列表项的第二个<a>标签内输入文本即可。

```
<body>
<div data-role="page" id="page">
  <div data-role="header">
    <h1>首页</h1>
  </div>
  <div data-role="content">
    <ul data-role="listview" data-inset="true">
      <li><a href="#">关于我们</a><a data-icon="home"></a></li>
      <li><a href="#">服务项目</a><a data-icon="gear"></a></li>
      <li><a href="#">新闻列表</a><a data-icon="grid"></a></li>
      <li><a href="#">图片展示</a><a data-icon="star"></a></li>
      <li><a href="#">联系我们</a><a data-icon="info"></a></li>
    </ul>

    </div>
  <div data-role="footer">
    <h4>版权所有</h4>
  </div>
</div>
```

图 9-24 添加“data-icon”属性

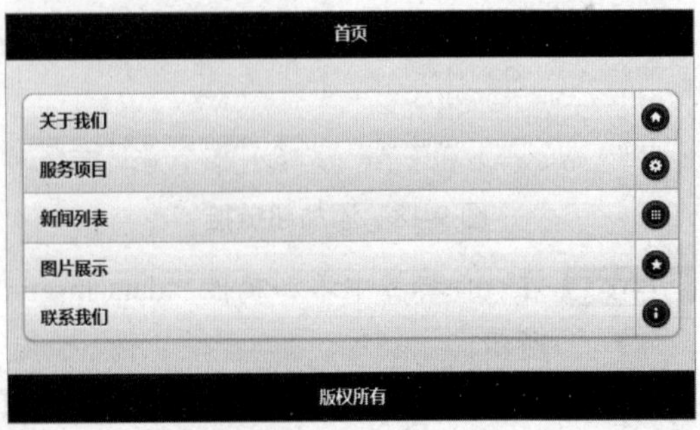

图 9-25 预览按钮图标效果

Step 11 在列表项的<a>标签内添加文本气泡代码“span class="ui-li-count">新</span>”，如图 9-26 所示。

Step 12 按【Ctrl+S】组合键保存文档，按【F12】键预览网页，可以看到列表项右侧出现了文本气泡，如图 9-27 所示。

```
<div data-role="header">
  <h1>首页</h1>
</div>
<div data-role="content">
  <ul data-role="listview" data-inset="true">
    <li><a href="#">关于我们</a><a data-icon="home"></a>
    </li>
    <li><a href="#">服务项目</a><a data-icon="gear"></a>
    </li>
    <li><a href="#">新闻列表
        <span class="ui-li-count">新</span></a><a data-
        icon="grid"></a></li>
    <li><a href="#">图片展示</a><a data-icon="star"></a>
    </li>
    <li><a href="#">联系我们</a><a data-icon="info"></a>
    </li>
  </ul>
```

图 9-26　添加文本气泡代码

图 9-27　预览文本气泡效果

Step 13 在列表项的<a>标签内添加侧边文本代码“<p class="ui-li-aside">实景拍摄</p>”，如图 9-28 所示。

Step 14 按【Ctrl+S】组合键保存文档，按【F12】键预览网页，可以看到列表项右侧出现了文本说明信息，如图 9-29 所示。

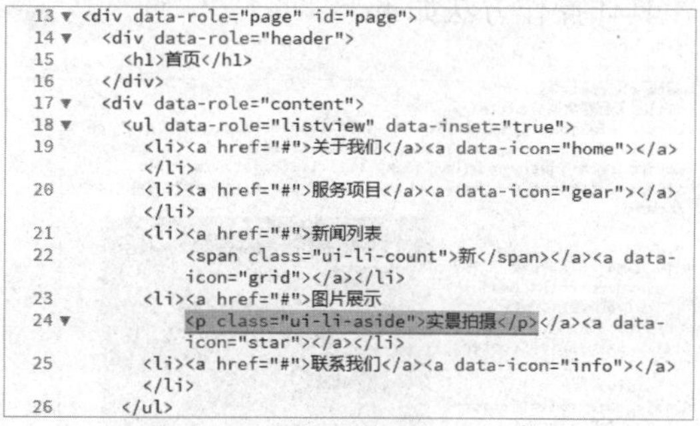

```
<div data-role="page" id="page">
  <div data-role="header">
    <h1>首页</h1>
  </div>
  <div data-role="content">
    <ul data-role="listview" data-inset="true">
      <li><a href="#">关于我们</a><a data-icon="home"></a>
      </li>
      <li><a href="#">服务项目</a><a data-icon="gear"></a>
      </li>
      <li><a href="#">新闻列表
          <span class="ui-li-count">新</span></a><a data-
          icon="grid"></a></li>
      <li><a href="#">图片展示
          <p class="ui-li-aside">实景拍摄</p></a><a data-
          icon="star"></a></li>
      <li><a href="#">联系我们</a><a data-icon="info"></a>
      </li>
    </ul>
```

图 9-28　添加侧边文本代码

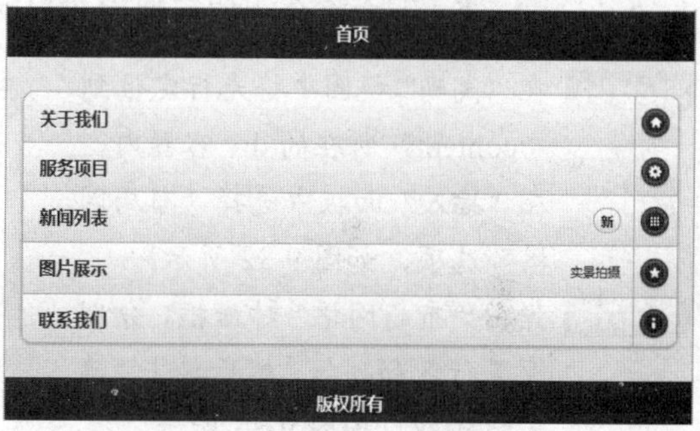

图 9-29　预览侧边文本效果

Step 15 为列表项文本添加 HTML 文本标签，例如，为标题文本添加<h3>标签，为文本说明信息添加<p>标签，如图 9-30 所示。

Step 16 按【Ctrl+S】组合键保存文档，按【F12】键预览网页，可以看到列表项下方出现文本说明信息，如图 9-31 所示。

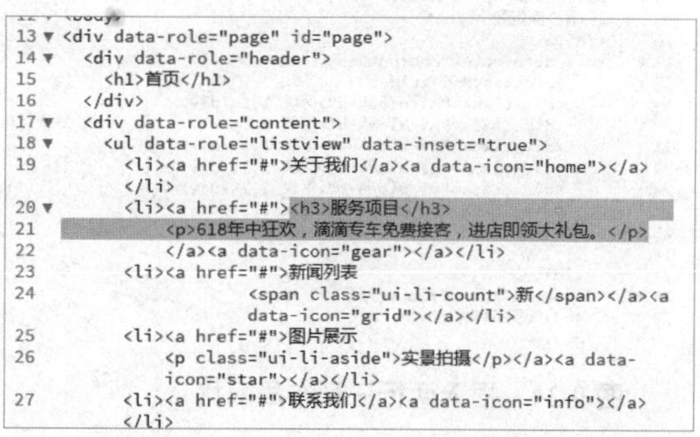

```
<div data-role="page" id="page">
  <div data-role="header">
    <h1>首页</h1>
  </div>
  <div data-role="content">
    <ul data-role="listview" data-inset="true">
      <li><a href="#">关于我们</a><a data-icon="home"></a>
      </li>
      <li><a href="#"><h3>服务项目</h3>
          <p>618年中狂欢，滴滴专车免费接客，进店即领大礼包。</p>
          </a><a data-icon="gear"></a></li>
      <li><a href="#">新闻列表
                <span class="ui-li-count">新</span></a><a
                data-icon="grid"></a></li>
      <li><a href="#">图片展示
          <p class="ui-li-aside">实景拍摄</p></a><a data-
          icon="star"></a></li>
      <li><a href="#">联系我们</a><a data-icon="info"></a>
      </li>
```

图 9-30　添加文本说明代码

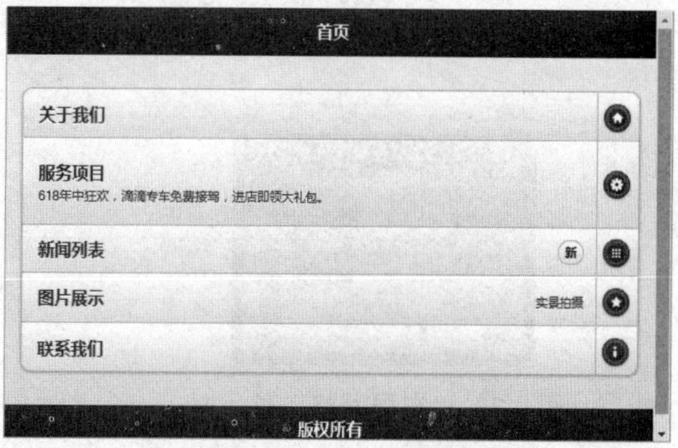

图 9-31　预览文本说明效果

9.2.2 使用布局网格

jQuery Mobile 提供了一套基于 CSS 的分列布局，有时需要将较小的元素（如按钮或导航标签等）并排在一起，就像是在一个表格中一样，此时可以使用布局网格进行操作。网格中的列是等宽的，没有边框、背景、外边距和内边距等属性。jQuery Mobile 提供了 4 种网格布局，见表 9-2。

表 9-2 4 种布局网格

网格类	列	每列宽度	对应元素
ui-grid-a	2	50%	ui-block-a|b
ui-grid-b	3	33%	ui-block-a|b|c
ui-grid-c	4	25%	ui-block-a|b|c|d
ui-grid-d	5	20%	ui-block-a|b|c|d|e

在列容器中，根据不同的列数，子元素可设置类“ui-block-a|b|c|d|e”，这些列将依次并排浮动。例如，对于“ui-grid-b”类（三列布局），则添加 3 个子元素“ui-block-a”“ui-block-b”和“ui-block-c”。下面将介绍如何使用布局网格，具体操作方法如下。

Step 01 在“代码”视图中将光标定位到“content”所在的 div 容器内，在“插入”面板中选择“布局网格”选项，如图 9-32 所示。

Step 02 弹出“布局网格”对话框，分别设置行数和列数，然后单击“确定”按钮，如图 9-33 所示。

Step 03 此时，即可插入两行三列的布局网格，子容器被包括在应用了“ui-grid-b”类的父容器中，如图 9-34 所示。

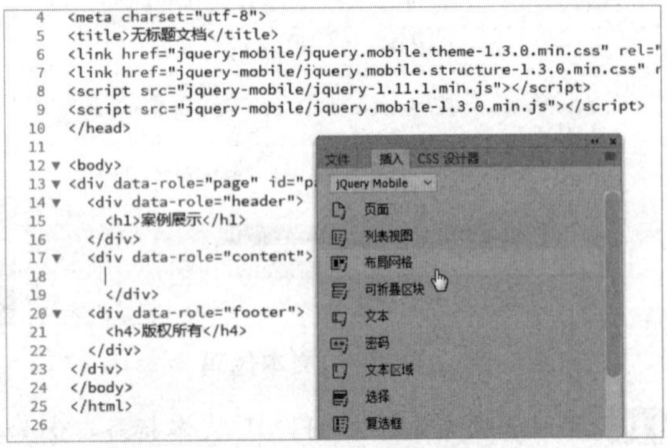

图 9-32 选择“布局网格”选项

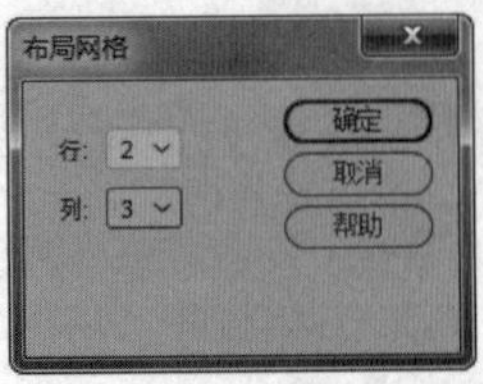

图 9-33 “布局网格”对话框

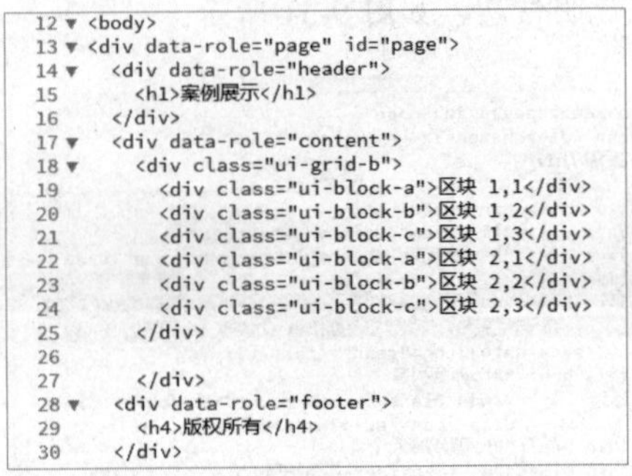

图 9-34 插入两行三列布局网格

Step 04 在每个子容器中插入图像，如图 9-35 所示。

Step 05 在页面中插入样式表，并设置子容器和图片样式，如图 9-36 所示。

```
<div data-role="content">
  <div class="ui-grid-b">
    <div class="ui-block-a"><img src="images/pic1.jpg"
    width="300" height="300" alt=""/></div>
    <div class="ui-block-b"><img src="images/pic2.jpg"
    width="300" height="300" alt=""/></div>
    <div class="ui-block-c"><img src="images/pic3.jpg"
    width="300" height="300" alt=""/></div>
    <div class="ui-block-a"><img src="images/pic4.jpg"
    width="300" height="300" alt=""/></div>
    <div class="ui-block-b"><img src="images/pic5.jpg"
    width="300" height="300" alt=""/></div>
    <div class="ui-block-c"><img src="images/pic6.jpg"
    width="300" height="300" alt=""/></div>
  </div>
```

图 9-35　插入图像

```
1.3.0.min.css" rel="stylesheet" type="text/css">
<link href="jquery-mobile/jquery.mobile.structure-
1.3.0.min.css" rel="stylesheet" type="text/css">
<style type="text/css">
    .ui-block-a, .ui-block-b, .ui-block-c {
    margin: 10px auto;
    text-align: center;
}
    img{
        max-width: 100%;
        max-height: 100%;
        border-radius: 5%;
        border: 1px solid black;
    }
</style>
<script src="jquery-mobile/jquery-1.11.1.min.js"></script>
<script src="jquery-mobile/jquery.mobile-1.3.0.min.js">
```

图 9-36　插入样式表

Step 06 按【Ctrl+S】组合键保存文档，按【F12】键预览网页，查看两行三列布局网格效果，如图 9-37 所示。

图 9-37　预览布局网格效果

9.2.3　使用可折叠区块

jQuery Mobile 提供的可折叠区块用于隐藏或显示内容。若要创建可折叠区块，需要为 div 容器添加"data-role="collapsible""属性，并在容器内添加一个标题元素（h1—h6），然后添加要扩展的 HTML 标记，具体操作方法如下。

Step 01 在"代码"视图中将光标定位到"content"所在的 div 容器内，在"插入"面板中选择"可折叠区块"选项，如图 9-38 所示。

Step 02 此时，即可插入 3 个可折叠区块。选择区块后，可以对其进行删除或复制添加操作。修改标题文本，如图 9-39 所示。

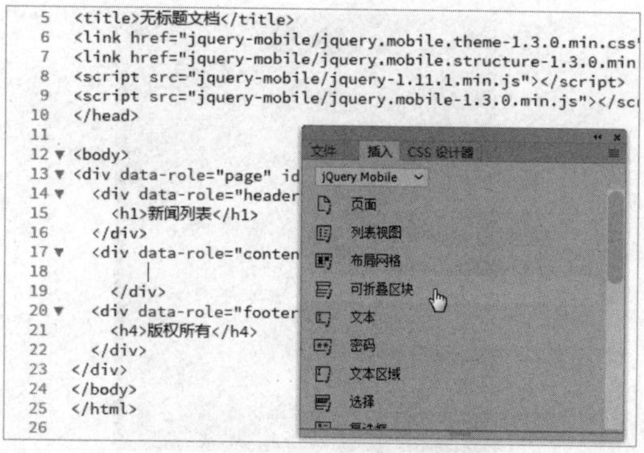

图 9-38　选择"可折叠区块"选项

```
<body>
<div data-role="page" id="page">
  <div data-role="header">
    <h1>新闻列表</h1>
  </div>
  <div data-role="content">
    <div data-role="collapsible-set">
      <div data-role="collapsible">
        <h3>公司新闻</h3>
        <p>内容</p>
      </div>
      <div data-role="collapsible" data-collapsed="true">
        <h3>行业新闻</h3>
        <p>内容</p>
      </div>
    </div>
```

图 9-39　修改标题文本

Step 03 按【Ctrl+S】组合键保存文档，按【F12】键预览网页，查看可折叠区块效果，如图 9-40 所示。若要让区块内容在页面加载时自动展开，可以在其所在的 div 容器中添加属性"data-collapsed="false""。

Step 04 可折叠区块还可以根据需要进行多层嵌套，例如，复制区块代码后，将复制的代码粘贴到其内部，如图 9-41 所示。

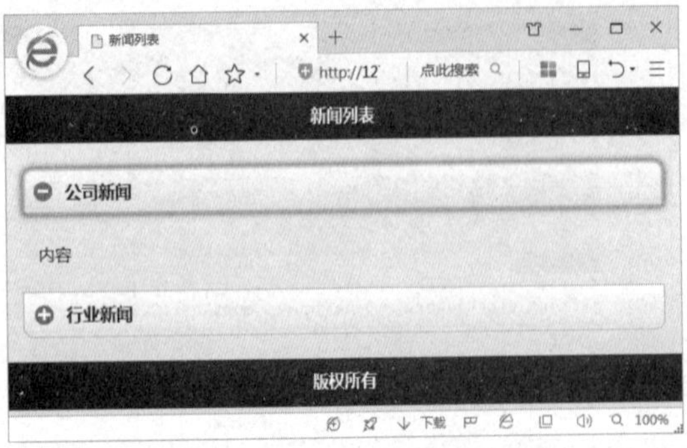

图 9-40　预览可折叠区块效果

图 9-41　嵌套可折叠区块

Step 05 按【Ctrl+S】组合键保存文档，按【F12】键预览网页，查看嵌套可折叠区块效果，如图 9-42 所示。

图 9-42　嵌套可折叠区块效果

9.2.4　使用按钮

在 jQuery Mobile 页面中可以创建 3 种类型的按钮："链接""按钮"和"输入"，还可以根据需要对按钮样式进行自定义设置。下面将介绍如何在页面中使用按钮，具体操作方法如下。

Step 01 在"代码"视图中将光标定位到"content"所在的 div 容器内，在"插入"面板中选择"按钮"选项，如图 9-43 所示。

Step 02 弹出"按钮"对话框，在"按钮类型"下拉列表框中选择"链接"选项，设置按钮数量、位置、布局、图标及图标位置等选项，然后单击"确定"按钮，如图 9-44 所示。

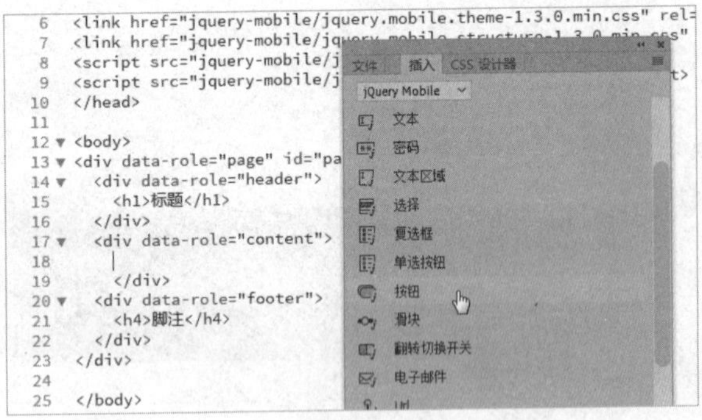

图 9-43　选择"按钮"选项

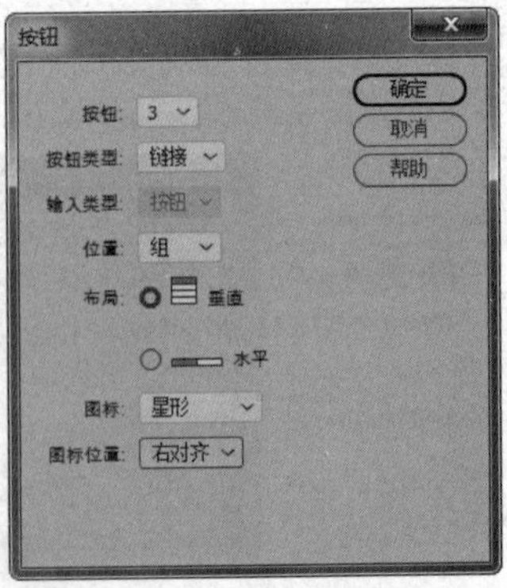

图 9-44　"按钮"对话框

Step 03 此时，即可插入"链接"类型的按钮，该类型的按钮代码为"<a href="#" data-role="button">按钮</a>"，根据需要修改文本，如图 9-45 所示。

Step 04 按【Ctrl+S】组合键保存文档，按【F12】键预览网页，查看插入的按钮效果，如图 9-46 所示。

```
<div data-role="header">
  <h1>标题</h1>
</div>
<div data-role="content">
      <div data-role="controlgroup">
      <a href="#" data-role="button" data-icon="star"
      data-iconpos="right">作品类别1</a>
      <a href="#" data-role="button" data-icon="star"
      data-iconpos="right">作品类别2</a>
      <a href="#" data-role="button" data-icon="star"
      data-iconpos="right">作品类别3</a>
    </div>
</div>
<div data-role="footer">
  <h4>脚注</h4>
</div>
</div>
```

图 9-45 修改文本

图 9-46 预览按钮效果

Step 05 在按钮父容器的<div>标签内添加代码“data-type="horizontal"”，将按钮设置为水平排列，如图 9-47 所示。

Step 06 按【Ctrl+S】组合键保存文档，按【F12】键预览网页，可以看到按钮呈水平排列，效果如图 9-48 所示。

```
<div data-role="header">
  <h1>标题</h1>
</div>
<div data-role="content">
      <div data-role="controlgroup" data-type="horizontal">
      <a href="#" data-role="button" data-icon="star" data-
      iconpos="right">作品类别1</a>
      <a href="#" data-role="button" data-icon="star" data-
      iconpos="right">作品类别2</a>
      <a href="#" data-role="button" data-icon="star" data-
      iconpos="right">作品类别3</a>
    </div>
</div>
<div data-role="footer">
  <h4>脚注</h4>
</div>
</div>
```

图 9-47 添加“data-type”属性

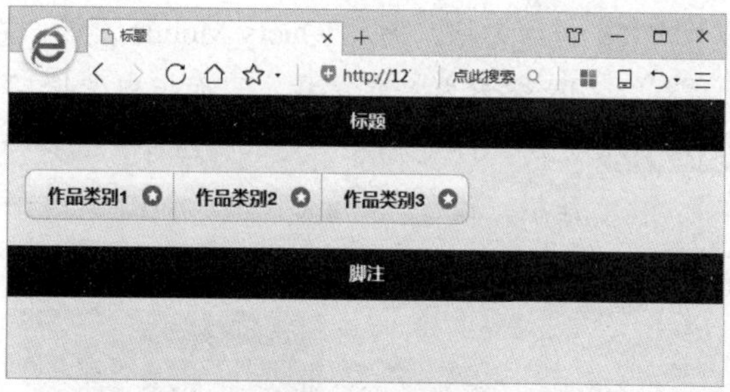

图 9-48 预览按钮效果

Step 07 删除按钮父容器的<div>标签，在每个<a>标签内添加代码“data-inline="true"”，如图 9-49 所示。

Step 08 按【Ctrl+S】组合键保存文档，按【F12】键预览网页，可以看到按钮宽度不再占据整个窗口宽度，而是与按钮文本的宽度相同，如图 9-50 所示。

```
</div>
<div data-role="content">

      <a href="#" data-role="button" data-icon="star" data-
      iconpos="right" data-inline="true">作品类别1</a>
      <a href="#" data-role="button" data-icon="star" data-
      iconpos="right" data-inline="true">作品类别2</a>
      <a href="#" data-role="button" data-icon="star" data-
      iconpos="right" data-inline="true">作品类别3</a>

</div>
<div data-role="footer">
  <h4>脚注</h4>
</div>
</div>
```

图 9-49 添加“data-inline”属性

图 9-50 预览按钮效果

Step 09 在插入按钮时，选择“按钮”类型，将使用<button>标签创建按钮，如图 9-51 所示。

Step 10 在插入按钮时，选择“输入”类型，将使用<input>标签创建按钮，如图 9-52 所示。在创建“输入”按钮时，还可以选择不同的输入类型，如“提交”“重置”“图像”等。

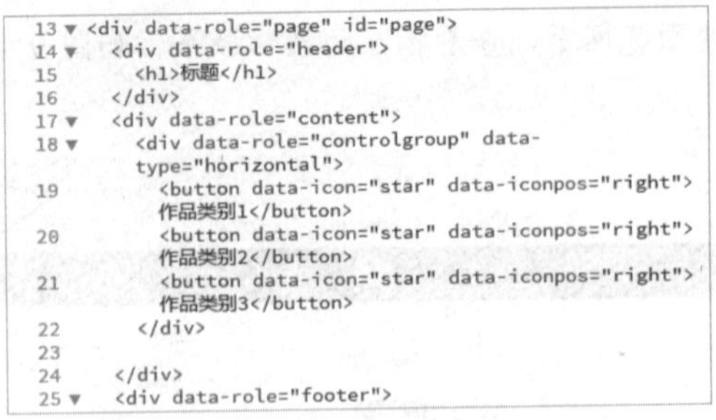

图 9-51 插入“按钮”类型的按钮

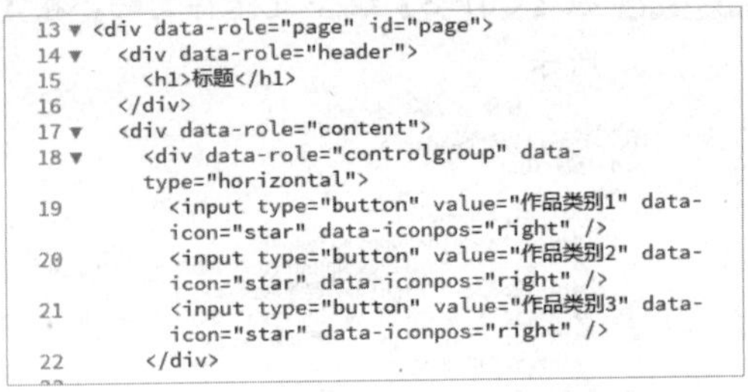

图 9-52 插入“输入”类型的按钮

9.2.5 使用表单组件

在页面中添加表单组件后，jQuery Mobile 会自动为表单组件添加样式，使其看起来更有吸引力，更易于触摸。每个表单组件必须有一个<lable>标签，并设置标签的“for”属性来匹配元素的唯一的 id。下面将介绍如何在 jQuery Mobile 中使用表单组件，具体操作方法如下。

Step 01 新建文档，插入 jQuery Mobile 页面，在“代码”视图中将光标定位到“content”所在的 div 容器内，在“插入”面板中选择“文本”选项，如图 9-53 所示。

Step 02 此时，即可插入“文本”组件。选择<input>标签，按【Ctrl+F3】组合键打开“属性”对话框，设置“Name”值，如图 9-54 所示。

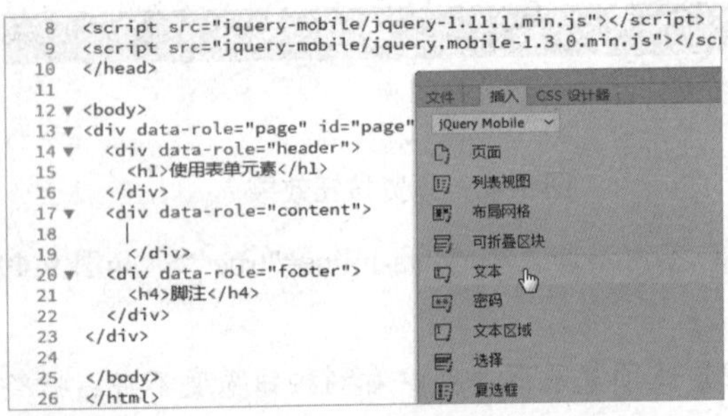

图 9-53 选择“文本”选项

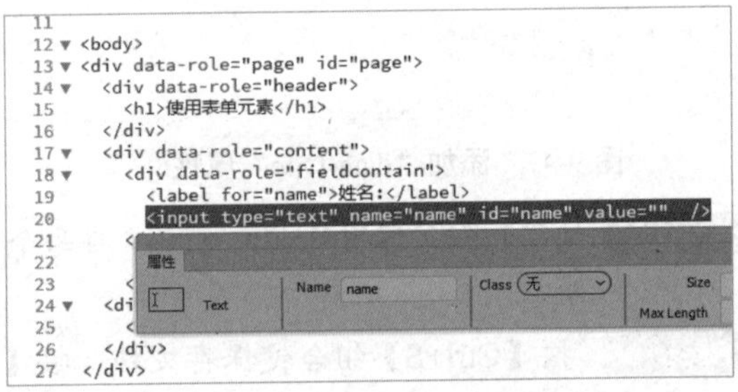

图 9-54 插入“文本”组件

Step 03 在<input>标签内添加属性“placeholder="怎么称呼您"”，可以在“文本”组件中添加描述信息，如图 9-55 所示。

Step 04 按【Ctrl+S】组合键保存文档，按【F12】键预览网页，查看插入的文本组件效果，如图 9-56 所示。

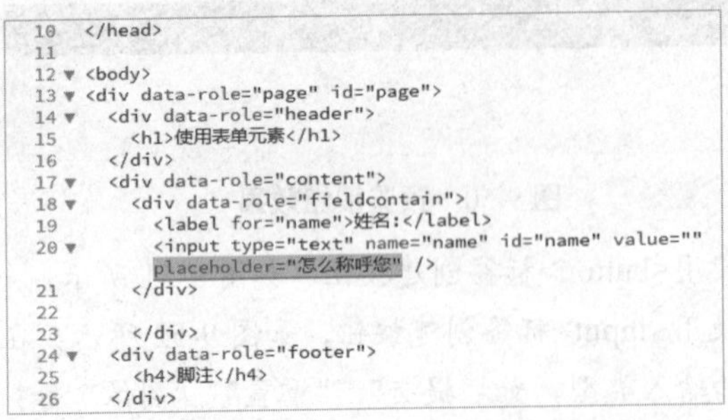

图 9-55 添加“placeholder”属性

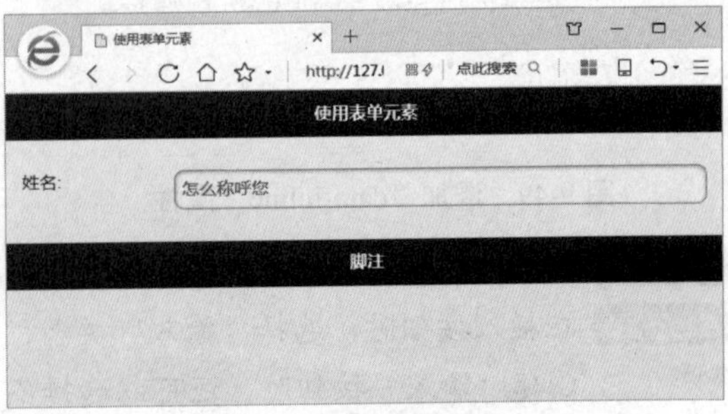

图 9-56 预览文本组件效果

Step 05 在“插入”面板中选择“单选按钮”选项，在弹出的“单选按钮”对话框中设置相关选项，然后单击“确定”按钮，如图 9-57 所示。

Step 06 此时，即可插入单选按钮组件。修改文本，设置组件 id 名称，在“id="male"”的<input>标签内添加属性“checked”，如图 9-58 所示。

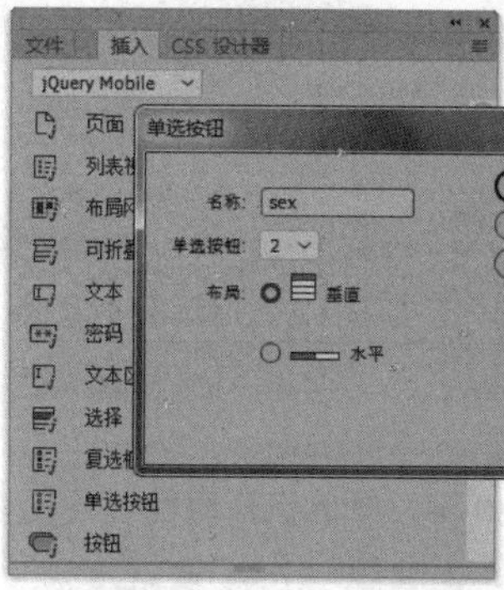

图 9-57　设置单选按钮选项

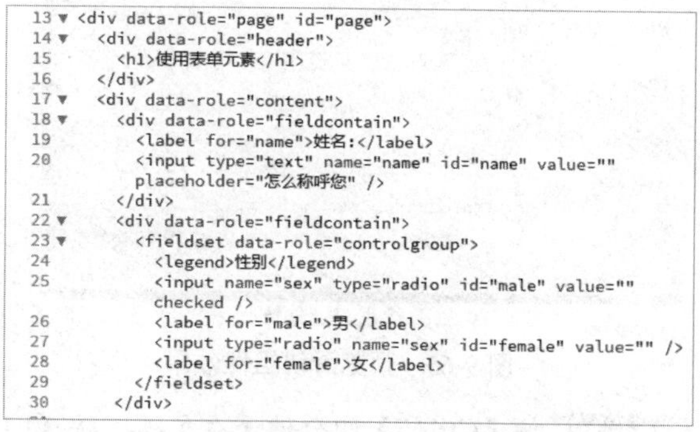

```
<div data-role="page" id="page">
  <div data-role="header">
    <h1>使用表单元素</h1>
  </div>
  <div data-role="content">
    <div data-role="fieldcontain">
      <label for="name">姓名:</label>
      <input type="text" name="name" id="name" value=""
      placeholder="怎么称呼您" />
    </div>
    <div data-role="fieldcontain">
      <fieldset data-role="controlgroup">
        <legend>性别</legend>
        <input name="sex" type="radio" id="male" value=""
        checked />
        <label for="male">男</label>
        <input type="radio" name="sex" id="female" value="" />
        <label for="female">女</label>
      </fieldset>
    </div>
```

图 9-58　设置单选按钮组件

Step 07 按【Ctrl+S】组合键保存文档，按【F12】键预览网页，查看插入的单选按钮组件效果，如图 9-59 所示。

Step 08 在“插入”面板中单击“日期”按钮，插入日期组件，如图 9-60 所示。

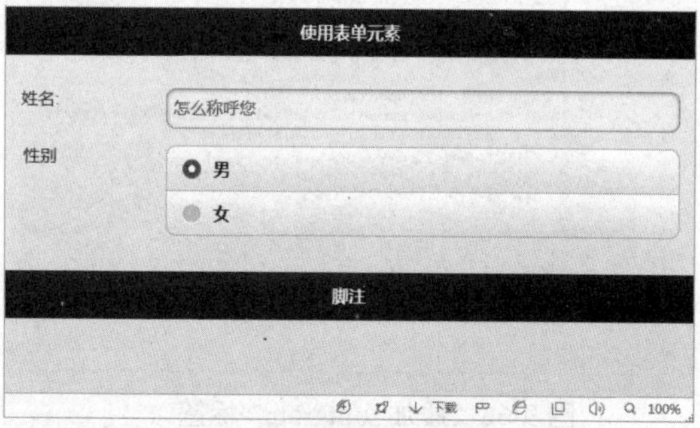

图 9-59　预览单选按钮组件效果

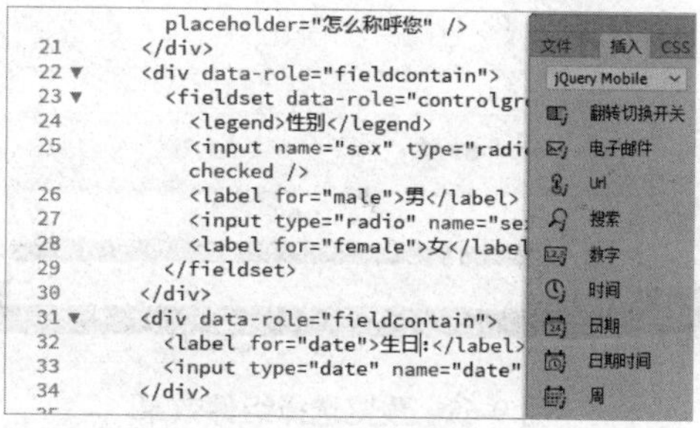


```
      placeholder="怎么称呼您" />
    </div>
    <div data-role="fieldcontain">
      <fieldset data-role="controlgr
        <legend>性别</legend>
        <input name="sex" type="radi
        checked />
        <label for="male">男</label>
        <input type="radio" name="se
        <label for="female">女</label
      </fieldset>
    </div>
    <div data-role="fieldcontain">
      <label for="date">生日:</label>
      <input type="date" name="date"
    </div>
```

图 9-60　插入日期组件

Step 09 按【Ctrl+S】组合键保存文档，按【F12】键预览网页，查看插入的日期组件效果，如图 9-61 所示。

Step 10 在“插入”面板中选择“滑块”选项，插入滑块组件，设置“value”初始值为 20，添加“data-highlight”属性，如图 9-62 所示。

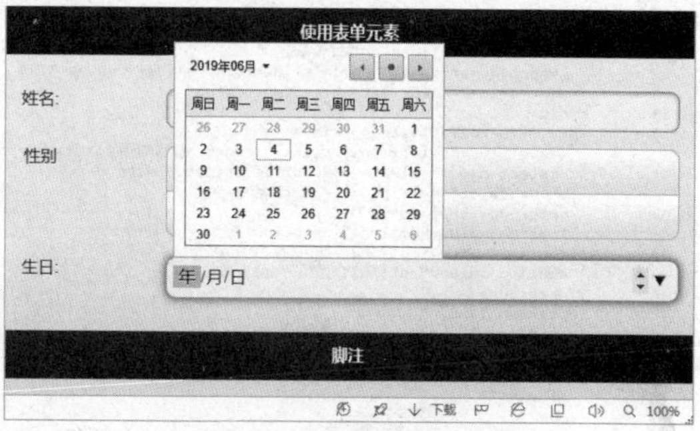

图 9-61　预览日期组件效果

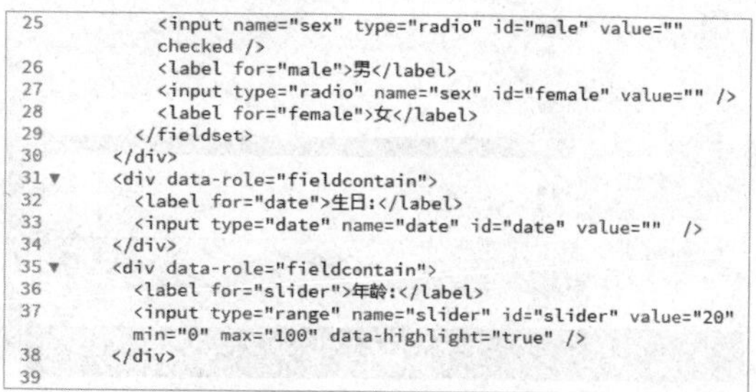

```
        <input name="sex" type="radio" id="male" value=""
        checked />
        <label for="male">男</label>
        <input type="radio" name="sex" id="female" value="" />
        <label for="female">女</label>
      </fieldset>
    </div>
    <div data-role="fieldcontain">
      <label for="date">生日:</label>
      <input type="date" name="date" id="date" value=""  />
    </div>
    <div data-role="fieldcontain">
      <label for="slider">年龄:</label>
      <input type="range" name="slider" id="slider" value="20"
      min="0" max="100" data-highlight="true" />
    </div>
```

图 9-62　插入滑块组件

Step 11 按【Ctrl+S】组合键保存文档，按【F12】键预览网页，查看插入的滑块组件效果，如图 9-63 所示。

Step 12 在“插入”面板中选择“选择”选项，插入选择组件，修改文本，如图 9-64 所示。

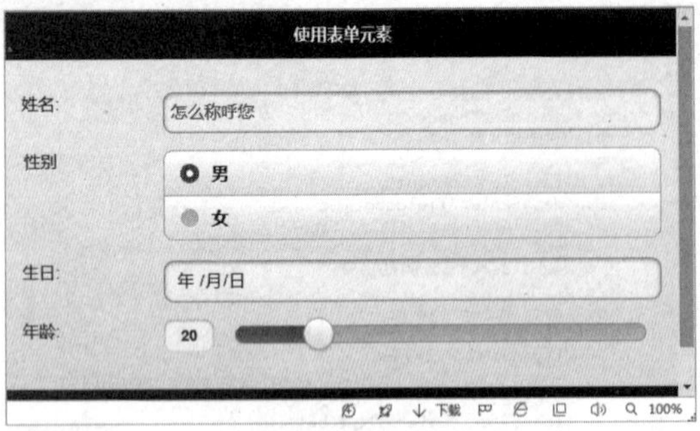

图 9-63　预览滑块组件效果

```
<div data-role="fieldcontain">
  <label for="date">生日:</label>
  <input type="date" name="date" id="date" value=""  />
</div>
<div data-role="fieldcontain">
  <label for="slider">年龄:</label>
  <input type="range" name="slider" id="slider" value="20"
  min="0" max="100" data-highlight="true" />
</div>
<div data-role="fieldcontain">
  <label for="selectmenu" class="select">喜欢的颜色:</label>
  <select name="selectmenu" id="selectmenu">
    <option value="option1">紫色</option>
    <option value="option2">灰色</option>
    <option value="option3">蓝色</option>
  </select>
</div>
```

图 9-64　插入选择组件

Step 13 按【Ctrl+S】组合键保存文档，按【F12】键预览网页，查看插入的选择组件效果，如图 9-65 所示。

Step 14 若要对下拉列表中的选项进行分组，可以在<select>标签内添加<optgroup>标签，如图 9-66 所示。

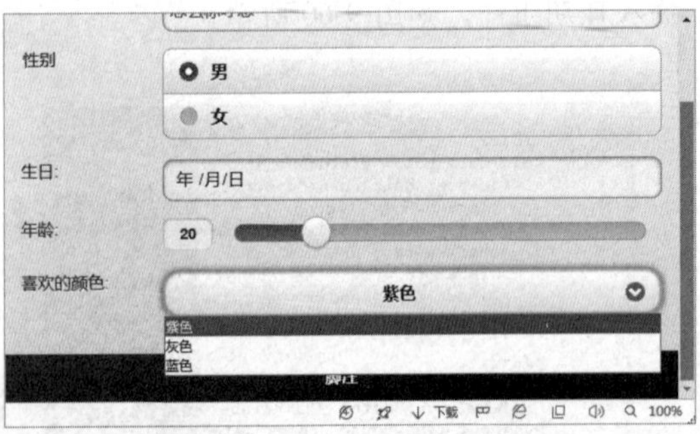

图 9-65　预览选择组件效果

```
<div data-role="fieldcontain">
  <label for="slider">年龄:</label>
  <input type="range" name="slider" id="slider" value="20"
  min="0" max="100" data-highlight="true" />
</div>
<div data-role="fieldcontain">
  <label for="selectmenu" class="select">喜欢的颜色:</label>
  <select name="selectmenu" id="selectmenu">
 <optgroup label="小米9">
  <option value="option1">紫色</option>
  <option value="option2">灰色</option>
  <option value="option3">蓝色</option>
</optgroup>
<optgroup label="小米8">
  <option value="option2">灰色</option>
  <option value="option3">蓝色</option>
</optgroup>
  </select>
</div>
```

图 9-66　添加<optgroup>标签

Step 15 按【Ctrl+S】组合键保存文档，按【F12】键预览网页，可以看到下拉菜单中的选项出现了分组，如图 9-67 所示。

Step 16 在<select>标签内添加属性“data-native-menu="false"”，设置选择菜单的显示样式，添加属性“multiple”，设置多选。为要设置成默认选项的<option>标签添加属性“selected”，如图 9-68 所示。

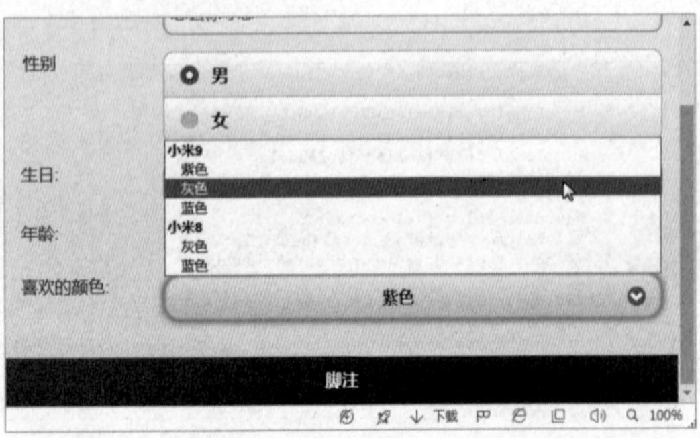

图 9-67　预览选项分组效果

```
<div data-role="fieldcontain">
  <label for="slider">年龄:</label>
  <input type="range" name="slider" id="slider" value="20"
  min="0" max="100" data-highlight="true" />
</div>
<div data-role="fieldcontain">
  <label for="selectmenu" class="select">喜欢的颜色:</label>
  <select name="selectmenu" id="selectmenu" data-native-
  menu="false" multiple>
 <optgroup label="小米9">
  <option value="option1" selected>紫色</option>
  <option value="option2">灰色</option>
  <option value="option3">蓝色</option>
</optgroup>
<optgroup label="小米8">
  <option value="option2">灰色</option>
  <option value="option3">蓝色</option>
</optgroup>
  </select>
</div>
```

图 9-68　设置选择组件

Step 17 按【Ctrl+S】组合键保存文档，按【F12】键预览网页，查看选择组件的显示效果，如图 9-69 所示。

Step 18 继续在页面中插入“文本”“电子邮件”和“文本区域”组件，并设置相关属性，如图 9-70 所示。

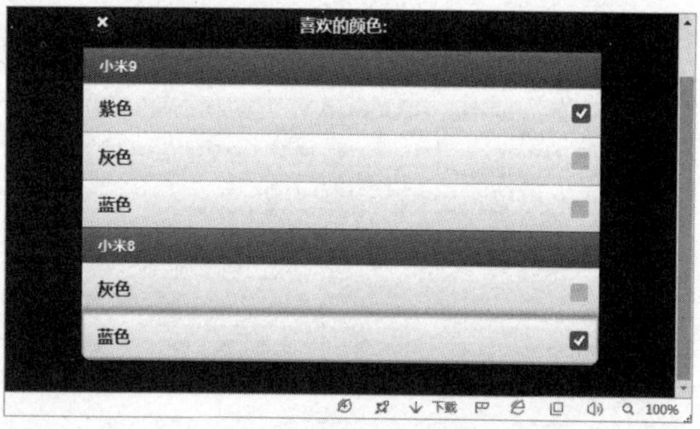

图 9-69 预览选择组件效果

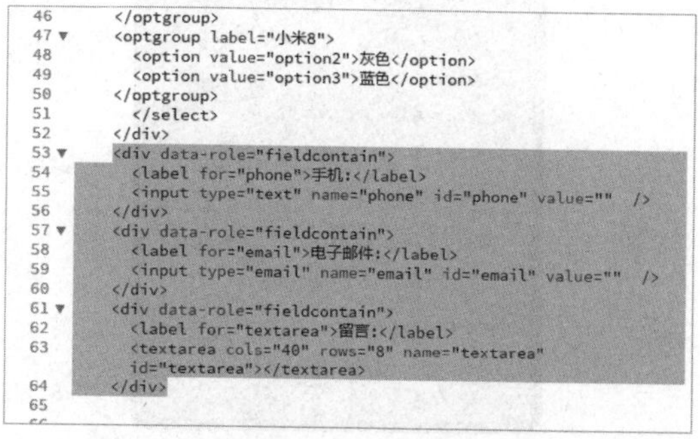

图 9-70 插入并设置组件

Step 19 按【Ctrl+S】组合键保存文档，按【F12】键预览网页，查看插入的组件效果，如图 9-71 所示。

Step 20 在“插入”面板中单击“翻转切换开关”按钮，插入翻转切换开关组件，修改文本，为要设置成默认选项的<option>标签添加属性“selected”，如图 9-72 所示。

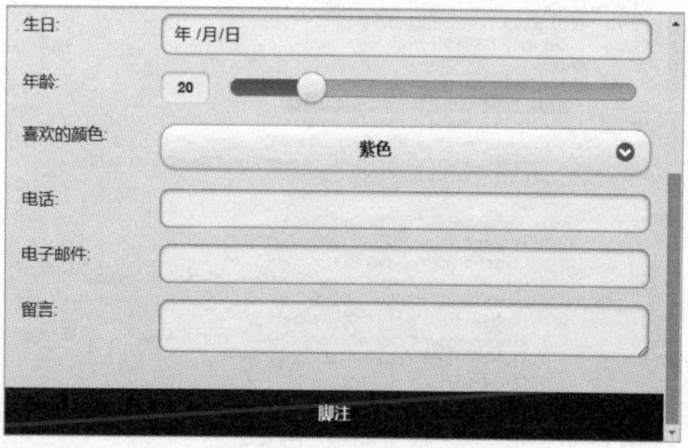

图 9-71 预览组件效果

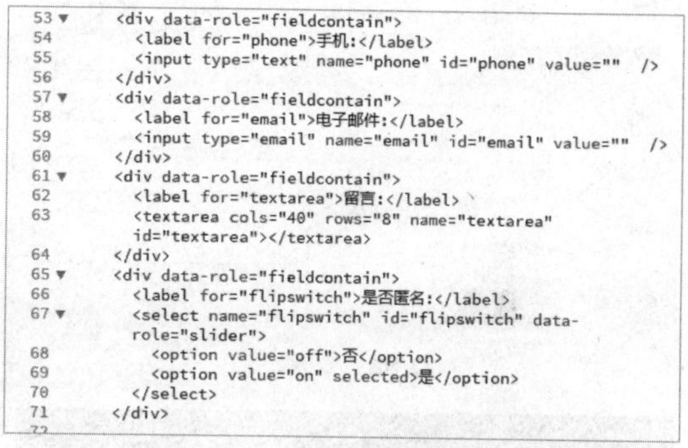

图 9-72 设置翻转切换开关组件

Step 21 按【Ctrl+S】组合键保存文档，按【F12】键预览网页，查看插入的翻转切换开关效果，如图 9-73 所示。

Step 22 在“插入”面板中选择“按钮”选项，如图 9-74 所示。

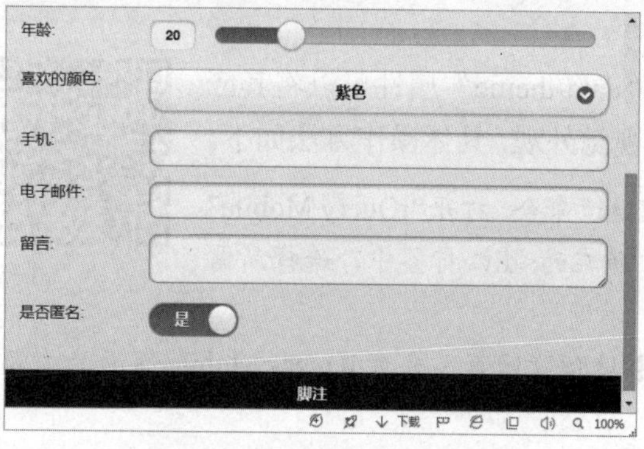

图 9-73 预览翻转切换开关效果

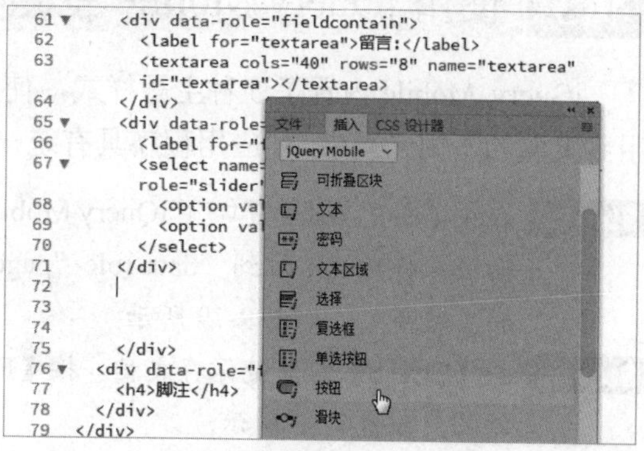

图 9-74 选择“按钮”选项

Step 23 弹出“按钮”对话框，设置相关选项，然后单击“确定”按钮，如图 9-75 所示。

Step 24 在页面中插入按钮组件，在第一个<input>标签内更改“type”“value”“data-icon”等属性，在其父容器<div>标签内添加内联样式表，并设置居中对齐，如图 9-76 所示。

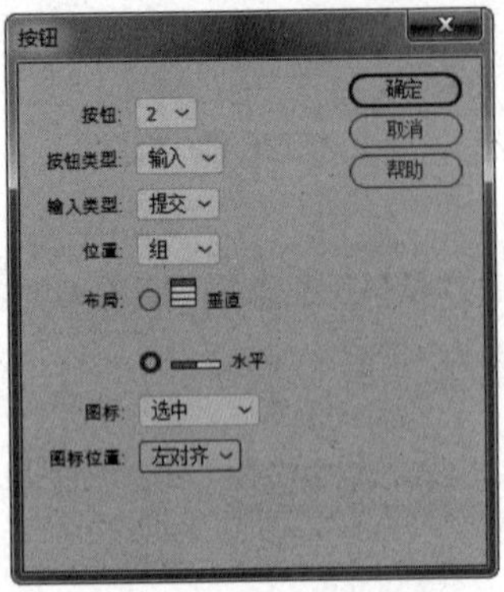

图 9-75 “按钮”对话框

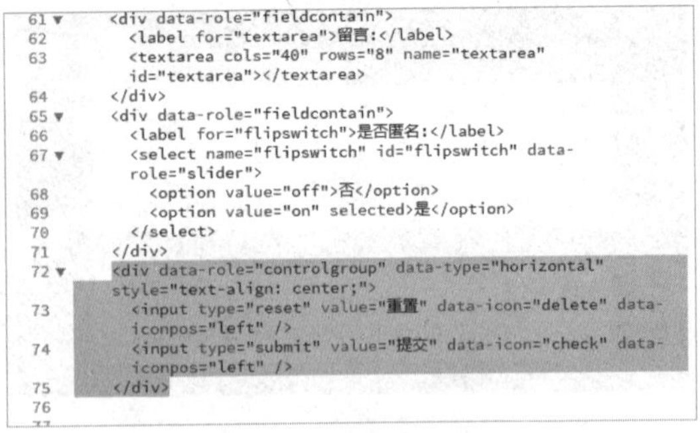

图 9-76 设置按钮组件

Step 25 按【Ctrl+S】组合键保存文档，按【F12】键预览网页，查看插入的按钮效果，如图 9-77 所示。

Step 26 在所有表单组件外部添加<form>标签，将其放置到表单窗体中，如图 9-78 所示。

图 9-77 预览按钮效果

图 9-78 添加<form>标签

9.3 使用 jQuery Mobile 主题

jQuery Mobile 内置了 5 种主题样式，使用“data-theme”属性可以将其应用到页面的不同元素中，使应用程序具有统一的视觉外观，具体操作方法如下。

Step 01 在菜单栏中单击“窗口”|“jQuery Mobile 面板”命令，打开“jQuery Mobile”面板。将光标定位到“data-role="page"”所在的<div>标签中，选择所需的主题样式，如图 9-79 所示。

Step 02 按【Ctrl+S】组合键保存文档，按【F12】键预览网页，查看 jQuery Mobile 页面的主题效果，如图 9-80 所示。

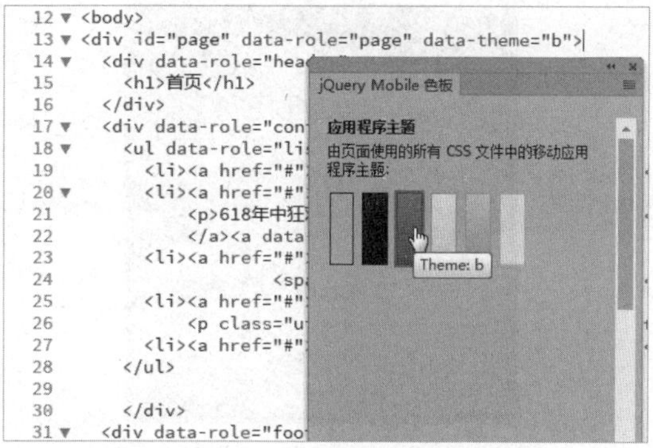

图 9-79　选择主题样式

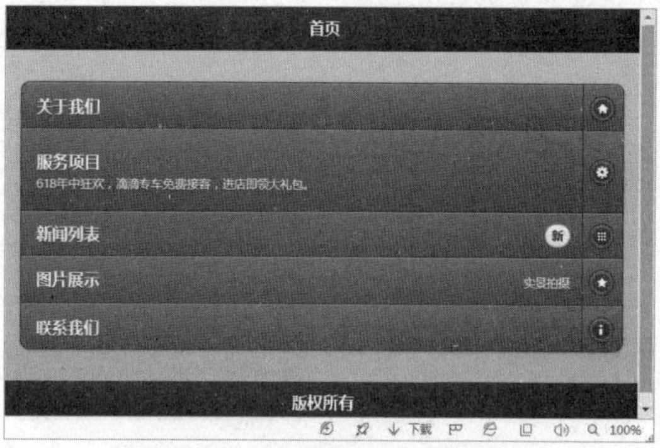

图 9-80　预览应用主题效果

Step 03 采用同样的方法，为内容和列表所在的 div 容器应用所需的主题样式，如图 9-81 所示。

Step 04 按【Ctrl+S】组合键保存文档，按【F12】键预览网页，效果如图 9-82 所示。

图 9-81　为页面元素应用主题样式

图 9-82　预览页面

9.4 综合实例——制作“公司团队”页面

下面将综合运用本章所学知识，使用 jQuery Mobile 制作“公司团队”页面，具体操作方法如下。

Step 01 新建“our-team.html”网页文档，在文档中插入 jQuery Mobile 页面，并修改文本。在“data-role="footer"”属性所在的 div 容器中添加属性“data-position="fixed"”，固定工具栏，如图 9-83 所示。

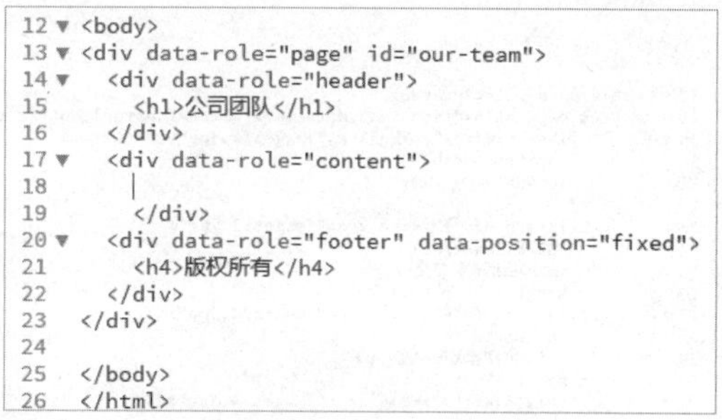

图 9-83　插入 jQuery Mobile 页面

Step 02 将光标定位到内容所在的 div 容器内，在“插入”面板中选择“列表视图”选项，如图 9-84 所示。

Step 03 弹出“列表视图”对话框，设置项目数量为 5，选中“凹入”和“文本说明”复选框，然后单击“确定”按钮，如图 9-85 所示。

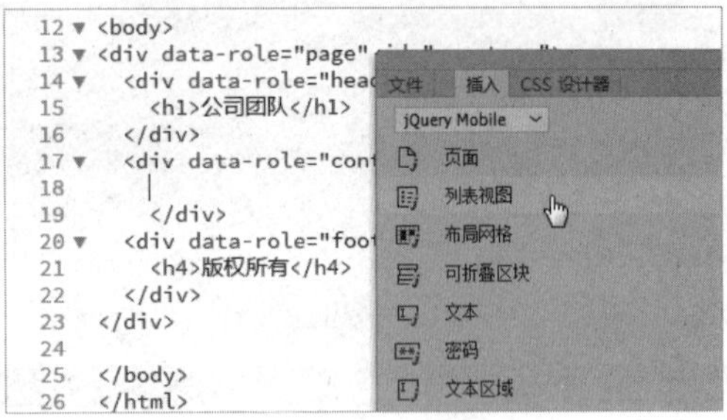

图 9-84　选择“列表视图”选项

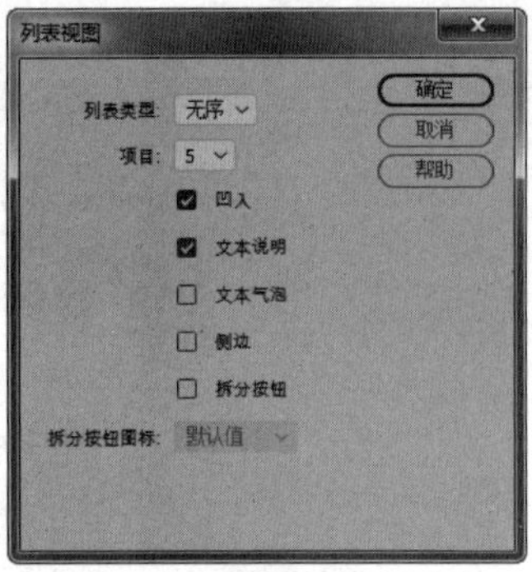

图 9-85　“列表视图”对话框

Step 04 此时，即可在页面中插入列表视图。根据需要修改文本，在<ul>标签中添加属性“data-icon="info"”，设置按钮图标，如图 9-86 所示。

Step 05 按【Ctrl+S】组合键保存文档，按【F12】键预览网页，查看列表视图组件效果，如图 9-87 所示。

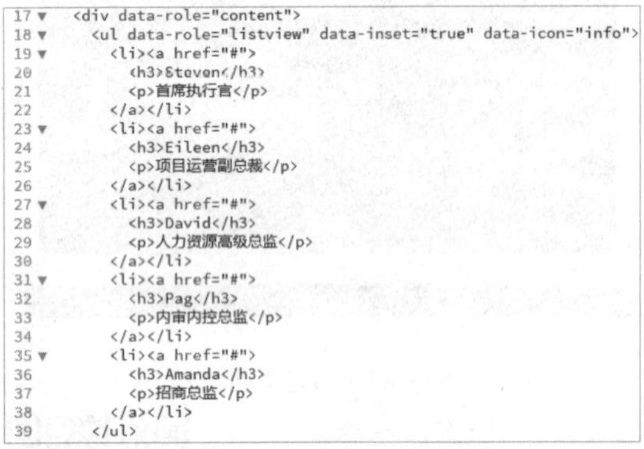

```
<div data-role="content">
  <ul data-role="listview" data-inset="true" data-icon="info">
    <li><a href="#">
      <h3>Steven</h3>
      <p>首席执行官</p>
    </a></li>
    <li><a href="#">
      <h3>Eileen</h3>
      <p>项目运营副总裁</p>
    </a></li>
    <li><a href="#">
      <h3>David</h3>
      <p>人力资源高级总监</p>
    </a></li>
    <li><a href="#">
      <h3>Pag</h3>
      <p>内审内控总监</p>
    </a></li>
    <li><a href="#">
      <h3>Amanda</h3>
      <p>招商总监</p>
    </a></li>
  </ul>
```

图 9-86　设置列表视图

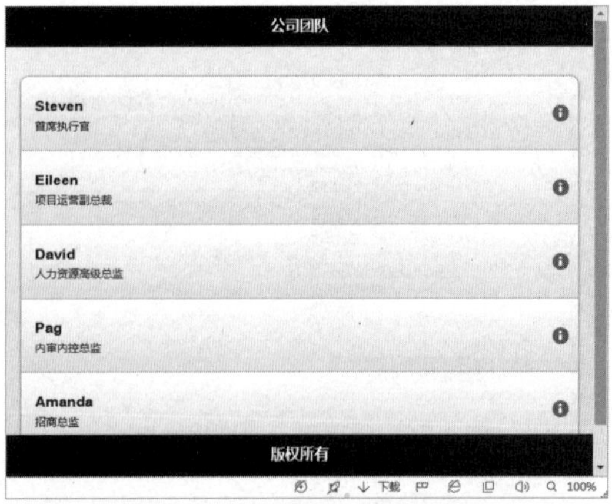

图 9-87　预览列表视图效果

Step 06 在所有的<h3>标签前分别插入图像，如图 9-88 所示。

Step 07 按【Ctrl+S】组合键保存文档，按【F12】键预览网页，可以看到在列表文本前显示图像，插入的图像自动缩放为“80px×80px”大小，如图 9-89 所示。

```
<div data-role="content">
  <ul data-role="listview" data-inset="true" data-icon="info">
    <li><a href="#"><img src="images/1.jpg">
      <h3>Steven</h3>
      <p>首席执行官</p>
    </a></li>
    <li><a href="#"><img src="images/2.jpg">
      <h3>Eileen</h3>
      <p>项目运营副总裁</p>
    </a></li>
    <li><a href="#"><img src="images/3.jpg">
      <h3>David</h3>
      <p>人力资源高级总监</p>
    </a></li>
    <li><a href="#"><img src="images/4.jpg">
      <h3>Pag</h3>
      <p>内审内控总监</p>
    </a></li>
    <li><a href="#"><img src="images/5.jpg">
      <h3>Amanda</h3>
      <p>招商总监</p>
    </a></li>
  </ul>
```

图 9-88　插入图像

图 9-89　预览列表视图效果

Step 08 在菜单栏中单击“窗口”|“jQuery Mobile 面板”命令，打开“jQuery Mobile”面板。将光标定位到列表视图组件中，选择所需的主题样式，如图 9-90 所示。

Step 09 按【Ctrl+S】组合键保存文档，按【F12】键预览网页，查看应用主题后的列表视图效果，如图 9-91 所示。

Step 10 在“代码”视图中为所有的<img>标签添加“t-img”类，为<h3>标签添加“t-name”类，如图 9-92 所示。

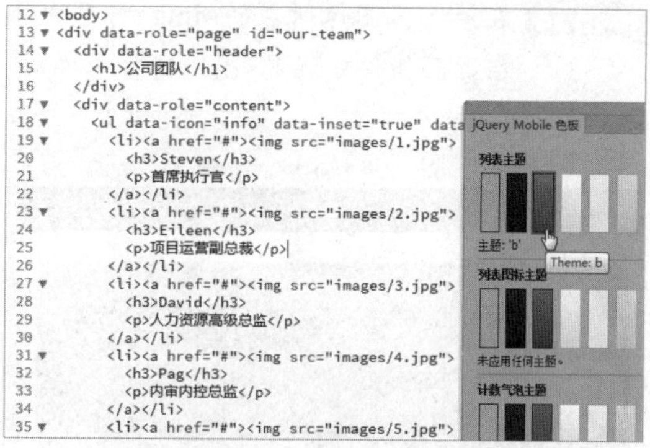

图 9-90　选择主题样式

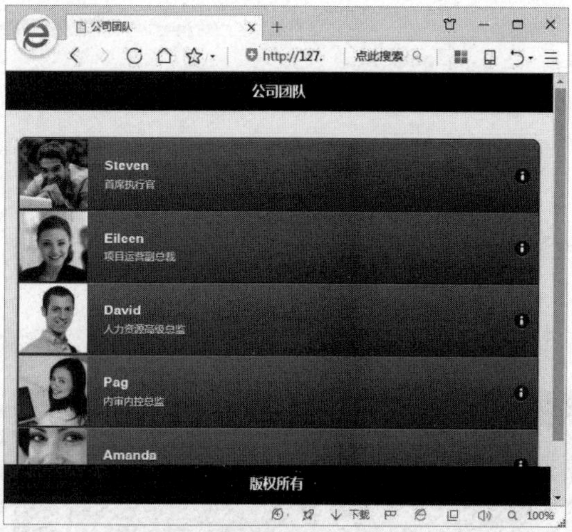

图 9-91　预览列表视图效果

图 9-92　添加类

Step 11 按【Shift+F11】组合键打开“CSS 设计器”面板，单击“添加 CSS 源”按钮+，在弹出的列表中选择“在页面中定义”选项，如图 9-93 所示。

Step 12 在页面中插入样式表，定义“.t-img”和“.t-name”类，如图 9-94 所示。

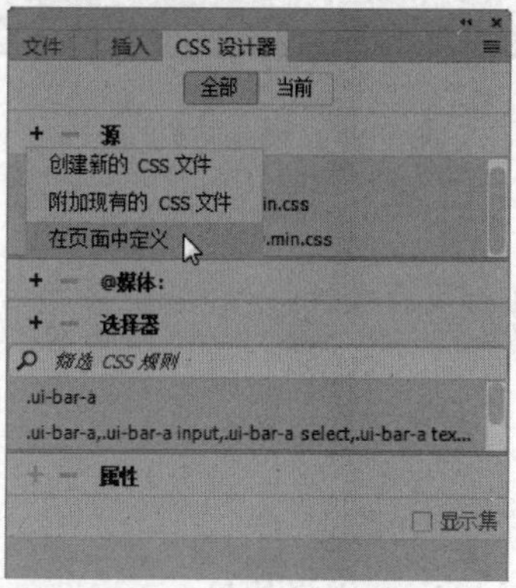

图 9-93　选择“在页面中定义”选项

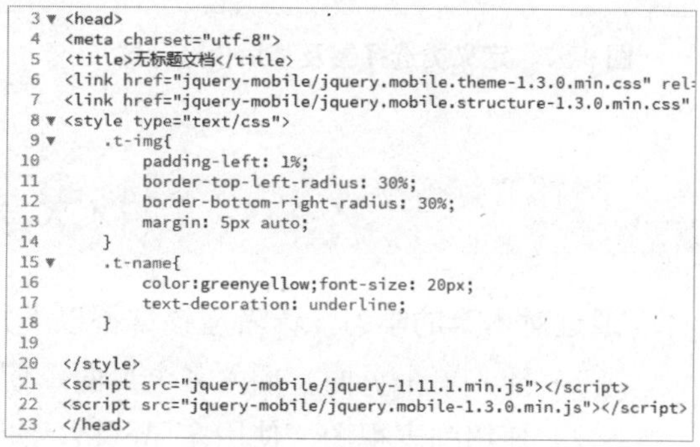

图 9-94　定义类

Step 13 按【Ctrl+S】组合键保存文档，按【F12】键预览网页，查看图像与人名显示效果，如图 9-95 所示。

Step 14 在第 1 张图像所在的<img>标签内添加标签内联样式表，设置图像左上角的圆角效果。在页面组件所在的<div>标签中添加 “our-team” 类，如图 9-96 所示。

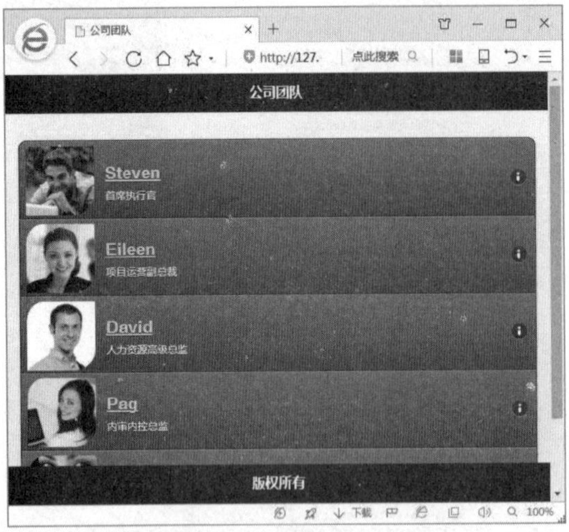

图 9-95　预览网页效果

```
<body>
<div data-role="page" id="our-team" class="our-team">
  <div data-role="header">
    <h1>公司团队</h1>
  </div>
  <div data-role="content" >
    <ul data-icon="info" data-inset="true" data-role="listview"
      <li><a href="#"><img src="images/1.jpg" class="t-img"
        style="border-top-left-radius: 30%;">
        <h3 class="t-name">Steven</h3>
        <p>首席执行官</p>
      </a></li>
      <li><a href="#"><img src="images/2.jpg" class="t-img">
        <h3 class="t-name">Eileen</h3>
        <p>项目运营副总裁</p>
      </a></li>
```

图 9-96　添加样式和类

Step 15 在页面样式表中定义 “our-team” 类选择器及其后代选择器，如图 9-97 所示。

Step 16 按【Ctrl+S】组合键保存文档，按【F12】键预览网页，效果如图 9-98 所示。

```
<style type="text/css">
    .t-img{
        padding-left: 1%;
        border-top-left-radius: 30%;
        border-bottom-right-radius: 30%;
        margin: 5px auto;
    }
    .t-name{
        color:greenyellow;font-size: 20px;
        text-decoration: underline;
    }
    .our-team{
        background-image: url(images/wenli.png);
        background-repeat: repeat;
    }
    .our-team ul{
        padding: 10px 30px;
    }
</style>
<script src="jquery-mobile/jquery-1.11.1.min.js"></scri
<script src="jquery-mobile/jquery.mobile-1.3.0.min.js">
</head>

<body>
```

图 9-97　定义类选择器及其后代选择器

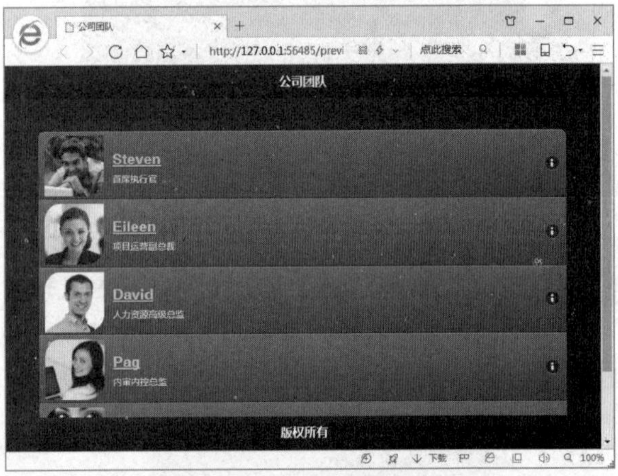

图 9-98　预览网页

本章小结

通过对本章的学习，读者应该掌握以下知识。

（1）插入单个页面，插入多个页面，使用页面切换效果。

（2）使用列表视图，使用布局网格，使用可折叠区块，使用按钮。

（3）使用文本、单选按钮、日期、滑块、选择、文本区域、翻转切换按钮等表单组件。

课后习题

一、选择题

1．插入单个 jQuery Mobile 页面后，下面哪项属性不包括在 div 容器中？（　）

A．data-role="page"　　B．data-role="head"

C．data-role="content"　　D．data-role="footer"

2．下列说法错误的是（　）。

A．要创建列表视图，需要向<ol>或<ul>元素中添加“data-role="listview"”属性

B．在“列表视图”组件中添加“data-inset”属性，可以为其添加圆角和外边距

C．在“布局网格”组件中的列是等宽的，具有边框、背景、外边距和内边距等属性

D．在“可折叠区块”组件中可以进行多层嵌套

二、填空题

1．若要为“选择”组件中的选项进行分类，需要添加＿＿＿＿＿＿标签。

2．在 jQuery Mobile 页面中可以创建＿＿＿＿、＿＿＿＿和＿＿＿＿3 种类型的按钮。

3．需要在多个 jQuery Mobile 页面中切换时，可以添加＿＿＿＿＿＿属性设置切换效果。在 jQuery Mobile 页面中若要固定页脚，需要添加＿＿＿＿＿＿＿＿属性。

三、实操题

使用“可折叠区块”和“列表视图”制作一个通信录页面，效果如图 9-99 所示。

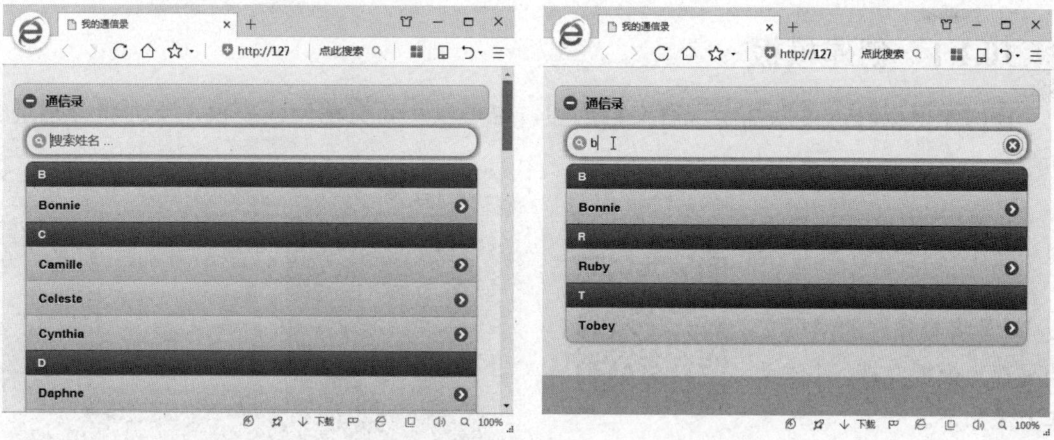

图 9-99　通信录页面

操作提示：

（1）在页面中添加“可折叠区块”组件，在可折叠区块中嵌套“列表视图”组件。

（2）在“列表视图”组件中添加“data-autodividers”和“data-filter”属性。

第 10 章
使用模板和库项目

【学习目标】

- 掌握创建模板的方法。
- 掌握设置可编辑区域、可选区域和重复区域的方法。
- 掌握应用模板的方法。
- 掌握库的使用方法。

在进行大型网站的设计与制作时，很多页面都会用到相同的布局、图像和文本元素，此时可以使用 Dreamweaver CC 2018 提供的模板和库功能，将具有相同版面结构的页面创建为模板，并将相同的网页设计元素创建为库项目，以便反复使用。本章将学习如何使用模板和库项目。

10.1 使用模板

模板是一种特殊类型的文档，用于设计固定的页面布局。用户可以基于模板创建文档，创建的文档会继承模板的页面布局，还会与该模板保持连接状态，通过修改模板可以更新基于该模板的所有文档中相应的元素。

10.1.1 创建模板

在创建模板时，可以基于现有文档创建，也可以从新文档创建模板，下面将分别进行介绍。

1. 将网页保存为模板

基于现有文档创建模板，就是将制作好的网页文档另存为模板文档，具体操作方法如下。

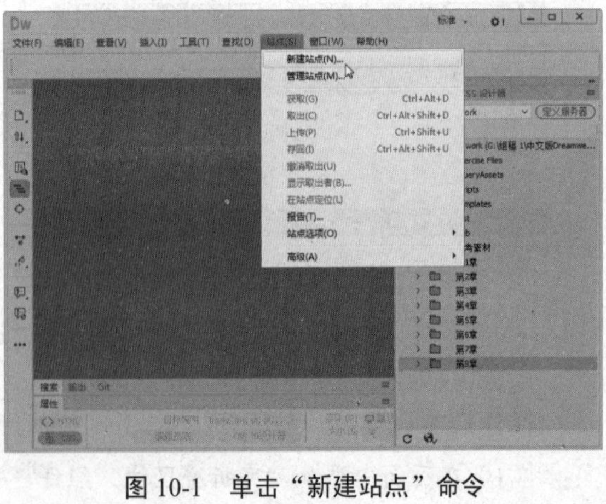

图 10-1 单击“新建站点”命令

Step 01 启动 Dreamweaver CC 2018，在菜单栏中单击“站点”|“新建站点”命令，如图 10-1 所示。

Step 02 在弹出的对话框中输入站点名称，设置本地站点保存位置，然后单击“保存”按钮，如图 10-2 所示。

Step 03 按【F8】键打开“文件”面板，双击其中的“index.html”网页文件名称，如图 10-3 所示，即可将其打开。

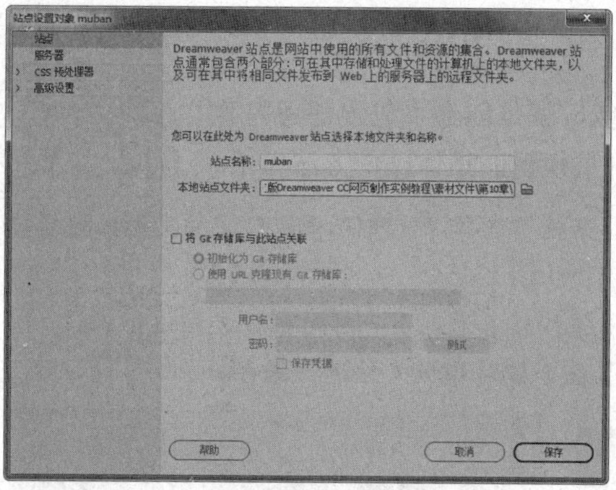

图 10-2　设置站点

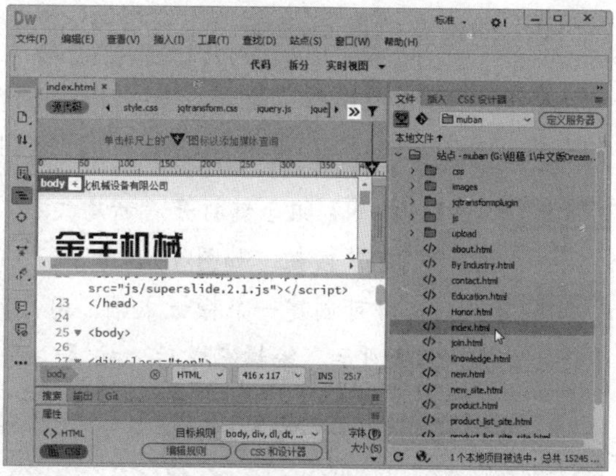

图 10-3　双击网页文件名称

Step 04 在菜单栏中单击“文件”|“另存为模板”命令，如图 10-4 所示。

Step 05 弹出“另存模板”对话框，在“另存为”文本框中输入名称，在“描述”文本框中输入描述信息，然后单击“保存”按钮，如图 10-5 所示。

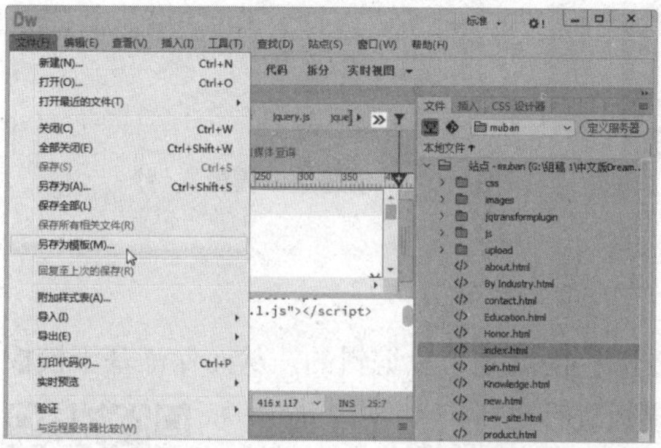

图 10-4　单击“另存为模板”命令

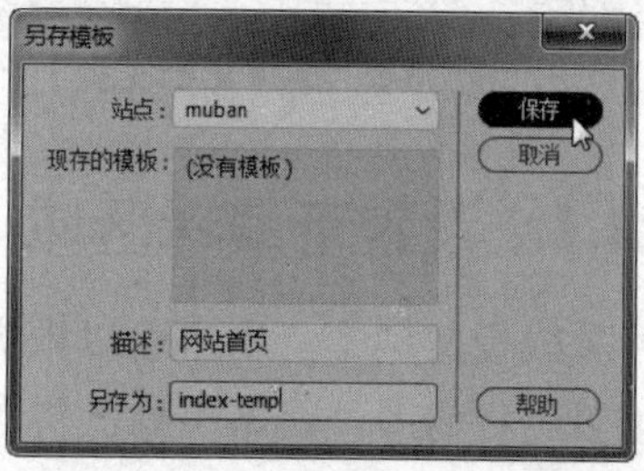

图 10-5　“另存模板”对话框

Step 06 弹出提示信息框，单击“是”按钮，即可更新链接，如图 10-6 所示。

Step 07 此时，即可将网页保存为扩展名为.dwt 的模板文件，模板文件保存在站点根目录下的 Templates 文件夹中，如图 10-7 所示。若在创建模板时根目录下无此文件夹，系统会自动创建文件夹。

图 10-6　确认更新链接

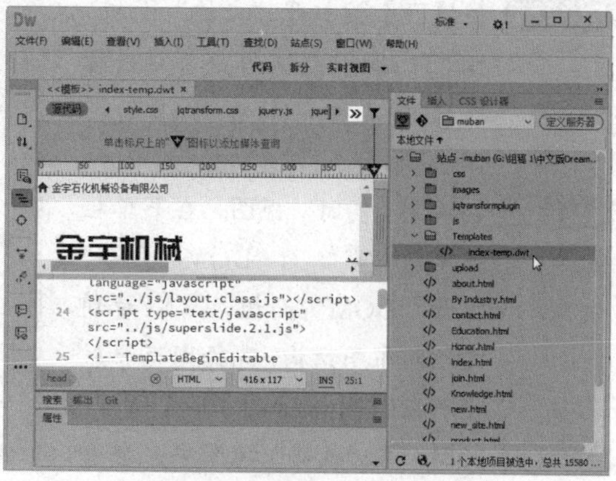

图 10-7　保存为模板文件

2. 创建空白网页模板

创建空白网页模板与创建空白网页文档相似，就是创建不包含任何内容的空白模板文档，其扩展名为.dwt。创建空白网页模板的具体操作方法如下。

Step 01 按【Ctrl+N】组合键打开“新建文档”对话框，选择“HTML 模板”文档类型，然后单击“创建”按钮，如图 10-8 所示。

Step 02 此时，即可创建一个模板文档，用户可以像编辑普通网页一样对模板文档进行编辑，如图 10-9 所示。编辑完成后，按【Ctrl+S】组合键对模板文档进行保存。

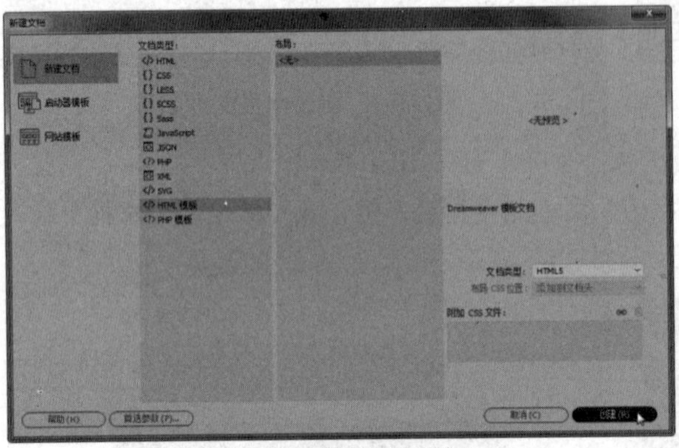

图 10-8　选择文档类型

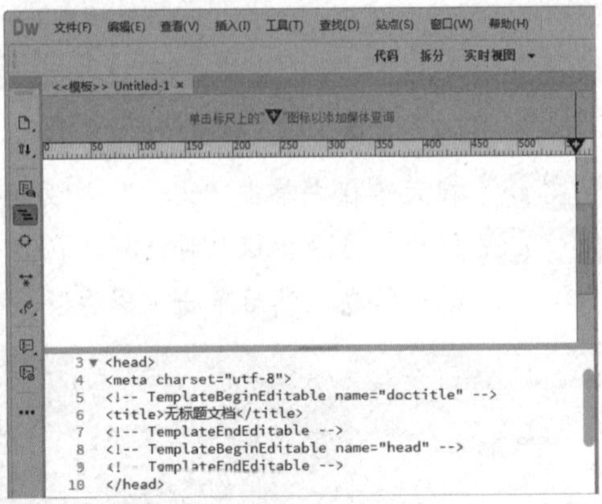

图 10-9　创建空白模板文件

10.1.2　设置可编辑区域

在网页模板文档中，用户可以根据需要设置哪些区域是可以编辑的，从而保证基于模板的文档可以进行修改，而不可修改的部分则随模板进行更新。

1. 创建可编辑区域

在模板中设置可编辑区域时，可以在“设计”视图或“代码”视图中选择对象，而“实时视图”模式用于查看网页效果，无法选择可编辑区域。创建可编辑区域的具体操作方法如下。

Step 01 按【F8】键打开“文件”面板，在“Templates”文件夹下双击模板文件名称将其打开，如图 10-10 所示。

Step 02 切换到“实时”视图，在菜单栏中单击“窗口”|“DOM”命令，打开“DOM”面板，可以看到文档的布局结构，选择网页导航栏所在的 div，如图 10-11 所示。

Step 03 此时，在“代码”视图中也会选择相应的代码，如图 10-12 所示。

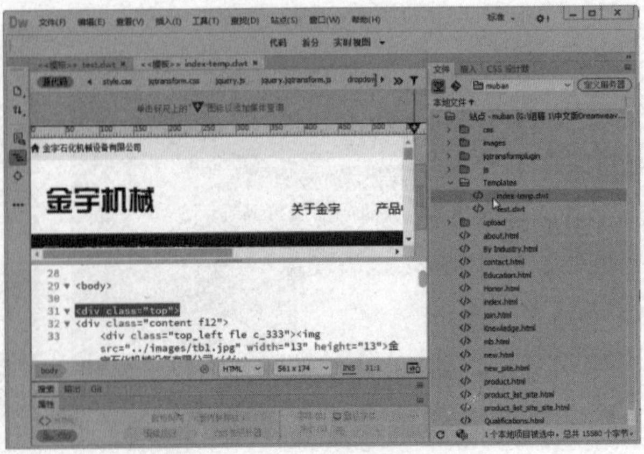

图 10-10　双击模板文件名称

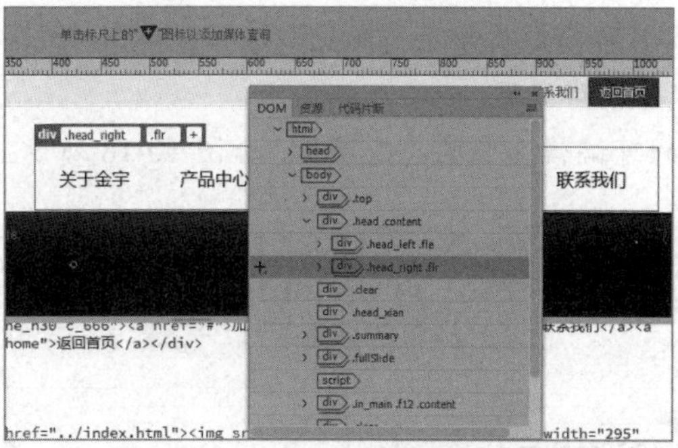

图 10-11 选择网页 div 对象

图 10-12 查看选中的代码

Step 04 按【Ctrl+F2】组合键打开“插入”面板，选择“模板”类别，然后选择“可编辑区域”选项，如图 10-13 所示。

Step 05 在弹出的“新建可编辑区域”对话框中输入名称，然后单击“确定”按钮，即可创建模板文档中的可编辑区域，如图 10-14 所示。

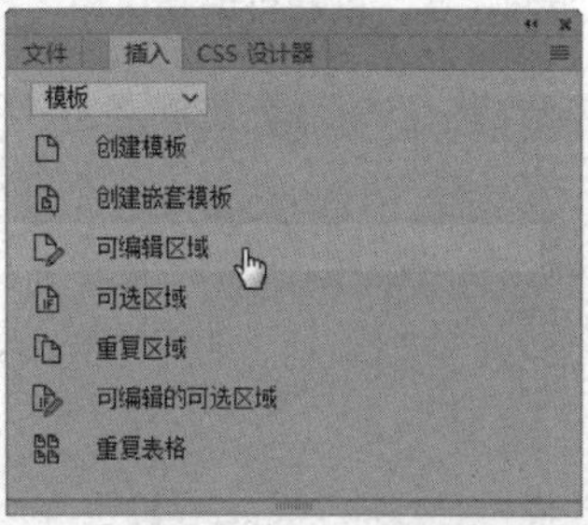

图 10-13 选择“可编辑区域”选项

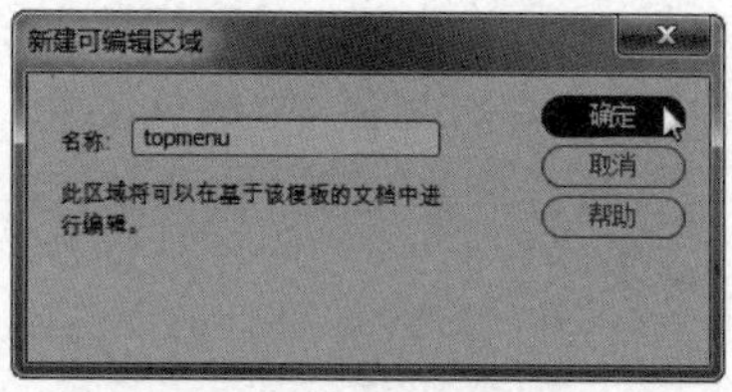

图 10-14 设置名称

Step 06 在“代码”视图中可以看到可编辑区域的前后出现“TemplateBeginEditable”和“TemplateEndEditable”注释文本，如图 10-15 所示。

Step 07 在模板中选择图像，在“插入”选项卡下选择“可编辑区域”选项，如图 10-16 所示。

图 10-15 查看可编辑区域代码

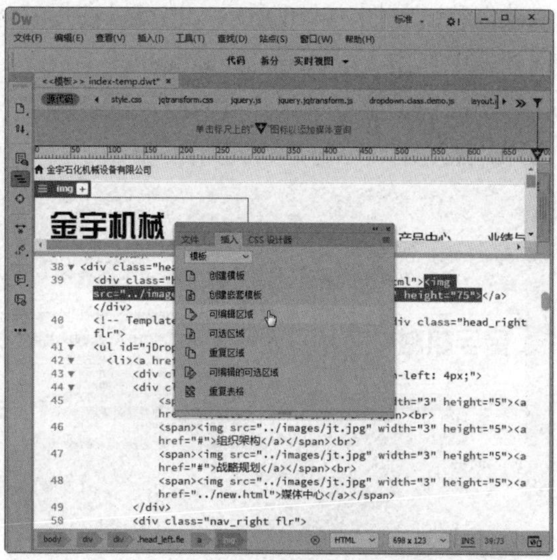

图 10-16 选择“可编辑区域”选项

Step 08 在弹出的“新建可编辑区域”对话框中输入名称，然后单击“确定”按钮，如图 10-17 所示。采用同样的方法，继续在模板中创建可编辑区域。

Step 09 切换到“设计”视图，即可看到模板文档中的可编辑区域呈高亮显示，如图 10-18 所示。

图 10-17　设置名称

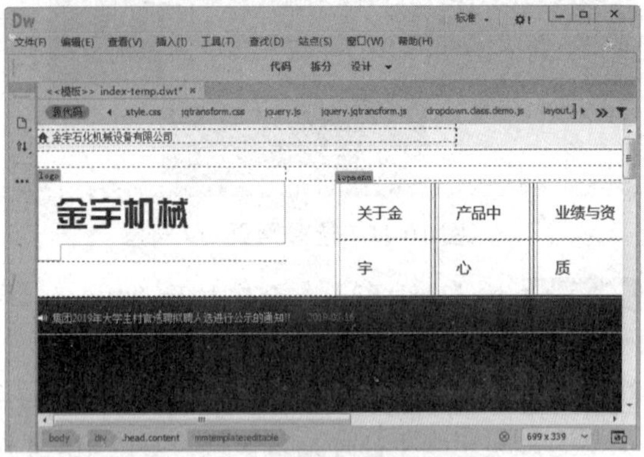

图 10-18　查看可编辑区域

Step 10 按【Ctrl+U】组合键打开“首选项”对话框，在左侧选择“标记色彩”选项，在右侧设置“可编辑区域”的颜色，然后单击“应用”按钮，如图 10-19 所示。

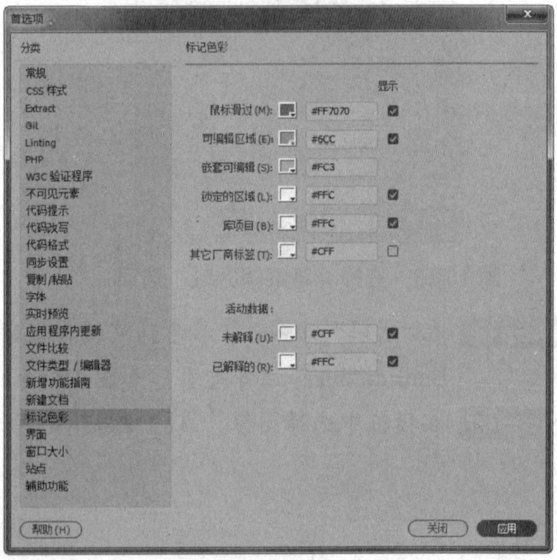

图 10-19　设置标记色彩

2. 更改可编辑区域名称

若要对可编辑区域的名称进行修改，可以在模板文档中选择可编辑区域后，按【Ctrl+F3】组合键打开“属性”面板，从中修改名称，如图 10-20 所示。也可以在标签选择器中右击“mmtemplate:editable”标签，在弹出的快捷菜单中选择“快速标签编辑器”命令，然后编辑名称即可，如图 10-21 所示。

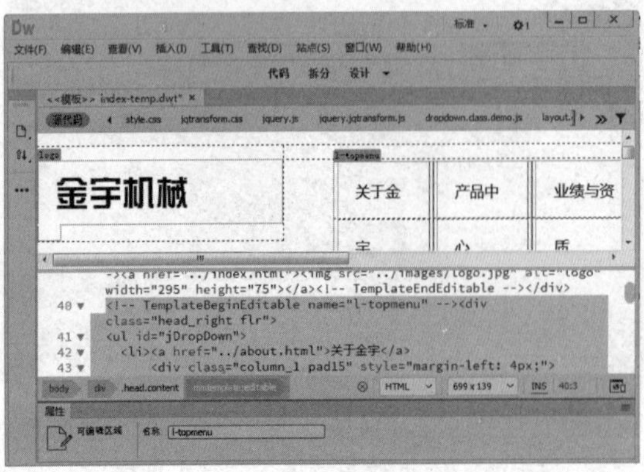

图 10-20　修改名称

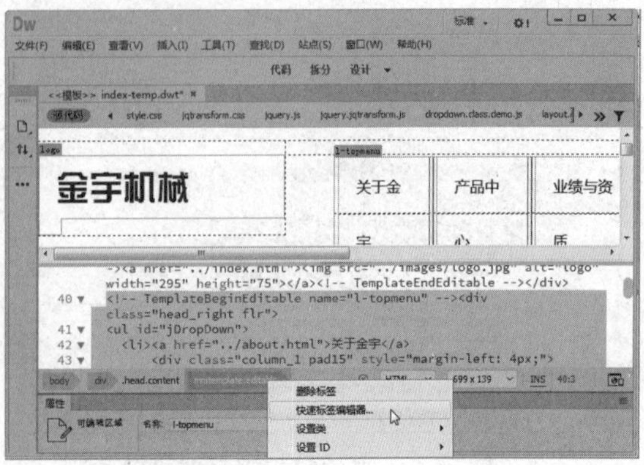

图 10-21　选择“快速标签编辑器”命令

3. 取消对可编辑区域的标记

若要删除模板中的可编辑区域，可以右击可编辑区域名称，在弹出的快捷菜单中选择“删除标签<mmtemplate:editable>”命令，如图 10-22 所示。也可以在标签选择器中右击“mmtemplate:editable”标签，在弹出的快捷菜单中选择“删除标签”命令，如图 10-23 所示。

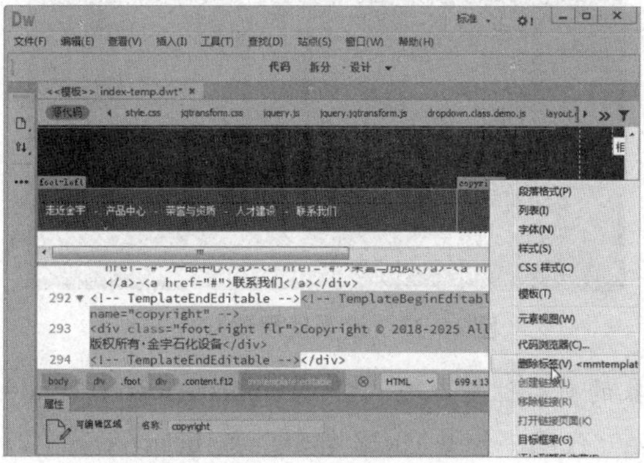

图 10-22　选择“删除标签”命令

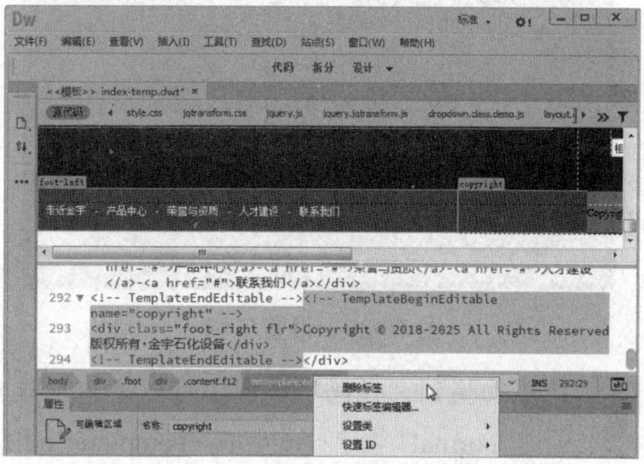

图 10-23　选择“删除标签”命令

10.1.3　设置可选区域

模板中的可选区域用于在创建模板时设置，在使用模板创建网页时，用户可以设置可选区域中的内容显示或隐藏。例如，若通过模板创建的网页中需要显示图像，而在其他网页中不需要显示，就可以通过创建可选区域来实现。

1. 创建可选区域

在模板文档中创建可选区域的具体操作方法如下。

Step 01 切换到“代码”视图，在<head>标签内输入模板参数“<!-- TemplateParam name="normal" type="boolean" value="true" -->”，如图 10-24 所示。

Step 02 在网页文档中选择顶部对象，在“插入”面板中选择“可选区域”选项，如图 10-25 所示。

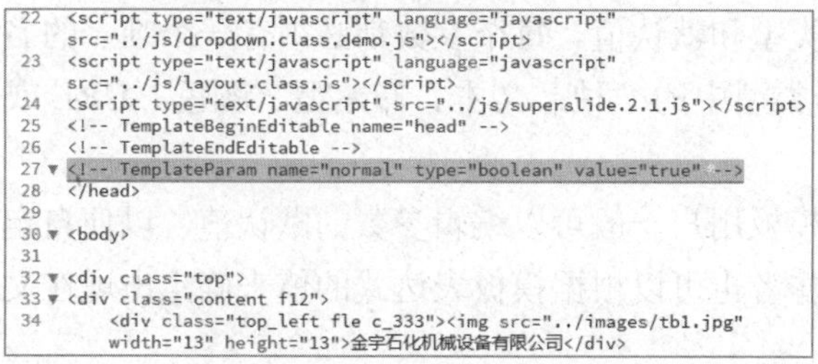

图 10-24　输入模板参数

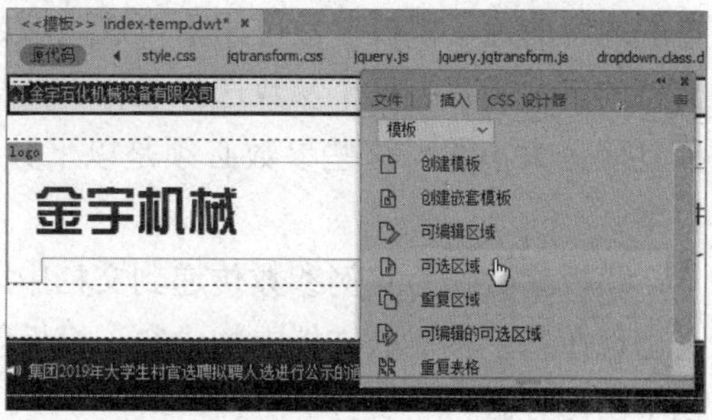

图 10-25　选择“可选区域”选项

Step 03 弹出“新建可选区域”对话框，在“基本”选项卡下输入名称“top”，并选中“默认显示”复选框，如图 10-26 所示。

Step 04 选择“高级”选项卡，选中“使用参数”单选按钮，在其右侧的下拉列表框中选择“normal”选项，然后单击“确定”按钮，如图 10-27 所示。若选中“输入表达式”单选按钮，则可以手动输入表达式。

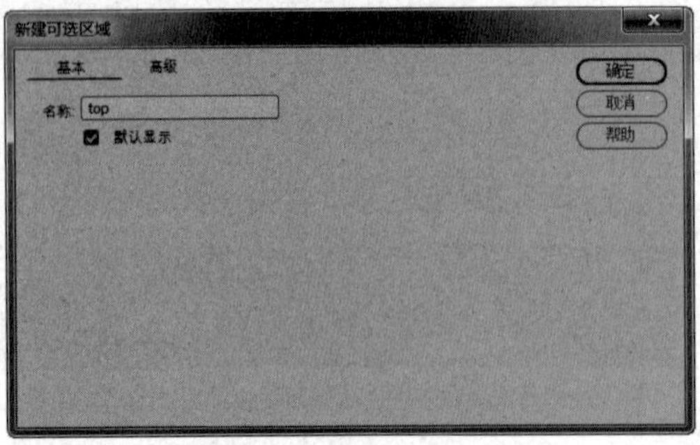

图 10-26　设置名称

图 10-27　设置使用参数

Step 05 切换到“代码”视图，可以看到所选对象的前后位置出现“<!-- TemplateBeginIf cond="normal" -->”和“<!-- TemplateEndIf -->”代码，如图 10-28 所示。在<head>标签中，当“value=false”时，使用该模板创建的网页将不显示所选对象。

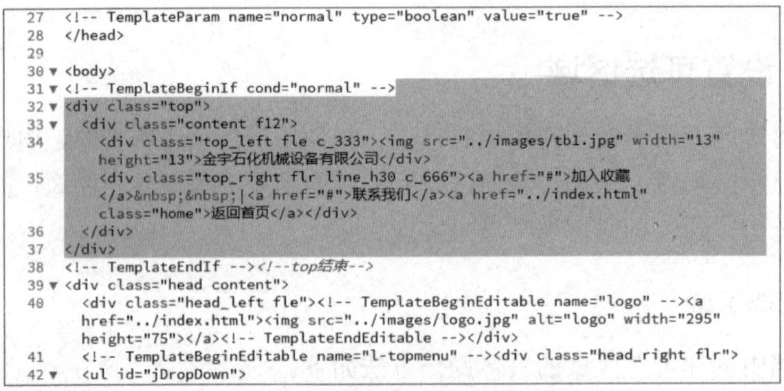

```
<!-- TemplateParam name="normal" type="boolean" value="true" -->
</head>

<body>
<!-- TemplateBeginIf cond="normal" -->
<div class="top">
  <div class="content f12">
    <div class="top_left fle c_333"><img src="../images/tb1.jpg" width="13"
    height="13">金宇石化机械设备有限公司</div>
    <div class="top_right flr line_h30 c_666"><a href="#">加入收藏
    </a>  |<a href="#">联系我们</a><a href="../index.html"
    class="home">返回首页</a></div>
  </div>
</div>
<!-- TemplateEndIf --><!--top结束-->
<div class="head content">
  <div class="head_left fle"><!-- TemplateBeginEditable name="logo" --><a
  href="../index.html"><img src="../images/logo.jpg" alt="logo" width="295"
  height="75"></a><!-- TemplateEndEditable --></div>
  <!-- TemplateBeginEditable name="l-topmenu" --><div class="head_right flr">
  <ul id="jDropDown">
```

图 10-28　查看可选区域代码

2. 模板参数

在设置模板可选区域时，使用了模板参数和模板表达式。模板参数控制基于模板的文档中的内容的值。模板参数可用于可选区域或可编辑标签属性，也可用于设置要传递给附加的文档的值。需要为每个参数选择名称、数据类型和默认值。每个参数都必须有一个唯一的名称且区分大小写。这些参数必须是以下数据类型中的一种：文本、布尔型、颜色、URL 或数字。

模板参数作为实例参数传递到文档中。模板用户一般可以编辑参数的默认值，以便自定义出现在基于模板的文档中的内容。模板创作者也可以根据模板表达式的值来确定出现在文档中的内容。

3. 模板表达式

模板表达式是计算值或求值的语句，可以使用表达式表达式存储某个值并在文档中显示该值。例如，表达式可以像一个参数的值一样简单，如“@@(Param)@@”，也可能需要进行计算，如用于替换表格行背景颜色的值“@@((_index & 1) ? red : blue)@@”。模板表达式语言是 JavaScript 的一个小子集，并使用 JavaScript 语法和优先级规则。

用户还可以针对假设条件和多重假设条件定义表达式。当表达式用在条件语句中时，Dreamweaver 将它计算为 true 或 false。若条件为 True，将在基于模板的文档中显示可选区域；若条件为 False，则不显示可选区域。

在“代码”视图中，定义模板表达式的方法有两种：使用“<!-- TemplateExpr expr="your expresson"--> 注释”或“@@(your expression)@@”。在模板代码中插入表达式以后，表达式标记将出现在“设计”视图中。应用模板以后，Dreamweaver 会求出表达式的值，然后在基于模板的文档中显示该值。

例如，下面的示例讲解定义名为“Dept”的参数，并设置其初始值，以及如何定义用来确定显示哪个徽标的多重假设条件。

下面是在模板的<head>标签内输入的代码。

```
<!-- TemplateParam name="Dept" type="number" value="1" -->
```

下面的条件语句检查赋给 Dept 参数的值。若条件为真或匹配，则显示适当的图像。

```
<!-- TemplateBeginMultipleIf -->
<!-- checks value of Dept and shows appropriate image-->
<!-- TemplateBeginIfClause cond="Dept == 1" --> <img src=".../sales.gif"> <!-- TemplateEndIfClause -->
<!-- TemplateBeginIfClause cond="Dept == 2" --> <img src=".../support.gif"> <!-- TemplateEndIfClause-->
<!-- TemplateBeginIfClause cond="Dept == 3" --> <img src=".../hr.gif"> <!-- TemplateEndIfClause -->
<!-- TemplateBeginIfClause cond="Dept != 3" --> <img src=".../spacer.gif"> <!-- TemplateEndIfClause -->
<!-- TemplateEndMultipleIf -->
```

10.1.4 设置重复区域

重复区域是模板的一部分，这一部分可以在基于模板的页面中重制多次。重复区域通常与表格一起使用，也可以为其他页面元素定义重复区域。在模板文档中设置重复区域的具体操作方法如下。

Step 01 新建“test”模板文档，按【Ctrl+F2】组合键打开“插入”面板，选择“重复表格”选项，如图 10-29 所示。

Step 02 弹出“插入重复表格”对话框，设置“行数”“列”“宽度”等参数，并在“重复表格行”选项区中设置起始行和结束行，然后单击“确定”按钮，如图 10-30 所示。

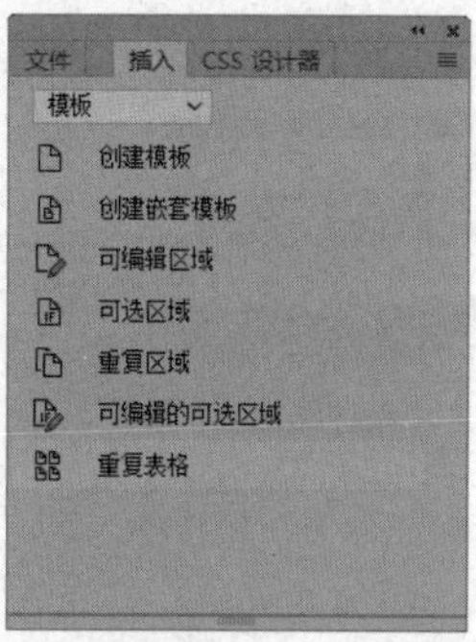

图 10-29 选择“重复表格”选项

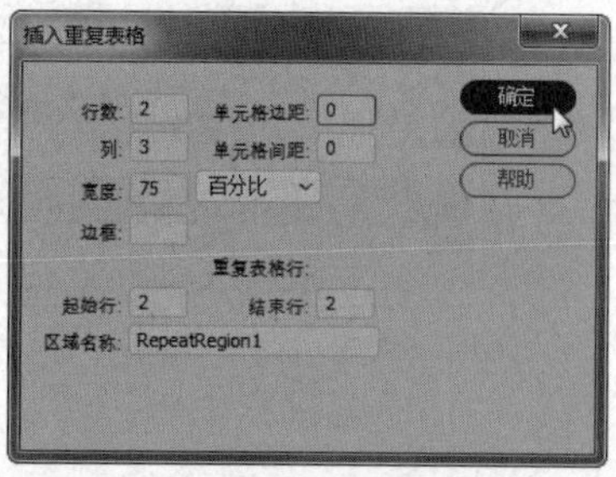

图 10-30 “插入重复表格”对话框

Step 03 此时，即可在模板中插入重复表格。在“代码”视图下修改表格代码，对表格进行美化，如图 10-31 所示。

Step 04 在“代码”视图下对重复区域进行重命名，分别将其命名为“name”“address”和“email”，如图 10-32 所示。

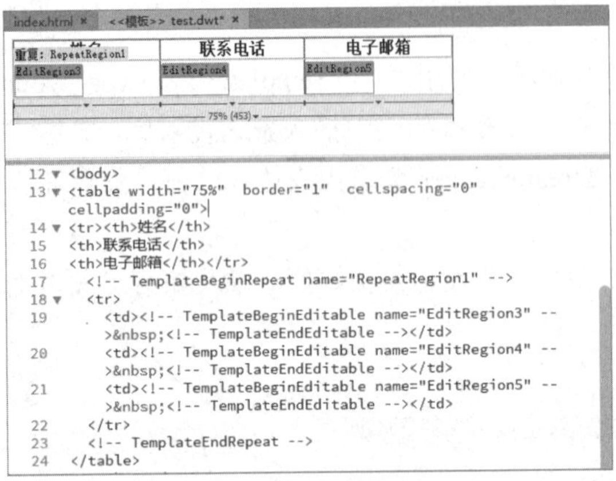

图 10-31 修改表格代码

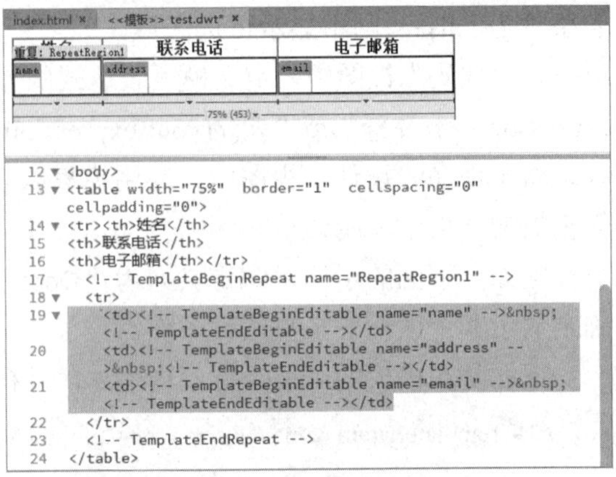

图 10-32 修改重复区域名称

Step 05 要使表格行的背景颜色隔行替换，可以在第 2 个<tr>标记中添加代码“bgcolor="@@(_index & 1 ? '#FFFFFF' : '#CCCCCC')@@"”，如图 10-33 所示。

Step 06 按【Ctrl+N】组合键打开“新建文档”对话框，在左侧选择“网站模板”选项，在右侧选择“test”模板，然后单击“创建”按钮，如图 10-34 所示。

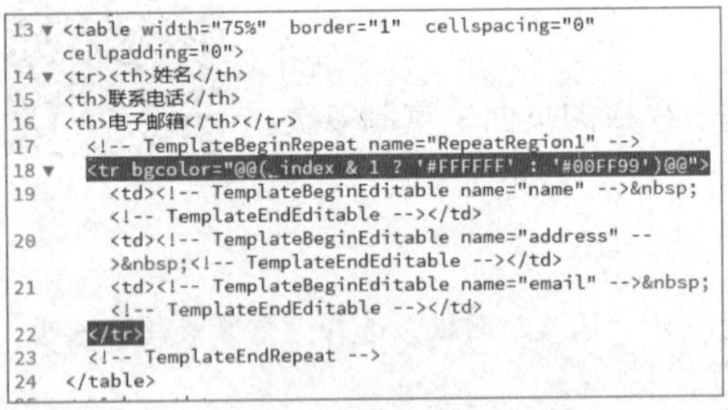

图 10-33 添加代码

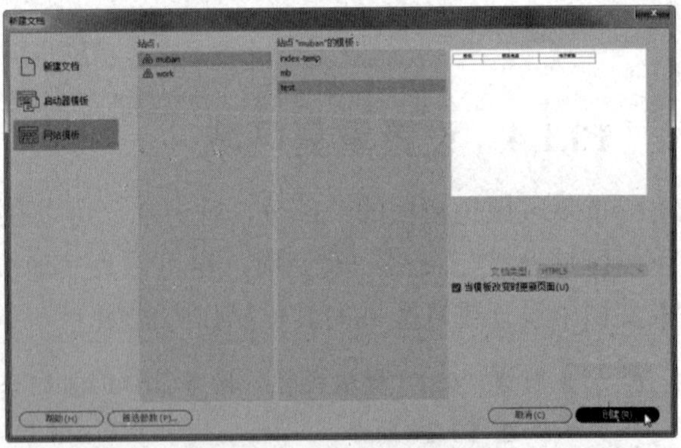

图 10-34 新建模板文档

Step 07 此时，即可创建模板文档。单击相应的控件按钮 + − ▼ ▲，即可添加、删除或移动重复区域，如图 10-35 所示。

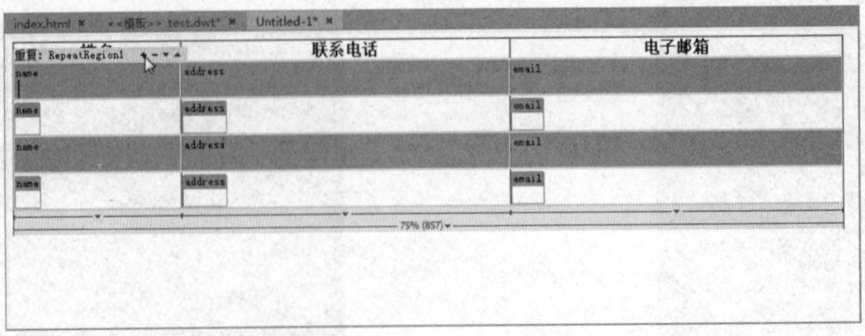

图 10-35 重复区域效果

10.1.5　应用模板

当模板文档创建并编辑完成后，即可将其应用到网页文档。在 Dreamweaver CC 2018 中可以通过多种方法应用模板，具体操作方法如下。

Step 01 按【Ctrl+N】组合键打开“新建文档”对话框，在左侧选择“网站模板”选项，在右侧选择所需的模板，如“index-temp”单击“创建”按钮，如图 10-36 所示。

Step 02 此时，即可创建基于模板的文档，可以看到只有可编辑区域的内容可以进行修改，如图 10-37 所示。

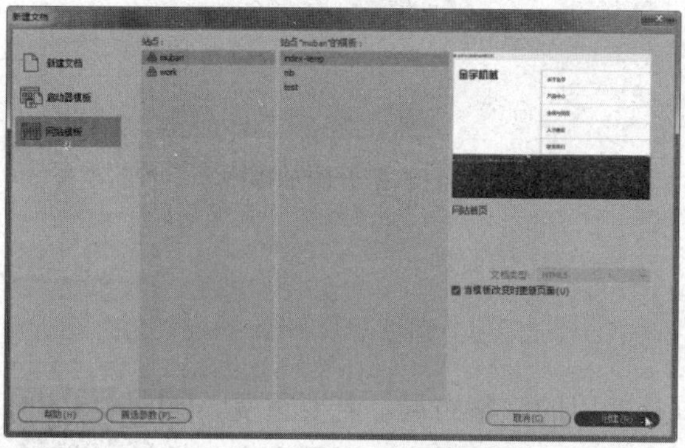

图 10-36　选择模板

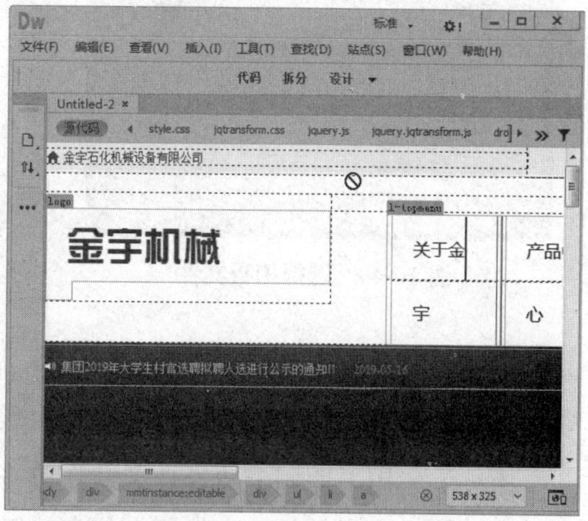

图 10-37　创建基于模板的文档

Step 03 打开“资源”面板，在左侧单击“模板”按钮，然后右击模板文件，在弹出的快捷菜单中选择“从模板新建”命令，也可以快速通过模板新建文件，如图 10-38 所示。

Step 04 对于已有的网页文档，若要应用模板，可以在菜单栏中单击“工具”|“应用模板到页”命令，如图 10-39 所示。

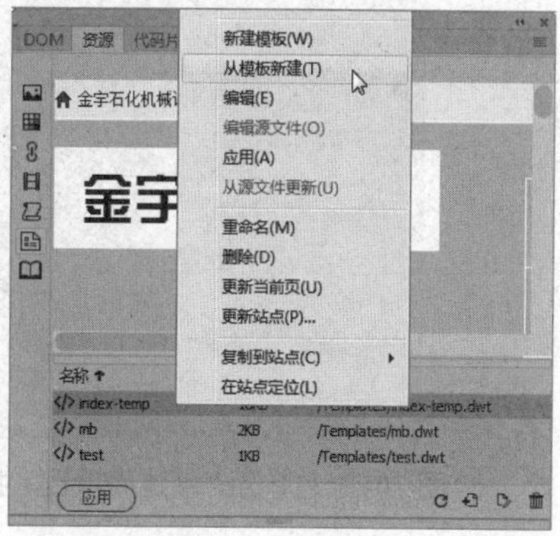

图 10-38　选择“从模板新建”命令

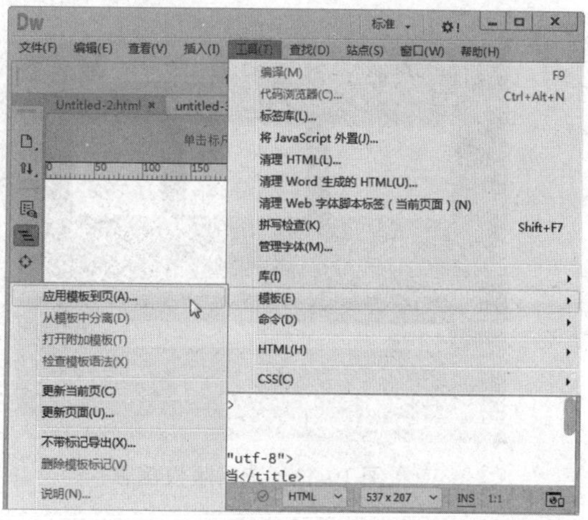

图 10-39　单击“应用模板到页”命令

Step 05 弹出“选择模板”对话框，选择模板文件，然后单击“选定”按钮，即可应用所选的模板，如图 10-40 所示。

Step 06 当模板文件更新时，所有应用该模板的网页会自动更新。若要打开网页文档上所应用的模板，可以在菜单栏中单击“工具”|“模板”|“打开附加模板”命令，如图 10-41 所示。

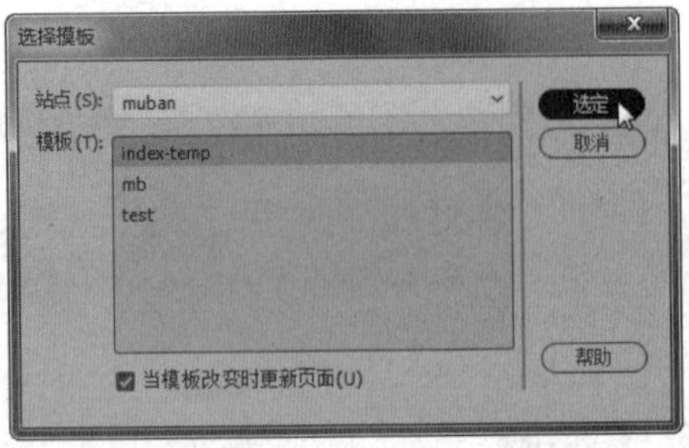

图 10-40 选择模板文件

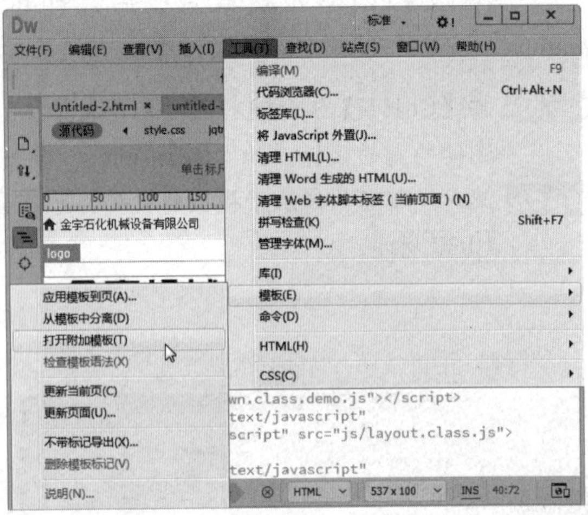

图 10-41 打开附加模板

10.2 使用库

模板主要用于控制大的设计区域，以及重复使用的完整布局。若要重复使用个别设计元素，如站点的版权信息或徽标等，则可以使用库。下面将介绍如何创建并编辑库项目，具体操作方法如下。

Step 01 在模板文档中选择底部的版权信息，如图 10-42 所示。

Step 02 在菜单栏中单击“窗口”|“资源”命令，打开“资源”面板，在左侧单击“库”按钮，打开库，在下方单击“新建库项目”按钮，如图 10-43 所示。

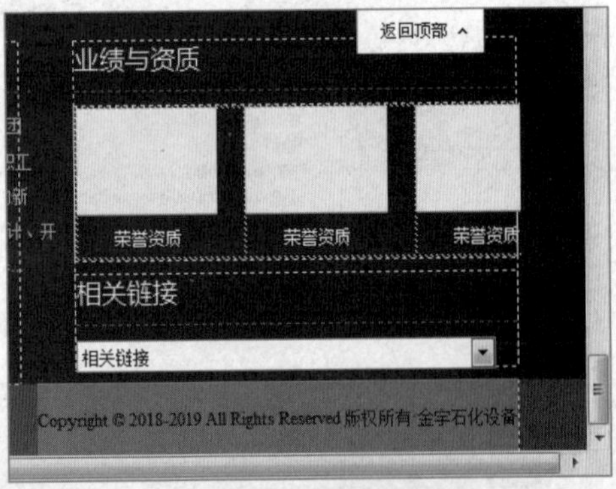

图 10-42 选择版权信息

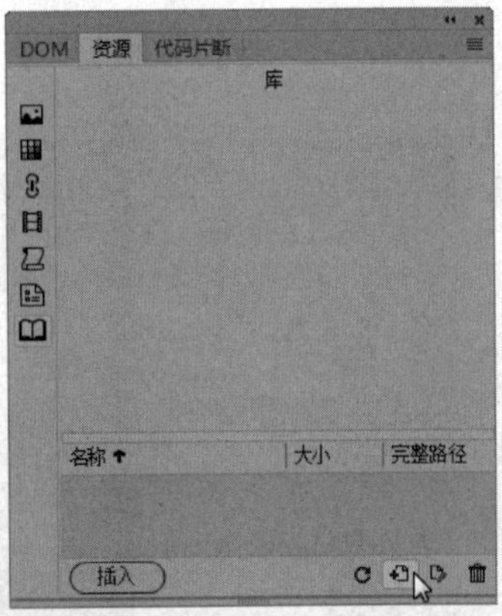

图 10-43 单击“新建库项目”按钮

Step 03 此时，即可将所选对象创建为库项目，将其重命名为“copyright”，然后双击库项目，如图 10-44 所示。

Step 04 在模板文档中打开库项目，修改文本，在弹出的提示信息框中单击“更新”按钮，开始更新页面，如图 10-45 所示。

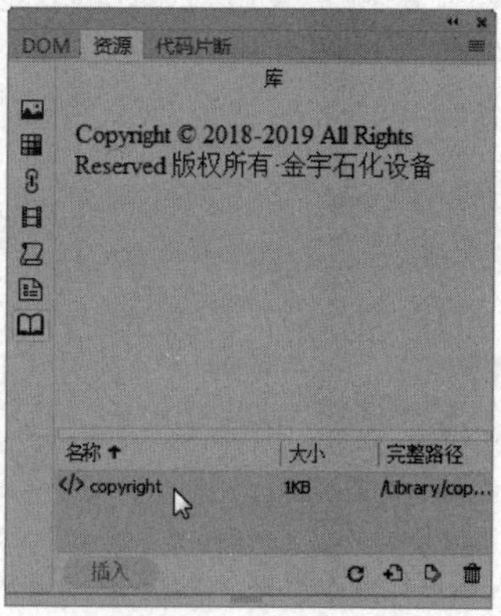

图 10-44 重命名库项目

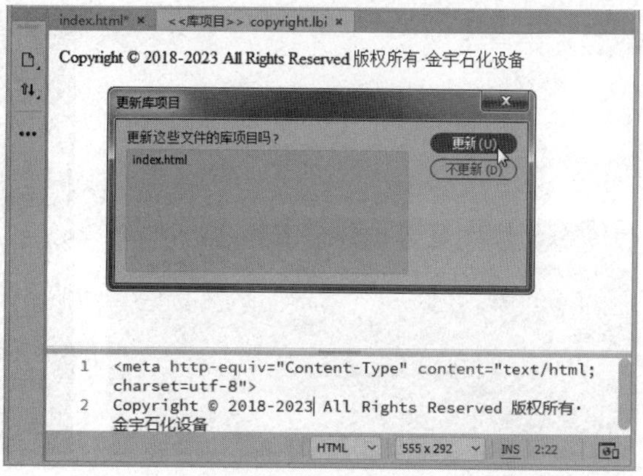

图 10-45 编辑库项目

10.3 综合实例——使用模板制作个人站点主页

下面将综合运用本章所学的知识，创建个人站点主页模板并将其应用到网页中，方法如下。

Step 01 在菜单栏中单击“文件”|“新建”命令，如图 10-46 所示。

Step 02 弹出“新建文档”对话框，选择“HTML 模板”文档类型，若要使用外部样式表文件，可以单击“附加样式表”按钮，如图 10-47 所示。

Step 03 在弹出的“选择样式表文件”对话框中选择样式表文件，然后单击“确定”按钮，如图 10-48 所示。

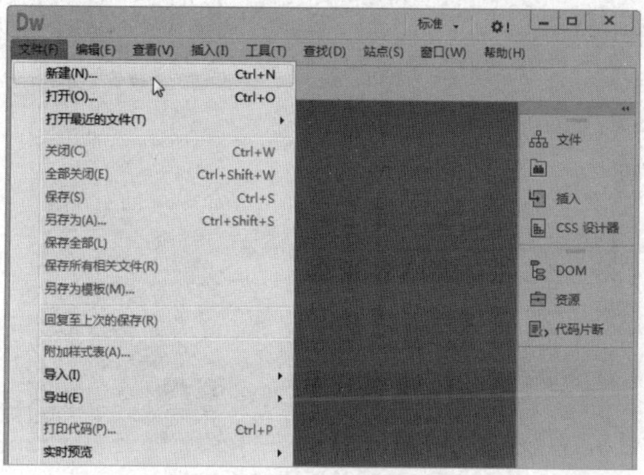

图 10-46 单击“新建”命令

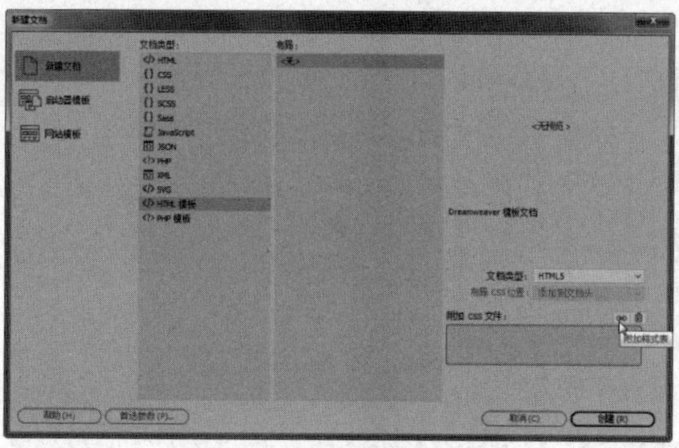

图 10-47 选择文档类型

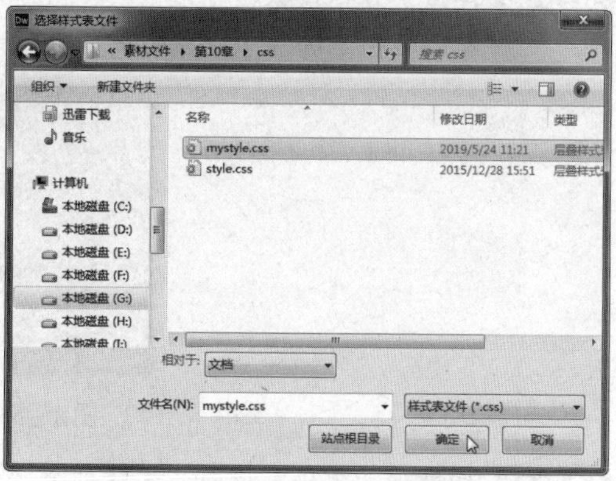

图 10-48 选择外部样式表文件

Step 04 弹出“链接外部样式表”对话框，单击“确定”按钮，如图 10-49 所示。

Step 05 返回“新建文档”对话框，单击“创建”按钮，如图 10-50 所示。

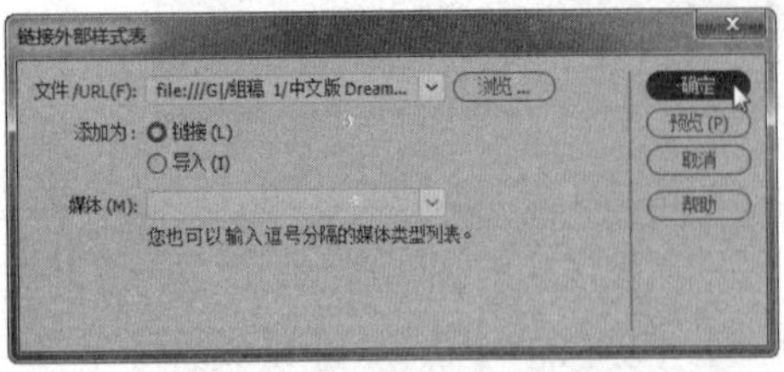

图 10-49 链接外部样式表

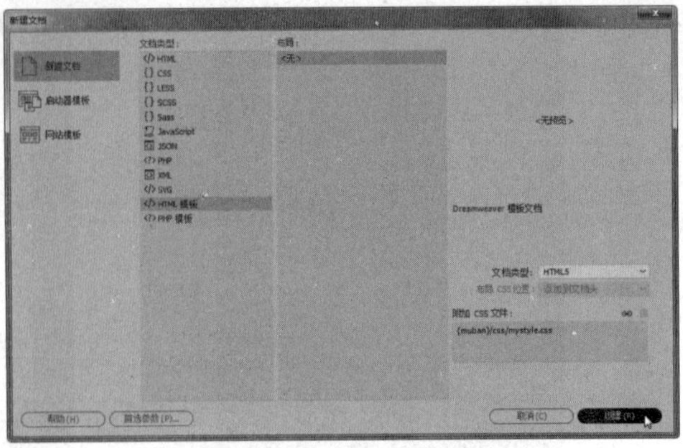

图 10-50 单击“创建”按钮

Step 06 此时，即可创建一个模板文档，用户可以像编辑 HTML 文档一样编辑模板文档，如图 10-51 所示。

Step 07 对模板文档进行编辑，然后按【Ctrl+S】组合键，弹出提示信息框，提示“此模板不含有任何可编辑区域”，单击“确定”按钮，如图 10-52 所示。

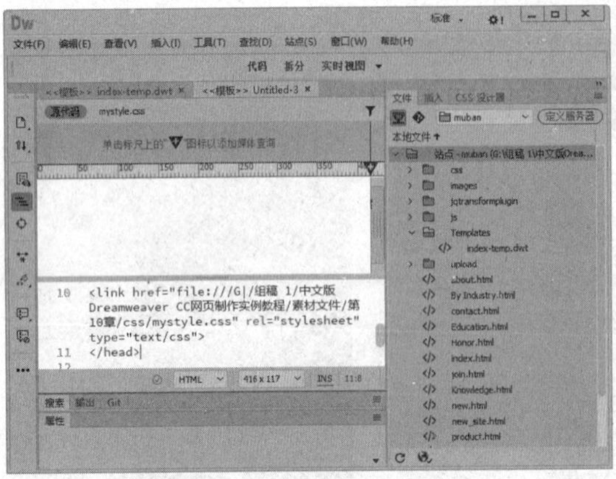

图 10-51 创建模板文档

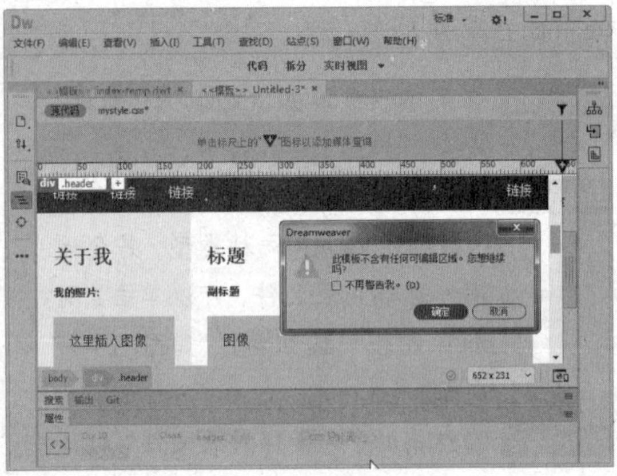

图 10-52 编辑模板文档

Step 08 弹出“另存模板”对话框，在“另存为”文本框中输入名称“myblog”，然后单击“保存”按钮，如图 10-53 所示。

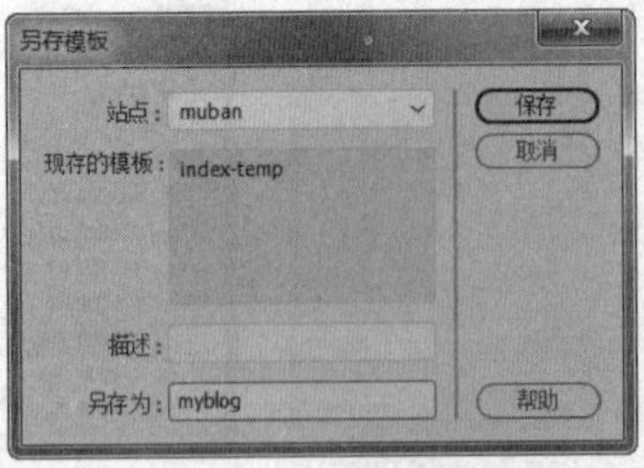

图 10-53 保存模板文档

Step 09 切换到“代码”视图，选择一个 div 对象，按【Ctrl+F2】组合键打开“插入”面板，单击“可编辑区域”按钮，如图 10-54 所示。

Step 10 在弹出的“新建可编辑区域”对话框中输入名称，然后单击“确定”按钮，如图 10-55 所示。采用同样的方法，设置其他可编辑区域。

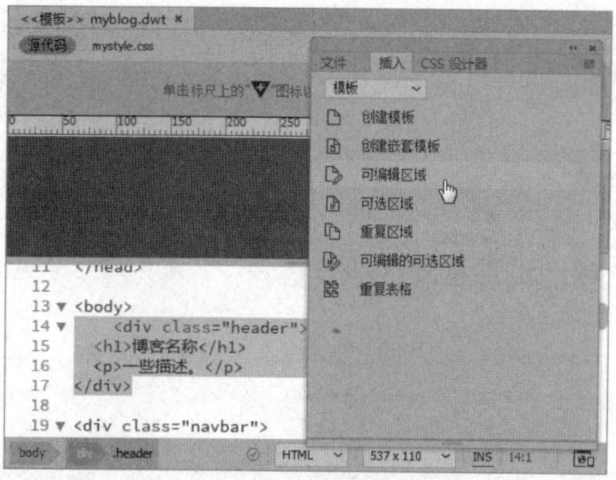

图 10-54　单击“可编辑区域”按钮

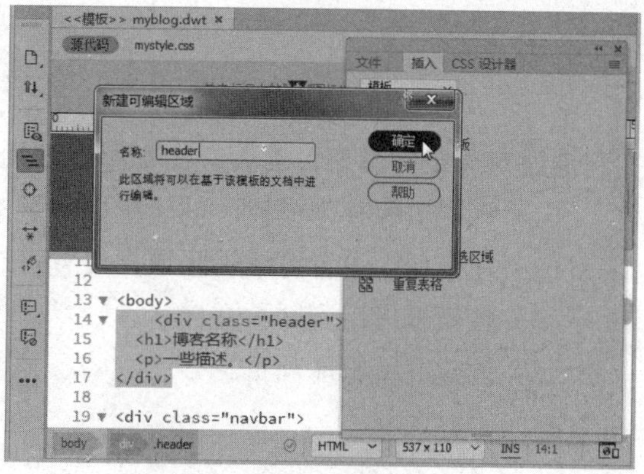

图 10-55　设置名称

Step 11 新建空白网页文档，打开“资源”面板，在左侧单击“模板”按钮，选择模板文件并将其拖至文档窗口中，如图 10-56 所示。

Step 12 弹出“不一致的区域名称”对话框，选择未解析的名称，在“将内容移到新区域”下拉列表框中选择“不在任何地方”选项，然后单击“确定”按钮，如图 10-57 所示。

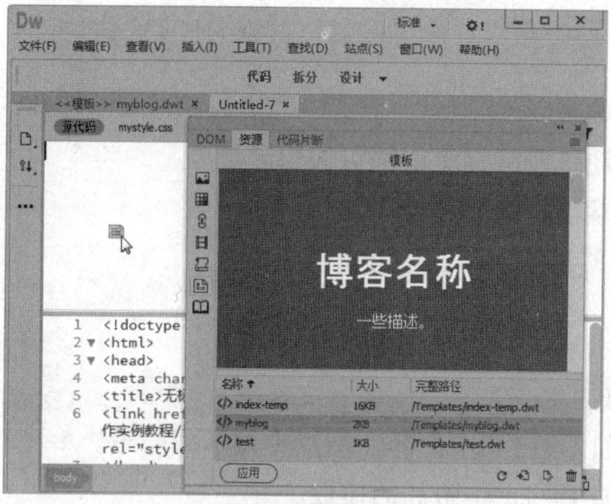

图 10-56　将模板文件拖至文档窗口中

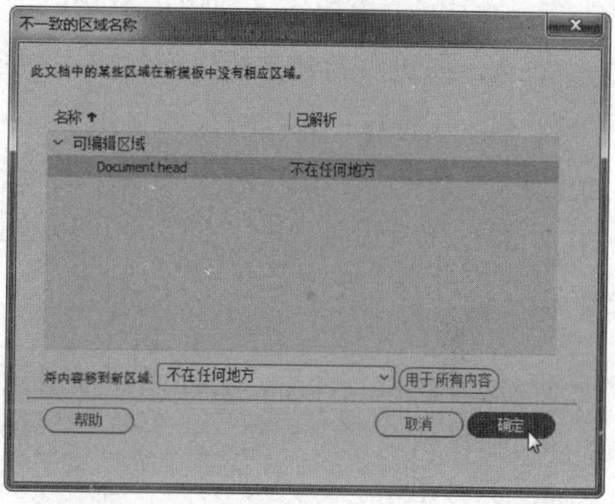

图 10-57　“不一致的区域名称”对话框

Step 13 此时，即可应用模板，根据需要对可编辑的区域进行自定义设置，如图 10-58 所示。

Step 14 打开模板文档，修改导航栏中的文本，应用该模板的网页文档会随之更新，如图 10-59 所示。

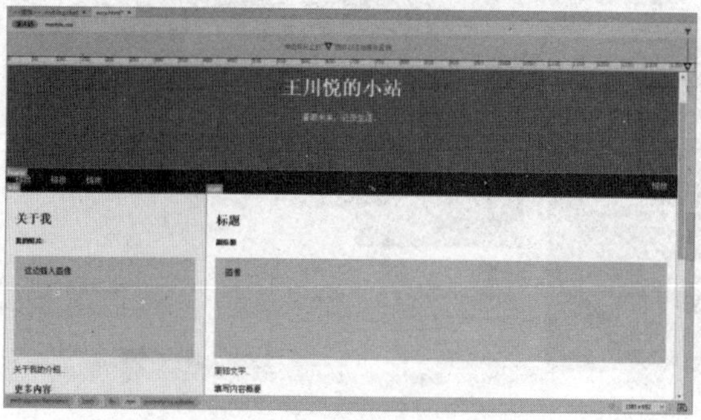

图 10-58　编辑网页文档

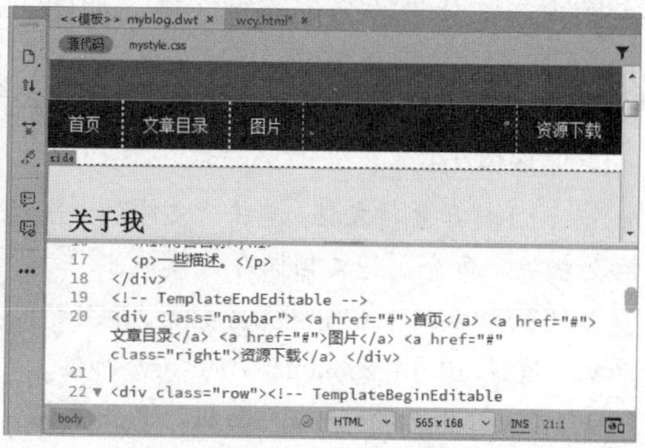

图 10-59　修改模板文档

本章小结

通过对本章的学习，读者应该掌握以下知识。

（1）将网页保存为模板，创建空白网页模板。

（2）在模板中设置可编辑区域，设置可选区域，设置重复区域。

（3）将模板应用到网页文档。

（3）创建并编辑库项目。

课后习题

一、选择题

1．下列哪种数据类型不属于模板参数？（　）

A．布尔型　　B．颜色

C．数字　　D．Null

2．关于网页模板，下列哪种说法不正确？（　）

A．通过“新建文档”对话框可以应用模板

B．在模板中创建可编辑区域后，可以通过删除标签取消可编辑区域

C．在网页模板中可以将其中的设计元素创建为库项目

D．在“实时视图”模式下可以选择网页元素，以创建可编辑区域

二、填空题

1．创建模板文件后，会在站点根目录下自动生成____________文件夹。

2．在模板文档中创建____________后，可以设置其中内容在网页中显示或隐藏。

3．通过单击______________命令，可以打开网页中附加的模板。

三、实操题

打开“素材文件\第 10 章\机械公司\index.html”，将网页创建为模板，将网页主题内容部分设置为可编辑区域，如图 10-60 所示。

图 10-60　网站首页

操作提示：

（1）打开素材文档，单击“文件”|“另存为模板”命令，将文档保存为模板。

（2）切换到“代码”视图，打开“DOM”面板，选择 id 为“container”的<div>标签。

（3）打开“插入面板”面板，单击“可编辑区域”按钮。